软土地区深基坑支护设计与施工

戴方栋　胡　金　孟　伟　编著

中国石化出版社

内 容 提 要

本书通过多个工程项目深基坑支护设计的施工实例，全面介绍了深基坑支护的不同地质条件下工法的选择、支护设计的稳定性计算、施工工艺、施工过程中基坑的稳定性监测以及各种不同工况下针对地质特性的变形预测及评估方法，最后还介绍了不常用的软土地基条件下支护方案模型建立与风险评测。以钢板桩为例对支护结构在软土地基基坑的施工工序及设计参数进行了计算验证，得出基坑在开挖过程中处于稳定状态，对今后类似工程有一定的参考作用。

本书可供建筑工程设计人员、施工技术人员及管理人员学习和参考使用。

图书在版编目(CIP)数据

软土地区深基坑支护设计与施工／戴方栋，胡金，孟伟编著．
—北京：中国石化出版社，2019.10
ISBN 978-7-5114-1716-9

Ⅰ.①软… Ⅱ.①戴… Ⅲ.①软土地基-深基坑支护-施工设计②软土基地-深基坑支护-工程施工 Ⅳ.①TU46

中国版本图书馆 CIP 数据核字(2019)第 208010 号

中国石化出版社出版发行

地址：北京市东城区安定门外大街 58 号
邮编：100011 电话：(010)57512500
发行部电话：(010)57512575
http://www.sinopec-press.com
E-mail：press@sinopec.com
北京科信印刷有限公司印刷
全国各地新华书店经销

*

787×1092 毫米 16 开本 22.25 印张 550 千字
2019 年 10 月第 1 版 2019 年 10 月第 1 次印刷
定价：98.00 元

前　言

在建筑工程中，深基坑工程得到了广泛的应用与发展。所谓基坑工程，就是为了保护建筑基坑的开挖、地下主体结构的施工安全和周边环境不被或少被破坏而采取的支护措施。在软土地区深基坑的施工中，因软土具有天然含水率高、低强度、高压缩性和弱透水性等特点，所以在该类地层中施工的锚索往往承载力较低，且徐变较大。由此可见，深基坑支护设计及施工技术是软土地区深基坑施工的关键技术，能够有效地保障建筑基坑整体加固保护作用。

深基坑工程于20世纪80年代开始在我国出现，是一项极具综合性的系统工程，施工质量直接关系着工程质量、成本及进度，在整个施工过程中占有重要地位。深基坑以岩土工程勘察与工程调查、支护结构设计、基坑开挖与支护施工、地层位移预测与周边工程保护、施工现场量测与监控为主要内容，其中深基坑支护是保证深基坑工程顺利施工的关键。

随着城市化的推进，城市土地资源日益匮乏，同时越来越多的建筑物都在追求个性化，并不断提高建筑用地率，加之国家有关规范对基础埋深和人防工程的要求，多层、超高层建筑地下室的设计必不可少，有的地下建筑甚至有三四层，埋深可达数十米，使深基坑工程向着深、大、复杂的方向发展。

近年来，深基坑支护的设计和施工技术不断被专业人士、学者及工程设计管理人员重视，出版了许多关于基坑支护设计的文献和书籍，基坑支护已成为建筑科学研究的热点之一，一门新的科学——基坑支护学正在形成，它是集岩土工程和结构工程，监测技术和施工技术为一体的系统工程。但同时，由于深基坑支护为临时建筑，不在建筑主体施工的范围内，为节省投资、降低成本及加快进度，一些不负责任的业主、施工单位往往只强调基坑支护施工的临时性，而忽略了基坑支护施工的重要性、复杂性及风险性。认为只要深基坑在完成主体：±0. 00m时未垮掉便解决问题，有的施工单位甚至认为挖一个大坑、简单地处理一下坑壁即可，致使深基坑施工时安全质量事故时有发生，不仅延误了工期，还造成了巨大的经济损失。

本书通过多个工程项目深基坑支护设计的施工实例，全面介绍了深基坑支护的不同地质条件下工法的选择、支护设计的稳定性计算、施工工艺、施工过程中基坑的稳定性监测以及各种不同工况下针对地质特性的变形预测及评估方法，最后介绍了不常用的软土地基条件下支护方案模型建立与风险评测。以钢板桩为例对支护结构在软土地基基坑的施工工序及设计参数进行了计算验证，得出基坑在开挖过程中处于稳定状态，对今后类似工程有一定的参考作用。全书共分六篇内容，第一篇深基坑支护技术概述，共5章，深基坑常用的支护结构体系、深基坑常用支护结构类型及分类、深基坑支护设计原则与工作流程、深基坑支护方案优选理论研究及细部优化、深基坑支护施工关键技术要点。第二篇深基坑支护设计，共12章，桩板式墙、钢板桩墙(含钢管板桩)、钻孔灌注桩、SMW工法桩、咬合桩、大直径筒桩、大直径预应力管桩水泥土墙(PCNW工法桩)、土钉墙、深层水泥搅拌桩墙、高压旋喷桩墙、地下连续墙、结构内力计算与变形分析。第三篇深基坑支护工程施工，共11章，桩板式墙、钢板桩墙(含钢管板桩)、钻孔灌注桩、SMW工法桩、咬合桩、大直径筒桩、大直径预应力管桩水泥土墙(PCNW工法桩)、土钉墙、深层水泥搅拌桩墙、高压旋喷桩墙、地下连续墙。第四篇深基坑施工监测及风险管控，共9章，监测的目的及其重要性、监测方案编制、施工监测的组织及实施、常见监测项目及精度要求、监测资料的整理及分析、深基坑工程风险的分类和分级、深基坑工程风险专项设计、深基坑工程风险现场识别及管控、工程的过程控制及调整。第五篇软土地区深基坑的开挖变形特性研究，共7章，设计阶段变形研究及变形预测、软土地区深基坑开挖及变形监测、软土地区深基坑有限元模拟分析、软土地区深基坑侧向变形预估方法、地下连续墙变形理论与预测方法、软土地区深基坑地下连续墙变形监测与分析、基坑开挖三维模拟与结果分析。第六篇软土地区深基坑支护方案评价与模拟实施，共4章，软土地区深基坑支护方案评价的相关概述、软土地区深基坑支护方案评价模型建立、软土地区深基坑支护方案评价模型的工程应用、优选方案模拟实施。

本书由戴方栋、胡金、孟伟主编，张洪威、吴永钦、李曦鹏为副主编。编写人员还有马超、王志凯、张玉飞、张群。

在编写过程中，我们参阅并应用了国内外专家学者的有关著作和论述，并从中受到了启迪，特向他们表示诚挚的敬意；由于我们的知识和经验相对的局限性，书中的错误和疏漏在所难免，恳请广大读者提出宝贵的意见和建议，使我们的学术水平不断提升。

目　录

第一篇　深基坑支护技术概述 …………（1）
第一章　深基坑常用的支护结构体系 …………（2）
第二章　深基坑常用支护结构类型及分类 …………（8）
第三章　深基坑支护设计原则与工作流程 …………（17）
第四章　深基坑支护方案优选理论研究及细部优化 …………（21）
第五章　深基坑支护施工关键技术要点 …………（25）
第二篇　深基坑支护设计 …………（32）
第一章　桩板式墙 …………（34）
第二章　钢板桩墙(含钢管板桩) …………（50）
第三章　钻孔灌注桩 …………（54）
第四章　SMW 工法桩 …………（57）
第五章　咬合桩 …………（60）
第六章　大直径筒桩 …………（61）
第七章　大直径预应力管桩水泥土墙(PCNW 工法桩) …………（63）
第八章　土钉墙 …………（64）
第九章　深层水泥搅拌桩墙 …………（74）
第十章　高压旋喷桩墙 …………（76）
第十一章　地下连续墙 …………（80）
第十二章　结构内力计算与变形分析 …………（90）
第三篇　深基坑支护工程施工 …………（96）
第一章　桩板式墙 …………（96）
第二章　钢板桩墙(含钢管板桩) …………（104）
第三章　钻孔灌注桩 …………（107）
第四章　SMW 工法桩 …………（115）
第五章　咬合桩 …………（118）
第六章　大直径筒桩 …………（121）
第七章　大直径预应力管桩水泥土墙(PCNW 工法桩) …………（123）
第八章　土钉墙 …………（125）
第九章　深层水泥搅拌桩墙 …………（131）
第十章　高压旋喷桩墙 …………（134）
第十一章　地下连续墙 …………（140）
第四篇　深基坑施工监测及风险管控 …………（167）
第一章　监测的目的及其重要性 …………（173）
第二章　监测方案编制 …………（175）

第三章　施工监测的组织及实施 ……………………………………………………（177）
第四章　常见监测项目及精度要求 ………………………………………………（180）
第五章　监测资料的整理及分析 …………………………………………………（182）
第六章　深基坑工程风险的分类和分级 …………………………………………（189）
第七章　深基坑工程风险专项设计 ………………………………………………（198）
第八章　深基坑工程风险现场识别及管控 ………………………………………（201）
第九章　工程的过程控制及调整 …………………………………………………（209）
第五篇　软土地区深基坑的开挖变形特性研究 ……………………………………（211）
第一章　设计阶段变形研究及变形预测 …………………………………………（214）
第二章　软土地区深基坑开挖及变形监测 ………………………………………（218）
第三章　软土地区深基坑有限元模拟分析 ………………………………………（267）
第四章　软土地区深基坑侧向变形预估方法 ……………………………………（285）
第五章　地下连续墙变形理论与预测方法 ………………………………………（289）
第六章　软土地区深基坑地下连续墙变形监测与分析 …………………………（300）
第七章　基坑开挖三维模拟与结果分析 …………………………………………（312）
第六篇　软土地区深基坑支护方案评价与模拟实施 ………………………………（326）
第一章　软土地区深基坑支护方案评价的相关概述 ……………………………（328）
第二章　软土地区深基坑支护方案评价模型建立 ………………………………（335）
第三章　软土地区深基坑支护方案评价模型的工程应用 ………………………（339）
第四章　优选方案模拟实施 ………………………………………………………（345）

第一篇　深基坑支护技术概述

近年来，随着经济的发展，社会的进步，我国城市基本建设规模逐渐加大，高层建筑、地下建筑、隧道等工程大幅度增加。为了节约地上空间，节省土地，充分利用地下空间的深基坑工程随之增加，这使得深基坑工程施工问题在技术和经济上对整个建筑施工起着举足轻重的影响。

深基坑工程是一个古老的综合性的岩土工程课题，它既涉及土力学典型强度问题和变形问题，又涉及土体与支护结构的相互作用问题。放坡开挖和简易木桩围护可以追溯到远古时代。事实上，人类土木工程的频繁活动促进了基坑工程的发展。20 世纪 40 年代，泰沙基(K. Terzaghi)和派克(Peck)等最先从事基坑工程的研究，他们对土方开挖的稳定和支撑的内力等进行研究并提出了计算方法；50 年代，Eide 和 Bjerrum 等又分析了基坑坑底的隆起；60 年代在奥斯陆等地的基坑开挖中开始实施施工监测；从 70 年代起，许多国家陆续制定了指导基坑开挖与支护设计和施工的法规。我国于 20 世纪 80 年代初才开始出现大量的基坑工程，80 年代前，国内为数不多的高层建筑地下室多为一层，基坑深不过 4m，常采用放坡开挖就可以解决问题；到 80 年代，随着高层建筑的大量兴建，开始出现两层地下室，开挖深度一般在 8m 左右，少数超过 10m。

20 世纪 90 年代以来，我国改革开放和国民经济持续高速增长的形势下，工程建设突飞猛进，城市高层建筑迅速发展，地下建筑结构诸如多层地下室、地下停车库、地下商店、地下铁道车站、地下人防工程等大量建造，基坑开挖深度超过 10m 的随处可见。高层建筑的发展促进了建筑科学技术的进步和施工技术、施工机械、建筑材料的更新与发展。为了保证建筑物的稳定性，建筑基础都必须满足地下埋深嵌固的要求。在城市中，特别是城市中心区，必须在建筑基坑四周垂直开挖土方，因此，基坑支护工程是在狭窄场地中的设计和应用高层建筑施工的重要内容。1999 年 9 月，建设部颁发国家行业标准《建筑基坑支护技术规程》(JGJ 120)为强制性行业标准。另外，基坑支护技术涉及土力学、结构力学、基础工程等，还涉及全国各地不同类型土的性质、地基稳定和地下水控制等诸多内容，这给建筑施工带来了很大的困难。

基坑支护工程涉及学科多，且有很多不确定因素存在。因此，在大多数工程实践中采用“理论导向、量测定量和经验判断”三者结合的方法进行设计与施工。如果能对深基坑支护技术中的设计、施工、监测等具体问题进行研究，并结合相关个案应用总结不同施工和土质条件下深基坑支护的设计施工的成功经验，有针对性地提出改进和优化支护技术的具体措施，为深基坑支护技术的工程实践提供可借鉴成果，对保证工程质量，安全、经济地完成建设任务将具有重大意义。

第一章　深基坑常用的支护结构体系

随着我国国民经济的飞速发展，城市化进程不断加快，土地资源紧张的矛盾也日益突出，城市建设向高空、地下争取建筑物空间已然成为了一种发展趋势，越来越多的高层建筑物、地下工程大规模兴建。这些工程的共同特点是都要进行大规模地下开挖，必然导致大量的基坑工程产生。基坑工程是一个古老而具有划时代特点的综合性的岩土工程课题，既涉及土力学中典型的强度和变形问题，又涉及土体与支护结构的相互作用问题。对于这些问题的认识及其对策的研究，将随着土力学理论、计算技术、测试技术以及施工机械、施工技术的发展而逐步完善。

一、国内外研究现状

1. 国外研究现状

早在20世纪40年代，Terzaghi 和 Peck 等就已经开始研究基坑工程中的岩土工程问题并提出了预估挖方稳定程度和支撑荷载大小的总应力法，这一理论一直沿用至今，只不过有了许多改进与修正；50年代 Bjeruum 和 Eide 给出了分析深基坑底板隆起的方法；60年代开始在奥斯陆和墨西哥城软黏土深基坑中使用仪器进行监测，此后大量的实测资料提高了预测的准确性，并从70年代起产生了相应的指导开挖的法规。在以后的时间里，世界各国的许多学着都投入研究，并不断地在这一领域取得丰硕成果。90年代以来，随着城镇建设中高层及超高层建筑的大量涌现，深基坑工程越来越多，同时密集的建筑物、复杂的深坑形式，使得基坑开挖的条件越来越复杂。因此，对基坑开挖与支护的计算与设计理论、施工技术等的要求也越来越高。

2. 国内研究现状

基坑工程在我国出现较晚，20世纪70年代，国内只在少数大工程项目中有开挖深度达10m 以上的基坑工程，而且是在较少或者没有相邻建筑物和地下结构物的地区。80年代以来，我国首先在北京、上海、广州、深圳等大型城市大量兴建高层建筑，而高层建筑多数带有地下室，基坑支护工程随之剧增，基坑支护设计、施工与监测成为基础工程中的新热点。90年代以后，大多数城市都进入了大规模的旧城改造阶段，从而进一步促进了深基坑开挖技术的研究与发展，产生了许多先进的设计计算方法，众多新的施工工艺也不断付诸实施，出现了许多技术先进的成功的工程实例。但由于基坑工程的复杂性以及设计、施工的不当，工程事故的概率仍然很高。

基坑支护技术在我国相对较年轻，无论是设计计算，还是施工、监控等方面都处在不断进步和发展的过程中。我国基坑工程的特点可以概括为“深、差、密、多、低”五个字，即我国的基坑越挖越深，工程地质条件越来越差，四周已建或在建建筑物密集或紧靠市政公路，基坑支护方法多，但是支护的成功率低。因此对于基坑工程还应进行精心设计与施工，提高对支护结构的要求，而且在建筑物稠密地区更应注意对于环境的保护，这样一来，虽然工期和施工费用均要提升，但是工程质量与安全性却可以得到相当的保证。

二、基坑工程设计理念和方法的演进

1. 基坑工程设计理念的演变

我国基坑工程发展的重要方向是设计理念的演变。早期的设计出发点往往以考虑地下工程施工、为施工创造条件为主，设计中一般考虑承载能力极限状态，而较少关注周边环境保护，又由于缺乏设计规范指导，工程设计与施工或以经验为主，或以理论为主。如今基坑工程的设计首先考虑环境保护，设计不仅满足承载能力极限状态，而且满足正常使用极限状态，即满足环境保护要求。作为经验科学的基坑工程在设计和施工中必须坚持“理论和经验相结合”。

2. 基坑工程设计方法的发展

早期的基坑支护结构设计主要依据古典的土力学原理，采用静力平衡的解析法，古典方法主要有：卜鲁姆(H. Blum)的极限平衡法、求解入土深度的盾恩法、考虑板桩或支撑合理受力的等弯矩法及等反力法等，这些古典方法解决了一些基坑的基本问题，但计算仅限于力的平衡，较少考虑实际施工工况，采用这些计算方法所得到的计算结果用于基坑支护结构分析时，内力与实际情况的误差较大，难以反映复杂地下工程的施工工况，一般只适用于小型的简单基坑。之后提出了一种近似计算方法——等值梁法，它与实际吻合度较好，计算方法简单，在工程中逐渐广泛运用，并在单支点等值梁计算法的基础上，通过适当假定，形成了多支点板桩墙的计算模式，使之成为当时基坑设计常用的方法。在基坑支护结构日趋复杂的情况下，需要进行不同工况的分析，于是就提出了考虑施工工况的设计方法，到目前为止，基坑设计仍是以力平衡的解析法为主，无法进行变形分析。进一步的发展则是弹性基床系数法。在水平基础梁的弹性地基梁分析方法解决地基、基础梁两者的力健变形关系的基础上，提出将支护结构看作一竖向放置的梁，采用与水平基础梁分析相同的方法，形成了竖向弹性地基梁法(竖向弹性支点法)，以后被我国有关基坑设计的规范采纳，它较好地解决了力和变形的计算问题，成为目前设计的主要方法之一，也是我国基坑工程现行规范推荐的主要计算方法。

武亚军等在对基坑开挖的有限元模拟中，土体刚度矩阵、外荷载和开挖荷载等都随开挖深度的变化而变化，得到由开挖和支护引起的力学效应为：

有限元计算模型如图 1-1-1 所示。

$$([K]_{i-1}^{sr}+[K]_{i-1}^{pr}+[K]_{i}^{p})\{u\}_{i}=\{F\}_{i}-([K]_{i-1}^{sr}+[K]_{i-1}^{pr})\{u\}_{i-1}$$

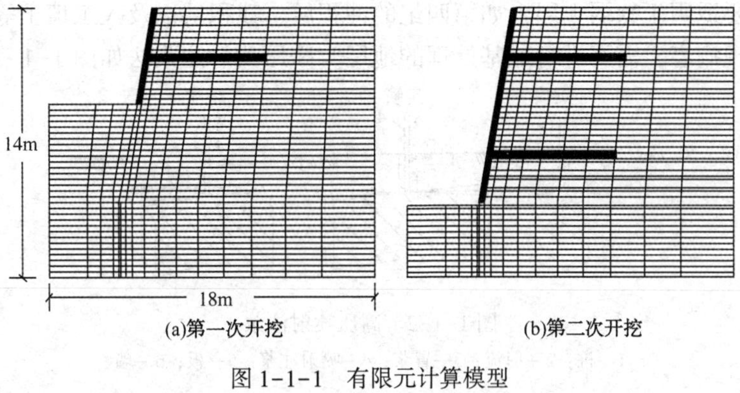

图 1-1-1　有限元计算模型

随着计算机技术、有限元分析方法以及商用软件的推广，考虑基坑开挖过程中的多种因素，例如作用在支护结构上水土压力的变化、模拟开挖过程、土体和结构共同作用等成为可能。继而在基坑中开始采用平面弹性地基杆系有限元法、空间有限元法等，这些方法都能较好地解决上述工程实际问题，使分析更为精细化，并可考虑土的弹塑性分析。

此外，从经典的太沙基(Terzaghi)、普朗特尔(Prandtl)等理论至今，在基坑整体稳定性等方面的分析和计算也在实践中得到不断发展。包括整体稳定性、抗倾覆稳定、坑底隆起稳定以及抗承压水稳定等，计算方法不断完善。

基坑工程的“时空效应”是中国工程院院士刘建航提出的基坑设计施工基本原理，对指导基坑设计与施工具有很强的实际意义。简言之，基坑工程的“时空效应”就是基坑支护结构的变形和周边地层的变形随时间推移而发展，也因开挖的空间尺度、开挖后的坑底暴露面积而不同，它在软土地基的条件下尤为突出，是一个典型的施工力学问题。根据“时空效应”的原理，工程界总结出土方开挖的“分层、分块、对称、平衡、限时”原则已在大量工程中得到贯彻，理论和工程实践都证明了它的科学性和有效性。

除了计算方法的发展，近年来，信息化设计和施工也运用于基坑工程，在基坑工程进行实时监测和反分析以及基坑工程的风险分析和设计，实现了基坑的预测和预控。

三、基坑工程施工技术的发展

20 世纪 80 年代前，由于基坑规模小、工程量少，支护形式多为放坡、钢板桩支护等简单形式，而今土钉墙、水泥土墙、排桩和地下连续墙等支挡式结构都已广泛应用。

1. 水泥土墙工程

水泥土墙是重力式支护结构的主要形式，主要包括水泥土搅拌桩和高压喷射注浆两种。

水泥土搅拌桩是以水泥作为固化剂的主剂，通过特制的搅拌机械边钻边往软土中喷射浆液或雾状粉体，在地基深处就地将软土和固化剂强制搅拌，由固化剂和软土之间所产生的一系列物理化学作用，形成抗压强度比天然土强度高得多，并具有整体性、水稳性的水泥加固土桩柱体，由若干根这类加固土桩柱体和桩间土构成复合地基。水泥搅拌桩适用于加固各种成因的软黏土，能够增加软土地基的承载能力，同时减少沉降量，提高边坡的稳定性。

高压喷射注浆是把注浆管放入预定深度后，通过地面的高压设备使装置在注浆管上的喷嘴喷出 20~40MPa 的高压射流冲击切割地基土体，与此同时，注入浆液使之与冲下的土强制混合，待凝结后，在土中形成具有一定强度的固结体，以达到加固改良土体的目的，增强地基强度。主要适用于软弱土层，如第四纪的冲积层、残积层以及人工填土等，这些正是建筑物地基常出现病害，需要进行地基处理的地层。高压喷射注浆法如图 1-1-2 所示。

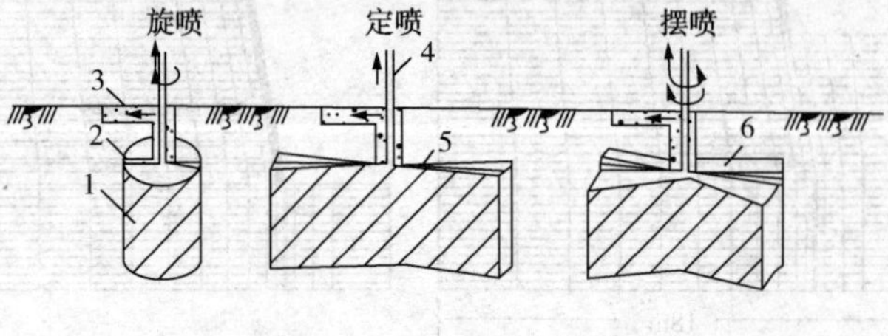

图 1-1-2　高压喷射注浆

1—桩；2—射流；3—冒浆；4—喷射注浆；5—板；6—墙

2. 土钉墙

土钉墙技术是在基坑边壁土体中放置一定长度和分布密集的土钉，土钉与周围土体紧密结合共同工作，形成复合土体，提高了土体的整体刚度，弥补了土体自身强度的不足，从而显著提高基坑边坡的整体稳定性。土钉墙由土钉、混凝土面层和防水系统组成。主要适用于土质较好地区，我国华北和华东北部一带应用较多，目前我国南方地区亦有应用，有的已用于坑深 10m 以上的基坑，稳定可靠、施工简便且工期短、效果较好、经济性好、在土质较好地区应积极推广，具体如图 1-1-3 所示。

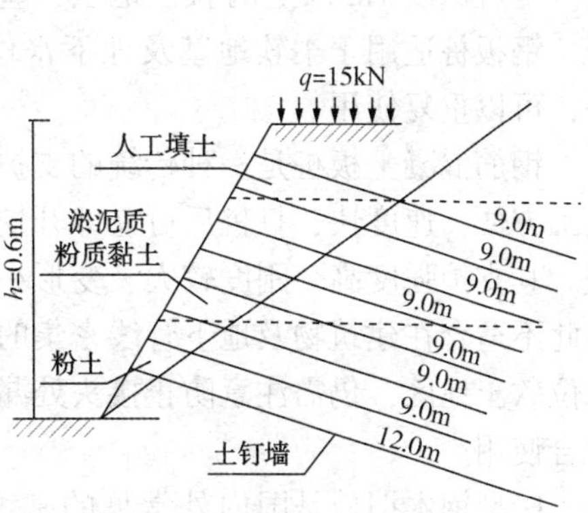

图 1-1-3　土钉墙

3. 锚杆工程

锚杆支护是一种较新的深基坑支护技术，是挡土结构与外拉系统相结合的一种深基坑组合式支护结构。锚杆是一种受拉杆件，它的一端与工程结构物或挡土桩墙联结，另一端锚固于地基的土层或岩层中，以承受结构物的上托力、拉拔力、倾侧力或挡土墙的土压力，它利用地层的锚固力维持结构物的稳定，锚杆主要由锚头、锚拉杆、锚固体 3 部分组成。目前锚杆的施工长度可达 50m 以上，在黏性土中抗拔力可达 1000kN，被锚固的挡土墙可达 40m 以上。锚杆作为一项新技术，它是施工走在前头，设计理论落在后面，即施工工艺领先于其设计理论，目前在很多方面主要凭经验取得成功，因此它还有待于理论上的完善。

4. 排桩与地下连续墙

排桩墙支护体系，是由桩排式围护墙或地下连续墙组成的围护墙、支撑体系、防渗结构所构成的防水挡土体系。支护墙体的主要形式有：钢板桩、钢筋混凝土板桩、H 型钢木挡板、钻孔灌注桩、SMW 支护结构和地下连续墙。

多级梯次联合支护体系典型剖面如图 1-1-4 所示。

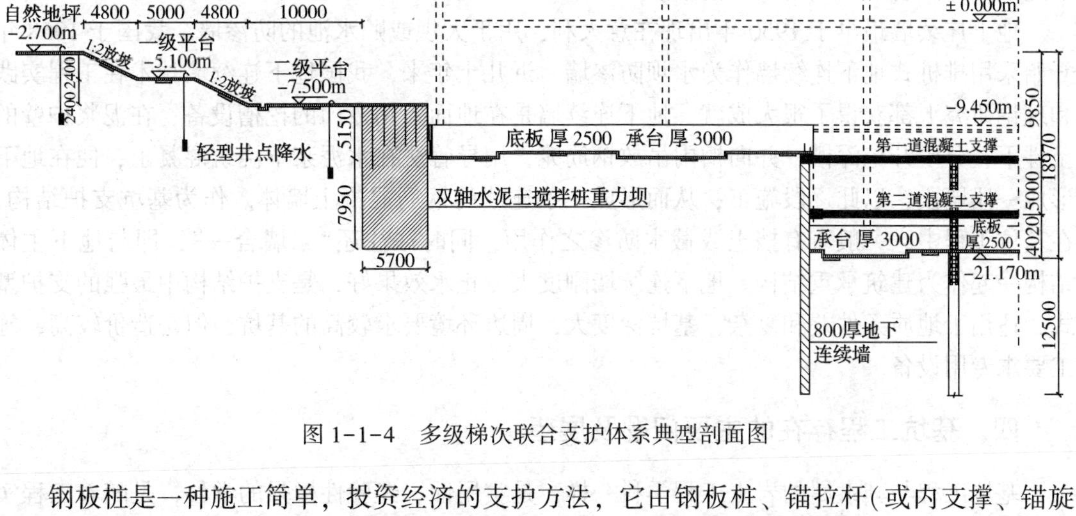

图 1-1-4　多级梯次联合支护体系典型剖面图

钢板桩是一种施工简单，投资经济的支护方法，它由钢板桩、锚拉杆(或内支撑、锚旋结构、腰梁等)组成。由于钢板桩本身柔性较大，如支撑或锚拉系统设置不当，其变形会增大。基坑深度7m以上的软土地层，基坑不宜采用钢板桩支护，除非设置多层支撑或锚拉杆。钢板桩适用于柔软地基及地下水位较高的深基坑支护，施工简便，其优点是止水性能好，可以重复使用。

钢筋混凝土板桩是一种传统的支护结构，截面带企口有一定挡水作用。钢筋混凝土板桩施工方便，速度快，打桩后可立即开挖，工期短，与地下连续墙相比较造价低，经济效果显著。其支护强度高、刚度较大、变形小，打桩时的振动，挤土及噪声对周围环境影响较大，因此不适合在建筑物及地下管线密集的区域使用。接头外企口具有一定的防水效果，但在高水位软土地区，仍需注意防止接头处漏水所引起的水土流失，在硬土层中打设施工困难，不适合使用。

H型钢木挡板是国内外常见的基坑支护结构，能充分发挥H型钢抗弯能力强的特点，减少所需支撑或拉锚道数。适用于土质较好、不需抗渗止水或是地下水位较低的基坑，如果在含水地层中使用时，需要采用人工降低地下水位或配合明沟排水，保证施工作业面的干燥环境，对水土流失的封闭作用差，需采取隔水降水措施。由于该种支护墙体形式基底以下无挡板，必要时需采取措施保证基底稳定性。

钻孔灌注桩将单个桩体并排连续起来便可形成排桩式挡墙，施工工艺简单、成本低、平面布置灵活，墙身强度高，刚度大，支护稳定性好，变形小，但整体性差，在地下水位较高的地区不能单独起到挡水的作用，需设置挡水帷幕墙来挡水。适用于软黏土质和砂土地区，在砂砾层和卵石中施工困难，在重要地区、特殊工程及开挖深度较大的基坑中应用时特别需要慎重。

SMW支护结构是在水泥搅拌桩内插入H型钢或其他种类的受拉材料，形成支护和防水的复合结构，在日本称为SMW工法，同时具有受力和防渗两种功能。在日本结合多道支撑已经应用于开挖深度达20m的基坑，近年来我国国内开始将其用于开挖深度在6~14m的基坑支护。它施工噪声小，对周围环境影响小，结构强度可靠，凡是适合应用水泥搅拌桩的场合都可以使用，特别适合于以黏土和粉细砂为主的软土地层，挡水防渗性能好，不必另设挡水帷幕。如果能够采取一定施工措施成功收回H型钢等受拉材料，在费用上则大大低于地下连续墙，具有较广阔的发展前景。

地下连续墙最早于1950年出现在意大利，用于大坝或贮水池的防渗墙。我国于1958年开始采用排桩式地下连续墙作为水坝防渗墙。近几十年来，我国地下连续墙技术在工程实践和理论研究上都获得了很大成就。地下连续墙是在地面上用专门的挖槽设备，在泥浆护壁的条件下，分段开挖深槽，并向槽内吊放钢筋笼，用导管法在水泥浆下浇筑混凝土，便在地下形成一段墙段，以此逐段施工，从而形成一条连续的钢筋混凝土墙体。作为基坑支护结构，在基坑工程中它一般兼有挡土或截水防渗之作用，同时往往还“二墙合一”，即与地下主体结构一起作为建筑承重结构。地下连续墙刚度大，止水效果好，是支护结构中最强的支护型式，适用于地质条件差和复杂，基坑深度大，周边环境要求较高的基坑，但是造价较高，施工要求专用设备。

四、基坑工程存在的主要问题及展望

基坑工程与其隶属的岩土工程学科一样，是实用性、经验性极强的学科，是随着工程实践不断提高的学科。近些年的工程实践已经证明，在基坑工程这一领域，我们取得了许多值得骄傲的成就，但是也必须承认同时出现了很多工程事故。造成基坑事故的原因很复杂，唐业清等曾对103项深基坑工程事故的原因进行调查，统计结果表明，其中由于深基坑设计失误、水处理不当、结构和基坑失稳事故，占总事故的80%，其所造成的经济损失也相当严重目前基坑存在的问题大体可表现在两个方面：设计阶段存在的问题和施工阶段存在的问题。

设计阶段存在的问题：主要是基坑工程结构选型不合理。基坑支护及撑锚方法较多，为了达到同一目的，可以有多种方法，而每一种方法都有其独特的优点，有的速度快、有的投资少、有的噪声小等。我国国土面积辽阔，自然地理环境不同，土质各异，地基条件区域性较强，在选择建筑场地时，应尽量选择地质条件良好的场地从事建设。除地基土类别的不同外，地下水位的高低、土的物理力学性质指标以及周围环境条件等，都直接与支护结构的选型有关。

施工阶段存在的问题：深基坑施工中地下水的处理不当。基坑施工中，地下水的处理是一个难点，因土质与地下水位的差异，基坑开挖施工的方法也随之不同，尤其是在沿海等高水位地区或者表层滞水很丰富的地区，深基坑工程施工中地下水的处理是整个工程成败的关键。降低地下水位可能引起地面沉降，对环境造成不良影响，尤以深井降水影响最大，在很多失败的深基坑工程中，有很多是因为基坑施工中地下水的降排水没有处理好。唐业清等曾对103项深基坑工程事故的原因进行调查，其中仅水处理不当就占总事故的21.4%；信息化施工的程度不高。信息化施工是一项很有发展前途的新技术，具有代价小、成效大的优点，安全监测是深基坑工程安全的重要保证条件之一，基坑监测与工程的设计、施工也被称为深基坑工程施工的三大基本要素。基坑工程在发生事故前或多或少都有预兆，因为基坑工程支护结构的破坏要经历一个由量变到质变的过程，通过信息化施工可以不断地优化设计方案，确保基坑开挖安全可靠而又经济合理。

在今后的发展中，基坑工程发展趋势主要表现在以下几个方面：

(1) 深基坑支护结构选型。支护结构型式选择合理，就能做到安全可靠、施工顺利、缩短工期，带来可观的经济与社会效益。如型式选择不恰当，不但会危及基坑以及整个建筑物的安全，还会影响周边环境，所以今后深基坑工程发展的一个必然趋势就是如何使支护结构选型更加恰当。

(2) 施工工艺的发展。随着土钉墙方案的大量运用，喷射混凝土技术得到了充分的运用和发展；受地下空间的限制，内支撑或新型锚杆逐渐得以推广和运用；防渗技术也不断得到发展；在软土地区深层搅拌桩或注浆技术大量运用。因此，随着基坑支护新技术的大量运用，必将促进施工工艺的不断发展。

(3) 信息监测与信息化施工技术。信息化施工可以对基坑土层性状、支护结构变位和周边环境条件的变化，进行各种观测及分析，并将观测结果及时反馈，以指导设计与施工。为确保基坑开挖安全可靠又经济合理，信息监测与信息化施工技术必将成为基坑工程发展的必然趋势。

为了满足社会主义现代化建设的需要，相信在以后的基坑工程实践中，随着我国经济建设的持续高速的发展和基坑支护理论与新技术的不断发展，基坑工程技术水平将会不断提高和发展，深基坑工程必将日益完善。

第二章　深基坑常用支护结构类型及分类

第一节　深基坑常用支护结构类型

在建筑深基坑工程实践中，通过人们的不断研究和积累，有很多成熟的支护结构型式，每种结构型式都有自己的特点，在建筑深基坑的设计和开挖过程中，要结合现场的实际情况，根据实际的基坑开挖深度、形状、工程地质条件、水文地质条件、材料、施工方法、经济、环境影响等多方面因素，选择出适当的结构型式。

根据工作原理以及材料性质，把支护结构类型分成水泥挡土墙体系、排桩和板墙式体系以及边坡稳定式支护体系三大类。具体分为以下类型，如图 1-2-1 所示。

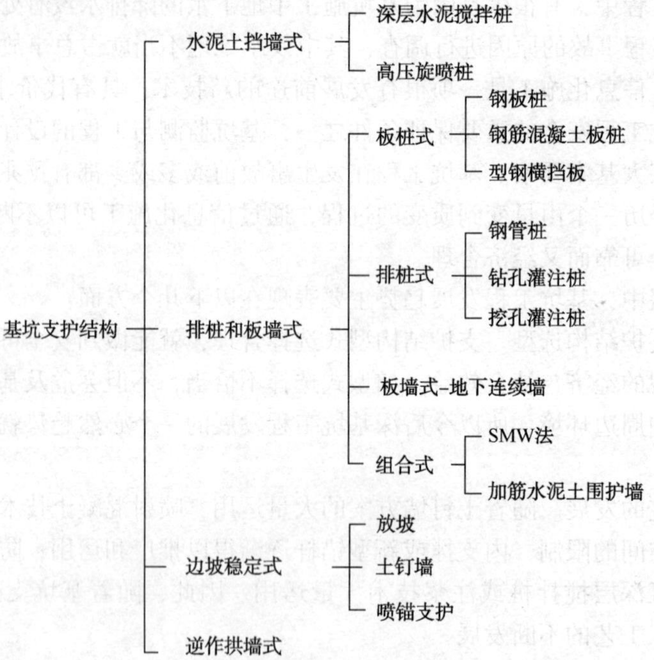

图 1-2-1　常用基坑支护结构类型

一、放坡开挖

和支护下的基坑开挖相比，放坡是最简单、最经济的开挖方式，而且其技术要求、施工难度都比较低。该方法适用于场地开阔、周边没有重要建筑物、基坑土体变形要求不高以及地下水埋深大的场地条件。在基坑的深度和场地条件允许的条件下，放坡可以和其他支护型式相结合，如基坑上端放坡加下端桩锚支护或土钉墙等支护的形式，目前这种结合方式应用比较广泛。

基坑的放坡开挖对坡度有要求，放坡角度和基坑深度范围内的土层条件密切相关，土体条件良好，角度可以很小，如碎石土、黏性土、风化岩石等土质，开挖较浅时可接近竖直开挖。边边坡的坡率允许值(高宽比)根据工程比较的原则并结合已有的稳定边坡分析确定。

二、水泥土重力式挡土墙

水泥土重力式挡土墙是以水泥、石灰等材料为固化剂，利用深层搅拌机械强制搅拌或者高压喷射注浆法，水泥浆和软土之间发生一系列的物理反应和化学反应，使软土硬结成整体桩，充分利用原位土，形成重力式挡墙，从而提高了基坑壁的稳定性，同时，因为水泥土的渗透系数比较小，因此可兼作止水帷幕。水泥土重力式挡土墙适用于淤泥、淤泥质土、地基承载力标准值小于 120kPa 的黏性土和粉性土等软地层区域，开挖深度小于等于 7.0m 和周边环境保护要求较低的基坑工程，在基坑开挖深度 4~6m 最为经济合理，如果基坑开挖深度比较大和对周围环境保护要求较高的工程要谨慎使用。对于有机质含量高、pH 值小于 7 始抗剪强度低的土，以及土中包含伊利石、氯化物、水铝英石等矿物或者地下水具有较强的侵蚀性时，加固效果比较差。

水泥土重力式挡土墙具有如下特点：①把把固化剂和原土在现场搅拌成料，最大程度利用了原位土；②对周边原有建筑物影响小；③能根据土性质和设计要求，可靠选定固化剂和其配比，设计相对灵活；④施施工时振动小、噪声小、污染小，对环境的影响程度小；⑤施工简单，成桩工期短，造价相对较低；⑥具有隔水、止水功能；⑦开挖时通常不需要加支撑或者拉锚；⑧基坑内空间大，便便于土方开挖和后期施工。

水泥土重力式挡土墙的型式：①按照搅拌机的搅拌轴数不同，搅拌桩截面分为双轴和三轴两种；②搅拌桩还可以分为加筋和无加筋两种，加筋搅拌桩主要是型钢水泥土搅拌桩；③根据平面布局分为满堂形式、格栅形式以及宽窄相间的齿形形式，格栅形式为主要形式，如图 1-2-2 所示；④按挡土墙竖向布置区分，有断面布置、台阶形布置。

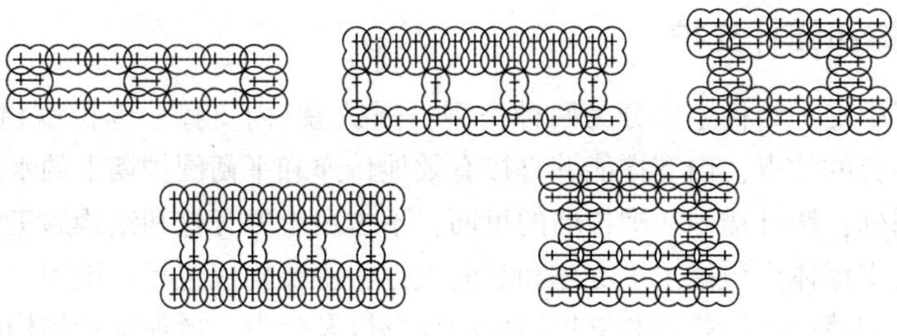

图 1-2-2　典型的水泥土桩格栅式布

三、土钉墙支护结构

土钉墙支护是在新奥法理论的基础上发展的，起源于法国，我国最早使用该技术是在 1980 年太原煤矿设计院王步云等用于山西柳湾煤矿的边坡工程(周瑞福，2012)。土钉墙是由土钉、面层、土体组成的具备自稳机能的挡土墙，它通过在土体内成孔、加钢筋、注浆、土层编网、喷层等步骤，使土体和土钉共同作用，以增加土体的抗拉和抗剪强度，从而增加土体的稳定能力。

土钉墙适用于无地下水的土层，如人工填土、黏性土以及弱胶结砂土的地层条件，基坑的开挖深度不大于12m并且周围环境要求比较低。由于土钉墙靠土钉与土体之间的锚固力保证基坑的稳定性，所以土钉墙不适合含水丰富的土层、松散土层和黏聚力小的土层。

土钉墙具有以下优点：施工便捷，工艺简单，对基坑形状要求小，对环境的影响小；用材少，经济性好，比拉锚支护可以减少造价约10%～30%（钟正雄，1999）；土钉墙结构轻巧，具有良好的柔性和延性；施工需要的场地要求低，而且支护基本不会占用场地空间；墙壁的封闭性良好，可以有效地减少水土流失以及水对基坑壁的侵蚀。

土钉墙还可以加一些构件构成复合土钉墙，如土钉墙+预应力锚杆、土钉墙+隔水帷幕、土钉墙+微型桩等复合土钉墙形式，复合土钉墙比土钉墙的适用范围更广、基坑更稳定、变形更小。

四、排桩支护结构

排桩支护结构是将桩体，如钻孔灌注桩、挖孔灌注桩及预制桩等，按照一定的距离或者咬合排列形成的支护挡土结构。根据成桩工艺的不同，可以将排桩分为：钻孔灌注桩、挖孔桩、压浆桩、预制混凝土桩和型钢混凝土搅拌桩等。这些桩体根据实际需要可以有多种不同的平面排列形式，其中分离式排列形式适用于没有地下水或者地下水位比较低的土质好的基坑工程，如果地下水位高需要防水时，可以在排桩后面加止水帷幕；如要基坑工程要求增加支护结构的整体刚度，可以将桩交错排列，要求更大的整体刚度时可以用双排桩形式；如果需要防水而且空间有限可以选择咬合排列形式；有空间时可以在排桩后面进行连续形止水形式或者分离式止水形式。

排桩支护结构适用于中等深度的基坑工程，深基坑工程中可以采用排桩+内支撑或排桩+锚杆的形式，用支撑或锚杆增加支护结构的整体的稳定性，控制位移变形。和地下连续墙支护结构相比，具有施工工艺简单、成本较低、布置灵活的优点，但是整体性和止水抗渗性比较不好。

五、内支撑和锚杆支护

深基坑工程中支护结构主要分为两种类型：围护墙+内支撑，围护墙+锚杆。这两种支护结构形式有各自的特点，内支撑能够直接有效地传递和平衡围护墙上的水土压力，构造比较简单、受力明确；锚杆锚固在围护墙的里面，不占用土方开挖和结构施工的空间，提高了施工的效率。内支撑体系包括水平支撑和竖向支撑，主要构成包括：围檩、水平支撑、钢立柱以及立柱桩。围檩的作用是调和支护结构的变形以及受力，增加支护结构的整体性；水平支撑的作用是均衡支护结构外的水平作用力；钢立柱的作用是确保水平支撑的稳定，增加支撑系统的空间刚度以及承载水平向支撑的竖向力。内支撑的常用形式可以分成单层支撑、多层支撑的平面支撑体系和竖向斜撑体系，在工程上根据实际情况选择合适的支撑形式。按照材料将内支撑分为钢支撑和钢筋混凝土支撑等形式。

内支撑支护结构有如下优点：施工容易控制而且安全稳定性高；受力形式合理，充分利用材料性能，经济合理；适应的地质条件较广，能够适用于各种地质条件的基坑工程，包括软弱地基的基坑工程；内支撑支护结构不受基坑深度限制，能用于安全等级高的深基坑工程。内支撑支护结构也有一些不足，比如需要的工期较长；占用土方开挖和结构施工的空间等等。锚杆支护结构和传统被动承受土体荷载的方式不同，它是主动地约束加固土体，限制土体变形。锚杆的作用原理是受拉杆件的锚固段固定在稳定土层中，另一端与其他支护结构(桩、腰梁等)相接，承受土体的压力，保证基坑的稳定性。锚杆支护结构适用于紧密的砂土、粉土、硬塑黏性土以及岩层中，对地质条件非常差，特别是存在软弱土层时候要慎用。

常用的锚杆类型按力的形式分为拉力型锚杆和压力型锚杆。前者的荷载依靠锚固段和灌浆体的接触面上的剪应力从外向内传递；压力型锚杆是利用套管等方式与灌浆体隔开，将荷载传递到最低端，从内向外传递。在同等载荷的情况下，拉力型锚杆固定段上的应变值比压力型锚杆锚固段上的应变值大。锚杆支护与其他支护比较有自己的优点：不占用土体开挖和结构施工的空间施工设备和施工过程需要空间小，不受受地形和场地的限制；对岩土体的破坏扰动较小；锚杆的锚固位置、间距、角度等可以灵活调整；相比内支撑支护，节省大量的材料；对土体变形的控制性比较好，有足够的安全性能。

1. 放坡开挖

优势：只要求稳定，价钱最便宜。

劣势：回填土方较大。

适用：场地开阔，周围无重要建筑物的工程。

2. 深层搅拌水泥土围护墙

深层搅拌水泥土围护墙是采用深层搅拌机就地将土和输入的水泥浆强行搅拌，形成连续搭接的水泥土柱状加固体挡墙。

优势：由于一般坑内无支撑便于机械化快速挖土；具有挡土、止水的双重功能；一般情况下较经济；施工中无振动、无噪声、污染少，挤土轻微。

劣势：位移、厚度相对较大，对于长度大的基坑需采取中间加墩、起拱等措施以限制过大的位移；施工时需注意防止影响周围环境。

适用：闹市区工程。

3. 高压旋喷桩

高压旋喷桩所用的材料亦为水泥浆，它是利用高压经过旋转的喷嘴将水泥浆喷入土层，与土体混合形成水泥土加固体相互搭接形成排桩，用来挡土和止水。

优势：施工设备结构紧凑、体积小、机动性强、占地少，并且施工机具的振动很小，噪声也较低。

劣势：施工中有大量泥浆排出，容易引起污染。对于地下水流速过大的地层，无填充物的岩溶地段、永冻土和对水泥有严重腐蚀的土质，由于喷射的浆液无法在注浆管周围凝固均不宜采用该法。

适用：施工空间较小的工程。

4. 槽钢钢板桩

这是一种简易的钢板桩围护墙，由槽钢正反扣搭接或并排组成。槽钢长 6~8m，型号由计算确定。

优势：耐久性良好，二次利用率高；施工方便工期短。

劣势：不能挡水和土中的细小颗粒，在地下水位高的地区需采取隔水或降水措施；抗弯能力较弱，支护刚度小，开挖后变形较大。

适用：多用于深度4m的较浅基坑或沟倍。

5. 钻孔灌注桩

钻孔灌注桩具有承载能力高、沉降小等特点。钻孔灌注桩的施工，因其所选护壁形成的不同，有泥浆护壁法和全套管施工法两种。

优势：施工时无振动、无噪声等环境公害，无挤土现象，对周围环境影响小；墙身强度高，刚度大，支护稳定性好变形小；当工程桩也为灌注桩时，可以同步施工；从而有利于施工组织，工期短。

劣势：桩间缝隙易造成水土流失，特别是在高水位软黏土质地区，需根据工程条件采取注浆水泥搅拌桩、旋喷桩等施工措施以解决挡水问题。

适用：排桩式中应用最多的一种，多用于坑深7~15m的基坑工程，适用于软黏土质和砂土地区。

6. 地下连续墙

优势：刚度大，正水效果好，是支护结构中最弹的支护形式。

劣势：造价较高，施工要求专用设备。

适用：地质条件差和复杂，基坑深度大，周边环境要求较高的基坑。

7. 土钉墙

土钉墙是一种边坡稳定式的支护，其作用与被动的具备挡土作用的上述围护墙不同，它是起主动嵌固作用增加边坡的稳定性，使基坑开挖后坡面保持稳定。

优势：稳定可靠、施工简便且工期短、效果较好、经济性好，在土质较好地区应积极推广。

劣势：土质不好的地区难以运用。

适用：主要用于土质较好地区。

8. SMW 工法

SMW工法亦称劲性水泥土搅拌桩法，即在水泥土桩内插入H型钢等(多数为H型钢，亦有插入拉伸式钢板桩、钢管等)，将承受荷载与防渗挡水结合起来，使之成为同时具有受力与抗渗两种功能的支护结构的围护墙。

优势：施工时基本无噪声，对周围环境影响小；结构强度可靠，凡是适合应用水泥土搅拌桩的场合都可使用；挡水防渗性能好，不必另设挡水帷幕；可以配合多道支撑应用于较深的基坑；此工法在一定条件下可代替作为地下围护的地下连续墙，在费用上如果能够采取一定施工措施成功回收H型钢等受拉材料，则大大低于地下连续墙因而具有较大发展前景。

适用：可在黏性土、粉土、砂土、砂砾土等土层中应用。

一般基坑的支护方式：深度不大的三级基坑，当放坡开挖有困难时，可采用短柱横隔板支掉。临时挡土墙支掉、斜柱支撑、错拉支撑等支护方法。

1. 基槽支护

基(淘)槽开挖一般采用横撑式土壁支撑，可分为水平挡土板及垂直挡土板两大类，前者挡土板的布置又分为间断式和连续式两种。湿度小的黏性土挖土深度<3m时，可用间断式水平挡土板支撑，对松散、湿度大的土可用连续式水平挡土板支撑，挖土深度可达5m，对松散数和湿度很高的土可用垂直挡土板式支撑，其挖土深度不限。

2. 简易支护

放坡开挖的基坑，当部分地段放宽坡度不够时，可采用短柱横隔板支撑，临时挡土墙支撑等简易支护方法进行基础施工。短柱横隔板支撑仅适用于部分地段放坡不够、宽度较大的基坑使用。临时挡土墙支撑仅适用于部分地段下部放坡不够、宽度较大的基坑使用。

3. 斜柱支撑

先沿基坑边缘打设柱桩，在柱桩内侧支设挡土板并用斜撑支顶，挡土板内侧填土夯实，适用于深度不大的大型基坑使用。

4. 锚拉支撑

先沿基坑边缘打设柱桩，在柱桩内侧支设挡上板，柱桩上端用拉杆拉紧，挡土板内侧填土夯实，适用于深度不大、不能安设横(斜)撑的大型基坑使用。

深基坑支护的基本要求：

(1) 确保支护结构能起挡土作用，基坑边坡保持稳定；

(2) 确保相邻的建(构)筑物、道路、地下管线的安全，

(3) 不因上体的变形、沉陷、坍塌受到危害；

(4) 通过排降水，确保基础施工在地下水位以上进行。

5. 排桩支护

开挖前在基坑周围设置混凝土灌注桩，桩的排列有间隔式、双排式和连续式，桩顶设置混凝土连系梁或锚桩、拉杆。施工方便、安全度好、费用低。

6. 土钉墙支护

天然土体通过钻孔、插筋、注浆来设置土钉(亦称砂浆错杆)并与喷射混凝土面板相结合，形成类似重力挡墙的土钉墙，以抵抗墙后的土压匀，保持开挖面的稳定。也称为喷锚网加固边坡或喷锚网挡墙。

(1) 开挖工作面：土钉支护应自上而下分段分层进行，分层深度视土层情况而定，工作面宽度不宜<6m，纵向长度不宜<10m。

(2) 喷射第一层混凝土：为防止土体松地和崩解，须尽快做第一层喷射，厚度<40~50m，喷射混凝土水泥用量400kg/m^3。

(3) 土钉成孔：土钉成孔直径70~120m，向下倾角15°~20°，成孔方法和工艺由承包商根据土层条件、设备和经验而定。

(4) 安设土钉、注浆：土钉有单杆和多杆之分，单杆多为中22~32m的粗螺纹钢筋，多杆一般为2~4根中16m钢筋，采用灰浆泵注浆，土钉注浆可不加压。

(5) 挂钢筋网、喷射混凝土面层：钢筋网通常间距200~300m，与土钉连接牢固，钢筋与第一层喷射混凝土的间隙+20m设置双层钢筋网，第二层钢筋网应在第一层钢筋网被覆盖后铺设，混凝土面板厚度50~100m。

7. 锚杆支护

是在未开挖的土层立壁上钻孔至设计深度，孔内放入拉杆，灌入水泥砂浆与土层结合成抗拉力强的锚杆，锚杆一端固定在坑壁结构上，另一端锚固在土层中，将立壁土体侧压力传至深部的稳定土层，适于较硬土层或破碎岩石中开挖较大较深基坑，邻近有建筑物须保证边坡稳定时采用。

（1）造孔：包括钻机就位、施钻成孔、清孔三个作业步骤。造孔用冲击式钻机、旋转式钻机或旋转式冲击钻机，偏心钻机跟进护壁套管方式钻进，造孔须干钻，严禁水钻；考虑沉渣厚度，孔底应超钻30~50m；成孔后高压风清洗孔壁，以保证砂浆与孔壁的黏结力。

（2）锚杆的制作与安装

包括下料、除锈、防腐、焊接导向锥、绑扎、入孔六个步骤。拉杆常用钢管、粗钢筋或钢丝束、钢绞线制成的错索。锚索预留长度为1~5m，铺固段间隔12m设置隔离架和紧箍环，中心布置灌浆。

（3）灌浆

基坑错杆常采用埋管式灌浆的一次灌浆法，即由孔底向上有压一次性灌浆，压力≮0.6~0.8Pa，砂浆至孔口溢满为止，注浆管不拔出；当土体松散或岩石破碎易发生漏浆时采用二次灌浆法。

（4）预应力张拉及封错：与结构施工预应力张拉及封错工艺相同管；自由段外套塑料管前端切实，作好隔浆措施。

8. 挡土灌注桩与土层错杆结合支护

桩顶不设错桩、拉杆，而是挖至一定深度，每隔一定距离向桩背面斜向打入错杆，达到强度后，安上横撑，拉紧固定，在桩中间挖土，直至设计深度适于大型较深基坑；施工期较长，在邻近有建筑物不允许支护、邻近地基不允许有下沉位移时使用。

9. 钢板桩支护

当基坑较深、地下水位较高且未施工降水时，采用板桩作为支护结构，既可挡土、防水，还可防止流砂的发生，板桩支撑可分为无错板桩（悬臂式板桩）和有错板桩。常用的钢板桩为U型钢板桩，又称拉森钢板桩。

（1）无错板桩

从一角开始逐块插打，每块钢板桩自起打到结束中途不停顿。打法简便、快速，但单块打入易向一边倾斜，累计误差不易纠正，壁面平直度也较难控制，仅在桩长<10m、工程要求不高时采用。又称单独打入法。

（2）有错板桩的双层围檩插桩法

是先沿板桩边线搭设双层围椋支架，然后将板桩依次在双层围糖中全部插好，形成一个高大的板桩墙。待四角封闭合拢后，再按阶梯形逐渐将板桩一块块打至设计标高。该打法可保证平面尺寸准确和板桩垂直度，但施工速度慢。

10. 地下连续墙支护

先建造钢筋混凝土地下连续墙，达到强度后在墙间用机械挖土。该支护法刚度大、强度高，可挡土、承重、截水、抗渗，可在狭窄场地施工；适于大面积、有地下水的深基坑施工。

11. 挡墙+内撑支护

当基坑深度较大，悬臂式挡墙的强度和变形无法满足要求、坑外错拉可靠性低时，则可在坑内采用内撑支护。它适用于各种地基土层，缺点是内撑支护会占用一定的施工空间，常用有钢管内撑支护和钢筋混凝土构架内撑支护。

(1) 钢管内支撑

钢管支撑一般采用中609钢管，用不同壁厚适应不同的荷载。钢管支撑的形式为对撑或角撑，对撑的间距较大时，可设置腹杆形成桁架式支撑。

(2) 钢筋混凝土内支撑

钢筋混凝土内支撑刚度大、变形小，能有效控制挡墙和周围地面的变形。它可随挖土逐层就地现浇形式可随基坑形状而变化，适用于周围环境要求较高的深基坑。

平面尺寸大的内支撑应在交点处设置立柱，立柱宜为格构式柱，以免影响底板穿筋，立柱端插入工程析内+2m，否则应设置专用的析基础。

常见的基坑支护形式主要有：

① 排桩支护，桩撑、桩锚、排桩悬臂；

② 地下连续墙支护，地连墙+支撑；

③ 水泥挡土墙；

④ 土钉墙(喷锚支护)；

⑤ 逆作拱墙；

⑥ 原状土放坡；

⑦ 桩、墙加支撑系统；

⑧ 简单水平支撑；

⑨ 钢筋混凝土排桩；

⑩ 上述两种或者两种以上方式的合理组合等。

第二节　深基坑支护结构分类

一、基坑支护结构体系

(1) 基坑支护结构体系包括板(桩)墙、围檩(冠梁)及其他附属构件。板(桩)墙主要承受基坑开挖卸荷所产生的土压力和水压力，并将此压力传递到支撑，是稳定基坑的一种施工临时挡墙结构。

(2) 地铁基坑所采用的支护结构形式很多，其施工方法、工艺和所用的施工机械也各异；因此，应根据基坑深度、工程地质和水文地质条件、地面环境条件等，特别要考虑到城市施工特点，经技术经济综合比较后确定。

二、深基坑支护结构类型

在我国应用较多的有板柱式、柱列式、重力式挡墙、组合式以及土层锚杆、逆筑法、沉井等。

1. 地下连续墙

地下连续墙主要有预制钢筋混凝土连续墙和现浇钢筋混凝土连续墙两类，通常地下连续墙一般指后者。地下连续墙有如下优点：施工时振动小、噪声低，墙体刚度大，对周边地层扰动小；可适用于多种土层，除夹有孤石、大颗粒卵砾石等局部障碍物时影响成槽效率外，对黏性土、无黏性土、卵砾石层等各种地层均能高效成槽。地下连续墙施工采用专用的挖槽设备，沿着基坑的周边，按照事先划分好的幅段，开挖狭长的沟槽。挖槽方式可分为抓斗式、冲击式和回转式等类型。在开挖过程中，为保证槽壁的稳定，采用特制的泥浆护壁。泥浆应根据地质和地面沉降控制要求经试配确定，并在泥浆配制和挖槽施工中对泥浆的相对密度、黏度、含砂率和 pH 值等主要技术性能指标进行检验和控制。每个幅段的沟槽开挖结束后，在槽段内放置钢筋笼，并浇筑水下混凝土。然后将若干个幅段连成一个整体，形成一个连续的地下墙体，即现浇钢筋混凝土壁式连续墙。

2. 钻孔灌注桩支护结构

钻孔灌注桩一般采用机械成孔。地铁明挖基坑中多采用螺旋钻机、冲击式钻机和正反循环钻机等。对于反循环钻机，由于其采用泥浆护壁成孔，故成孔时噪音低，适于城区施工，在地铁基坑和高层建筑深基坑施工中得到广泛应用。

3. SMW 桩

SMW 桩挡土墙是利用搅拌设备就地切削土体，然后注入水泥类混合液搅拌形成均匀的挡墙，最后，在墙中插入型钢，即形成一种劲性复合支护结构。这种支护结构的特点主要表现在止水性好，构造简单，型钢插入深度一般小于搅拌桩深度，施工速度快，型钢可以部分回收、重复利用。

4. 钢板桩支护结构

钢板桩强度高，桩与桩之间的连接紧密，隔水效果好，可重复使用。因此，沿海城市如上海、天津等地修建地下工程时，在地下水位较好的基坑中采用较多；北京地铁一期工程在木樨地过河段也曾采用过。钢板桩常用断面形式，多为 U 形或 Z 形。我国地下铁道施工中多用 U 形钢板桩，其沉放和拔除方法、使用的机械均与工字钢桩相同，但其构成方法则可分为单层钢板桩围堰、双层钢板桩围堰及屏幕等。由于地铁施工时基坑较深，为保证其垂直度且方便施工，并使其能封闭合龙，多采用帷幕式构造。

5. 工字钢桩支护结构

作为基坑支护结构主体的工字钢，一般采用 I50 号、I55 号和 I60 号大型工字钢。基坑开挖前，在地面冲击打桩机沿基坑设计边线打入地下，桩间距一般为 1.0～1.2m。若地层为饱和淤泥等松软地层也可采用静力压桩机和振动打桩机进行沉桩。基坑开挖时，随挖土方随在桩间插入 50mm 厚的水平木板，以挡住桩间土体。基坑开挖至一定深度后，若悬臂工字钢的刚度和强度都够大，就需要设置腰梁和横撑或锚杆(索)，腰梁多采用大型槽钢、工字钢制成，横撑则可采用钢管或组合钢梁。

工字钢桩支护结构适用于黏性土、砂性土和粒径不大于 100mm 的砂卵石地层；当地下水位较高时，必须配合人工降水措施。打桩时，施工噪声一般都在 100dB 以上，大大超过环境保护法规定的限值。因此，这种支护结构一般宜用于郊区距居民点较远的基坑施工中。当基坑范围不大时，例如地铁车站的出入口，临时施工竖井可以考虑采用工字钢做支护结构。

6. 深层搅拌桩挡土结构

深层搅拌桩是用搅拌机械将水泥、石灰等和地基土相混合，从而达到加固地基的目的。作为挡土结构的搅拌桩一般布置成格栅形，深层搅拌桩也可连续搭接布置形成止水帷幕。

第三章　深基坑支护设计原则与工作流程

高层建筑上部结构传到地基上的荷载很大，为此多建造补偿性基础。为了充分利用地下空间，有的设计有多层地下室，所以高层建筑的基础埋深较深，施工时基坑开挖深度较大，如北京外经贸委综合楼为26.68m、北京的京城大厦为23.76m、北京中银大厦为22.715m、上海金茂大厦为19.65m、上海银冠大厦为19.5m、武汉中南商业广场为17.4m、深圳鸿昌广场为20.7m等。许多城市的高层建筑施工都需开挖深度较大的基坑，给施工带来很多困难，尤其在软土地区或城市建筑物密集地区。施工场地邻近的已有建筑物、道路、纵横交错的地下管线等对沉降和位移很敏感，不允许采用较经济的放坡开挖，而需在人工支护条件下进行基坑开挖。支护结构如何选型、进行合理的布置和设计计算，这些会直接影响如何组织施工，以及施工过程中的支护结构监测和环境保护等问题。支护结构的设计和施工，影响因素众多，如土层种类及其物理力学性能、地下水情况、周围形境、施工条件和施工方法、气候等因素都对支护结构产生影响；再加上荷载取值的精确性和计算理论方面存在的问题，要想使支护结构的设计完全符合客观实际，目前还存在一定的困难。为此，虽然支护结构多数都属于施工期间挡土、挡水、保护环境等所用的临时结构，但其设计要在保证施工安全的前提下，尽力做到经济合理和便于施工。

一、基坑支护结构的设计原则与方法

基坑支护结构设计的原则为：安全可靠；经济合理；便于施工。

根据现行国家行业标准《建筑基坑支护技术规程》，基坑支护结构应采用分项系数表示的极限状态设计表达式进行设计。基坑支护结构的极限状态，分为承载能力极限状态和正常使用极限状态两类。承载能力极限状态对应于支护结构达到最大承载能力或土体失稳、过大变形，导致支护结构或基坑周围环境破坏；正常使用极限状态对应于支护结构的变形已经妨碍地下结构施工或影响基坑周边环境的正常使用功能。基坑支护结构均应进行承载力极限状态的计算，计算内容包括：①根据基坑支护形式及其受理特点进行土体稳定性计算；②基坑支护结构的受压、受弯、受剪承载力计算；③当有锚杆和支撑时，应对其进行承载力计算和稳定性验算。对于安全等级为一级和对支护结构变形有限定的二级建筑基坑侧壁，尚应对基坑周边环境及支护结构变形进行验算。

1. 基坑工程勘察

为了正确地进行支护结构设计和合理组织基坑工程施工，事先需对基坑及其周围进行下述勘察。

(1) 岩土勘察

在建筑地基详细勘察阶段，宜同时对基坑工程需要的内容进行勘察；勘察范围取决于开挖深度及场地的岩土工程条件，宜在开挖边界外开挖深度1~2倍范围内布置勘探点，对于软土勘察范围尚宜扩大；勘探点的间距可为15~30m，地层变化较大时，应增加勘探点查明分布规律；基坑周边勘探点的深度不宜小于1倍开挖深度，软土地区应穿越软土层。

岩土勘察一般应提供下述资料：①场地土层的类型、特点、土层性质；②基坑及围护墙边界附近，场地填土、暗河、古河道及地下障碍物等不良地质现象的分布范围与深度，表明其对基坑工程的影响；③场地浅层潜水和坑底深部承压水的埋藏情况，土层渗流特性及产生流砂、管涌的可能性；④支护结构设计和施工所需土、水指标；⑤土的抗剪强度指标内摩擦角度和黏聚力，一般宜采用直剪试验的固结快剪取得，要提供峰值和平均值。

(2) 水文地质勘察

应提供下列情况和数据：①地下各含水层的视见水位和静止水位；②地下各含水层中水的补给情况和动态变化情况，与附近水体的连通情况；③基坑底以下承压水的水头高度和含水层的界面；④分析施工过程中水位变化对支护结构和基坑周边环境的影响，提出应采取的措施。

(3) 基坑周边环境勘察

应包括以下内容：①查明影响范围内建(构)筑物类型、层数、基础类型和埋深、基础荷载大小及上部结构现状；②查明基坑周边各类地下设施，包括给水、排水、电缆、煤气、污水、雨水、热力等管线的分布与性状；③查明基坑四周道路的距离及车辆载重情况；④查明场地四周和邻近地区地表水汇流和排泄情况，地下水管渗漏情况及对基坑开挖的影响。

2. 支护设计准备

在进行支护结构设计之前，应对下述地下结构设计资料进行收集和了解：

(1) 主体工程地下室的平面布置以及与建筑红线的相对位置，这对选择支护结构型式及支撑布置等有关；

(2) 主体工程基础的桩位布置图，这与支撑体系中的立柱布置有关，应尽量利用工程桩作为立柱桩以降低造价；

(3) 主体结构地下室层数、各层楼板和底板的布置与标高以及地面标高，这与确定开挖深度、选择围护墙与支撑型式和布置以及换撑等有关。

二、深基坑支护变形机理

基坑周围地层移动是基坑工程变形控制设计中的首要问题，有不少工程因支护结构变形过大，导致围护结构破坏或围护结构虽未破坏但周围建筑物墙体开裂甚至倒塌的严重后果。在基坑支护设计中需要考虑地层移动机理及支护结构变形、坑底隆起机理。基坑开挖过程也是基坑开挖面逐渐卸掉荷载的过程，由于卸荷而引起坑底土体产生向上为主的位移，同时也引起围护墙在两侧压力差的作用下产生水平位移，因此产生基坑周围地层移动。所以，一般情况下，基坑开挖引起基坑周围地层移动的主要原因是坑底土体隆起和围护墙的位移。

1. 坑底土体隆起

基底隆起量的大小是判断基坑稳定性和将来建筑物沉降的重要因素之一。坑底隆起是垂直方向卸荷改变坑底土体原始应力状态的反应，在开挖深度不大时，坑底土体在卸荷后发生垂直的弹性隆起。当围护墙底为清孔良好的原状土或注浆加固土体时，围护墙随土体回弹而抬高。坑底弹性隆起的特征为坑底中心部位隆起最高，而且坑底隆起在开挖停止后很快停止。这种坑底隆起基本不会引起基坑周围地层的移动。随着开挖深度增加，基坑内外的土面高差不断增大，当开挖到一定深度，基坑内外土面高差所形成的加载和地面各种超载的作用就会使围护墙外侧土体产生向基坑内移动，使基坑坑底产生向上的塑性隆起。同时在基坑周围产生较大的塑性区，并引起地面沉降。另外，基坑开挖后，墙体向基坑内移动，当基底面以下部分的墙体向基坑方向移动时推挤墙前的土体，造成基底隆起。基坑隆起量的大小除和基坑本身特点有关外，还和基坑内是否有桩、基底是否加固、基底土体的残余应力等密切相关。因此，计算基底隆起量的方法虽然很多，但多数方法的计算结果和实测值相差较大。

2. 围护墙的位移

围护墙墙体的变形从水平向改变基坑外围土体原始应力状态而引起地层移动。基坑开始开挖后，围护墙便开始受力变形。在基坑内侧卸去原有土压力时，在墙体外侧则受到主动土压力。而在基坑的围护墙内侧则受到全部或部分被动土压力。由于总是开挖在前，支撑在后，所以围护墙在开挖过程中，安装每道支撑以前总是已发生一定的先期变形。一般挖到设计坑底标高时，墙体最大位移发生在坑底面上1~2m处。围护墙的位移使墙体主动土压力区和被动土压力区的土体发生位移。墙外侧主动土压力区的土体向坑内水平位移，使背后土体水平应力减小，以致剪应力增大，出现塑性区，而在基坑开挖面以下的墙内侧被动土压力区的土体向坑内水平位移，使坑底土体加大水平向应力，以致坑底土体增大剪应力而发生水平向挤压和向上隆起的位移，在坑底处形成局部塑性区。因此，同样地质条件和开挖深度下，深基坑周围地层变形范围及幅度，因墙体的变形不同而有很大差异，墙体变形往往是引起周围地层移动的重要原因。

三、深基坑支护结构设计

本文所有支护结构设计计算内容及个案应用的实例，设计计算均采用《建筑基坑支护技术规程》(JGJ 120)中的公式，以符合强制性行业标准的要求，有关施工要求也是如此。

基坑支护的设计内容一般包括：支护体系的方案比较和选型(挡墙和支撑体系)；支护结构的强度和变形验算。进行设计时应考虑的荷载有：土压力、水压力、地面超载、影响范围内建(构)筑物产生的侧向荷载、施工荷载及邻近基础工程施工的影响。

支护结构挡墙的选型，涉及技术因素和经济因素，要从满足施工要求、减少对周围的不利影响、施工方便、工期短、经济效益好等几方面，经过技术经济比较后加以确定。而且支护结构挡墙选型要与支撑选型、地下水位降低、挖土方案等配套研究确定。

支护结构中常用的挡墙结构及其适用范围如下：

(1) 钢板桩。钢板桩常用的有简易的槽钢钢板桩和热轧锁口钢板桩。其中热轧锁口钢板桩的形式有U型、Z型、一字型、H型和组合型。我国一般常用者为U型，即互相咬接形成板桩墙，只有在基坑深度很大时才用组合型。

(2) 钢筋混凝土板桩。这是一种传统的支护结构，截面带企口有一定挡水作用，顶部设圈梁，用后不再拔除，永久保留在地基土中，过去多用于钢板桩难以拔除的地段。

(3) 钻孔灌注桩排桩挡墙。常用直径为600~1000mm，做成排桩挡墙，顶部浇筑钢筋混凝土圈梁，设内支撑体系。我国各地都有应用，是支护结构中应用较多的一种。

灌注桩挡墙的刚度较大，抗弯能力强，变形相对较小，在土质较好的地区已有7~8m悬臂桩，在软土地区坑深不超过14m皆可用之，经济效益较好。但其永久保留在地基土中，可能为日后的地下工程施工造成障碍。由于目前施工时难以做到相切，桩之间留有100~150mm的间隙，挡水效果差，有时与深层搅拌水泥土桩挡墙组合应用，前者抗弯，后者做成防水帷幕起挡水作用。

(4) H型钢支柱、木挡板支护挡墙。这种支护结构适用于土质较好、地下水位较低的地区，国外应用较多，国内也有应用。如北京京城大厦深23.5m的深基坑即用这种支护结构，它将长27m的488mm×300mm的H型钢按1.1m间距打入土中，用三层土锚拉固。H型钢支柱按一定间距打入，支柱间设木挡板或其他挡土设施，用后可拔出回收重复使用，较为经济，但一次性投资较大。

(5) 地下连续墙。地下连续墙已成为深基坑的主要支护结构挡墙之一，国内大城市深基坑工程利用此支护结构为多，常用厚度为600~1000mm，目前也可施工厚度450mm的，上海至今已完成100多万 m^2 地下连续墙。尤其是地下水位高的软土地区，当基坑深度大且邻近的建(构)筑物、道路和地下管线相距甚近时，往往是首先考虑的支护方案。上海地铁的多个车站施工中都采用地下连续墙。

(6) 深层搅拌水泥土桩挡墙。深层搅拌水泥土桩挡墙在软土地区近年来应用较多，它是用特制进入土深层的深层搅拌机将喷出的水泥浆固化剂与地基上进行原位强制拌合而制成水泥土桩，相互搭接，硬化后即形成具有一定强度的壁状挡墙(有各种形式，计算确定)，既可挡土又可形成隔水帷幕。对于平面呈任何形状、开挖深度不很深的基坑(一般认为不超过6m)，皆可用作支护结构，比较经济；水泥土的物理力学性质，取决于水泥掺入比，多用12%左右。目前在上海地区广为应用，收到较好的效果，它特别适应于软土地区。深层搅拌水泥土桩挡墙，属重力式挡墙，深度大时可在水泥土中插入加筋杆件，形成加筋水泥土挡墙，必要时还可辅以内支撑等。

(7) 土钉墙。土钉墙是一种利用土钉加固后的原位土体来维护基坑边坡土体稳定的支护方法。它由土钉、钢丝网喷射混凝土面板和加固后的原位土体三部分组成。该种支护结构简单、经济、施工方便，是一种较有前途的基坑边坡支护技术，适用于地下水位以上或经降水后的黏性土或密实性较好的砂土地层，基坑深度一般不大于15m。除上述者外，还有用人工挖孔桩(我国南方地区应用不少)、打入预制钢筋混凝土桩等支护结构挡墙。近年来SMW法(水泥土搅拌连续墙)在我国已成功应用，有一定发展前途。北京还采用了桩墙合一的方案，即将支护桩移至地下结构墙体位置，轴线桩既承受侧向土压力又承受垂直荷载，轴线桩间增加一些挡土桩承受土压力，桩间砌墙作为地下结构外墙，收到较好的效果，目前亦得到推广。

第四章　深基坑支护方案优选理论研究及细部优化

第一节　深基坑支护方案优选理论研究

一、影响深基坑支护方案的因素分析

深基坑工程具有非常高的复杂性，影响因素众多，并且各因素相互联系，相互影响。在基坑支护设计中，必须周全仔细地筛选、分析和量化对基坑工程可能产生影响的因素。这些因素归纳主要如下：

（1）环境因素：

① 周围建筑及设施：建筑深基坑大部分处在城市中心区域，周边建筑物以及地下管线密集，往往要求基坑垂直开挖，同时注意基坑开挖时对周围建筑物和地下设施的影响。

② 工程地质和水文地质条件：基坑工程场地的地层情况，包括地层构造、土层分类、岩土体物理参数等；基坑工程场地的地下水情况，包括地下水位及变化规律，各层土体渗透规律和周围水头补给及变化情况，潜水和承压水的水质、水压、流速、流向等；地下障碍物，包括既有基础及地下构筑物、垃圾、暗流等情况。

③ 施工条件：基坑的施工条件决定其设计方案的是否可行。施工场地的交通、行政、商业情况；支护方案选择时要兼顾到施工中引起的环境问题（振动、噪声、泥浆、粉尘等）；施工场地所能提供的材料堆放、构件加工，车辆进出等所需的现场情况。

（2）主体工程因素：建筑深基坑支护设计前要全面熟悉、了解主体工程的相关资料，包括规模、结构形式、施工方式以及使用要求等。

（3）基坑的形状、深度和宽度等因素。

（4）基坑支护结构的载荷因素，包括侧向载荷、垂向载荷、地震载荷、地面超载、风载的因素。

（5）现已应用的各种支护技术的特点和适用范围以及施工队伍常用的施工方法、施工设备及施工技术等情况。

（6）相关基坑支护设计依据资料：国家和当地有关基坑支护设计和施工的规范、规程；周围相似基坑工程中的经验和教训。

二、深基坑支护方案优选的原则

深基坑支护方案选择的原则是依据周边环境、开挖范围和深度、工程地质以及水文地质条件、施工条件、工期等多方面因素综合考虑后做出选择，主要包括以下几点：工艺安全可靠性、先进性和施工可行性分析；基坑支护对环境影响的评价；基坑支护结构施工工期的对

比分析；基坑支护结构的工程经济综合对比。

对某个具体工程可能会有多个可能的支护方案，对几种可行方案的选择从多方面考虑，因为每一种方案都有各自的特点，有的省钱，有的工期短，有的环境影响小，有的安全性高。这就要求建立一个可以综合考虑各种因素的优化模型，对基坑支护方案进行优选，以增加支护方案选择的客观性和科学性。

《建筑基坑支护技术规程》(JGJ 120)中对基坑支护方案选择有一些原则规定。支护结构选型要兼顾到结构的空间效应以及受力特点，采用利于结构用材受力特点的形式；支护结构选型要依据基坑周围环境、开挖深度、工程地质及水文地质条件、施工工艺和设备以及施工节气等条件；选用支挡结构、土钉墙、重力式水泥土墙、放坡或者选用以上类型的组合时按照规范《建筑基坑支护技术规程》(JGJ 120)原则。

三、深基坑支护方案优选方法

决策是人的一种主观活动，是人对客观事物的认知和选择过程。决策科学和数学、运筹科学、管理学、行为学以及思维学等科学关系紧密，是非常具有综合性的科学。而很多的决策是具有多个目标，甚至几个层次的模糊不清的决策。在社会活动中有大量的模糊性现象，模糊性是事物间固有的不确定和过渡特性，比如上下、长短、高低等之间的中间性质，具备模糊性。

1965 年美国学者 ZadehLA 提出并建立了模糊集理论(ZadehLA，1965)，在此基础上，学者们又进行了许多研究，如模糊统计试验(汪培庄，1983)、模糊决策分析理论等(陈守煌，2002)。模糊多目标决策理论是其中最成功的理论，应用最为广泛，在岩土工程界也有广泛的应用。深基坑支护结构设计方案的选择就是一种模糊多目标的决策问题，工程师们要在多个可能的方案中选出最满意的支护方案，但影响方案选择有很多的要素，这在前文中已有所述。通过模糊多目标决策理论将支护方案的优选，转换成在特定的情况下求解多个数值目标函数的优化问题。

第二节　深基坑支护细部优化

一个成功的支护型式，不仅要求安全性，还要具有经济性。影响桩锚支护的因素众多，其中两点很关键，一是选择正确的计算模型；二是设计参数的选取。

(1) 计算模型的选择，要根据基坑工程地质条件及水文地质条件而定，如当下部土层较好时，自由端法(简支梁)比固定端法(等值梁法)符合力学理论。

(2) 对支护结构设计参数进行优化，主要包括桩的嵌固深度、桩径、桩间距、桩身弯矩、混凝土强度、锚杆位置及角度等参数。

一、计算模型的选择

目前，基坑支护结构内力计算的传统方法主要有：简支梁法、等值梁法、塑性铰法等(刘国彬等，2009)。单锚桩支护的计算主要利用简支梁法和等值梁法。这两种方法有各自的优缺点。简支梁法中桩墙在主动土压力、被动土压力和锚固力的共同作用下处于平衡状态，它将整个桩假设成一个简支梁，将基坑底以下的桩假设成简支端，然后整个桩绕简支端

(桩底端)转动，将锚固力作用点假设成支点。然后利用横向力平衡方程和对锚固力点(或桩底端)的力矩平衡方程得出锚固力和桩的嵌固深度。通过前人的理论分析和实践，简支梁法符合理论力学，但不符合材料力学(姚爱国，2000)，利利用该方法设计的桩身截面不合理，造成浪费，而上且计算出的锚固力过大，与实际不符。等值梁法将基坑底以下桩假设成固定端，将锚固力处假设成辊轴支座，将反弯点处假设成铰支座，之后列出反弯点处力矩平衡方程解出锚固力和嵌固深度。利用等值梁法求出的锚固力与实际相近，但桩嵌固深度过大，造成浪费(姚爱国，2000)，要人为的利用经验减少桩长。

多锚计算时利用整体等值梁法、分段等值梁法、二分之一分割法等(秦四清，1998)。基坑支护结构的解析方法有山间帮男法、弹性法和弹塑性法。山肩邦男法和弹性法的基本假定(刘国彬等，2009)基本相同，只在土压力略有差别，这两种方法假设土压力已知，同时支护结构弯矩和支撑轴力在加后面支撑后不发生变化，弹塑性方法假设土压力已知而支护结构弯矩和支撑轴力随基坑开挖的加深发生变化。

基坑支护结构的数值分析方法主要为有限元方法。这种方法能兼顾到土体和支护结构的相互作用，施工过程中的位移、内力等都模拟得出，比较直观，接近实际情况。在不同的计算模式有各自适用条件，也有各自的优点和缺点，在设计中，根据不同条件，要合理的综合利用不同的计算模式。

二、设计参数的优化

1. 桩径及桩间距优化

桩径和桩间距的确定直接影响支护结构的稳定性和经济性。基坑变形随着桩径的增大变小，但是达到某一值后影响幅度很小，而且桩径越大，混凝土用量越大，造价越高。

基坑变形在一定范围内随着桩间距的变大而变大，桩间距小，桩数量增加，造价高，而且桩间土体的自承作用没有得到足够的发挥；桩间距过大，桩间会失稳从将桩间滑出，因此要合理选择桩间距，使桩间土拱效应充分发挥作用，这样既可以确保基坑的安全稳定性，又可以减少造价。

2. 嵌固深度优化

基坑支护设计中，桩的嵌固深度设计很关键，嵌固深度过小，基坑稳定性很差，嵌固深度过深，虽然基坑稳定性得到保证，但是会造成经济上的浪费，因此，对桩嵌固深度的合理化选择尤为重要，需要寻求安全和经济两方面的平衡。桩嵌固深度较小时，支护结构整体向坑内变形，桩底可能向坑内有位移，这时嵌固段被动土压力全部起作用，可以将桩的下部可看作简支。桩嵌固深度小，但弯矩和变形大，此时的嵌固深度不够合理。桩嵌固深度增大，桩底被动土压力没有发挥全部作用，桩底端可以看作简支，此时弯矩和变形仍然很大。桩嵌固深度继续增大，这时，桩嵌固段两侧均有被动土压力，桩处于嵌固的状态。此时，可以将支护结构看做等值梁，此时，嵌固段具有正负两个弯矩，桩身整体弯矩和变形大幅减小。桩嵌固深度继续增大，这时支护结构两侧的被动土压力都没有发挥全部作用，而且桩身弯矩和变形都没有明显较少，这说明，嵌固深度过大的效果不明显，对支护结构稳定性的加强没有太大作用，只会造成经济上的浪费。

桩嵌固深度的选择方法步骤为：根据规范和经验初步确定嵌固深度值；然后对该值进行稳定性验算、抗隆起验算，如果符合安全系数规定，则确定该值为嵌固深度；如果不符合安全系数规定，加大嵌固深度值，在进行验算分析，直到符合为止，符合安全系数规定的嵌固深度为最终值。

3. 锚固位置优化

桩锚支护结构中，锚杆不同的锚固位置直接影响桩的嵌固深度、弯矩分配和支点力的大小。锚固位置的优化选择出锚固点距桩顶的最佳距离，使基坑的稳定性和经济性得到最好的效果。

本节研究了几种常见的基坑支护类型，以及各自的适用条件和优缺点；并分析了影响深基坑支护方案的影响因素。利用多目标模糊决策理论进行支护方案系统优化，根据层次分析方法建立了基坑支护方案层次结构模型，并对各影响因素进行了权重的赋予然后建立了深基坑模糊综合评判体系。对基坑支护设计的计算模型进行了比较分析，并探讨了每种计算模型优缺点和适用范围，在选择计算模型时要根据不同条件，综合合理利用计算模型；之后对基坑支护的主要参数进行优化分析，主要包括桩径、桩间距、嵌固深度、锚固位置。

第五章　深基坑支护施工关键技术要点

一、概述

基坑支护工程的施工水平是另一个影响基坑安全的关键点，因此在完成基坑支护设计后，还需编写施工流程及施工要点作详细说明，作为下阶段施工的技术指引。本章主要对基坑支护的施工流程和各施工工序的关键技术要点作详细论述。

二、基坑支护施工内容及总体施工流程

1. 施工内容

本项目基坑安全等级为二期，使用年限为半年，根据设计要求，工程特点、场地周边关系、地质、地下水情况及工程造价、施工工期等综合考虑，施工内容如下：

(1) 地基加固

按设计要求，采用 ϕ500 深层水泥搅拌桩进行复合地基处理，搅拌桩按等边三角形 1.3m 间距布置，桩长 14m。为避免不必要的材料浪费，搅拌桩施工前需根据基坑线位作好布桩图，搅拌桩位置需与基坑支护结构位置和止水帷幕位置错开。基坑范围内搅拌桩先采用空钻，空钻至基坑底部标高以上 50cm 时再开始喷浆。待地基施工完成 28d 通过检验后，复合地基具备一定强度，方开始进行基坑开挖。

(2) 基坑支护结构及止水措施

基坑采用 12m 拉森Ⅳ钢板桩支护，2×32a 槽钢合并作为钢围檩；采用 d299×8 钢管作为内撑。基坑两侧咬合施打双排 ϕ500 水泥搅拌桩作为止水帷幕，止水帷幕深度 8.5m。

(3) 降水措施

基坑顶部地面两侧设 300×400 截水沟截留地表水，排入周边道路的市政排水管道，坡顶截水排水沟用 120 厚黏土砖砌筑，垫层为 80 厚 C15 细石混凝土，内侧 20 厚 1∶2.5 水泥砂浆抹面压光。基坑底部设临时排水沟+集水井排水，保证地下水位低于基坑底部以下 50cm。

2. 总体施工流程内容

基坑支护工程的总体施工流程如下：

施工准备→场地修整→地基采用水泥搅拌桩加固施工→12m 长拉森 IV 型钢板桩施工→双排水泥搅拌桩止水帷幕施工→开挖土方至第一道内撑以下 0.5m 处→第一道钢管内撑施工→开挖土方至第二道内撑以下 0.5m 处→第二道钢管内撑施工→土方分段开挖至基坑底上 0.3m→人工清理至设计标高→污水管垫层施工→污水管施工→分层回填至第二钢管内撑下 0.3m 处→拆除第二道钢管内撑→分层回填至雨水管底→雨水管施工→分层回填至第一钢管内撑下 0.3m 处→拆除第一道钢管内撑→分段分层回填土方设计标高→拔除钢板桩，施工完成。其中拉森钢板桩、水泥搅拌桩和土方开挖的施工是本项目的关键技术要点，以下将对这

三方面的施工技术要点再详细论述。

三、拉森钢板桩施工技术要点

拉森钢板桩施工采用带震动锤机的履带式挖掘机，施打前应先了解清楚市政管线及周边环境情况，做好测量放线，定位好钢板桩施打线位。拉森钢板桩施工需保证每根钢板桩均是垂直打入，且相邻钢板桩需保持平直，施工采用屏风式打入法。

1. 钢板桩施打

拉森钢板桩施工是本工程施工最关键的工序之一，其施工质量对基坑安全和止水效果有重要影响。

施工中要注意以下施工有关要求：

(1) 施工前准备：放线定位：最好控制测量，放准钢板桩平面线位，线位需平直，保证基坑净宽足够。

(2) 材料检查：施工前需对每根钢板桩质量进行检查，对变形较大和锁口破损严重的钢板桩，需整修完成后方可使用。

(3) 桩尖处的凹槽口在施打前应做好密封，以防施打时挤入泥土，锁口应涂润滑液(如油脂类)，便于相邻钢板桩相互咬合。

(4) 钢板桩施工应保证每条桩的垂直度，倾斜斜率控制在 1.5%以内，若倾斜太大不能调整垂直时，需拔出钢板桩重新施打。

(5) 钢板桩施打采用屏风式打入法。在钢板桩施打线位安装导架，将钢板桩成排插入导架内(约 10~20 根)，呈屏风状。先将屏风墙两端的一组钢板桩打至设计标高，并严格控制垂直度，用电焊固定在围檩上，然后在中间按顺序分 1/3 或 1/2 板桩高度打入。屏风式打入法的施工顺序有正向顺序、逆向顺序、往复顺序、中分顺序、中和顺序和复合顺序。施打顺序对板桩垂直度、位移、轴线方向的伸缩、板桩墙的凹凸及打桩效率有直接影响。因此，施打顺序是板桩施工工艺的关键之一。其选择原则是：当屏风墙两端已打设的板桩呈逆向倾斜时，应采用正向顺序施打；反之，用逆向顺序施打；当屏风墙两端板桩保持垂直状况时，可采用往复顺序施打；当板桩墙长度很长时，可用复合顺序施打。总之，施工中应根据具体情况变化施打顺序，采用一种或多种施打顺序，逐步将板桩打至设计标高，一次打入的深度一般为 0.5~3.0m。

(6) 钢板桩打设的公差标准如下：板桩轴线偏差：±10cm，桩顶标高：±10cm，板桩垂直度：1.5%。

(7) 相邻钢板桩需保证锁扣是相互扣紧的，转角位置要使用转角钢板桩。

(8) 钢板桩施打完成后，应进行闭水性检查，若发现漏水，需及时进行焊接修补。

(9) 整个基坑支护结构施工期间，需注意内撑不能受到碰撞和冲击，内撑设置需随挖随撑，严禁不设内撑就继续开挖或随意拆除内撑，禁止在内撑上施工作业和放置重物。

2. 钢管内撑安装流程

(1) 钢管内撑、托架和钢围檩制作

在钢管内撑两端焊接 $d=6$mm 的圆堵板，钢管内撑与圆堵板间增设 4 块加劲板焊接。在钢管内撑下方左右各焊接一个小托架，小托架板尺寸与加筋板相同，均为 40mm×60mm，$d=6$mm 的三角形钢板。与水平方向夹角为 45°，标高齐平，方便固定钢管内撑，如图 1-5-1

所示。

钢围檩由 2 根 2a 的工字钢和 2 块 120×200×6 的钢板连接而成，具体安装尺寸如图 1-5-2 所示，焊接应满焊。

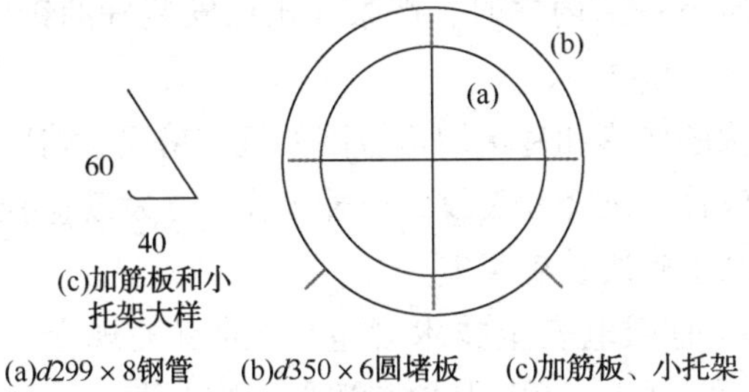

图 1-5-1　钢管内撑、加劲板、小托架大样

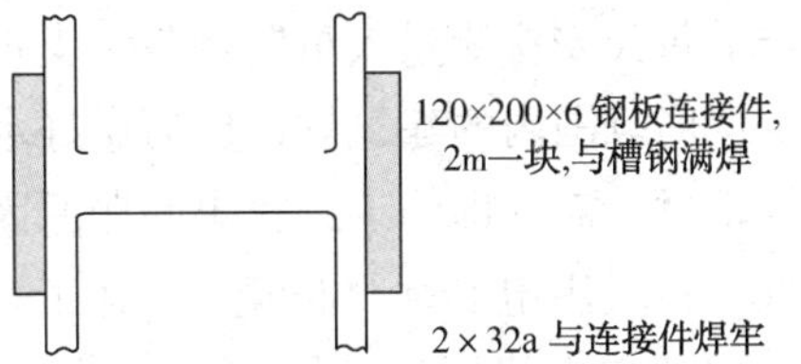

图 1-5-2　钢围檩大样

（2）开挖出钢管内撑施工工作面之后，先用湿布清理出需要焊接托架及钢围檩的位置，方便下一步焊接托架及加劲肋板。

（3）支撑位置弹线定位：用全站仪放线，每隔 3m 用红油划出两道标高线，确定出托架与围檩的位置。

（4）安装托座：根据测量放线找出的位置，逐个安装好钢托架，托架与钢板桩焊接必须满焊。

（5）施工钢围檩：施工好托架之后，采用 PC200 勾机吊装钢围檩，吊机臂摆动必须有专人指挥，钢围檩摆放稳固之后才可以根据钢管内撑位置烧焊钢管内撑小托板。

（6）钢管内撑就位：采用 PC200 勾机吊装钢管内撑，钢管内撑就位之后必须与钢围檩满焊，对于缝隙较大的地方，采用加塞楔块，楔块材料与钢管内撑一致，然后再满焊，防止钢管内撑因为扭力转动。

（7）钢围檩背后填充：钢管内撑安装就位后，必须对钢围檩与钢板桩的空隙进行填充，采用 $d=32$mm 的钢筋焊接在钢围檩与钢板空隙之间，每 20cm 一条。另外采用 $d=14$mm 的二级钢筋 45°将钢围檩与钢板桩焊接起来，每 100cm 一条，焊接长度满足规范要求，即单面焊 $L>10d$，双面焊 $L>5d$。钢管内撑与钢板桩链接处节点大样如图 1-5-3 所示。

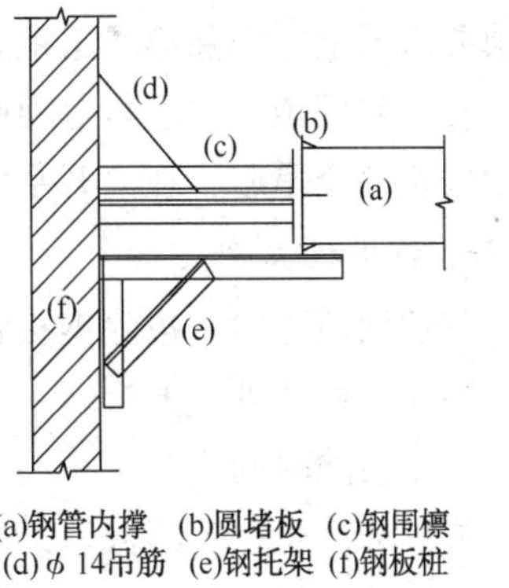

图 1-5-3　内撑、钢板桩连接大样图

3. 钢管内撑安装注意事项

（1）两端部与挡土结构接触处应紧密结合。

（2）每根钢管内撑的安装轴线偏心不大于 20mm。

（3）钢管内撑构件加工完毕后，先除锈后涂两道红丹，一道面漆。

4. 钢管内撑撑安装安全措施

（1）钢管内撑安装前工程技术部要进行详细检算，对钢管内撑撑安装的操作人员进行培训和安全技术交底。

（2）钢管内撑的吊装必须符合《建筑安装工人安全技术规程》中的有关规定。

（3）安装钢管内撑时，首先在钢板桩上标记好内撑焊接位置，内撑和钢板桩链接部位，应采用钢托架和钢筋固定，保证钢管内撑、围檩和钢板桩三者的链接可靠巩固，不会因震动或碰撞而使钢内撑脱落。

（4）在挖土时、挖掘机及起吊设备或吊装下一道内撑时，严禁撞击已安装好的钢内撑，禁止吊臂下站人或从事其他作业。

（5）每天安排测量人员监测基坑支护结构的变形和基坑周边范围的沉降情况，对距离基坑 2 倍深度范围内的建筑物，也需做好水平位移、沉降和裂纹的监控工作，当发现监控数据出现异常时，需立即停工，找出问题原因并马上解决，确保安全。

（6）临时用电必须严格遵守《施工现场临时用电安全技术规范》中的有关规定。电焊机必须安装二次降压保护器及严格执行“一机一闸一漏电保护装置”，严禁使用一闸多机及违章操作。操作人员必须按规定佩戴安全防护设施，持证上岗。焊接时，作业人员不得触碰到钢板桩或者钢管内撑，电线应该采用绝缘体架空，不得直接放在钢板桩或钢管内撑上。

5. 钢管内撑拆除

（1）施工完污水管后，马上对污水管进行土方回填，回填材料采用中、粗砂，回填土厚度大于或等于管径，分层回填，每层虚铺厚度不大于 30cm，分层冲实，管壁两边土方密实度大于 90%，管顶上方土方密实度大于 80%。分层回填土方至第一道钢管内撑下 0.3m 处，拆除第一道钢管内撑。

（2）然后回填土方至雨水管底位置，施工雨水管，再回填至第二钢管内撑下 0.3m 处，回填要求同上，拆除第二道钢管内撑。

（3）对回填土方进行分项验收后，拆除钢管内撑，烧除掉钢管内撑于钢围檩的连接后，采用勾机整个吊起，在离开基坑外 2m 位置进行有序的堆放。

6. 钢板桩拔除

基坑回填土时，拔除钢板桩，修整后重复使用。钢板桩拔除需要注意钢板桩的拔除时间、顺序及桩孔处理方法。

（1）拔除时间

拔桩会产生一定的振动，如拔桩再带上过多泥土会引起土体的位移和地面的沉降，造成难以预计的后果，因此对于封闭式钢板桩墙，拔桩的开始点应该离开角桩 5 根以上，必要时还可以用跳拔的方法间隔拔除。如果有条件，将钢板桩用振动锤再复打一次，还可克服土的黏附力；

（2）钢板桩拔除顺序

拔桩的顺序一般与打桩顺序相反。

（3）桩孔处理方法

对拔桩产生的桩孔，需及时回填以减少对邻近建筑物的影响，可以采用边拔桩边灌砂或边注浆的方式。另外，为了有效地拔除钢板桩，作业前在应对每根钢板桩的打入情况作好详细记录，以此判断拔桩作业的难易程度。在对钢板桩二次利用的保护上，应及时对拔除的钢板桩清砂涂脂。并对变形的钢板桩进行修整后方能二次利用。

四、水泥搅拌桩施工技术要点

1. 施工前准备

(1) 场地平整。施工现场必须清除地上和地下一切障碍物后再予以平整。遇有水塘、明沟应抽水和清淤，分层回填砂性土料并压实，不得回填杂填土。当场地过于软弱，不利于搅拌桩机行走时，应铺设工作垫层。

(2) 对原材料质量进行检验，合格后方可使用。

2. 施工材料

加固材料：普通硅酸盐水泥，水泥储存时间超过 3 个月时应重新取样，并按其检验结果适用，使用前报监理工程师批准。水泥浆水灰比：0.45∶1～0.55∶1。用水宜采用饮用水，使用非饮用水时须经化验并复核以下规定：硫酸盐含量不超过 2700mg/L，含盐量不得超过 5000mg/L，pH 值不小于 4。砂垫层采用洁净中粗砂，含泥量不大于 5%，最大粒径不超过 30mm，不含植物残体、垃圾等杂质。

3. 施工工艺

(1) 工艺性试桩：在工程桩施工前必须按施工组织设计进行工艺性试桩，以根据设计要求确定施工参数与工艺，每个作业点试桩不少于 5 根。工艺性试桩目的是为了检验桩机性能及各项技术参数，其中主要包括确认持力层深度、水灰比调配、电流值控制、钻进和提升速度，试桩成功后方可进行深层水泥搅拌桩的大面积施工。

(2) 施工工艺：本项目地基各土层天然含水量均小于 70%，采用喷水泥浆施工，四喷四搅工艺，即每条桩桩机钻头需重复下沉和提升各两次，下沉和提升时均进行喷浆和搅拌。搅拌下沉和提升的速度需小于 1.0m/min。

(3) 施工桩长应按设计标高、地质情况和终搅电流值(I=60A)综合控制。

4. 施工注意事项

(1) 为保证搅拌桩基本与地面垂直，施工前应先对水泥搅拌桩调平和调整导向架的垂直度，控制桩机的垂直度偏斜不超过 1%，平面桩位误差不得大于 20mm。

(2) 所使用的水泥都应过筛，水泥浆液须按确定的配合比拌制，制备好的浆液不得离析，泵送必须连续。根据工艺性试桩结果按最优水灰比进行调配水泥浆。

(3) 严格控制搅拌桩基钻进和提升速度，为保证土体充分搅拌均为，钻进、提升和搅拌速度切记不能过快。尤其桩顶 1m 左右深度，提升搅拌速度应放慢，并在桩顶位置继续原地喷浆搅拌不少于 30s，确保桩头质量。

(4) 搅拌头预搅下沉时电机的工作电流不得超过 60A。如果下沉速度太慢，阻力太大，可通过输浆管适当送水稀释土体以利钻进。

(5) 现场施工人员必须如实及时填写施工原始记录，安装经有关部门认可的水泥浆量计量装置，自动记录搅拌深度、提升高度和水泥浆液用量。

(6) 搅拌桩施工时，邻近不得进行抽水作业。若相邻地带必须抽水，对砂土、粉土、黏性土，在水泥土桩施工完成 3d 后，方可进行抽水作业，对淤泥或淤泥质土，在水泥土桩施工完成 4d 后，方可进行抽水作业。

五、土方开挖技术要点

采用长臂勾机和120勾机在坑内外配合开挖土方，施工要点如下：

(1) 基坑土方主要通过长臂勾机在基坑顶上进行土方开挖，120勾机清除钢管内撑下的土方，土方分层分段开挖。分层挖土的高度不大于2.0m。分段长度根据基坑形状尺寸约30m。分段开挖基坑可以分段支撑，但一定要先支撑后开挖。开挖过程中必须加强对基坑支护结构及周边建筑物和管线的监测。

(2) 土方开挖施工必须配合基坑支护工程施工，以确保基坑支护结构的安全与保证工程质量与工期。

(3) 确保支护结构安全的关键，挖掘过程中，抓斗距围护体至少30cm以上，避免撞击。

(4) 土方开挖过程中采用明沟与大井集水后开挖土方。

(5) 机械不能挖到的地方采用人工挖土，并由挖土机挖走。长臂勾机机手看不到的地方，派专门人员指挥土方开挖。

(6) 专人指挥挖掘机挖土施工，挖掘机挖斗1.5倍旋转范围内不得站人。

(7) 基坑施工期间应做好监测工作，密切监测基坑支护结构、周边建筑物和地下管线情况，若发现监测数据异常需马上停止施工。

(8) 基坑周边设置1.20m高钢栏杆。

(9) 严格控制基坑周边堆载，基坑边和坡顶上的荷载不得超过20kN/m。

(10) 土方开挖至设计标高后，应及时进行管道施工。

六、周边建筑、管线保护措施

(1) 搅拌桩及钢板桩施工前，必须做好钎探工作，探明周边是否存在排水管或管线。

(2) 加强基坑监测。基坑监测按国家规范基坑侧壁安全等级为二级的要求进行监测，发现问题立即采取抢险措施，并报设计和有关部门处理。

(3) 基坑开挖前对周边住宅进行检查，检查是否有潜在危险，作出加固处理，并做好位移、沉降的观测点埋设。在整个管线施工过程中，对周边建筑物进行监测，发现异常情况立即停止基坑施工，报设计和有关部门，共同作出处理措施。

(4) 基坑回填前应注意抽水，减少排水管受到的浮力，污水管施工完，要尽快在当天分层回填至雨水管底部(土层厚度必须大于污水管的直径)。避免施工好的污水管因浮力过大上浮。雨水管土方回填同污水管土方回填。

七、本章小结

本章主要对基坑支护结构的施工流程和主要工序的技术要点作了详细论述，作为基坑施工指引使用，关于基坑支护施工的关键技术要点主要归纳如下：

(1) 对于整个施工流程，应严格遵守，不能因赶工期等原因而任意调换工序次序，尤其是因钢板桩施打时会产生振动，会影响止水帷幕的止水效果，因此止水帷幕必须在钢板桩施工工序后面。

(2) 拉森钢板桩是基坑支护的主要结构，其施工质量对基坑的安全稳定有直接影响。对拉森钢板桩的施工有以下几点需要注意：①钢板桩施打需做好垂直度和平直度的控制，相邻钢板桩需确保相互扣紧止水。②内撑和钢板桩的链接节点需牢固可靠。③内撑的安装和拆除需随土方的开挖和回填相互配合。④钢板桩拔除顺序应与打桩顺序相反，拔除时需及时做好桩孔的回填。

（3）水泥搅拌桩作为止水帷幕，需保证水泥搅拌桩成桩效果和相互是咬合链接的。成桩效果的控制，关键是先做好工艺性试桩，调好水泥用量、水灰比和施工速度，根据试桩结论做好每条桩的施工控制。搅拌桩的咬合链接则关键做好平面桩位的控制，保证桩位误差在20mm以内。

（4）土方开挖与钢板桩施打、内撑安装需联动施工，必须做到随挖随撑。坑外挖土与坑内挖土需相互配合。

（5）注意基坑支护工程施工对周边环境的影响，做好监控措施及并有相应的处理方案。

第二篇　深基坑支护设计

随着经济的飞速发展，城市的土地资源越来越有限，人们纷纷把目光投向地下空间。高层、超高层建筑以及地下工程层出不穷，伴随而来的深基坑稳定性也成了需要重视的问题。近些年来，由基坑失稳引起的工程事故屡见不鲜，支护结构的设计与施工有待进一步发展。鉴于深基坑工程自身的复杂性，加上没有一套科学完备的基坑支护设计理论体系来指导，现如今工程上普遍采用的仍是半理论半经验的计算模式，这也必然会导致设计与实际情况往往出入较大。科学合理的支护设计无疑会对基坑工程的安全起到有效的控制，这也是当前学术界和工程界迫切需要解决的课题。

一、土压力计算方法

1. 经典土压力理论

朗肯土压力法和库伦土压力法是经典土压力算法。1857 年，朗肯提出了朗肯土压力理论，他在挡土墙周围土中取一点，假设其处于极限平衡状态，并对其进行应力分析，从而计算出作用在挡土墙上的主、被动土压力的分布与大小。朗肯土压力理论假设墙顶土面水平、墙背竖直，且墙与土体之间的接触面光滑。而实际上挡土墙背与土体之间是存在摩擦的，这就会导致剪应力的出现，这种情况下会导致得出较大的主动土压力和较小的被动土压力，总的来说是偏于安全的。库伦从挡土墙后一滑动楔形体入手，假设其处于极限平衡状态并加以研究，从而提出了库伦土压力理论。库伦土压力假设土体均质且各向同性，土体的破坏滑动面为一平面，楔形体为刚体，只发生平移或转动，而实际上破坏面是曲面，破坏的土楔形也会发生变形等。大量实测资料表明，经典土压力理论所计算出的土压力与实际土压力存在着一定偏差。

2. 经典土压力上的改进

朗肯土压力计算方法和库伦土压力计算方法都是在极限平衡条件下得出的，但实际上，由于深基坑周围的高层建筑对支护位移有着严格的要求，现实中的位移往往达不到经典土压力理论所需的位移，这时就需要考虑支护位移对土压力计算的影响。针对位移对土压力计算的影响，也有研究者进行了监测与研究，姚国圣基于现场监测的数据，在原有的土压力计算模型上，引入了支护上某点和土中某点的两个位移量，并在工程实例中印证了新的计算模型的可靠性；杨永新等引入主动土压力折减系数来考虑土体位移对土压力计算的影响，并与基坑实例对比分析；曹净等充分考虑到支护变形与土的变形协调条件，针对支撑式挡土支护结构提出了新的土压力计算方法；王文杰等从有限土体的土压力计算入手，研究相邻基坑之间土的土压力，简单地推导出计算方式并进行了分析论证；吴刚等认为坑壁之间的夹角对土压力的计算会产生一定影响，但具体的影响机理还需要进一步研究。由于土这种材料的特殊性，已经有很多学者从时空效应的角度来考虑土压力的计算。张燕凯等考虑到土的蠕变性和次固结，在原本的土压力计算方法上做出了改善，并能有效地运用到实际工程中。郏祝融等分别考虑时间和空间对土压力计算的影响模式，然后进行耦合，得出新的土压力计算模型，并和实际工程对比分析。陈子文主要研究了土压力计算受时空效应影响的主要区域以及地下连续墙结构的水平变形。高文华等编写了一个简单程序来修正时空效应对土压力的影响，为土的流变模型相关参数的选取提供了指导意义。

二、支护结构设计

1. 支护结构计算方法

对于基坑支护结构设计，目前常用的有三类计算方法：极限平衡法、弹性抗力法及有限元法。极限平衡法虽然存在着诸多局限，但目前仍是我国基坑支护设计人员最熟悉的计算方法。极限平衡法假设支撑点为不动点，通过一些假设将超静定问题简化成静定问题，这无疑会使计算变得简单很多，但却与实际情况存在着明显差异。弹性抗力法把支护周边的土体看成是水平向的弹簧体，通过挠曲线近似方程来算出支护的剪力、弯矩及变形等。其与实际情况是否相符通常由基床系数的选取有关，目前常用的是 m 法来计算，m 为基床系数随深度增长的比例系数。近些年来，有限元法也被广泛应用，它能考虑一些较为复杂的问题，如土的分层分布、分层开挖及支护的逐次架设等，甚至连支护两侧土体对称与否也能模拟。从原理上来看，前两种方法存在的问题用有限元法可以得到解决，但土的本构模型及相关系数不易准确确定，所以现在有限元法一般用来辅助常规设计。

2. 支护结构的选择

支护体系由挡土结构和支撑拉结结构两部分组成，其中挡土结构又可以分为止水结构和透水结构，止水挡土墙在基坑内设降水井，透水挡土墙则在基坑内外都设排水降水井，支撑拉结结构包括各式锚杆、钢管钢板水平撑以及斜撑等。支护结构类型的选择要考虑很多因素，主要受基坑的开挖深度、地下水位高度、边坡的设计坡度以及支护允许变形的影响，当然还需要考虑到周边环境和施工因素。不同类型的支护有着各自的作用，钢板桩适宜在开挖不是很深的软土、淤泥质土，具有一定挡水，且可重复使用，但钢板本身是柔性材料，在复杂的地下条件下容易变形，支护结构位移难以控制。H 型钢适用于开挖深度在 25m 内的黏土、砂土，其施工简单，型钢可重复使用，但其止水性较差，且价格较高。地下连续墙具有众多优点，如止水性好，变形小，可作为永久结构，在目前基坑支护中被广泛使用，但其也具有造价高，遇到岩层施工困难等缺点。还有很多其他类型的支护，比如灌注桩排桩支护、内撑式桩墙支护、组合式支护结构等。支护结构的种类很多，要在满足施工要求的前提下，尽量从保护环境、节约成本、方便施工等方面考虑，选择最优的支护类。赵寿刚等把各种影响支护选择的因素按工程要求赋予不同的权，然后经过横向比对之后得分最高的即为最佳方案。何满潮等通过神经元处理函数来对影响因素进行映射分析，通过大量的训练样本，来寻找到最优的支护方案。肖武权等利用 Matlab 软件求得各影响因素所赋的最小值，然后根据优化算法找寻到最经济合理的方案。王翠英等提出了信息化施工监测，实时监控各项数据并反复计各参数，不断调整，以达到优化的目的。

第一章　桩板式墙

在建构筑物密集，地下管线繁多的城市中心地区，基坑工程的安全及环境变形影响控制要求十分严格。为了确保基坑工程安全，除了采用可靠的支护方案和施工技术之外，现场数据的及时、准确研判至关重要。基坑挡土结构侧向变形数据作为必测项目，被认为是反映挡土结构安全与对周边环境影响的重要指标之一。在复杂工况下，对挡土结构变形实测数据进行挖掘分析可以判断基坑工程的安全状态及潜在的风险。在有关基坑变形的研究领域，理论研究主要集中在变形的解析解与数值解以及基于实测数据统计和工程经验得到的半理论半经验计算公式等方面，且大都局限于几种经典的、规则的、理想化的曲线研究；其中实测反分析被广泛应用于岩土工程领域的信息化施工和地层力学参数的反演，但往往只针对某个具体工程，且参数反演的效率、准确性和实时性受理论模型制约使其现场应用受到较大限制。事实上，我国大量的基坑工程案例已经使得工程人员积累了大量的实测数据以及关于挡土结构变形的共性认识，并自觉用于实际工程之中。存在的问题是缺少系统总结与深入的数据挖掘。当面对海量的工程数据时，依靠现场技术人员的人工判断大大限制了基坑工程信息化施工的效率。另外，中国现行基坑工程规范中规定的报警指标皆按变形大小和变形速率来设定，虽能在一定程度上反映基坑工程的危险状态，但是笔者认为存在缺陷，即当基坑变形大小和变形速率在规范警戒值范围内而基坑变形形态出现不正常，也可能预示某种潜在风险和工程缺陷；基坑开挖过程中挡土结构变形形态的变化从另一个侧面能更准确、动态反映基坑挡土结构的危险状态。随着图形分析技术的发展，计算机对海量图形曲线数据的模式识别已经达到实时、高效的水平。Leonard 等提出了贝叶斯模式识别函数，后经整理和程序开发，实现了计算机化识别。借鉴该思路，本文通过总结挡土结构典型的正常与非正常变形模式，并将其转化为特征值矩阵，基于贝叶斯概率的数学原理，提出一种适用于桩墙式挡土结构变形特征进行自动识别的方法，为施工现场提供基于变形模式的报警和预警，并据此判别工程施工中可能存在的风险或缺陷。

桩板式墙通常由支护桩、支撑(或土层锚杆)及防渗帷幕等组成。排桩可根据施工情况为悬臂式支护结构、拉锚式支护结构、内撑式支护结构和锚杆式支护结构。

适用条件：基坑侧壁安全等级为一级、二级、三级；适用于可采取降水或止水帷幕的基坑。

通常由支护桩、支撑及防渗帷幕等组成。

排桩可根据工程情况为悬臂式支护结构、拉锚式支护结构、内撑式支护结构和锚杆式支护结构。

适用条件：基坑侧壁安全等级为一级、二级、三级；适用于可采取降水或止水帷幕的基坑。

有支撑排桩支护结构常见的有顶端支撑的排桩支护结构和桩锚式支护。在实际工程应用中，后者更为普遍。顶部支撑的排桩支护结构的计算与悬臂桩相比，其不同在于顶部支撑

(桩)墙的计算需要求顶支撑的内力 T_A。桩锚式支护由支护排桩，锚杆及围檩等组成，用以支挡坑壁土压力并限制坑壁的侧向位移。锚杆平面位置应在两个桩之间空隙穿过。锚杆由锚头，拉杆和锚固体组成，根据支护深度和土质条件锚杆可设置一层或多层，其锚固段应置于较好的黏性土或粉土、粉细砂层中。条件允许时，可在基坑边缘以外(超过潜在滑动面)设置锚定板，锚块或锚桩，用拉杆与桩排联结成顶层拉锚。排桩支护指用钻孔灌注桩等作为基坑侧壁围护，顶部锚筋锚入压顶梁，结合水平支撑体系，达到基坑稳定的效果，可用于地下室二、三层，周边没有地铁等特殊需要保护的深基坑，造价适中。

第一节 悬臂式排桩/桩墙支护设计

一、项目概况

清远静福路市政工程位于清远市中心城区，南北走向位于凤翔大道东侧，设计道路与现状静福路(北段)相接，北起半环东路，南至清远大道，道路与峡山东路相交叉。在本项目桩号 K0+360~K0+480 东侧需要设置一条临时水渠通道，将现状龙沥大排坑的水引流至北侧的鱼塘中，明挖水渠的深度约为 5m，水渠西侧为道路路堤，东侧为低层建筑民房。

因前期征地未能征收渠道侧边建筑用地，明渠埋深达到 5m，开挖过程必将对紧邻的建筑产生较大影响。同时，考虑到排水明渠靠近建筑侧挡墙，如采用大开挖施工将对建筑产生极大的安全隐患，为防止水渠两侧的土基倾覆滑移和建筑开裂倾倒，综合考虑采用悬臂式排桩挡墙外挂网喷混凝土的方案作为水渠的开挖支挡结构。

二、地层结构及岩土特征

根据钻孔揭露，场地岩土层按成因类型可划分为：场区地层自上而下主要有人工填土层($Q4^{ml}$)(①素填土)、第四系坡积层($Q4^{dl}$)(②粉质黏土)、第四系冲积层($Q4^{al}$)(③-2 淤泥质土、③-3 粉质黏土)、第四系残积层($Q4^{el}$)(④-1 粉质黏土)等四大类。各岩土层的分布特点及物理力学性质分述如表 2-1-1 所示。

表 2-1-1 场区地质参数表

序号	地层类别	埋深/m	平均厚度/m	承载力特征值
1	素填土	0~0.5	1.18	100kPa
2	粉质黏土	0.5~3.1	1.94	120kPa
3	淤泥质土	2.2~4.6	2.57	60kPa
4	粉质黏土	3.0~9.1	5.87	140kPa
5	粉质黏土	8.6~17.9	7.05	230kPa

三、设计方案选择

根据建设方的项目需求，综合技术经济分析，水渠西侧采用重力式挡土墙设计。水渠东侧因道路征地线范围限制，加之东侧有民房距离较近，从满足受力要求及安全施工的角度综合考虑，设计采用悬臂式排桩挡墙外挂网喷混凝土方案进行支挡。

四、设计方案

本工程悬臂式排桩挡墙实质上是一种桩板式挡墙与悬臂式挡土墙的优化设计，其桩间挡板采用旋喷桩与挂网喷锚替代。该方案在避免了大开挖的同时有效避免了水土流失，保证了支挡外部的稳定，这点是普通桩板式挡土墙所不具备的。同时，软土地基强度不足时，同样可以发挥悬臂式挡墙的优势，通过加长桩基进行补偿。

五、桩的设计

1. 构造要求

悬臂式排桩挡墙中所采用的桩应就地整体灌筑，混凝土强度等级不得低于 C20。钢筋视实际情况，选用(Ⅰ~Ⅳ)级或 5 号钢筋。桩的受力钢筋应沿桩长方向通长布置，直径不宜小于 12mm。桩的钢筋保护层净距不小于 3cm(一般采用 5cm)。既可采用挖孔桩，也可采用钻孔桩。挖孔桩宜为矩形截面，高宽比 $h/b \leqslant 1.5$；钻孔桩一般为圆形截面，桩的直径或宽度(顺墙长方向)不得小于 1.0~1.25m。嵌入基岩风化层底面以下不得小于 1.5 倍桩径(或桩宽)，但也不宜大于 5 倍桩径(或桩宽)。为了计算方便，可先按经验初拟埋深，一般岩石地基取桩长的 1/3，土质地基取桩长的 1/2，然后根据经验适当调整。桩的间距与桩间距范围内的土压力和挡土板的吊装能力有关，宜为墙高的(1/4~1/2)，但不得大于 15m。由于桩是主要受力构件，对挡土墙的稳定性起着十分重要的作用，桩身混凝土必须连续灌注，不得中断。墙后填土应在混凝土达到设计强度的 70%以后，才能进行填筑。

2. 弯矩与剪力

当桩后不设锚杆(索)时，桩可视为固结于基岩内的悬臂梁进行内力计算，并按受弯构件设计。桩的作用荷载为两侧桩间距各半的墙后土压力的水平分力，上压力可近似按线性分布考虑，在土压力水平分力的作用下，桩的最大剪力 Q_D(kN)及弯矩 M_D(kN · m)分别按下式计算，并认为最大值出现在基岩强风化层的底面处。

$$Q_D = (2\sigma_o + \sigma_H)HL/2M_D = (3\sigma_o + \sigma_H)H_2L/6$$

式中　H——桩顶至基岩风化层底的高度，m；

L——顺墙长方向桩两侧相邻挡土板跨中至跨中的间距，m；

σ_o——墙背顶主动土压力的水平分应力，kPa，$\sigma_o = \gamma h_o - k_a$；

γ——墙后填土的容重(1kN/m^3)；

σ_H——以 H 为墙高计算而得到的墙底主动土压应力的水平分应力，kPa，$\sigma_H = \gamma h_o k_a$；

h_o——换算土层高度，m；

k_a——主动土压力系数。

3. 桩板式挡土墙设计

本工程挡土墙采用理正沿途计算程序，按 M 法计算。抗滑桩桩长为 13m，间距为 1.4m，桩端打入浆砌片石(渠底)铺底以下 8m。桩身采用钻孔灌注桩，桩间采用 D60 的双管旋喷桩止水帷幕。

第二节　单层支点排桩支护设计

顶端支撑(或锚系)的排桩支护结构与顶端自由(悬臂)的排桩二者是有区别的。顶端支撑的支护结构，由于顶端有支撑而不致移动而形成一铰接的简支点。至于桩埋入土内部分，入上浅时为简支，深时则为嵌固。下面所介绍的就是桩因入土深度不同而产生的几种情况。

(1) 支护桩入土深度较浅，支护桩前的被动土压力全部发挥，对支撑点的主动上压力的力矩和被动土压力的力矩相等[图 2-1-1(a)]。此时墙体处于极限平衡状态，由此得出的跨间正弯矩 M_{max} 其值最大，但入土深度最浅为 t_{min}。这时其墙前以被动土压力全部被利用，墙的底端可能有少许向左位移的现象发生。

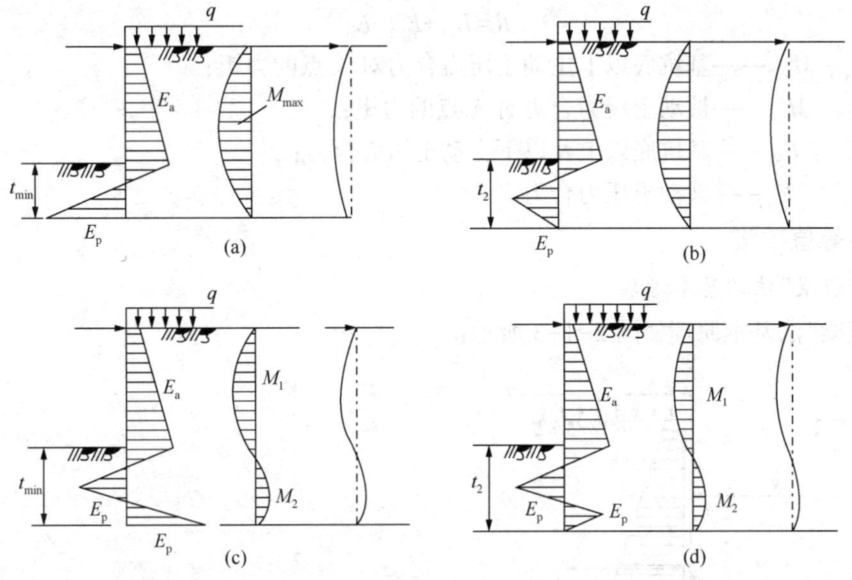

图 2-1-1 入土深度不同的板桩墙的土压力分布、弯矩及变形图

(2) 支护桩入土深度增加，大于 t_{min} 时[图 2-1-1(b)]，则桩前的被动土压力得不到充分发挥与利用，这时桩底端仅在原位置转动一角度而不致有位移现象发生，这时桩底的土压力便等于零。未发挥的被动土压力可作为安全度。

(3) 支护桩入土深度继续增加，墙前墙后都出现被动土压力，支护桩在土中处于嵌固状态，相当于上端简支下端嵌固的超静定梁。它的弯矩已大大减小而出现正负二个方向的弯矩。其底端的嵌固弯矩 M_2 的绝对值略小于跨间弯矩 M_1 的数值，压力零点与弯矩零点约相吻合[图 2-1-1(c)]，

(4) 支护桩的入土深度进一步增加[图 2-1-1(d)]，这时桩的入土深度已嫌过深，墙前墙后的被动土压力都不能充分发挥和利用，它对跨间弯矩的减小不起太大的作用，因此支护桩入土深度过深是不经济的。

以上四种状态中，第四种的支护桩入土深度已嫌过深而不经济，所以设计时都不采用。第三种是目前常采用的工作状态，一般使正弯矩为负弯矩的 110%~115%作为设计依据，但也有采用正负弯矩相等作为依据的。由该状态得出的桩虽然较长，但因弯矩较小，可以选择较小的断面，同时因入土较深，比较安全可靠：若按第一、第二种情况设计，可得较小的入土深度和较大的弯矩，对于第一种情况，桩底可能有少许位移。自力支承比嵌固支承受力情况明确，造价经济合理。

单支点的排桩计算方法有多种，包括平衡法、图解法(弹性线法)、等值梁法、有限单

元法等，本节我们主要介绍平衡法和等值梁法。

（一）自由端单支点支护的计算(平衡法)

单支点自由端支护结构如图 2-1-2 所示，桩的右面为主动土压力，左侧为被动土压力。可采用下列方法确定桩的最小入土深度 t_{min} 和水平向所需支点力 R。

取支护单位宽度，对 A 点取矩，令 $M_A=0$；$\sum Z=0$，则有

$$M_{Ea1}+M_{Ea2}-M_{EP}=0$$

$$R=E_{a1}+E_{a2}-E_p$$

式中　M_{Ea1}、M_{Ea2}——基坑底以上主动土压力合力对 A 点的力矩；

M_{EP}——被动土压力合力对 A 点的力矩；

E_{a1}、E_{a2}——基坑底以上及以下主动土压力合力；

E_p——被动土压力合力。

（二）等值梁法

1.“等值梁”法的基本原理

“等值梁”法基本原理如图 2-1-3 所示：

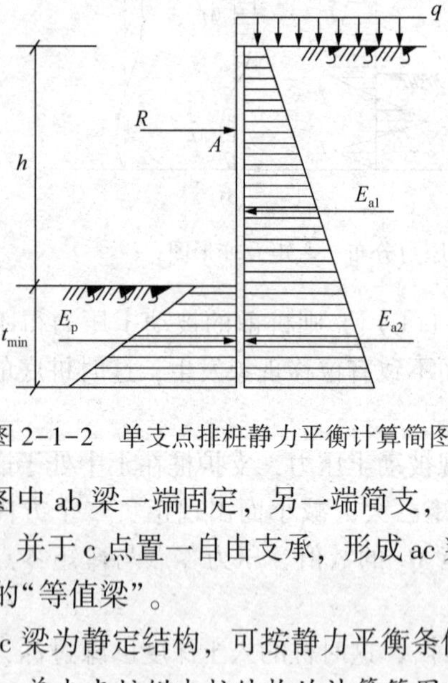

图 2-1-2　单支点排桩静力平衡计算简图

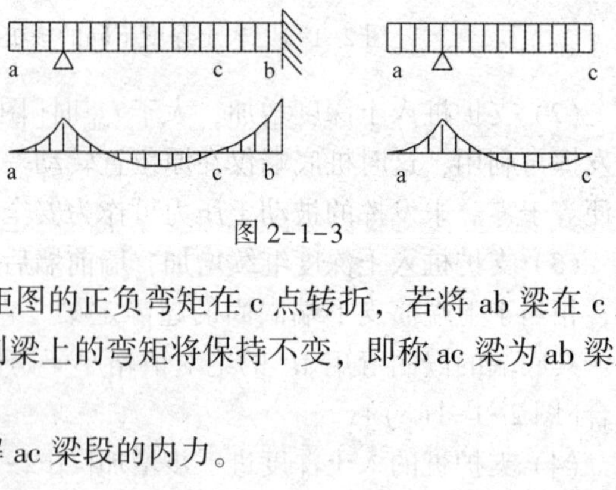

图 2-1-3

图中 ab 梁一端固定，另一端简支，其弯矩图的正负弯矩在 c 点转折，若将 ab 梁在 c 点切断，并于 c 点置一自由支承，形成 ac 梁，则梁上的弯矩将保持不变，即称 ac 梁为 ab 梁上 ac 段的“等值梁”。

ac 梁为静定结构，可按静力平衡条件求解 ac 梁段的内力。

2. 单支点桩锚支护结构的计算简图

当桩的入土深度较深时，桩前、桩后均出现被动土压力，支护结构在土中处于嵌固状态，可视为上端简支，下端嵌固的超静定梁。桩体中弯矩值大大减小，并出现正负两个方向的弯矩。这种工作状态，所要求桩的截面模量较小，桩体入土部分的位移也较小，稳定性好，安全可靠。

固定端式锚桩，虽然比自由端式锚桩的入土深度大，但其桩体的最大弯矩值小，截面配筋量少，锚杆轴向拉力亦小，对桩与锚杆的设计均有利，而且造价相差不大。因此，采用固定端式锚桩比自由端式锚桩更为合理。

单支点锚桩的锚点位置变化时，桩体沿深度方向的水平位移和弯矩则不同。从理论上

讲，随着锚点位置的降低，锚点处的弯矩值 M_1 增大，桩的最大弯矩值 M_{max} 减小，T_1 增大。当锚点降至某一位置时，有 $M_1=M_{max}$，若继续降低则出现 $M_1>M_{max}$。因此，当 $M_1=M_{max}$ 时，M_{max} 为最小，同时锚桩的入土深度及造价比也达到最小。故根据 $M_1=M_{max}$ 确定锚点的位置是最优的。

但在实际工程中，常常为了抢工期，不能等待锚杆达到一定强度后才开挖。因此，确定锚点设置深度应留有一定余地，不能太大，以保证安全。单支点桩锚支护结构的计算简图，如图 2-1-4 所示：

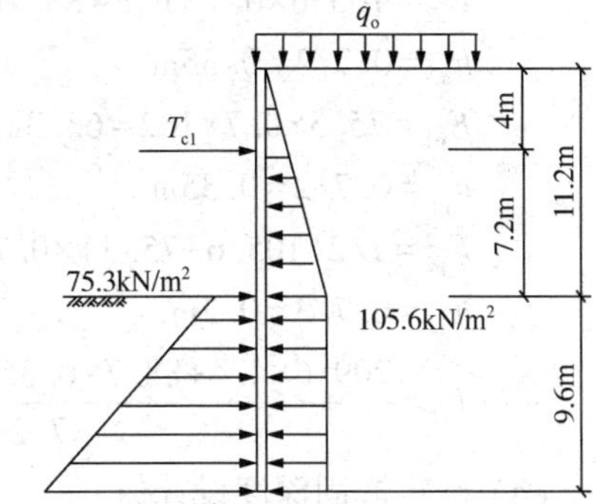

图 2-1-4

3. “等值梁“法计算内力

（1）确定弯矩零点的位置

用“等值梁”法计算单支点支护结构，首先要知道弯矩零点的位置。

研究表明：单支点支护结构的弯矩零点与基坑底面以下土压力为零的点位置相近，计算时可取该点作为弯矩零点。

设：基坑底面至弯矩零点的距离为 h_{c1}，

根据 $e_{alk}=e_{plk}$

$$e_{alk}=1.3(\gamma_{mj}h_{c1}K_{pi}+2c_{ik}\sqrt{K_{pi}})\text{可求得 } h_{c1}$$

$$h_{c1}=\frac{105.6/1.3-2\times1.303}{20.2\times1.689}=0.7\text{m}$$

（2）计算支点力 T_{c1}

计算简图如图 2-1-5 所示，根据 $\sum M_c=0$ 得

$$T_{c1}=\frac{E_{a1}h_{a1}+E_{a2}h_{a2}-E_{p1}h_{p1}-E_{p2}h_{p2}}{h_{T1}+h_{c1}}$$

（3）计算支点力 T_{c1}（取桩间距 $S_a=1.2$m 作为计算单元）

计算简图如图 2-1-6 所示，根据 $\sum M_c=0$

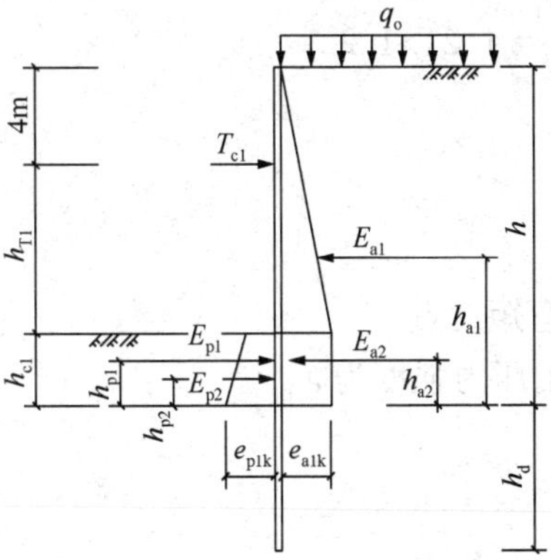

图 2-1-5

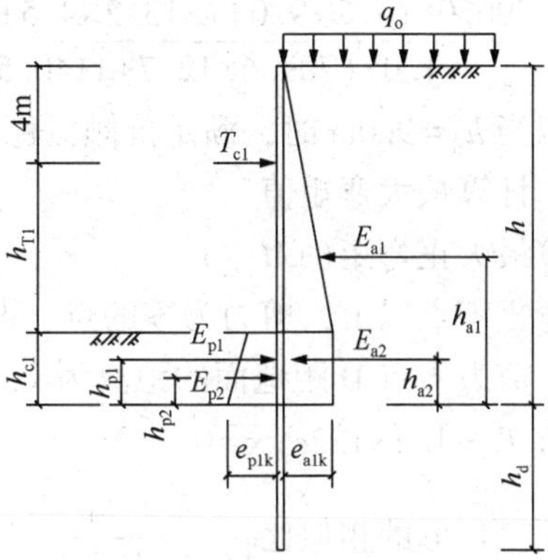

图 2-1-6

得 $T_{c1}=\dfrac{E_{a1}h_{a1}+E_{a2}h_{a2}-E_{p1}h_{p1}-E_{p2}h_{p2}}{h_{T1}+h_{c1}}$

$E_{ai}=1/2\times105.6\times11.2\times1.2=709.6\text{kN}$

$h_{a1}=11.2/3+0.7=4.4\text{m}$

$E_{a2}=105.6\times0.7\times1.2=88.7\text{kN}$

$h_{a2}=0.7/2=0.35\text{m}$

$E_{p1}=75.3\times0.7\times1.2=63.3\text{kN}$

$h_{p1}=0.7/2=0.35\text{m}$

$E_{p2}=1/2(105.6-75.3)\times0.7\times1.2=12.7\text{kN}$

$h_{p2}=0.7/3=0.2\text{m}$

$T_{c1}=\dfrac{709.6\times4.4+88.7\times0.35-63.3\times0.35-12.7\times0.2}{7.2+0.7}=396.0\text{kN}$

（4）确定嵌固深度设计值

确定单支点支护结构嵌固深度，其计算简图如图 2-1-7 所示，根据极限平衡条件，并考虑一定的安全储备，按下式确定支护结构的嵌固深度设计值。

$$T_{c1}(h_{t1}+h_d)+\sum_{j=1}^{n}E_{pj}h_{pj}-1.2\gamma_0\sum_{i=1}^{n}E_{ai}h_{ai}=0$$

先假设 h_d，代入上式进行抗倾覆稳定性验算。

取 $h_d=9.0\text{m}$

$h_{T1}+h_d=16.2\text{m}$

$E_{a1}=1/2\times105.6\times1.2\times11.2=709.6\text{kN}$

$h_{a1}=11.2/3+9.0=12.7\text{m}$

$E_{a2}=105.6\times1.2\times9.0=1140.5\text{kN}$

$h_{a2}=9.0/2=4.5\text{m}$

$E_{p1}=75.3\times1.2\times9.0=677.7\text{kN}$

$h_{p1}=9.0/2=4.5\text{m}$

$E_{p2}=1/2(506.6-75.3)\times1.2\times9.0=2329.0\text{kN}$

$H_{p2}=9.0/3=3.0\text{m}$

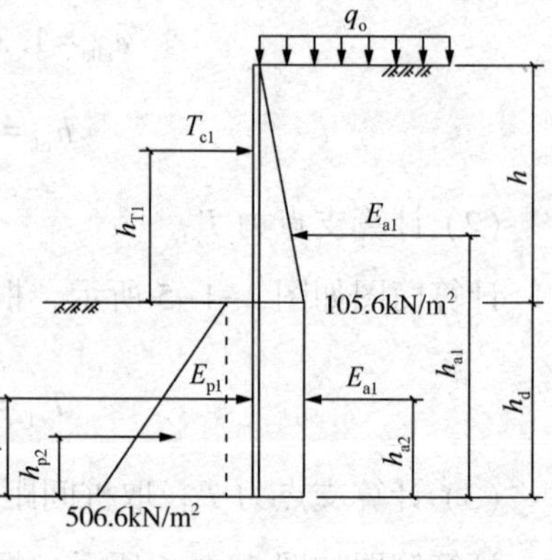

图 2-1-7

$\dfrac{396.0\times(7.2+9.0)+813.2\times4.5+2329.0\times3.0}{1.0\times(709.6\times12.7+1140.5\times4.5)}=1.21>1.2$

所以当 $h_d=9.0\text{m}$ 时，满足抗倾覆稳定要求。

（5）计算最大弯矩值

计算最大正弯矩（$+M_{max}$）

在弯矩零点以上，剪力为零的点，即为最大正弯矩的点。

设：剪力零点 D 距地面的距离为 x，该点主动土压力强度为 e_{aD}

则有 $T_{c1}-1/2\times1.2e_{aD}x=0$

根据三角形的相似比 $\dfrac{x}{11.2}=\dfrac{e_{aD}}{105.6}$

解方程组得：$e_{aD}=79.2\text{kN/m}^2$

$x=8.4m$

$+M_{max}=T_{c1}(x-4)-1/2e_{aD}x\times1.2\times x/3=624.7kN\cdot m$

计算最大负弯矩值($-M_{max}$)

最大负弯矩发生在支点1

设：支点的土压力为e_{a1}

$$e_{a1}=105.6\times40/11.2=37.7kN/m^2$$

$$-M_{max}=1/2\times37.7\times4.0\times1.2\times4.0/3=120.6kN\cdot m$$

(6) 计算最大剪力值

土压力强度为零点即为最大剪力的位置，其最大剪力为：

$$H_{max}=1/2\times105.6\times11.2\times1.2+105.6\times0.7\times1.2-1/2\times(75.3+105.6)\times0.7\times1.2-396.0=326.3kN$$

第三节　单层预应力锚杆排桩支挡结构设计

由钻孔穿过软弱岩层或滑动面，把一端锚固在坚硬的岩层中，然后在另一个自由端进行张拉，从而对岩层施加压力对不稳定岩体进行锚固，这种方法称预应力锚杆。

普通锚杆的锚具其实就是螺母，给其施加预应力也就是预紧力。预紧力的大小与使用的机械有关，即使使用阻尼螺母，它的预紧力和锚索张拉预应力还是差很多，这就是结构的差异。

预应力锚杆(索)施工：在进行预应力锚杆、锚索支护施工前必须对锚杆、锚索抗拔力等各项指标做试验，试验合格后方可进行大面积施工。

一、施工顺序

预应力锚杆(索)的顺序为：土方开挖→锚杆(索)定位成孔→放置锚杆(钢绞线)→第一次注灌浆→第二次注灌浆→安装腰梁模板→制安钢筋网和安放格构梁钢筋→预埋锚杆(索)孔洞及钢板→混凝土浇筑→腰梁模板拆除→锚杆(索)张拉并锁定锚头→喷锚→下层土方开挖。

二、施工工艺

1. 钻孔

为确保钻孔效率和保证钻孔质量，采用潜孔冲击式钻机。钻机钻井时，按锚索设计长度将钻孔所需钻杆摆放整齐，钻杆用完，孔深也恰好到位。钻孔深度要超出锚索设计长度0.5m左右。钻杆与水平方向向下成15°角，孔径150mm。

钻孔结束，逐根拔出钻杆和钻具，将冲击器清洗好备用。用一根聚乙烯管复核孔深，并以高压风吹孔，待孔内粉尘吹干净，且孔深不少于锚索设计长度时，拔出聚乙烯管，塞好孔口。

两种特殊情况的处理：

渗水的处理。在钻孔过程中或钻孔结束后吹孔时，从孔中吹出的都是一些小石粒和灰色或黄色团粒而无粉尘，说明孔内有渗水，岩粉多贴附于孔壁，这时，若孔深已够，则注入清水，以高压风吹净，直至吹出清水；若孔深不够，虽冲击器工作，仍有进尺，也必须立即停钻，拔出钻具，洗孔后再继续钻进，如此循环，直至结束。有时孔内渗水量大，有积水，吹出的是泥浆和碎石，这种情况岩粉不会糊住孔壁，只要冲击器工作，就可继续钻。如果渗水量太大，以至淹没了冲击器，冲击器会自动停止工作，应拔出钻具进行压力注浆。

塌孔、卡钻的处理。当钻孔穿越强风化岩层或岩体破碎带时，往往发生塌孔。塌孔的主要标志是从孔中吹出黄色岩粉，夹杂一些原状的(非钻头碎的、非新鲜的、无光泽的)石块，这时，不管钻进深度如何，都要立即停止钻进，拔出钻具，进行固壁注浆，注浆压力采用0.4MPa，浆液为水泥砂浆和水玻璃的混合液，24h后重新钻孔。雨季，常常顺岩体破碎带向孔内渗流泥浆，固壁注浆前，必须用水和风把泥浆洗出(塌入钻孔的石块不必清除)，否则，不仅固壁注浆效果差，还容易造成假象。

2. 锚索制作

锚索在钻孔的同时于现场进行编制，内锚固段采用波纹形状，张拉段采用直线形状。钢纹线下料长度为锚索设计长度、锚头高度、千斤顶长度、工具锚和工作锚的厚度以及张拉操作余量的总和。正常情况下，钢绞线截断余量取50mm。将截好的钢绞线平顺地放在作业台架上，量出内锚固段和锚索设计长度，分别作出标记；在内锚固段的范围内穿对中隔离支架，间距60~100cm，两对中支架之间扎紧固环一道；张拉段每米也扎一道紧固环，并用塑料管穿套，内涂黄油；最后，在锚索端头套上导向帽。

3. 锚索安装

向锚索孔装索前，要核对锚索编号是否与孔号一致，确认无误后，再以高压风清孔一次，即可着手安装锚索。

安装锚索时要注意以下四点：检查定位止浆环和限浆环的位置，损坏的，按技术要求更换；检查排气管的位置和畅通情况；锚索送入孔内，当定位止浆环到达孔口时，停止推送，安装注浆管和单向阀门；锚索到位后，再检查一遍排气管是否畅通，若不畅通，拔出锚索，排除故障后重新送索。

4. 锚固法注浆

锚固法注浆采用排气注浆法施工。注浆管应与锚筋一起放入钻孔，底端距钻孔底50~100。采用二次注浆，第一次注浆压力为0.3~0.5MPa，二次注浆压力为3.0~5.0MPa，两次注浆压力均采用普通硅酸盐水泥，水灰比0.45~0.50。两次注浆时间间隔为10~12h，锚索孔注浆采用注浆机，注浆压力保持在0.3~0.6MPa。

5. 立锚墩

锚墩的作用是把锚具的集中荷载传递到格构梁，再由格构梁传递到岩面及调整岩面受力方向。为了使锚墩上表面与锚索轴线垂直，预先将一根外径与钻头直径相同的薄壁钢管和垫板正交焊牢，浇筑锚墩前将钢管的另一端插入钻孔。

6. 锚索的张拉

在混凝土强度大于15MPa以上时，即可张拉锁定。张拉锚索前需对张拉设备进行标定。标定时，将千斤顶、油管、压力表和高压油泵联好，在压力机上用千斤顶主动出力的方法反复试验三次，取平均值，绘出千斤顶出力(kN)和压力表指示的压强(MPa)曲线，作为锚索张拉时的依据。锚索锚固的设计值为500kN，锁定值为200kN，最大张拉力不得超过设计值的1.5倍。为了提高锚索各钢绞线受力的均匀度，采用先单根张拉，3天后再整体补偿张拉的程序。

7. 封孔注浆

补偿张拉后，立即进行封孔注浆。对于下倾锚索，注浆管从预留孔插入，直至管口进到锚固段顶面约 50cm；对于上倾和水平锚索，通过预留注浆管注浆。孔中的空气经由设在定位止浆环处的排气管排出。

8. 外部保护

封孔注浆后，从锚具量起留 50mm 钢绞线，其余的部分截去，在其外部包覆厚度不小于 50mm 的水泥砂浆保护层。

为保质保量地按期完成施工任务，工地自始至终每个阶段坚持采用科学的工作方法，制定一系列对策和实施办法，及时改善锚索体结构，积极改进施工工艺，采用先进的网络技术组织施工，尽量做到均衡生产，使钻孔、注浆、张拉、封锚等工序互不延误，交叉进行，并按统一表格做好施工记录。

三、质量控制

(1) 锚位点放线，各方向允许误差均为±1cm。

(2) 按设计孔口坐标安装钻机就位，用经纬仪按边坡方向放出基线，然后用方向架放出锚索方位角，测角仪调整倾角，到满足设计要求为止。将紧固件紧牢后，再核查一遍钻机孔位坐标、方位及倾角，确认无误后，将所有紧固件再紧一遍使其误差不超过：倾角±0.5°，方位角±1°。

(3) 锚索孔径允许误差±2mm。

(4) 若遇坍孔，应立即停钻，进行固壁注浆处理，注浆 24h 后重新扫孔钻进。

(5) 洗孔要干净彻底，孔中不得留有岩粉和水。

(6) 锚索的编制要确保每一根钢绞线始终均匀排列、平直、不扭不叉，锈、油污要除净，对有死弯、机械损伤及锈坑者应剔出。

(7) 锚索的长度要根据钻孔的实际深度确定，允许误差±2cm，并对锚索按孔号相应编号。

(8) 锚固段的定位导向花架、船形托架(两者统一)，应严格按设计要求安装在锚索上，绑扎铁口既要能承受一定的拉力，又要保证锚索的自由拉伸。

(9) 安放锚索要保证锚索孔壁有不少于 1cm 的注浆厚度，锚索安放要平直，张拉段要放在锚孔中央。

(10) 内锚固段注浆，水泥选用 525 号普通硅酸盐水泥，搅拌水泥砂浆应均匀，使用时不得有沉淀，为保证浆液性能可加入不同用途的外加剂。

第四节　多层预应力锚杆排桩支挡结构支护设计

随着经济水平和城市建设的迅速发展，高层建筑的多层地下室等构筑物日益增多，基坑深度越来越深，基坑壁同周围既有建筑物的间距也越来越小，如何在施工过程中保证基坑稳定、既有建筑物以及拟建建筑物的结构和操作人员的安全，成为工程的关键。预应力锚杆技术是一种高效、经济的岩土体加固技术，如今在建筑的深基坑工程中得到了广泛应用。

一、工程概况

某高层建筑基坑周长约 340m，开挖深度至-15.9m，地层中有一层透水性强的砂层，对支护人工护壁桩的稳定有着直接的破坏作用，增加了工程施工难度；基坑南向紧邻 5 层住宅楼房，基坑开挖对原有楼房的基础安全以及对周边道路有一定影响，也增加了施工难度。经过研究，基坑采用地下连续墙加预应力锚杆支护的方案。设计连续墙厚 800，预应力锚杆三排，分别布置在-4.5m、-9.2m 和-11.9m 处，锚杆穿越的土层有淤泥、强风化层及中风化层，锚杆预应力 400kN。

二、预应力锚杆的原理

预应力锚杆是将拉力传递到稳定岩层或土体的锚固体系。它的一端采用锚杆和锚具，另一端锚固在岩土体内，并对其施加预应力，以承受岩土压力、水压力、抗浮、抗倾覆等所产生的结构拉力，用以维护岩体或结构物的稳定。同时，对富水地层进行井点降水，直至地下室工程施工完成后，周围土体回填完毕，并通过全过程的施工监控量测，监视土体及结构的稳定，随时调整支护参数，使地下工程安全顺利施工。

三、预应力锚杆施工工艺及技术要点

预应力锚杆施工工艺流程图详见图 2-1-8。

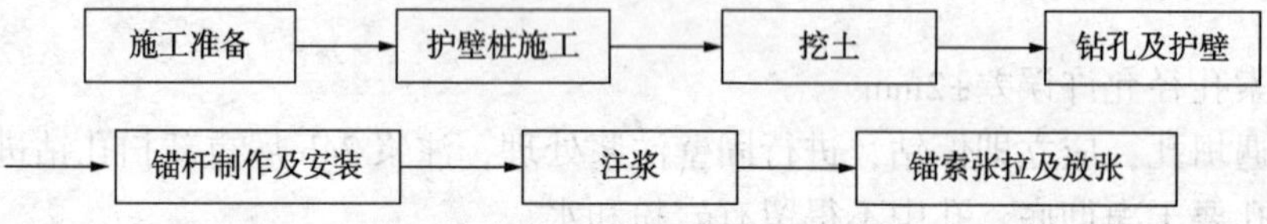

图 2-1-8　预应力锚杆施工工艺流程

(一) 预应力锚索的制作和安装

因预应力锚杆采用钢绞线，易发生因重力作用而发生弯曲的现象，从而使钢绞线在钻孔中不居中或不顺直，甚至使其保护层厚度达不到要求而锈蚀，因此，施工中必须设置对中(顺直)支架(如图 2-1-9 所示)。锚固段的长度控制是影响锚固质量的关键。锚杆自由段过长，锚固段长度则会不足，锚固力不足；锚索自由段过短，锚固段则会过长，对自由段土体产生拉力，加快自由段土体运动，加大土体对基坑护壁的侧压力，影响边坡稳定。经过仔细研究，决定在自由段套设塑料波纹管来控制自由段的长度，并将波纹管伸入钻孔内的一端进行捆扎，并用防水胶带进行密封，保证无水泥浆进入(如图 2-1-10 所示)。

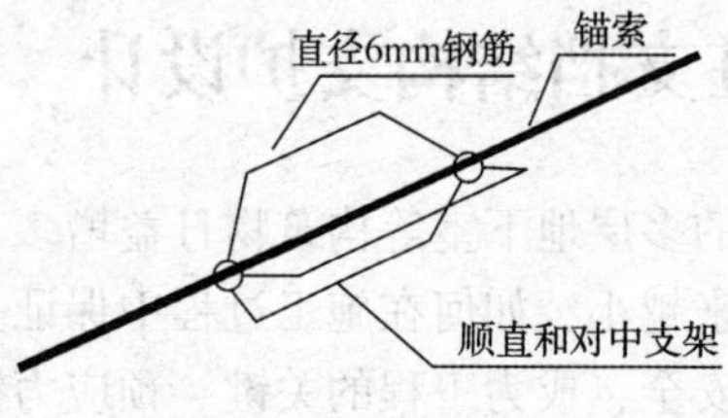

图 2-1-9　支架的设置

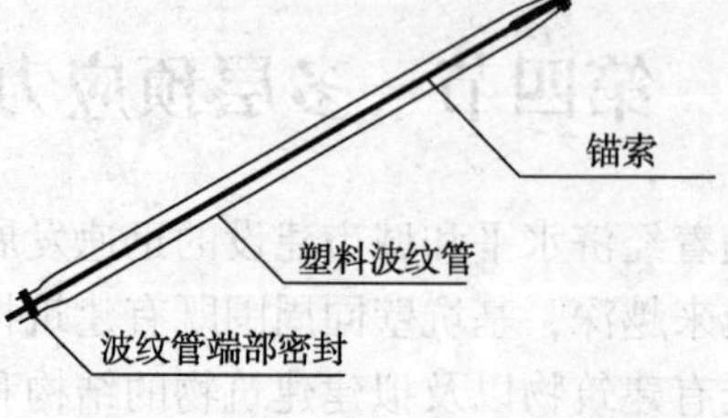

图 2-1-10　自由端长度的控制

因成捆的钢绞线有弹射力，放捆时要采用放捆机械并严格按照操作规程进行操作，以免伤人或将整盘钢绞线全部放捆。放捆后用钢尺量测锚杆的下料长度并用切割机械进行切割，然后根据钻孔的编号将切割好的钢绞线进行编号，下料完成后安装端头。并根据对中支架的间距和自由端的长度来安装并固定对中支架和自由段塑料波纹管，要求对中支架间距均匀并不得发生沿钢绞线方向产生移动，且其三个方向的撑脚之间的角度必须成 120°，套在自由段的塑料波纹管两端必须固定在钢绞线上且其两端必须严密，以免注浆时有浆体进入管内，缩小了自由段的长度，从而使锚杆张拉时带动自由段土体，加大基坑周围土体护壁的侧压力。钢绞线和注浆管安装前，必须检查孔内是否有杂物或塌孔现象，无异样后方可进行安放。

(二) 预应力锚杆注浆

用风、水冲洗钻孔，排尽孔内残渣和污水；将杆体缓缓推进至孔底，开始拌制水泥浆；锚杆安装后，立即灌注水灰比为 0.4~0.45 的水泥浆液进行第一次注浆，直至孔口排出浆液，且充填止浆密封装置为第二次注浆作好准备。在进行第二次注浆之前，工程技术人员要作好水泥浆初凝试验，根据级配报告及试验的水泥浆初凝时间，将第二次注浆控制在水泥浆初凝之前完成。二次注浆压力达到 2.0~4.0MPa；浆体强度不低于 20MPa。在外套管口戴上灌浆帽(压紧器)；按设计压力从注浆管注入水泥浆至设计锚固长度，注完浆后静置待凝；为防止浆液堵塞孔隙，保证水泥浆液的渗透范围，确保达到改良土层的目的，开始注浆时，水泥浆液的水灰比(质量比)为 0.8~1，而后逐渐加浓至 0.4~0.45，掺入 3%(水泥用量)的水玻璃或 MRT 等其他类型的速凝剂。注浆必须做好记录。注浆压力达到 2~4MPa 时稳定该压力值 3~5min 后停止注浆。

出现以下几种情况也应停止注浆：地面出现裂纹，地层产生开裂时；地面出现冒浆现象时；注浆过程中，止浆栓塞发生漏浆时。

(三) 锚杆的张拉与锁定

原则上，张拉与锁定工作应在注浆后，常温常压下养护 28d，使水泥浆液完全固结达到最大强度值进行，长时间待凝必须延长工期，而在实际施工中因水泥浆液按规范加入了早强剂，水泥浆液在 10d 即可达到设计强度 80%，而张拉锁定力只是设计的轴拉力 N_t，而不是极限锚固力 $P(P=1.5\sim2.5N_t)$ 所以注浆施工 7d 后即可进行张拉锁定施工，用张拉千斤顶进行张拉，张拉锁定荷载达到 0.36~0.6 倍的设计值后，将固定螺母拧紧、锁定。锚杆的张拉力即最终锁定荷载，按设计要求施工，同时应注意以下几点：

(1) 锚杆张拉前必须把承压支撑构件的面整平，并和锚杆轴线方向垂直。应检查张拉机具的情况，以免造成张拉失败。锚杆张拉应按一定程序进行，锚杆张拉顺序应考虑邻近锚杆的相互影响而产生锚杆的应力损失，采用隔 1 拉 1 的方法。

(2) 正式张拉前，应取 10%~20%的设计拉力对锚杆进行预张拉一至二次，使锚杆各部位接触紧密，杆体完全平直，以消除杆体的隐蔽变形量。锚杆张拉荷载需分级逐步施加，每级加载后恒载 3min 记录伸长值。拉张到设计荷载(不超过轴力)，恒载 10min，再无变化可以锁定。不能一下加至锁定荷载。锁定预应力以设计轴拉力的 60%为宜。

(四) 锁定作业必须严格执行规范和设计要求，使用专用工具将螺母拧紧

不得用手拧或随意拧上，锁定后若发现有明显预应力损失时，应进行补偿张拉。对于施加预应力的锚杆，必须在锚杆进行张拉后锁定。基坑阳角部位锚杆施工方法：阳角两边各三根锚杆水平方向向两边各小角度倾斜，另外保持一边锚杆坡角不变(15°)，另一边倾角采用12.5°。

(五) 钢筋网片的制作与安装(挂网)

锚杆墙钢筋网采用单层 $\phi 8$ 网(上部网片翻至基坑上口外1m)，采用22#铁丝绑扎，绑扎按照节点绑扎，每个节点绑扎一扣。绑扎完成后与井字钢筋点焊成为一体。在土体面上按照间距2000mm插上 $\phi 6$ 钢筋棍，并在上面做号刻度标记做为面层厚度控制标记及钢筋保护层调节依据。钢筋保持层厚度不小于30mm，网格允许偏差-10~10mm，钢筋网铺设时每边的搭接长度应不小于一个网格边长(200mm)。

(六) 混凝土面层的喷射

混凝土配比通常采用水泥：石屑：砂=1：2：2，水灰比不宜大于0.45。在喷射混凝土前，检查锚头与面层钢筋网片的连接是否牢靠，面层内的钢筋网片是否牢固固定在边壁上，检查钢筋保护层厚度是否不小于30mm，网格偏差是否在-10~10mm，然后喷射100mm厚C15细石混凝土。细石粒径在5~10之间，喷射采用混凝土喷射机干喷法作业。喷射顺序为自下而上(基坑顶部宽1.5m范围喷射混凝土护顶)，喷头和受喷面距离宜控制在0.80~1.50m范围内，射流方向垂直指向喷射面，防止在钢筋背面出现空隙。喷射混凝土因水泥用量较大，含砂率较高，并添加了一定量的速凝剂，使凝结期的收缩量减少，硬化期的收缩量增大，如不加以控制，喷层往往出现有规则的收缩开裂。在继续进行下步喷射混凝土作业时，仔细清除预留施工缝接合面上的浮浆层和松敞碎屑，并喷水使之潮湿。

随着人口压力的不断增大，人们对地下空间的开发利用逐渐频繁，普通的基坑支护技术已经不能满足深基坑支护的特点和要求，建筑工作者应该采取针对性的技术措施，以增强技术方案的预见性、超前性、安全性、可操作性，并且大力应用和推广新工艺、新技术、新材料、新设备，以增强工艺的适应性。本文结合具体工程案例，对预应力锚杆在深基坑工程支护中的应用进行了探析，旨在推广新技术。

第五节　双排桩支挡结构设计

排桩支护是近10年来发展起来的一种支护技术，近几年应用越来越多。双排桩支护在支护形式的分类上属于悬臂式支护，由于前后排桩、冠梁、连梁形成超静定的空间门架，前后排桩间土经加固后又具有重力式挡土墙的特点，能够承受比普通悬臂桩更大和更复杂的荷载，因此适用的范围和深度更大。对于受场地条件限制，不宜采用锚拉式和支撑式的基坑工程可考虑采用双排桩支护。由于城市建设的发展，越来越多的基坑工程施工受到场地条件的限制，这也促进了双排桩支护技术的应用，目前还出现了采用三排桩支护的案例。对于基坑深度较大(>10m)或存在较厚软土层时双排桩的适用性应慎重考虑，近年来随着双排桩应用的增多，双排桩支护的设计和计算分析理论逐渐完善《建筑基坑支护技术规程》对双排桩的设计、计算也作出了相应的要求，本书总结分析了双排桩支护的设计和应用，并且以南京小红山汽车客运站基坑双排桩支护结构为基础，分析双排桩支护结构形式的工作机理，探讨双排桩支护结构土压力计算模式(包括桩间土压力计算以及前、后排桩的土压力、整体计算方法)。基于有限元方法建立双排桩支护结构有限元模型，分布不同桩间距、排间距以及不同开挖阶段，双排桩的工作机理及桩的内力及变形变化，进行抗剪性能、抗弯性能分析，整体结构支护体系中连梁作用分析，同时与现场监测结果进行对比分析，计算结果可为类似工程设计提供依据。另外，在基坑工程实践中还出现双排桩+内支撑的支护形式还会出现双排桩+内支撑的支护形式，基坑深度达 12.5m，属于组合支护形式。

1. 双排桩支护设计

双排桩支护结构主要有前排桩、后排桩、桩顶冠梁及连梁组成，根据地质条件和截水需要，还可增设桩间加固带及截水帷幕。前后排桩可采用灌注桩或预制桩，前后排桩间距宜取 2~5 倍桩径，可采用前后排桩等间距布置，也可采用前排桩密布、后排桩疏布的布桩形式。为了加强前后排桩的整体稳定性，桩顶前后冠梁之间可以压顶板进行连接，压顶板板厚不宜<200mm。桩顶连梁的刚度对支护结构受力影响较大，连梁梁高不宜<0.8 倍桩径。当开挖范围内存在软土、砂层时可采用桩间加固的力一式加固软弱土层，如搅拌桩、旋喷桩及注浆等。为了保护周边环境，截水时可在前后排桩间或后排桩外侧设计一道封闭的截水帷幕。双排桩支护的设计相对简单，主要是桩间距、连梁、嵌固深度及桩身配筋等。

2. 双排桩支护结构受力特征分析

双排桩支护结构作为一空间组合支护结构，受力复杂，影响其支护性能的因素较多，本文利用有限元软件对双排桩支护结构体系进行分析计算。《建筑基坑支护技术规程》(JCJ 120)仅推荐了前后排桩等间距矩形布置的计算方法，当前后排桩梅花形布置、不等间距布置时可采用规程的方法进行计算。支护结构的抗倾覆验算及整体稳定性验算理论相对成熟，可按照《型钢混凝土搅拌墙技术规程》(JCJ/T 199)方法进行验算。对于双排桩的计算模型，主要问题在于确定双排桩前后及桩间土压力分布形式，确定桩顶、桩底约束条件；根据对土压力分布及边界条件的不同假定，有不同的计算方法。计算假定如下：①前排桩土抗力按照弹性支点法进行计算，与单排桩计算力一法相同；②后排桩后主动土压力基本按照朗肯土压力进行计算；③桩间土采用土的侧限约束假定，桩间土反力由土的压缩模量来确定的刚度系数来计算；④桩顶与连梁按照刚接考虑；⑤桩底按照土反力弹性支座考虑。通过计算可知，前排桩、后排桩桩顶位移量相等，且桩身最大侧移发生在桩顶处；靠近桩顶 4~6m 范围内，前排桩、后排桩的侧移量基本一致，但此点以下的后排桩桩身侧移大于前排桩，表明桩间土体受到挤压，双排桩靠前排桩、后排桩与桩间土的变形协调来传递土压力。根据前排桩、后排桩弯矩图的分析，前排桩、后排桩均受到交变应力作用，存在反弯矩点，且此点分布在基坑开挖面附近，后排桩的最大弯矩出现在桩顶。连梁与桩顶铰结时，桩身的侧移有所增加，但只是发生在基坑开挖面以上部位，基坑开挖面以下没有变化，说明桩顶的刚性节点可以减小开挖面以上桩身的侧移；单排桩与双排桩相比，虽然桩身的总刚度相同，但桩身侧移增加很大，且分布于桩身全长范围内。连梁与桩顶铰结时桩顶弯矩为零，导致前排桩的基底以下部分桩身的弯矩值增大，偏于不安全。与单排桩相比，桩身最大弯矩减小 1/3，说明双排桩门式刚架在基坑支护过程中优于单排桩，且双排桩桩顶与连梁的刚性连接优于铰结。

(1) 双排支护桩是由连梁与前后排桩组成一个超静定结构，具有较大的侧向刚度，可有效地限制围护结构的侧向变形。应把桩顶与连梁做成刚性连接，以保证有效地发挥双排桩的支护效果。在基坑开挖过程中，桩间土受到挤压，桩间土与前排桩、后排桩协同作用。

(2) 排距对双排桩支护结构受力影响较大，当排距为 $3D\sim8D$，前后排桩可较好发挥抵抗侧向变形的能力。当排距小于 $3D$ 时，桩身变形曲线有类似悬臂式单排桩的特性。当排距大于 $8D$ 时，桩身变形曲线类似于拉锚式围护结构桩的特性。合理选择排距可获得较好的效果。

3. 双排桩支护应用实践

目前，双排桩支护已经较多地应用于基坑工程，岩土工程者对不同地质条件及开挖深度的基坑工程进行了广泛的工程实践。在基坑底位于软土层时可采用坑内被动区土体加固增强支护结构的稳定性、减小位移。在较深的基坑工程中双排桩还可结合内支撑和锚杆联合支护。南京小红山汽车客运站位于南京市主城区北部，区域地形地貌复杂、地层类型多、变化大，工程水文地质条件复杂，场内软土、地下水发育。基坑呈不规则形状，开挖深度为10.45~11.95m，大小约280×130m，北侧偏西一段采用桩锚形式，西北侧和南侧采用双排桩，桩间连梁厚500mm，围护结构基坑安全等级为一级。基坑周边环境复杂，南侧地下软土层分布厚度不一，并有坳沟穿越，离沪宁城际铁路较近，双排桩外侧离轨道最近24.5m，离城际铁路围墙仅2.3m，轨道对变形要求高。因此，双排桩支护结构形式的工作机理、不同开挖阶段双排桩内力、变形变化对基坑安全及稳定具有重要意义。

4. 基坑监测

本基坑南侧因离沪宁城际铁路较近，按安全等级为一级进行监测。通过采用现场试验及双排桩支护结构受力及变形特点分析、双排桩支护结构土压力计算模式、基于有限元的双排桩支护结构受力及变形分析以及双排桩对小红山客运站基坑及周边城际高铁的保护作用的研究，确定基坑施工过程监测的内容包括：支护结构顶部水平位移及沉降观测、支护桩监测、地下水位监测、支撑轴力测试、基坑周边构筑物沉降与位移监测。从监测成果分析来看：双排桩支护区域侧向最大位移<20mm，在允许范围内，其余各项监测指标也均在允许范围内，说明双排桩支护结构起到了良好的支护效果。通过计算与分析，获得如下图所示的地表沉降变形，该图说明双排桩支护方式对铁轨路基处沉降变形的控制更好，沉降量相对于单排桩支护方式来说更小。而经过研究证明：

（1）悬臂式双排桩支护一般适用于，10m的基坑工程，对于深度>10m的基坑应加强验算和复核，尤其是坑底以下存在软弱土层的基坑。

（2）支护结构设计时前后排桩桩间距不宜过大，一般不宜>3m，应重视加强桩顶冠梁及连梁的连接及刚度，以加强支护结构的整体稳定性，改善支护结构内力分布。

（3）根据前排桩抗压、后排桩抗拔的受力特征，可适当对前排桩加强。可采用前排密桩、后排疏桩的布桩形式，以及前排长桩、后排短桩的布桩形式。

（4）对于存在软弱或砂层的基坑工程，可采取增设截水帷幕、桩间土加固。

① 悬臂式双排桩支护一般适用于，10m的基坑工程，对于深度>10m的基坑应加强验算和复核，尤其是坑底以下存在软弱土层的基坑。

② 支护结构设计时前后排桩桩间距不宜过大，一般不宜>3m，应重视加强桩顶冠梁及连梁的连接及刚度，以加强支护结构的整体稳定性，改善支护结构内力分布。

③ 根据前排桩抗压、后排桩抗拔的受力特征，可适当对前排桩加强。可采用前排密桩、后排疏桩的布桩形式，以及前排长桩、后排短桩的布桩形式。

④ 对于存在软弱或砂层的基坑工程，可采取增设截水帷幕、桩间土加固及被动区土体加固的措施，对基坑原位土层进行处理。

⑤ 为了更好满足较深基坑的支护，可适当降低桩顶冠梁标高，可结合上部放坡、设置平台或上部设挡墙等方式对基坑进行支护。

目前，双排桩支护理论研究还不成熟，结构计算模型有待进一步完善，已有的研究和工程实践取得了一定的成果，积累了比较丰富的经验。相比于其他方式的悬臂桩，双排桩具有良好的推广前景。

(1) 与单排悬臂桩相比，双排桩为钢架结构，抗侧移刚度大，内力分布优，同耗材下，桩顶位移明显小，安全可靠性、经济合理性优。

(2) 与支撑式结构相比，不影响基坑开挖、地下结构施工，节省设置、拆撑的工序，大大缩短工期。

(3) 与拉锚式支档结构相比，可避免拉锚式支档结构的缺点。如拉锚处有已建地下结构、障碍物；土层无法提供要求的锚固力；法律规定不能超出红线区域等。

(4) 双排桩本身施工工艺简单、不与土方交叉作业、工期短等特点，适用于场地条件特殊、作业空间小、工期紧、变形要求高等支护工程；由于具有以上优点，建筑工程、水利工程中围堰、码头、边坡治理工程，特别是建筑基坑工程应用前景非常广阔。但是双排桩支护理论还应进一步加强研究，笔者认为以下几点应成为研究的重点；①基坑内侧土反力的分布模式及计算；②前后排桩桩间土变形及土压力的分布；③支护结构内力的分布特征；④不同布桩形式对土压力分布及支护结构内力的影响等。

第二章　钢板桩墙(含钢管板桩)

钢板桩是一种边缘带有联动装置，且这种联动装置可以自由组合以便形成一种连续紧密的挡土或者挡水墙的钢结构体。

钢板桩是带有锁口的一种型钢，其截面有直板形、槽形及Z形等，有各种大小尺寸及联锁形式。常见的有拉尔森式，拉克万纳式等。其优点为：强度高，容易打入坚硬土层；可在深水中施工，必要时加斜支撑成为一个围笼。防水性能好；能按需要组成各种外形的围堰，并可多次重复使用，因此，它的用途广泛。

一、按照生产工艺分类

钢板桩产品按生产工艺划分有冷弯薄壁钢板桩和热轧钢板桩两种类型。

在工程建设中，冷弯钢板桩应用范围较狭窄，大都作为应用的材料补充，热轧钢板桩一直是工程应用的主导产品。基于钢板桩在施工作业中的诸多优点，国家质量监督检验检疫总局、国家标准化管理委员会于2007年5月14日发布了《热轧U型钢板桩》国家标准，并于2007年12月1日正式实施。20世纪末，马钢有限公司凭借自国外引进万能轧机生产线的工艺装备条件，生产了幅宽为400mm的U型钢板桩5000余t，并成功应用于嫩江大桥围堰、靖江新世纪造船厂30×10^4t船坞及孟加拉防洪工程等项目。但由于试生产期间生产效率低、经济效益差、国内需求少及技术经验不足等原因，未能持续生产。据统计，目前我国的钢板桩年消耗量保持在3×10^4t左右，仅占全球的1%，而且仅限于一些港口、码头、船厂建设等永久性工程和建桥围堰、基坑支护等临时性工程。

冷弯钢板桩是在由冷弯机组连续滚压成形，且侧面锁口可连续性搭接以形成一种板桩墙的钢结构体。冷弯钢板桩采用较薄的板材(常用厚度为8~14mm)，以冷弯成型机组加工而成。其生产成本较低而价格便宜，定尺控制也更灵活。但因加工方式简陋，桩体各部位厚度相同，截面尺寸无法优化导致用钢量增加；锁口部位形状难控制，联接处卡扣不严、无法止水；受冷弯加工设备能力制约，只能生产钢种强度级别低、厚度较单薄的产品；且冷弯加工过程中产生的应力较大，桩体使用中易产生撕裂，应用具有较大的局限性。在工程建设中，冷弯钢板桩应用范围较狭窄，大都只是作为应用的材料补充。冷弯钢板桩特点：可根据工程实际情况，选取最经济、合理的截面，实现工程设计上的最优化，比同性能热轧钢板桩节省材料10%~15%，极大地降低了施工成本。

现在由于生产条件以及规模的限制，热轧钢板桩在国内没有生产线，我国所用的热轧钢板桩均来自国外。常见的热轧钢板桩生产厂家有韩国现代钢厂、日本新日铁钢厂、日本住友钢厂、日本JFE钢厂，以及欧美的部分厂家。

1. 冷弯钢板

对钢带进行连续冷弯变形，形成截面为Z形、U形或其他形状，可通过锁口互相连接的建筑基础用板材。

以辊压冷弯成型方法生产的钢板桩是土木工程中应用冷弯型钢的主要产品一种，将钢板桩用打桩机打(压)入地基，使其互相连结成钢板桩墙，用来挡土和挡水。常用断面型式有：U形、Z形及直腹板式。钢板桩适用于柔软地基及地下水位较高的深基坑支护，施工简便，其优点是止水性能好，可以重复使用。钢板桩的交货状态冷弯钢板桩交货长度为6m、9m、12m、15m，也可根据用户的要求，定尺加工，最大长度为24m。(如用户有特殊长度要求，可在订货时提出)冷弯钢板桩以实际重量交货，也可以按理论重量交货。钢板桩的应用冷弯钢板桩产品在土木工程应用中具有施工方便，进度快，不需要庞大施工设备，有利于抗震设计等特点，并可根据工程的具体情况，改变冷弯钢板桩的断面形状和长度，使结构设计更加经济合理。此外，经过对于冷弯钢板桩产品断面的优化设计，使其产品的质量系数得到了明显的提高，减少每米桩墙宽度的重量，降低工程成本费用。化学成分及力学性能见表2-2-1。

表2-2-1　化学成分及力学性能

牌号[1]	化学成分				力学性能				
	C	Si	Mn	P	S	屈服强度 MPa	抗拉强度 MPa	延伸率	冲击功
Q345B	≤0.20	≤0.50	≤1.5	≤0.025	≤0.020	≥345	470~630	≥21	≥34
Q235B	0.12~0.2	≤0.30	0.3~0.7	≤0.045	≤0.045	≥235	375~500≥26	≥27	

2. 热轧钢板

热轧钢板桩，顾名思义，就是通过焊接用热压延生产出来的钢板桩。由于工艺先进，其锁口咬合拥有严密的隔水性。热轧钢板桩截面特性见表2-2-2，热轧钢板桩的钢号、化学成分及机械性能参数见表2-2-3。

表2-2-2　热轧钢板桩截面特性表

类型	截面尺寸			单根参数				每米墙面参数			
	宽/mm	高/mm	厚度/cm²	截面积/cm²	理论重量/(kg/m)	惯性矩/cm³	截面模数	截面积/cm²	理论重量/(kg/m²)	惯性矩/cm³	截面模数
SKSP-Ⅱ	400	100	10.5	61.18	48.0	1240	152	153.0	120	8740	874
SKSP-Ⅲ	400	125	13.0	76.42	60.0	2220	223	191.0	150	16800	1340
SKSP-Ⅳ	400	170	15.5	96.99	76.1	4670	362	242.5	190	38600	2270

表2-2-3　热轧钢板桩的钢号、化学成分及机械性能参数表

标注号	型号	化学成分						力学分析		
		C	Si	Mn	P	S	N	屈服点/mm²	拉伸强度/mm²	延伸率
JIS A5523	SYW295	0.18 max	0.55 max	1.5 max	0.04 max	0.04 max	0.006 max	>295	>490	>17
SYW390	0.18 max	0.55 max	1.5 max	0.04 max	0.04 max	0.006 max	0.44 max	>540	>15	—
JIS A5528	SY295	—	—	—	0.04 max	0.04 max	—	>295	>490	>17
SY390	—	—	—	0.04 max	0.04 max	—	—	>540	—	>15

二、按照形状分类

1. U 型钢板桩

基本介绍：WR 系列钢板桩的断面结构设计合理，成形工艺技术先进，使得钢板桩产品的截面模数与重量的比率不断提高，使其在应用中能够获得好的经济效益，拓宽了冷弯钢板桩的应用领域。WRU 型钢板桩规格型号丰富。根据欧标设计生产，结构形式对称有利于重复使用，在重复使用上与热轧等同，并具有一定的转角幅度，便于纠正施工偏差；高强钢的使用以及生产设备的先进，使得冷弯钢板桩的性能得到保障；可根据客户要求特别订制长度，为施工带来了椎大的方便，同时也降低了成本。由于生产便捷，与组合桩配套使用时候可在出厂前预先订制。生产设计及生产周期短，钢板桩性能可根据客户要求而定。

优点：

① U 型钢板桩规格型号丰富。

② 根据欧标设计生产，结构形式对称，有利于重复使用，在重复使用上与热轧等同。

③ 可根据客户要求特别订制长度，为施工带来了椎大的方便，同时也降低了成本。

④ 由于生产便捷，与组合桩配套使用时候可在出厂前预先订制。

⑤ 生产设计及生产周期短，钢板桩性能可根据客户要求而定。

2. Z 型钢板桩

锁口对称分布于中性轴两侧，且腹板是连续的，这极大地提高了截面模量和抗弯刚度，保证截面力学特性能够充分发挥。因其独特的截面形状和可靠的拉森(Larssen)锁口。

Z 型钢板桩优点：

① 设计灵活，有比较高的截面模数和质量比；

② 更高的惯性矩，从而增大了板桩墙的刚度，减小了位移变形；

③ 宽度大，有效节省了吊装和打桩的时间；

④ 截面宽度增加，减少了板桩墙的缩口数量，直接提高了其止水性能；

⑤ 在腐蚀严重部位进行了加厚处理，耐腐蚀性能更加优异。

3. L 型钢板桩

L 型主要应用与堤岸，堤坝墙，挖渠和开沟的支撑。

断面轻，桩墙占用空间小，锁扣在相同的方向，施工方便。适用于市政工程开挖施工。

4. S 型钢板桩

常见规格见表 2-2-4。

5. 直线型钢板桩

直线型钢板桩的又一种形式，由于其高度底，接近于直线，所以对于开挖一些沟渠，特别是在两个建筑物中间空间不大，而又必须开挖的时候，比较适用。

直线型钢板桩优势：

第一可以形成一道稳固的钢板桩墙，从而保证向下顺利开挖，而不受两侧踏方，地下水的影响。

第二有助于稳定地基，从而保障的两侧建筑物的稳定。

表 2-2-4　常见规格表

型号	宽度/mm	高度/mm	厚度/mm	每桩单重/(kg/m)	每米墙身/(kg/m^2)	断面积/(cm^4/m)	截面模数/(cm^3/m)
WRS4	600	260	3.5	31.2	41.7	5528	425
WRS5	600	260	4.0	36.6	48.8	6703	516
WRS6	700	260	5.0	45.3	57.7	7899	608
WRS8	700	320	5.5	53.0	70.7	12987	812
WRS9	700	320	6.5	62.6	83.4	15225	95

第三章　钻孔灌注桩

一、工程概况

某大酒店拟建在某县向阳支路北侧，富康路西侧，距离富康路(待建)约 31.1m，距离南侧向阳去路 57.1m，道路两旁有管线分布，北侧紧邻妇女河，距离妇女河约为 15.5m，西侧现为空地。其中主楼为框剪结构，20 层；裙楼为框架结构，层高 3 层，地下室位于主楼、裙楼下一层，开挖深度约 5.75m。基坑侧壁安全等级为二级。拟建场地地势平坦，局部稍有起伏。本场地内初见地下水位埋深为 0.30~0.40m 左右，稳定水位标高在 2.02~2.48m(黄海高程)。根据工程勘察报告，该场地地层分布较稳定，无不良地质现象分布和发生。工程地质条件为：土方开挖涉及①层素填土，②层粉土，③层淤泥质粉质黏土及④-1、④-2 层粉土；较深部位开挖至⑤层淤泥质粉质黏土。①层素填土密实度、均匀性较差，结构松散，开挖自稳性差，透水性较好。②、③层淤泥质黏土为软土层，透水性差，坑壁稳定性较差，②、④-1、④-2 层粉土透水性较强，但容易扰动，坑壁稳定性差。现场地势经平整后较平坦，开挖深度范围内为素填土、粉质黏土和淤泥质粉质黏土层、粉土。本场地地下水对混凝土无侵蚀影响。基坑断面参数如图 2-3-1 所示。

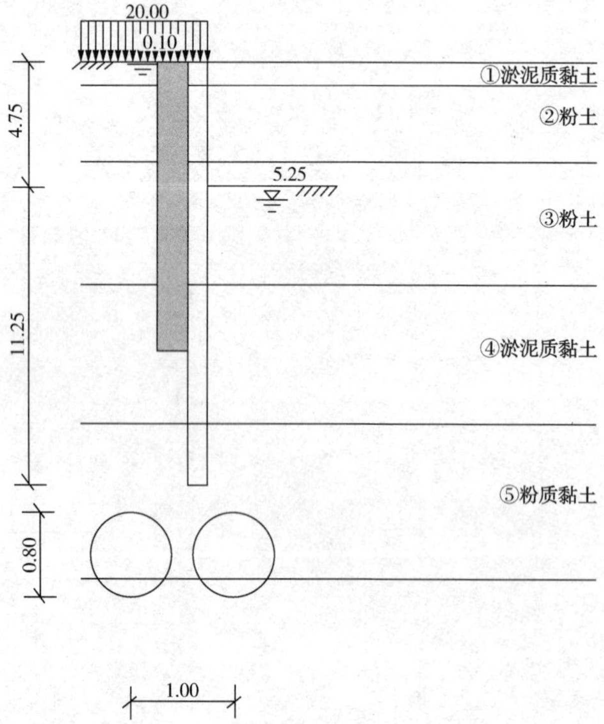

图 2-3-1　基坑断面参数图

二、泥浆护壁成孔灌注桩支护与水泥土搅拌桩止水设计

（1）工程基本设计计算参数

① 基本参数：

本工程按二级进行计算。

② 桩墙设计：

桩径：800.00mm，桩距：1000.00mm，嵌入深度：11.25m，混凝土等级：C30。

③ 地下水处理设计：

处理方法：截水，坑外设计水位：0.10m，坑内设计水位：0.50m，止水帷幕嵌入深度：6.25m，止水帷幕宽度：1.20m。

（2）内力变形计算：

① 土压力与基床系数计算；

② 灌注桩内力变形计算；

③ 支点受力计算。

（3）配筋计算

① 计算参数：

桩身最大计算弯矩：146.9kN/m，弯矩折减系数：1.0，钢筋种类：HRB400-20 保护层厚度：35.0mm。

② 计算结果：

桩身受弯设计值为：183.6kN/m，计算配筋面积：2010.6mm^2，需钢筋：7 根，实际配筋面积：2199.1mm^2，配筋率为 0.4%。

三、水泥土搅拌桩施工关键技术

（1）在确认浆液从喷浆口喷出浓度达到要求时，开始搅拌喷浆进入土层及淤泥层内一直连续钻到设计桩长，提升搅拌喷浆至设计桩顶标高加 0.5m，然后改二档下钻直到设计水泥用量为止，停泵后继续下钻到设计钻长，最后提升搅拌直到地面，每昼夜每台桩机做试块二组。

（2）搅拌桩钻杆垂直偏差应小于 1%，并悬挂垂球测定合格方可开机下钻。

（3）喷浆搅拌时如出现输浆管堵塞，立即停钻，重新施工。

（4）搅拌桩机杆提升、下钻的速度和次数必须符合施工工艺要求，有每台机长及时记录下沉与提升的时间，深度记录误差不大于 100mm，时间记录误差不大于 5s，施工中发现问题及时处理，情况均应注明，重大问题均及时报告现场甲方驻工地监理代表。

四、泥浆护壁成孔灌注桩施工关键技术

（1）清孔

为了保证清孔质量，采用两次循环清孔，在保证泥浆性能的同时，必须做到终孔后清孔一次和浇筑前清孔一次。第一次清孔利用成孔结束时不提钻慢转正循环清孔，调制性能好的泥浆替换孔内稠泥浆与钻屑。第二次清孔利用导管进行，并在第二次清孔后 25min 内及时注

入第一斗混凝土。否则，需要重新测量沉渣或清孔。

（2）浇注水下混凝土、拔出导管

导管采用 ϕ219mm×3. 5mm×2. 5mm 无缝钢管，游轮丝扣连接，密封性好，刚性强，不易变形。在使用前必须检查丝扣的好坏和导管内是否有残物；使用后应将导管清洗干净，涂油保护丝扣并堆放整齐。根据孔深配置导管长度，并按先后次序下入孔内，导管口距孔底控制在 400~600mm 范围内，当第二次清孔结束时，在 25min 内注入足够的初灌量，以满足初灌导管埋入深度超过 2000mm 之后，连续不断浇筑水下混凝土，导管埋深一般控制在 2~6m 的范围内，不允许少于 1. 50m 和超过 10m。

第四章　SMW 工法桩

进入21世纪以来，国内的建筑业迅猛发展，深基坑项目越来越多地出现在施工当中。因为基坑支护结构所具备的临时性特点，具有高效、经济等优点的SMW工法桩支护形式越来越受到国内基坑支护施工企业的青睐。

1. SMW 工法桩基本原理

SMW工法桩基本原理是利用多轴搅拌机就地下钻搅拌土体，在各施工单元之间采取重叠搭接施工，同时在钻头端部将水泥浆注入土体，再充分搅拌混合后，将型钢插入混合土体内，从而形成地下连续墙，使连续墙墙成为集“止水和挡土”于一体的围护结构。

2. SMW 工法桩特点

SMW工法桩适用于软土、粉质土、砂土及单轴抗压强度60MPa以下的岩层。SMW工法桩施工中不会扰动邻近土体，在空间受限的施工当中亦可运用。同时，与其他基坑支护结构相比具有施工速度快、噪音小、止水效果好、土方外运量小、价格低廉的特点。

3. SMW 工法桩施工工艺

（1）施工工艺流程

导槽开挖→设置定位型钢→打桩连接方式→桩机就位→搅拌速度及注浆控制→型钢涂刷减摩剂→插入型钢→型钢回收。

（2）导槽开挖

测量人员根据施工图纸中基坑围护控制边线对SMW工法桩中心点进行放样，确认出每组工法桩施工位置。采用0.5m³挖机开挖导槽，并清除地下障碍物，导槽宽度应比工法桩内边线两侧各宽10~15cm，深度控制在1~1.5m，在施工中随打随挖，保证水泥浆不外溢，废除的水泥浆存放在现场空地，随时进行外运，以保证SMW工法桩正常施工，并达到文明工地要求。

（3）设置定位型钢

相应位置的导槽开挖后，跨越导槽垂直于导槽方向放置两根20号工字定位型钢，长约2m，按型钢尺寸做出型钢定位卡，防止型钢插入工法桩内时不正。在垂直导槽方向放置的型钢之上平行导槽方向在导槽两侧放置两根20号工字定位型钢，长约10~20m，在型钢上间隔相应距离用红漆做一个标记，以便于施工中确定桩位。

（4）打桩连接方式

SMW工法桩施工按下图顺序进行，其中阴影部分为重复套钻，保证墙体的连续性和接头的施工质量，水泥搅拌桩的搭接以及施工桩体的垂直度补正是依靠重复套钻来保证，以达到止水的作用。

① 间隔式双孔全套复搅连接方式。

② 特殊连接方式。

(5) 桩机就位

① 由值班班长统一指挥，桩机移动前看清上、下、左、右各方面的情况，发现障碍物应及时清除，然后开始移动桩机，桩机移动结束后认真检查定位情况并及时纠正。

② 桩机应平稳、平正，并用线锤对钻杆垂直定位观测以确保桩机钻杆的垂直度。

③ 三轴水泥搅拌桩桩位定位后再进行定位复核，偏差值应小于 2cm。

(6) 搅拌速度及注浆控制

① 三轴水泥搅拌桩在下沉和提升过程中均应注入水泥浆，同时严格控制钻杆下沉和提升的速度。钻杆具体下沉和提升速度应根据施工图纸要求控制，在水泥搅拌桩桩底部分适当持续搅拌注浆，保证搅拌桩桩底质量，做好每次成桩的原始记录。

② 制备水泥浆及浆液注入

在施工现场搭建拌浆施工平台，平台附近搭建一个水泥平台，制作施工用的水箱容积约 $10m^3$，在开机前进行水泥浆液的搅拌工作，并在过程中保持水泥浆的稳定。所选用得水泥须送样复试合格后方可使用。水泥浆的水灰比按照施工图纸要求配比，按照工法桩截面面积、土体体积、土体质量及水泥浆掺入量进行计算得到单组水泥搅拌桩水泥浆及水泥用量，注浆压力按照施工图纸要求控制并需保证浆液能够顺利输送。

③ 搅拌下沉和提升速度一定要均匀，遇到障碍物要减速慢行防止钻杆损坏。

④ 桩与桩搭接不大于 24h；如超过 24h，则在第二根桩施工时增加浆量 20%，同时减少提升速度；如因相融时间过长，致使第二个桩无法搭接时，则在设计认可下采取局部补桩或注浆措施。

(7) 型钢涂刷减摩剂

① 涂刷前清除型钢表面的污垢及铁锈。减摩剂必须用电炉加热至完全融化，用搅棒搅时感觉融化均匀，才能涂敷于型钢上，否则涂层不均匀，易剥落。

② 如遇型钢表面被淋湿，应先用抹布擦干表面才能涂刷减摩剂，不可以在潮湿表面上直接涂刷，否则减摩剂将剥落。

③ 型钢表面涂上减摩剂后，一旦发现涂层开裂、剥落，必须将其铲除并清理干净后，重新涂刷减摩剂。

④ 浇注压顶冠梁时，埋设在冠梁中是型钢部分必须用塑料薄膜将其与混凝土隔开，否则将影响型钢的起拔回收。

(8) 插入型钢

① 三轴水泥搅拌桩施工完毕后，履带式起重机应立即就位，吊放已涂刷减摩剂型钢，以便拔除回收。

② 起吊前在距型钢顶端 0. 2m 处开一个孔径约 4cm 中心孔，装好吊具和固定钩，然后用履带吊起吊型钢，采用人工配合履带吊插入型钢，以保证型钢垂直插入。在垂直于导槽的定位型钢上设型钢定位卡固定型钢，然后将型钢钢底部中心对正桩位中心并沿定位卡徐徐垂直插入水泥搅拌桩体内，用线锤和全站仪控制垂直度，垂直度不大于 3‰，型钢插入过程中转角小于 1°。

③ 当型钢插放到设计标高时，用 10 号钢筋将型钢固定好。溢出的水泥土必须及时进行处理，控制到一定标高，以便进行后续施工。

④ 待水泥搅拌桩硬化到一定程度后，将固定钢筋与定位型钢撤除。

(9) 型钢回收

主体结构完成并达到设计强度后，采用专用夹具及千斤顶以冠梁为基础，起拔回收型钢。型钢拔除后的空隙使用施工图纸要求的水泥浆填充，以减少对邻近建筑物及地下管线的影响。

4. 施工质量保证措施

(1) 对相关施工人员做好技术交底、安全交底。

(2) 型钢加工时严格按施工图制作，吊放对位时，轴线偏离应小于5cm。

(3) 施工前对三轴搅拌桩机进行维护保养，尽量减少施工过程中由于设备故障而造成的质量问题。设备由专人负责操作，施工前必须检查设备的性能，确保设备运转正常。

(4) 使用桩架垂直度指示针调整桩架垂直度，并用线锤进行校核。

(5) 工程实施过程中，严禁发生定位型钢移位，一旦发现挖机在清除沟槽土时碰撞定位型钢使其跑位，立即重新放置定位型钢，严格按照设计图纸进行施工。

(6) 场地布置综合考虑各方面因素，避免设备多次搬迁、移位，减少搅拌和型钢插入的间隔时间，尽量保证施工的连续性。

(7) 严禁使用过期水泥、受潮水泥，对每批水泥进行复试合格后方可使用。

(8) 型钢吊起后用全站仪调整型钢的垂直度，达到垂直度要求后下插型钢，利用水准仪控制型钢的顶标高，保证型钢的插入深度。

SMW 工法桩一般作为基坑深度小于 15m 的围护结构，其中水泥搅拌桩端头深度需比型钢插入深度深 1m 左右，基坑开挖工作需在水泥搅拌桩达到设计要求强度后开始。水泥搅拌桩直径一般分三类分别是 650mm、850mm、1000mm，所对应的型钢型号一般分别采用 H500×300、H700×300、H850×300。

第五章 咬 合 桩

20世纪中期，随着国内外大量高层建筑及地下工程的兴建，相应的基坑工程数量不断增多，与此同时，各类用途的地下空间和设施也得到了发展，包括地铁车站、高层建筑地下室、隧道、地下商业街等各种形式。建造这些地下空间和设施，必须进行大规模的深基坑开挖，而深基坑的围护结构是地下工程的前期保障，承担着施工过程中的挡土和止水功能，钻孔咬合桩依靠自身的合理性与经济性，正成为越来越多深基坑支护设计的首选。

将钻孔咬合桩简化等效，视为具有一定厚度的地下连续墙，按照刚度相等的方法分析其进行内力、位移变化，即沿着围护结构(钻孔咬合桩)纵向取单位长度，将其等效为弹性地基梁，按照工程进行中的不同工况(基坑开挖、内部结构施工与回填和竣工后的运营阶段等)进行内力计算与分析。围护结构施工前所进行的开挖施工阶段中，计算时必须考虑先施工结构的变形、支撑的位移值，即按照“先变形，后支撑”的原则对结构进行分析计算。钻孔咬合桩围护结构一序桩(1，3，5)与二序桩(2，4，6)施工应间隔布置。一序桩为矩形钢筋笼混凝土桩或素混凝土桩，由于要切割一序桩，一般采用放入缓凝型减水剂的C15、C20混凝土作为其桩身。二序桩则一般采用钢筋笼混凝土桩，混凝土强度C25、C30。根据刚度等效原则，一序桩和二序桩的刚度相等，以下给出实用方法：在忽略配筋情况下，计算两桩初始刚度比：

$$E_1I_1+E_2I_2=E_3(2d-2a)b^3/12$$

式中：E_1I_1、E_2I_2 为桩的抗弯强度。I_1、I_2 为一、二序桩的惯性矩，可直接应用材料力学中公式求得，则

$$I_1=I_2-4I_3$$

$$I_3=\int_{-y_1}^{y_1}y^2[x-(R-a/2)]\mathrm{d}y=$$

$$2\int_0^{y_1}y^2\sqrt{R^2-y^2}\,\mathrm{d}y-(2R-a)\int_0^{y_1}y^2\mathrm{d}y$$

式中：a 为两桩咬合距离，b 为连续墙等效厚度，R 为桩半径，d 为咬合桩直径。通过计算开挖过程中，单位长度等效连续墙所承受的最大弯矩值 $M_{\max}$，单根一、二序桩承受的最大弯矩分别为：

$$M_{1\max}=\frac{n}{n+1}\cdot 2(d-a)M_{\max}$$

$$M_{2\max}=\frac{1}{n+1}\cdot 2(d-a)M_{\max}$$

最后，根据计算出的 $M_{1\max}$、$M_{2\max}$ 两个弯矩值进行钢筋配筋设计，再一次计算这两个桩的抗弯刚度，重复上述计算过程，直至前后两次配筋计算结果相同。

第六章　大直径筒桩

一、概述

1. 筒桩和筒桩技术的基本概念

所谓大直径现浇混凝土薄壁筒桩是这样的一种桩型；其外径在1000~1500mm之间，并正在向2000mm更大的方向发展。利用内外两层钢管，间距为150~200mm，底部装有预制的环形桩尖，通过特制的连接器，在顶部以中高频率激振器的作用下，将钢管一起插入地基土内的设计标高并把套入内管的多余地基土从另一排上孔中排出、揭开连接器放入钢筋笼，再在外层钢管的灌入口中灌入混凝土，并边振边拔管，促使混凝土振捣密实，形成一个具有较大直径，一定壁厚，中心充满地基土的筒形桩体，我们称它为筒桩。

我们把筒桩制作过程中所用的专用设备、设计计算的理论和方法、施工中使用的特殊工艺和工法、控制和检测桩体质量的手段和方法及有关筒桩专利说明等统称为筒桩技术。

2. 筒桩的主要特点

① 从桩的形态来看，这是属于大直径薄壁筒形桩，突破了沉管桩和预制桩直径限于600mm以内的限制，使桩径大大增加，充分发挥了大直径桩稳定和强度的作用。

② 从桩的性质看，它属于少量挤土桩，在成桩过程中大量的土石不是挤向周围而是被内管套入其中，当内管土挤到一定程度时可以从上部泄口中溢出，受挤的土只是少数，克服了沉管桩和预制桩的桩身受施工桩的挤土作用。

③ 从桩受力能力来看，可制成钢筋混凝土桩，承受上部巨大的压应力，也可承受强大的水平推力。它可制成素混凝土低标号桩，组成复合地基增强体，并有效地控制土的侧向变形，减少工后沉降。这种桩可以灵活组成多种形式的组合，形成单体排列的联体，也可用系梁连成空间框架结构，所以这种桩不仅受力能力强而且功能多。

④ 从结构特点来看，它是现场灌注的薄壁圆形结构，且有较强的抗压抗弯性能。一般灌注桩竖向受力并不需要全断面，从抗弯能力计算，断面中心部位混凝土所起的作用也可忽略不计，筒桩正是避免了灌注桩存在的严重浪费材料问题，以最合理的材料获取最有效的结构效应。

⑤ 从施工的角度来看，由于它是连续浇灌而成，桩身的整体刚度比一般灌注桩要好，而且成桩可以全部在现场完成，施工方便又迅速，尤其是在海上施工，插入土层的桩体，进入海水，以及上部的桩柱，数十米长度可一次性浇筑完成。施工时对混凝土质量能进行有效的控制，施工完成后能对桩体作检测，必要时还可增强和扩底。施工时由于采用高频振动，对地表振动影响小，而且没有钻孔灌注桩施工给环境带来的严重污染。

⑥ 从桩的用途来看，可以说使用广泛。目前已用于工业及民用建筑的基础，高速公路的软弱地基加固，大型油罐的基础加固，各种类型的支档建筑，特别是在海洋工程中发挥极佳的作用。

二、筒桩的作用机理

有人曾经做过这样的试验和计算，将一块一定长度、一定宽度和一定厚度的钢板，分别以垂直插入土中，做成圆柱状插入土中和平放在土上，对具有一定力学性质的黏性土作用结果，以平放在土上的钢板承受竖向荷载为最佳，其次是圆柱状，最差是以垂直插入。但是平放的板承受水平能力最差，无法作为结构物的基础。因此，为了既要有很高的竖向承载力，又要有较大的水平承载力，于是就出现了倒扣入土中的桶形基础。我们将钢板制作的桶形基础，改成由钢筋混凝土制成的筒桩也应是这个基本原理。把这个钢板桶形基础制成更实用的筒桩基础。

单体筒桩如果以支承桩的形式，直接作用在较坚硬的持力层或风化岩的基岩上，那么上部荷载将由盖板，通过桩身的传递将力直接作用在持力层上，桩径越大承受力的接触面就越大也就能承受较大的竖向荷载。同时较大的桩体部分可将环境施加在筒体上的水平推力传递到下部更好的土层上去，从而使筒桩能够承受较大的水平荷载。单体筒桩如果插入在深厚的软土层中，则它所受到的力首先就是桩的侧壁摩阻力，包括外侧和内侧。其次是桩端阻力，尽管桩端仅是一个环带。最后是被套入内管挤压状态土的堵塞力，但在具体计算中只取了桩外侧摩阻力，其他的力都作为安全储备不计在内。

在工程实践中往往把这些单体筒桩联接组合成一定形状而存在，例如把单桩顺次咬合，组成单排联体筒桩；也可把这些单体筒桩用梁系进行连接，组成各种形状的框架结构，这些结构的应力计算将按照这些结构计算方法进行。

三、筒桩结构的设计计算

1. 设计计算前有关参数的确定

在进行设计时必须对建筑物有一个具体的了解，如建筑物的总平面布置要求、设计内容、建筑物的等级等。对设计资料参数的确定应根据建筑物的性质要求来确定。例如一项港口码头工程，必须搜集下列资料：水位、波浪、海垢、地址条件、荷载和高程设计等。

2. 结构设计及计算

以海堤结构设计为例说明：

桩的布设

① 以等腰或等边三角形布置，形成合理的超静结构深基础，其桩间距应计算确定。

② 桩型参数：地质条件决定桩直径和桩长，外径一般1000~1500mm，壁厚150~200mm。

③ 筒桩海堤受力产生的弯矩计算：计算模型受力分析及具体计算。

④ 单体筒桩抗弯能力计算。

⑤ 稳定分析：它要满足几种稳定条件较多，如整体稳定、倾覆稳定、水平滑动稳定，符合各种工程应满足的规定值及各种工况的要求。

⑥ 上部盖板的强度计算：能承受上部荷载作用和海浪顶托作用。

⑦ 沉降计算：满足工后沉降要求。

第七章　大直径预应力管桩水泥土墙（PCNW 工法桩）

一、主要技术内容

大直径预应力管桩复合支护墙（PCMW 工法），即采用搅拌桩施工对地层进行加固，同时在地层内形成一道类似于咬合排桩一样的水泥土墙，在水泥土中的水泥尚未凝固时插入大直径预应力管桩，形成由搅拌桩挡土止水、管桩承受侧向水土压力的组合结构。该技术具有施工速度快，防水效果较好，对环境影响较小，且支护结构兼做止水帷幕，占用宽度较小等优点。

二、技术指标

（1）大直径预应力管桩复合支护墙的计算与验算应包括内力和变形计算、整体稳定性验算、抗倾覆稳定性验算、坑底抗隆起稳定性验算、抗渗流稳定性验算和坑外土体变形估算。

（2）大直径预应力管桩复合支护墙中三轴水泥土搅拌桩的直径宜采用 850mm、1000mm。

（3）水泥土搅拌桩 28d 无侧限抗压强度标准值不宜小于 0. 5MPa。

（4）搅拌桩的入土深度宜比预应力管桩的插入深度深 0. 5~1. 0m。

（5）搅拌桩体与内插管桩的垂直度偏差不应大于 1/200。

（6）当搅拌桩达到设计强度，且龄期不小于 28d 后方可进行基坑开挖。

（7）主要参照标准有：《建筑基坑支护技术规程》（JGJ 120）。

三、适用范围

适用于黏土层、砂层等软弱地层，且在 6~10m 深的基坑中具备技术和经济优势，在基坑支护结构设计中得到广泛应用。

第八章 土 钉 墙

随着城市建设速度的加快，当下各地区用地愈发的紧张。各大地区为了缓解交通拥挤、土地资源紧缺等现状，从而对地下空间进行了更大力度的开发，因此地下商场、地铁等建筑物不断增多，导致基坑的数量和规模也在不断加大。但是由于基坑环境条件复杂多变，给基坑支护结构的设计和施工带来了很大的压力，而且由于不正当的设计与施工导致每一年发生的深基坑工程事故较多。这也就对基坑支护结构的理论研究提出了更高的要求，特别是基坑开挖过程中土体和支护结构的内力、位移、稳定性及结构与土体间的协同作用等问题越来越受到研究人员的关注。

目前大量的研究表明，传统的土钉支护结构对位移的控制效果较差，而且该结构属于被动受力，要使其彻底发挥作用需要微小的变形，这将会导致整个体系的位移增大。由于基坑工程所处的地理位置要求其不能产生较大位移，并且现在的基坑支护结构设计已经由原来的强度控制转变为位移控制，这就意味着基坑工程对支护结构体系变形控制的要求更加严格，而土钉结构的受力特点决定其无法在位移要求比较严格的工程中使用。但是基坑一般属于临时性工程，业主方也不希望投入太大的成本，再加上土钉支护造价低、施工快等特点深受其青睐，这就使得设计人员不得不在土钉支护的控制变形方面多下功夫。工程实践表明预应力锚杆、微型桩、排桩和止水帷幕等辅助结构的加入正好可以弥补土钉支护控制变形能力、抗渗性能和稳定性等方面的不足。土钉与辅助结构联合进行基坑加固，能够有效地约束坑壁的侧向变形，提高基坑的稳定性，而且这类复合支护形式在工程造价方向拥有较大的优势，因此该复合结构在实际工程中应用较为广泛。然而，不幸的是现阶段基坑支护结构设计的理论研究落后于工程实践，由于理论研究的不足，使得工程设计没有合理的依据及严格的设计理论来指导工程设计。因此，在目前的支护结构设计过程中仍然通过工程经验来指导类似基坑的设计。已发生的大量深基坑工程事故也证明了当前的设计理论依然存在缺陷，要么结构设计不足导致工程事故的发生，要么设计过于保守造成工程造价偏高。因此，深入研究复合土钉结构的工作机理，探讨该复合结构的各组成部分在支护过程中的协同作用，为基坑支护设计提供合理的理论依据，这对设计人员在确保基坑自身和周边环境安全稳定的基础上合理地管控工程造价、降低工程事故发生频率具有十分重要的现实意义。

第一节 概 述

一、土钉支护概念

土钉支护是加筋技术中的一种，即在土体中置入钢筋或钢管等细长杆件。在支护过程中是由上而下的支护形式，即开挖一层，支护一层，与加筋土钉墙在施工上有所不同。土钉在土体内形成了一个由土钉、土体组成的复合体，不仅加强了土体的抗剪能力，又与面层一起作用起到约束土体变形，土钉支护也有一些自身的特点，即土钉与土体组合形成类似挡土墙的结构，结构自身轻，有良好的延性与抗震，施工便利、造价低等特点，但土钉也有一些局限性，如土钉的设置需有足够空间，在有些土中不可单独使用等。

土钉的成孔、注浆的方式有多种，但在成孔方式中洛阳铲成孔费用低、速度快等优势，使得该方法使用较为广泛，除了土钉的成孔、注浆方式多样，土钉本身也有多种类型。除了使用较为普通的钻孔注浆外，还有击入钉、注浆击入钉、高压喷射击入钉、气动射击钉等。

二、土钉支护的优缺点

(1) 优点：土钉支护和其他支挡系统相比体现出很大的优越性，首先施工设备尺寸相对较小、灵活性大、重量轻。其次特别适用于因噪声、振动和通行可能引起麻烦的城市中施工，并且系统比较坚固稳定和有灵活性，并可适应大量整体和局部的沉降，有文献证明土钉挡土墙在地震荷载条件下运行良好，还能很好地运用于诸如遇险挡土结构修复之类的特殊工程。

(2) 局限性：土钉可能超出用地红线，也可能和其他城市地下管线相互干扰，单一的土钉支护结构在特殊地区不可能有效地发挥其工作性能。

三、土钉支护结构的发展

20 世纪 70 年代，学者们通过对加筋土和新奥法技术的改进逐渐形成了土钉加固技术，该加固方法主要利用土钉、钢筋混凝土面层和原位土体三者间的协同作用来保证体系的稳定。法国是最早对土钉支护结构进行研究的，Bouygue 在 1972 年成功地将隧道的新奥法施工方法引入边坡工程，并在此基础上对该支护方法进行推广；美国于 1974 年将土钉墙结构引入深基坑工程中；德国于 1979 年将土钉结构作为永久支撑方式运用于边坡中，我国于 1980 年在山西一边坡加固工程中首次使用土钉。20 世纪 90 年代随着我国基础建设的兴起，大量的基坑、边坡工程促进了土钉在工程实践中的应用，1992 年我国首次在深圳城区使用土钉结构进行加固，1997 年《基坑土钉支护技术规程》的颁布意味着我国对土钉结构的研究已趋于成熟。

四、土钉支护结构的研究现状

由于土钉技术的施工便利，造价低等特点，被各国广泛应用，虽然土钉技术的发展始于 20 世纪 70 年代，但是纵观历史，早在 100 多年以前，英国建造泰晤士河隧道时便应用了该技术作为辅助作用。由于土钉支护在许多方面与新奥法施工相类似，也可看成其延伸。法国是最早使用加筋挡土墙技术，而该技术也与土钉支护拟术相似。

由于土钉技术的发展，法国承包商 Bonygues 于 1972 年在法国凡尔赛附近使用土钉支护技术，是法国使用土钉支护最早的记录。而在不久之后该承包商又在法国一处地铁施工中第一次采用了不注浆击入钉，通过两次成功使用土钉技术的经验，土钉支护技术在法国得到了推广，在此基础之上发明了一种新的支护技术，即高压喷射注浆击入钉。此后，法国对土钉技术的研究不断深入，由 21 个单位参与研究历时四年的 Clouterre 计划。

与此同时，德国、美国、英国等国家也先后对土钉支护技术产生了浓厚的兴趣，各国先后对土钉进行了大量的研究与实践。德国于 1979 年首次建成永久性土钉支护工程并对该工程进行了长达 10 年的监测。此后德国在慕尼黑建造地铁时，使用了土钉支护的方法，并且对土钉支护技术进行了四年的研究。而美国则是在 1974 年首次使用，经过加州大学 Davis 分析校对土钉支护现场实测，室内模拟及有限元分析等。近几年美国加大了对土钉技术的推广与应用并制定出相对应的技术文件、规范等。而英国则是在 80 年代左右对土钉产生兴趣，不仅对土钉技术进行应用，而且进行大量的深入研究工作，通过研究，英国发明了一种新型土钉形式，即气动射击钉，英国国内对于土钉的使用不多，大部分用于对原来的挡墙进行加固。除此以外，西班牙、巴西、日本等国也先后对土钉支护技术进行研究。

与此相比，我国土钉技术的应用相对于其他国家较为落后，最早是煤矿设计院王步云对土钉技术对边坡的支护进行研究，1980 年在山西柳州弯煤矿得到应用，是我国首次在实际工程中应用。1987~1989 年，孙家乐、程良奎、陈肇元等对土钉支护技术进行了深入研究，其稳定性分析方法、工作性能、有限元分析等一系列问题得到了解答。90 年代后基坑开挖体积增大，在 1991 年深圳罗湖区金安大厦基坑首次采用土钉墙支护并获得成功。1992 年开挖，深圳发展银行大厦基坑深度 12. 5m 采用土钉墙支护结构。土钉支护技术于 1992 年首次应用于深圳文锦广场的基坑抢险加固中。1996 年深圳兴华广场基坑支护中首次应用了土钉与搅拌桩联合支护。虽然与国外相比，我国的土钉墙支护技术研究与应用相对较晚，施工技术较差。但是在一定程度上也取得了一些的成绩，例如应用洛阳铲成孔，一方面降低造价，另一方面自成一套简便的施工技术，土钉支护的规模也逐渐增大，其中在土钉支护中对于弱软土层、高水位土层的研究有了一定的进展与认识。随着土钉支护技术的推广，我国也相应制定了一些标准，使得土钉施工更加规范化。

郭红仙等考虑开挖效应，结合土钉结构的施工特点，提出了考虑施工过程的土钉轴力与支护结构水平位移的计算方法，并将计算结果与 CLOUTERRE 项目试验结果进行对比，验证其合理性后用该方法探讨了土层参数和土钉布置等因素对土钉轴力和位移的影响情况。

张建红等用 8 组对比试验来研究土钉支护的加固机理、变形特征和破坏形式，并分析了不同的土钉布设方式和面层形式对该支护结构稳定性的影响情况，结果表明，土钉的长度和布置间距对结构稳定性的影响十分显著，并且合理的长度和间距对土体裂缝的产生有一定的控制作用。单仁亮等用 FLAC3D 软件对土钉支护结构进行模拟，得到能够反映基坑变形的位移云图，找出最大位移和塑性贯通区所在的大概位置，并结合土体实际开裂情况来判断滑移面的形状，最后分析了该类土层下支护结构发生整体破坏的原因，为该土层下的基坑支护设计提供了参考。

杨育文在已有的面层土压力研究基础上，从土钉墙支护的机理出发，根据柔性支护结构可以充分发挥土体的自稳特性和混凝土面层上所受土压力主要来自于土钉对主动区土体变形的约束作用这两基本原理，提出了面层土压力的计算方法，并分析了影响土压力的因素。

陈飞根据原位试验监测结果来分析土钉的轴力分布情况和位移变化规律，数据表明土钉轴力的最大值在靠近混凝土面层 2. 0m 的位置，而且其轴力总体呈现出两边小、中间大的特征，支护结构的侧向位移随土体开挖厚度的加大而减小，并根据靠近坑底滑移面与面层的距离提出最后一排土钉长度不宜过长。土钉支护由于其发展时间比较长，对该结构的理论研究较多，再加上其结构较轻和工程造价低等特点受到工程师们的青睐，但是其属于被动受力结构，在土钉发挥作用前需要有微小的变形，这一特点限制了该结构在建筑物密集地区深大基坑中的使用，为了满足实际工程对支护结构的某些特殊需求，使得工程设计人员不得不对土钉支护结构进行改进，以此来适应复杂的周边环境。因此，复合土钉结构应运而生。

第二节　土钉支护的作用机理与工作性能

近年来，随着城市高层建筑的大量兴建，深基坑支护技术发展迅速，而土钉支护就是近年来发展起来的用于土体开挖和边坡稳定的一种新型挡土结构。它由密集的土钉群、被加固的原位土体、喷射混凝土面层和必要的防水系统组成，形成一个类似重力式的挡土墙，以此来抵抗墙后传来的压力和其他作用力，从而使开挖坡面稳定。因其具有施工方便、设备简单、开挖与支护作业可以同时进行、施工周期短、成本低、污染小、稳定可靠等许多技术和经济上的优点，而迅速在全国特别是低地下水位地区得到推广。

一、土钉作用机理

土钉在复合土钉支护体系中发挥着主要作用，土钉作用的原理是利用注浆作用和基坑周边土体自身的强度特性，将原位土体处理成整个支护结构的一部分，在充分发挥土体自承能力的同时确保了整个体系的稳定性。随着基坑的开挖，土体位移的发展，基坑工程在面层、土钉和加固土体三者的协同作用下保持稳定，但是由于三者强度相差较大，在基坑土体发生塑性变形时内力向面层开始转移，然后通过面层来调整体系的内力分布情况。综上所述，可以将土钉的作用总结为以下四个方面：

（1）分担荷载作用。当土体某处的应力大于该处土体的极限强度时，该处土体不能再承担之前的应力，只能向相邻土体转移，致使相邻土体因所受应力大于自身强度而发生破坏，最终形成滑移面。由于土钉布置较密，土钉的加筋作用可以对滑移面以内的土体进行改良，最后形成强度较高的复合土体。因为土体的强度和刚度远小于土钉，所以当土体处于塑性变形阶段时应力开始转移，使得土钉承担了部分土体应该承受的应力，从而改善了土体中的应力分布情况，延缓了复合土体塑性区的发展和滑移面的形成。当支护结构水平位移发展而使土体开裂时，土钉的分担作用更加显著，此时土钉内部的组合应力使得注浆体破碎。如果土钉间距布置合理则可在相邻的土钉中间形成土拱，土拱承担其后的压力并将之传递给土钉，由土钉分担并传递给深层的稳定土体。总的来说，土钉的这种分担作用可以概括为：在改善土体应力集中现象的同时又延缓了土体塑性区的发展和滑移面的形成。

（2）箍束骨架作用。土钉以一定的密集度分布于土层中，由于土钉群的刚度和强度远高于土体，因此它们在土体中起到了一定的骨架作用，协同土体承担抗拉和抗剪切作用，从而改善了土体中的应力分布情况，避免了土体因局部应力集中而发生破坏。同时相邻土钉之间形成的土拱可以提高复合土体的整体性，从而使得复合体能够得到更大的承载力。

（3）传递和扩散应力作用。该作用主要是通过土钉与周围土体的相互作用来实现，土钉将自身承担的荷载沿着土钉的长度向附近土体扩散，并向深处稳定的土体进行传递，使得复合土体内的应力大小远低于无支护措施时的边坡土体，最终延缓了滑移面的形成与发展过程。

（4）约束坡面变形作用。由于基坑开挖卸载和土体的侧向变形必然会导致坡面的鼓胀，而混凝土面层的存在对坡面的鼓胀有一定的限制作用，进而起到了对边界的约束作用，而土钉能够保证面层更好地发挥作用。

二、土钉支护的工作性能

为了揭示土钉的工作性能，并为土钉支护的设计提供依据，国外对大型土钉支护工程进行了大规模的量测工作，获得了许多有价值的资料。这些试验主要有：法国 CEBTP 的大型试验、德国 Karisruhe 大学岩土研究所的大型试验、德国 Stuttgart 一处永久支护的实测、美国西雅图的一处工程开挖、美国加州大学 Davis 分校内的现场试验。

根据这些试验的观察结果，可以得出土钉支护在一般土体自重作用下的基本工作特点有以下几点

（1）随着向下开挖，支护不断向外位移。在匀质土中，支护面的位移沿高度大体呈线性变化，类似绕趾部向外转动，最大水平位移发生在顶部。但在非匀质土中或地表为斜坡或受有地表重载时，最大水平位移点的位置可能移向下部。从为数极少的支护现象发现，土钉支护的破坏是一个连续发展的过程。

（2）图钉置入现场土体后，如果土体不发生形变，土钉就不会受力，随着继续向下开挖、地表加载或土体徐变而发生土体变形，通过土体与土钉之间的界面黏结力使土钉参与工作并主要受拉。量测表明，只要土体发生微小的变形就可使土钉受力。土钉在工作阶段很少受到弯剪作用，只在支护最终沿滑移面破坏失稳时，滑移面附近的土钉才同时受到拉弯剪的联合作用。

（3）土钉的拉力沿其长度变化，最大拉力部位随着向下开挖从开始时靠近面层的端部逐渐向里转移，当土钉较长时，最大拉力部位一般发生在土体的可能失稳破坏面上。当土钉长度较短时，土体破环面可能移出上部土钉之外，则这些土钉中的最大拉力一般发生在钉长中部。

（4）当破坏面穿过加固的土体，后者被分割成失稳区和稳定区两个部分，前者向外运动，与土钉之间的界面剪力或黏结力的方向向里，使土钉的拉力从端部逐渐增加并在可能的破坏面上达到峰值。而在被动区内，土钉与土体之间的界面剪力方向向外。土体破坏面上的土钉或者受拉屈服，或者被拔出。

（5）不同深度位置上的土钉，其受到的最大拉力有很大差别，顶部和底部的土钉受力较小，靠近中间部位的土钉受力较大。但临近破坏时，底部土钉的拉力显著增长。

（6）支护喷射混凝土面层背后的实测侧向土压力，其沿高度分布也为中间大、上下小，接近梯形但斜边为抛物线，而不是三角形，压力的合力值要比挡土墙理论给出的计算值(朗肯土压力)低得多。这表明土钉支护的面层完全不同于一般的挡土墙。支护面层所受的土压力合力远小于土钉所受拉力之和。

（7）支护的最大水平位移 δ，一般不大于坑深或支护高度 H 的 3%。δ 与 H 的比值据法国的实测资料为 1%～3%，美国为 0.7%～–3%，德国为 2.5%～3%。国内的测试结果也大体相同。

第三节　土钉喷射混凝土设计

随着经济的发展和社会进步，建筑行业迅速发展。近年来，高层建筑数量越来越多，规模越来越大，人们对高层建筑施工质量安全也提出了更高要求。作为高层建筑的重要组成部

分，基坑工程发挥着不可替代的作用。随着科学技术的进步，许多新技术、新工艺、新材料逐渐被应用到建筑基坑工程施工中，例如，土钉墙支护结构。该结构具有工期短、工艺简单、成本低廉等诸多优点，能够有效提高基坑边坡的稳定性及强度，在建筑基坑工程中得到了广泛应用。要想充分发挥土钉墙支护结构构的优势性能，必须加强设计与施工管理，做到方案科学、施工合理，以此保证建筑基坑工程施工质量，消除边坡塌方事故，提高建筑整体安全性。

一、土钉墙支护结构概述

(一) 土钉墙支护结构特点

第一，在基坑工程中应用土钉墙支护结构会有土钉复合体形成，有效提高边坡承载性与整体稳定性，不必设置支撑，坑壁也不会产生太大变形，噪音影响较小；第二，在土钉墙支护施工中，土钉埋设可以与基坑开挖施工同步进行，缩短单独作业时间，施工效率高，施工周期短；第三，土钉墙支护施工不占场地，对于面积小、难以放坡或者周围建筑物密集的施工场所，土钉墙支护结构能有效解决施工难题；第四，土钉墙支护结构施工工艺简单、加固效果好，技术可靠性强；第五，土钉墙支护结构施工成本低，具有经济性与合理性。

(二) 土钉墙支护结构适用条件

土钉墙支护结构适用于以下情况：地下水位以上的黏性土、胶结的填土或者粉砂土等。随着土钉墙施工技术不断进步，在杂填土、松散沙土、软土以及流塑土中也可采用这一技术方法。值得注意的是，对于塑性指数超过 20 的土，在应用土钉墙支护结构之前，要仔细评价其蠕变特性；对于标准贯入锤击数在 10 击以下的沙土，最好不要采取土钉墙支护结构。除此之外，土钉墙支护结构不适合以下情况：含水量较高的砂卵石层及粉细砂层、缺乏临时自稳性的淤泥土；炉渣、煤渣等腐蚀性土；对于流塑形态下的软黏土，由于其成孔难度大，采用土钉墙支护结构同样无法取得理想的经济技术效果。

(三) 土钉墙支护作用原理

在建筑基坑施工中，土体具备结构整体性特点，但是其抗拉强度、抗剪强度均比较低，甚至可忽略不计。在基坑开挖过程中，土体的存在能够保证边坡维持一定的直立高度，但是如果超出其临界高度，就会破坏土体整体性，因此需采取必要的边坡防护手段，通过挡土结构承担土体测压力，以免破坏土体的整体稳定性。将一定分布密度和长度的土钉放置在土体内，土钉和土体共同作用对后者强度的不足进行弥补，这就是土钉墙支护体系。土钉利用滑裂面加固坑周土体，土与土钉结合形成复合土体，从而实现原状土刚度及强度的提升。如果土体受力情况产生变化，不可避免的会产生变形，利用土钉进行加固，能够对这种变形进行约束，以此确保土体稳定性。

(四) 土钉墙支护体系的不足

第一，土钉墙支护体系需要用到大量土钉，部分土钉杆体很长，如果在建筑密集区域进行施工，很容易与原有地下设施发生碰撞，破坏地下设施。如果条件允许，可以调整土钉长度，将土钉灌浆体直径增大，但有些情况必须选取别的支护措施；第二，只有在土体变形、土钉与土之间存在相对位移时，才能发挥出土钉的作用。如果基坑工程对位移有严格限制，则无法采用土钉墙支护结构进行施工；第三，超深基坑不适合采用土钉墙支护体系。其主要原因为：超深基坑会明显增大土钉墙支护体系的位移量，导致基坑安全受到影响；第四，土钉墙支护体系对地下水位有一定要求，地下水位不能超出基坑的基地。如果基坑开挖过程中出现地下水，不仅会影响土钉成孔，也会影响注浆效果，引发滑塌事故。

二、建筑基坑工程土钉墙支护结构设计与施工

（一）土钉墙支护施工流程

1. 基坑开挖

安排专门人员负责指挥土方开挖工作，采取分层、分段的方式开展施工作业，控制好各层开挖深度，确保其在 2m 以内。只有在确保土钉及混凝土喷射面满足 70%的设计强度后，才能开始进行下一层土层开挖。此外，施工单位还要制定必要的防护措施，以免土方开挖对支护结构产生碰撞。机械作业与人工修整应当相互配合，确保开挖面平整、无虚土。在基坑开挖过程中，如果开挖面产生裂缝、渗水等问题，需要将厚度约 30mm 的混凝土喷射在上面，对开挖面进行有效保护。

2. 混凝土面层初喷

在基坑开挖完成后，将 C20 强度等级的混凝土喷射在边壁上，喷射厚度控制在 50mm。混凝土材料质量需严格控制，水泥采用普通硅酸盐水泥，骨料采用碎石或者机制砂，前者粒径不能超过 20mm，含泥量需控制在 3%以内。采取分段、分片的方式进行混凝土喷射，施工顺序为由下至上，喷头应当垂直于土钉墙墙面。在混凝土喷射完成后，应当在 2h 内进行养护，防止裂缝出现。

3. 钻孔

根据设计要求进行钻孔作业，控制好土钉的水平间距、竖向间距分别为 1.5m、2m。成孔工具采用人工洛阳铲，水平孔最上排的深度为 9m，其他均为 6m。为方便注浆工作，土钉倾角宜控制在 5°~15°。孔位要根据设计图纸确定，遇到障碍物时可适当偏移；控制好土钉水平方向上及竖直方向上的孔距误差，前者不超过 50mm，后者不超过 100mm；孔深应当比设计深度大 0.1m，土钉杆体长度也要比设计长度大。

4. 插入钢筋土钉

采用 $\phi 25$ 钢筋作为土钉，施工前需要对钢筋进行除锈、调直处理；采取双面搭接焊的方式连接钢筋，搭接长度需控制在主筋直径的 5 倍以上，焊缝高度需控制在主筋直径的 0.3 倍以上；在制作土钉时，应当严格按照设计要求确定土钉的直径、长度等参数，在孔的中心部位放置锚杆，对中支架的焊接间距为 2m，从而确保钢筋始终位于孔的中心部位。

5. 注浆

采用纯水泥浆作为注浆材料，水灰比需控制在 0.5~0.55 范围内。浆液的搅拌工作要在注浆过程中进行，并保证搅拌充分、均匀，做到随搅随用；在注浆过程中，注浆管需插入至孔底，一边注浆一边拔管，拔管速度不能过快，注浆管不能超出液面，同时注浆压力需控制在 0.4kPa 以上。当注浆抵达孔口时，应当停止注浆并进行封口。在浆液凝固后，如果锚固体无法充满浆液，还要进行补浆；在注浆工作结束后，应当及时清理干净注浆工具。

6. 钢筋网布设

钢筋网材料选用 $\phi 8$ 圆钢，规格为 200mm×200mm，误差控制在 10mm 以内。网筋之间

的搭接长度需控制在300mm以上；钢筋网在铺设以前需进行调直；选用ϕ14钢筋作为加强筋，将土钉钢筋与加强筋牢固焊接在一起，挡块焊接在外部，确保其具有整体性。

7. 混凝土复喷

在钢筋网铺设结束并验收通过后，需复喷混凝土，喷射厚度控制在50mm，喷射方法按照初喷时进行。

(二) 土钉墙施工质量管理技术措施

严格按照土钉墙支护施工流程开展作业。对于任何一道工序，都要采取施工人员自检、质检员抽检等方式进行验收，只有上一道工序验收合格后才能进入到下一工序。尤其是对隐蔽工程的质量验收，需要施工单位给予特别关注；加强材料质量控制。检查水泥材料，确保其具备合格证书、成分化验单及其他质量证明文件。喷射混凝土采用硅酸盐水泥，骨料采用中粗砂。在混凝土喷射完成后，需要对面层进行检查，确保其没有露筋、空鼓以及裂缝等问题；钢筋网铺设前必须进行调直，严格按照设计要求确定网格尺寸；及时收集、整理施工过程中的各项工程资料，认真填写原始记录；加强土钉墙支护检测。土钉墙支护检测分成三个阶段：土方开挖至4.5m为第一阶段，观测频率为两天1次；土方开挖至9.2m为第二阶段，观测频率为每天1~2次；支护完成后为第三阶段，观测频率为两天1次。

第四节　土钉支护的内部稳定分析

土钉墙的稳定性分析是土钉墙工程设计的一项极其重要的内容。稳定性分析可以验证初步设计所选各个参数的合理性、可行性，也可以确定土钉墙的安全性、适用性。因此它是土钉墙工程设计的关键一步，是土钉墙应用的理论基础。

关于土钉墙稳定性分析，许多国家进行了大量的试验研究，产生了相应的分析计算方法，这些分析方法有不同的安全系数定义，不同的破裂面形状假定，不同的钉——土相互作用类型和土钉力分布假定。根据其分析基本原理可分为极限平衡方法和有限元方法，但大多数为极限平衡方法。目前，国外进行土钉墙稳定性分析的方法有下列几种：

(1) 法国方法。1983年由Schasser提出，假定固弧破裂面，进行力矩极限平衡总体稳定性分析，起初仅考虑土钉的抗拉作用，后来改进考虑土钉的抗拉、抗剪和抗弯作用。

(2) 德国方法。1979年由Stocker等提出，它假定双线性破裂面，进行力的极限平衡总体稳定性分析，它仅考虑土钉的抗拉作用。

(3) Davis方法。1981年由Shen等提出；改进的Davis方法，1988年由Juran等人提出，假定抛物线型破裂面，进行力的极限平衡总体稳定性分析，只考虑土钉的抗拉作用。Davis方法与改进的Davis方法区别在于土的强度参数和土钉抗拔力所取分项安全系数不同，其余内容均相同。

(4) 运动学方法。1989年由Juran等提出，假定对数螺线型破裂面，估计士钉的抗拉、抗剪和抗弯作用，进行局部稳定性分析和工作分析。

(5) 英国的R. JBridle方法。假定对数螺线型破裂面，进行力距板限平衡分析，求出不平衡力矩。考虑土钉的抗控和抗剪作用，来平衡青裂面上的不平衡力矩并考虑土钉安全系数。

(6) 简化的Sblasser方法。假定直线型破裂面，利用藏裂国上所受的主动土压力进行上钉的抗援力验算。

(7) 有限元方法。1985 年由 Plamlle 等使用过，它可以计算出上钉产生的最大拉力和土钉墙应力，也能计算土钉墙的位移，但预洲的土钉墙变形难确性不高，需要原始参数较多。

(8) 通用极限平衡法。包括 Spencer 法(1967 年)，美国陆军工民部队法(1970 年)和 Lowe&Karafiath 法(1960 年)，它任意假定破表面，仅考虑上钉的抗拉作用，进行力的极限平衡总体稳定性分析。

以上各种分析方法是在不同时期，不同国家提出的，他们的分析结果只是与相应的试验结果相一致。目前还没有一个公认统的计算方法。

国内也有许多单位进行土钉墙的研究和应用，其设计计算方法主要有：太原煤矿设计院方法、北京工业大学方法、洛阳总参科研三所方法、清华大学方法和北京治建总院方法(TDQ 程序方法)等。

第五节　土钉墙的外部稳定安全

土钉支护是一种边坡原位土体加筋技术，属于主动支护技术方法．近年来在高层建筑深基坑边坡支护中得到了广泛应用。然而，这种不同于以往加筋土挡墙和锚杆加固的支护结构，其设计计算方法和工作机理都需要进一步探讨。为此，国内外作了大量的现场和模型试验以及理论研究，法国和德国先后进行了许多模型试验和七个大型足尺土钉墙试验．研究结果表明，土钉支护工作原理与重力式挡土墙类似。这为土钉墙设计理论的建立提供了可靠的实验依据．本文即以此实验结果为基础，探讨土钉墙外部稳定性分析方法。文中给出了一种土钉墙外部抗滑、抗倾稳定性分析计算方法，同时将优化方法和可靠性理论有机结合，得到了用于土钉墙外部抗滑、抗倾和抗深层滑移的可靠性优化分析方法。文章最后对可靠性指标 U 与土体物理力学指标的关系作了定量评价。

土钉墙背是一种假想的墙背，它与墙后土体间不仅存在摩擦力而且还存在黏结力，不能沿用以往常规的土压力分析计算方法。楔体试算法来确定主动土压力 E_a，如图 2-8-1 所示。

$$E_a=\frac{\left(\frac{1}{2}V_h+q\right)l_{AC}\sin(\theta-h)-C_W l_{AB}\sin(T+\theta-h)-Csl_{BC}\cosh}{\cos(W+h-T-\theta)}$$

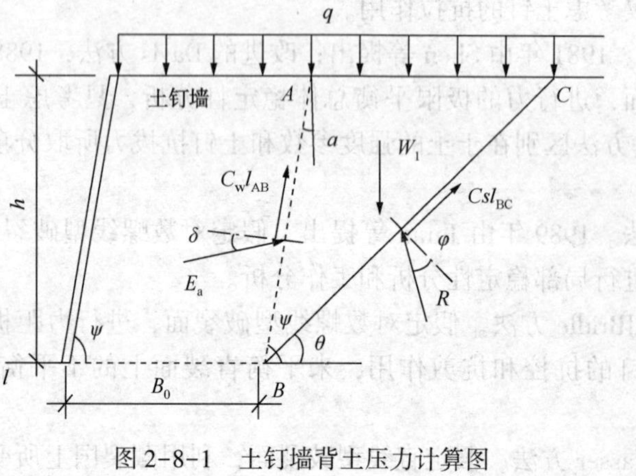

图 2-8-1　土钉墙背土压力计算图

（1）土钉墙外部稳定可靠性优化分析表明：土钉墙深层土体抗滑稳定性较抗倾和墙底抗滑差。这是因为土钉墙较厚、基底面较宽，可提供较大的抗滑力和抗倾覆力矩。因此，一般情况下土钉墙深层土体抗滑稳定若能满足，则墙底抗滑和墙体抗倾稳定均可满足要求。

（2）在土钉墙外部 3 种失效模式中 h_m 值和 C_m 值，尤其是 h_m，对外部稳定影响很大 V_m 和 q_m 值的影响相对较小。

（3）土体抗剪强度 h 和 C 值的变异系数对土钉墙的底面抗滑、抗倾和深层土体抗滑稳定可靠度指标影响都很大，而地面超载 q 的变异系数的影响都不大。土体容重 V 的变异系数对土钉墙深层土体抗滑稳定影响不大，但对土钉墙的抗倾和抗滑稳定却有较大的影响，这是由于土钉墙工作性能类似重力式挡土墙的缘故。

第九章　深层水泥搅拌桩墙

深层水泥搅拌桩是利用水泥作为固化剂，通过深层搅拌机械在地基将软土、沙等和固化剂强制拌和，使软基硬结而提高地基强度。该方法适用于软基处理，效果显著，处理后可成桩、墙等。

深层水泥搅拌桩适用于处理淤泥、砂土、淤泥质土、泥炭土和粉土。当用于处理泥炭土或地下水具有侵蚀性时，应通过试验确定其适用性。冬季施工时应注意低温对处理效果的影响。

在各种建筑物的基础设计施工中，常涉及不同类型挡土结构，由于地质条件的不同、施工环境的影响，以及机具设备的限制，基础施工的挡土结构形式有多种多样。常见的结构形式有：木板桩墙、土钉墙、钢板桩等。

近年来，由于高层建筑物的不断涌现，基础形式越来越复杂，基坑愈挖愈深，对于挡土结构的形式和功能要求也更高。现在的挡土结构不仅仅是为了挡土，同时还要兼做止水帷幕、防渗并充当地下建筑物的外模板。目前常采用的结构形式有：灌注桩、地下连续墙、水泥深层搅拌桩等。

在港口工程中，大部分建筑设施位于软土地基上，地基土多为新吹填的软土、淤泥质土等。特别适合用水泥深层搅拌桩形式的挡土墙作为建筑物基础施工的基坑支护。

一、设计原则

深层搅拌法壁状加固形成的水泥挡土墙作为地下临时挡土构筑时，大多按重力式挡土墙进行计算，其土压力根据朗肯的土压力理论计算，型式多采用数排搭接连续格栅式挡土墙。

(1) 桩长和结构宽度设计

取桩长 $L=1.6H\sim2.0H$(H——基坑开挖深度)；

取支护结构宽度 $B=0.7H\sim0.95H$；

搭接宽度 100mm。

(2) 土压力计算

主动土压力强度(kN/m^2)：

$$I_{a_1}=(q+\sum r_i\times h_i)\mathrm{tg}^2(45^\circ-\varphi/2)-2c\mathrm{tg}(45^\circ-\varphi/2)$$

主动水压力强度(kN/m^2)：

$$I_{a_2}=r_{水}\,h_{水}$$

被动土压力强度(kN/m^2)：

$$I_{p_1}=\sum\gamma_i h_i\mathrm{tg}^2(45^\circ+\varphi/2)+2c\mathrm{tg}(45^\circ+\varphi/2)$$

被动水压力强度：

$$I_{p_2}=\gamma_{水}\,h_{水}$$

(3) 支护结构稳定验算

倾覆验算：$K=M_{抗}/M_{倾}\geqslant 1.5$

滑移验算：$K_k=(E_p+\mu W)/Ea\geqslant 1.3$

墙身应力验算：挡墙变断面处的法向应力 $\sigma=W_1/B_1$

变断面处剪切应力：

$$\tau=(E_{AB}-W_1\mu)/B_1<(\sigma \text{tg}\varphi'+C')/K'$$

地基容许承载力的验算：

$$R_{max}=W(1+6e/B)/B<1.2[R]$$

$$R_{min}\geqslant 0$$

σ、τ——所验算截面处的法向应力和剪切应力，kPa；

φ、C——挡墙后土体的内摩擦角和黏聚力；

E_{AB}——变断面以上主动土压力，kN/m；

h_1——h 高度的土层，m；

γ_1——浮重度，kN/m^3；

q——均布超载，kN/m^2；

K_h——抗滑稳定系数；

W——墙体重量，kN；

μ——基底摩擦系数；

W_1、B_1——变断面以上墙重，kN；宽度，m；

φ'、C'——水泥土的内摩擦角和黏聚力；

E_A——主动土压力，kN/m；

E_p——被动土压力，kN/m。

二、设计中应注意的问题

(1) 深层搅拌技术在我国已有一些工程实践经验，但对于水泥掺入量的百分比及桩体强度等还需要通过测试、分析、研究使其完善，因此，深层搅拌桩应严格按照规范施工并作必要的试验和检测。

(2) 对于含有不同化学成份的软土，加固土的强度差异较大，尤其是对有机质含量高、pH 值较低及含氛化物的软土，其加固土的强度有待进一步研究论证。

(3) 支护结构所承受的土压力要精确计算比较困难，因为土的性质比较复杂，且土压力还与支护结构的刚度有关对土压力的计算，目前还无较完善的方法来代替库伦定律或朗肯公式，该公式计算结果与实测值虽有差异，但实践证明一般偏于安全。

第十章　高压旋喷桩墙

高压喷射注浆法始创于日本且始终保持着领先地位，先后向欧美和亚洲许多国家做出了技术输出，带动了美国、德国、泰国、新加坡等国家高压喷射注浆技术的发展；我国是仅在日本之后研究开发和应用都较早的国家，1972 年开始试验研究，70 年代中期开始用于实际工程的设计施工，高压喷射注浆技术在我国应用较广，解决了一批其他施工方法难以解决的困难地基和复杂的工程技术问题，在我国已成为一种常用的地基处理技术，列入现行《地基与基础工程及验收规范》和《建筑地基处理技术规范》中。高压喷射注浆法目前被较多工程应用于增加地基强度的桩基础；提高地基承载力、减小拟建物的地基沉降的旋喷桩复合地基；基坑的止水防渗墙、基坑支护墙，防止基坑底部隆起的基坑工程；已有建筑物地基补强加固扶正纠偏工程；固化饱和粉土及砂土，防止地震液化；河堤和水池的防渗及坝基防渗；地下连续墙补缺及钻孔灌注支护桩间补缺防渗帷幕等。

高压喷射注浆设备简单、体积小、占地少、高度仅为 3.0~4.0m，能在狭窄和低矮的现场施工，可在不停止生产运营及不中断吊车运行的厂房车间内施工，施工中无振动、无噪声，不会对周围建筑物带来振动影响和对周围环境产生噪声公害，特别是单管旋喷注浆法可将设备靠近距现有建筑物 30cm 处施工。在空间狭窄净空低的场地施工具有独特的优越性。

高压喷射注浆法常用的有单管法、二重管法及三重管法，最常用的就是单管旋喷法。单管旋喷注浆原理就是利用钻机把带有喷嘴的注浆钻管钻进至预定土层深度后，以 20~40MPa 的压力将水泥浆液从喷嘴中喷射出来，形成能量强大的喷射流体，冲击破坏土层。当能量大、速度快和脉动状的射流动压力大于土层结构强度时，土颗粒从土层中剥落下来，一部分细颗粒随浆液冒出地表，其余土粒在射流的冲击力、离心力和重力等的作用下，与浆液搅拌混合，按一定的浆土比例和质量大小，有规律的重新排列，浆液凝固后在土层中形成一个水泥固结体。旋喷时加固范围是以土体切削破坏的喷射距离加上渗透部分或压缩部分的长度为半径的圆柱体。在圆柱体的横断面上土粒按重量大小有规律地排列起来，小颗粒在中部居多，大颗粒多在外侧或边缘部分，形成了浆液主体、搅拌混合、渗透和压缩等部分，经过一定时间便凝固成了强度较高的固结体。单管法旋喷桩固结体基本性状有以下几方面：一是形成桩径较大，一般黏性土为 $\phi=500\sim800$mm，砂土 $\phi=500\sim1000$mm，根据土的密实状态其形成桩径不同，按标准贯入试验锤击数的大小，可初步确定加固体的直径；二是固结体重量比原状土有所变化，一般黏性土固结体比原状土重量小 10%左右，砂土固结体重于原状土 10%左右；三是防渗性强，黏性土中形成的固结体渗透系数可达 $10^{-6}\sim10^{-7}$cm/s，砂性土可达 $10^{-5}\sim10^{-6}$cm/s；四是强度高，黏性土和砂土固结体的最大无侧限抗压强度可分别达到 3~8MPa 和 10~20MPa（均采用强度 32.5 级普通硅酸盐水泥），单桩竖向极限承载力可分别达到 500kN 和 800kN，高压旋喷桩处理地基后完全可以满足各种建筑物对地基的强度、地基的沉降变形和稳定要求。

一、工程概况

某办公楼为砖混结构，采用条形基础，基础宽度 1.0m、1.5m、1.9m，基础底面处平均压力为 100kPa，基础底面处标高为-1.1m，埋置深度为 1.0m，场地地表平均标高为-0.1m。

场地工程地质条件：①层素填土，褐色，松散状态，新近填土，厚度 1.0~2.3m；②层粉质黏土，灰黄色，饱和，软塑状态，厚度 1.2~1.5m；③-1 层淤泥质粉质黏土，灰色，饱和，流塑状态，厚度 11.8~12.0m；③-2 层粉质黏土，灰色，饱和，可塑状态，揭示厚度 1.20m。各层土的物理力学指标及旋喷桩侧摩阻力特征值见表 2-10-1。

表 2-10-1　各层土物理力学指标及旋喷桩侧摩阻力特征值表

岩性	层底标/m	平均厚度/m	$W/\%$	$r/$(kN/m³)	c	I_L	Es/MPa	N/击	f_{ak}/kPa	q_{si}/kPa	q_p/kPa
①层素填土	-1.3	1.2		18.0							
②层粉质黏土	-2.5	1.2	36.7	18.3	1.04	0.99	3.0	2	90	15	
③-1 层淤泥质粉质黏土	-14.5	12.0	42.2	17.9	1.18	1.35	2.7	1.5	70	9	70
③-2 层粉质黏土	-15.4		28.5	20.8	0.54	0.61	8.9	20	140		

地下潜水埋深 0.70m，地下水质对建筑材料无腐蚀性。

二、高压旋喷桩复合地基设计

1. 单桩竖向承载力特征值

本着安全适用，经济合理，确保质量的原则，确定桩端持力层和桩长，满足建筑物对地基承载力和沉降变形的要求。经计算比较将桩端置于③-1 层淤泥质粉质黏土中，桩顶标高-1.40m，桩端标高为-11.40m，设计桩径 $d=0.6$m，桩长 $L=10.0$m，桩的截面积 $A_p=0.2826\text{m}^2$，桩顶铺设土石屑垫层 0.30m。

按土性参数确定单桩竖向承载力特征值为：

$$R_{A2}=\pi d\sum_{i=1}^{n} q_{si}l_i+q_pA_p=201.8\text{kN}$$

按桩身强度确定单桩竖向承载力特征值：取与旋喷桩桩身水泥土配比相同的室内加固土试块抗压强度平均值为 $f_{cu}=2.0$MPa，取 $\eta=33.0$。

$$R_{a2}=\eta f_{cu}A_p=186.5\text{kN}$$

比较按土性参数和桩身强度确定的单桩竖向承载力特征值大小，取其中较小值，则为 $R_a=186$kN。

2. 桩间土地基承载力特征值

对③-1 层淤泥质粉质黏土承载力特征值进行深度修正：

$$f_a=f_{ak}+\eta_d r_m(d-1.0)=81.8\text{kPa}$$

可取桩间土地基承载力特征值 $f_{sk}=80kPa$。

3. 置换率和桩数

取 $f_{spk}=100kPa$，$f_{sk}=80kPa$，$\beta=0.5$，$R_a=186kN$，$A_p=0.2826m^2$

$$m=\frac{f_{spk}-\beta f_{sk}}{\frac{R_a}{A_p}-\beta f_{sk}}=0.1$$

矩形主楼条型基础面积为 $F_1=194.5m^2$，园形附楼条基面积为 $F_2=29.8m^2$，则：

$$n_1=\frac{mF_1}{A_p}=69\text{ 根}$$

$$n_2=\frac{mF_2}{A_p}=12\text{ 根}$$

设计计算桩数为 81 根，实际布桩为 87 根。

4. 桩端平面下软弱下卧层强度验算

基础外包面积为 $258.1m^2$，条形基础净面积为 $194.5m^2$，基础面积系数 $\omega=75.5\%$，可按矩形基础考虑偏于安全，取基础宽度 $b=13.0m$，基础底面至软弱下卧层顶面的距离 $z=10.3m$，则 $z/b=0.78$；取桩体弹性模量 $E_p=1300MPa$，桩间土的压缩模量 $E_s=2.7MPa$，面积置换率 $m=0.1$，每根桩的处理面积 $A_e=2.826m^2$，则旋喷桩复合土层的压缩模量：

$$E_{sp}=\frac{E_s(A_e-A_p)+E_pA_p}{A_e}=132.4MPa$$

软弱下卧层顶面处土的自重压力值 P_{cz} 为 $P_{cs}=r_ih_i=96.8kPa$ 桩端平面下③-1 层淤泥质粉质黏土软弱下卧层顶面处经深度修正后地基承载力特征值 f_{az} 为：

$$f_{as}=f_{ak}+\eta_d r_m(d-1.0)=158.6kPa$$

$$P_s+P_{cs}=125kPa<f_{\infty}\text{ 满足要求。}$$

5. 复合地基的变形验算

计算方法和参数的选取

对于旋喷桩复合地基的变形验算，通常是把复合地基的总沉降量 S 分为两部分考虑，一是复合地基加固区的压缩量 S_1，另一部分是加固区下卧层的压缩量 S_2，即 $S=S_1+S_2$。加固区的压缩量 S_1 的计算方法采用复合压缩模量 E_{sp} 来评价复合体的压缩性，用分层总和法计算：

$$S_1=\sum_{i=1}^{n}\frac{\Delta P_i}{E_{spi}}h_i$$

式中 ΔP——第 i 层复合土上的附加应力增量，kPa；

h_i——第 i 层复合土的厚度，m；

E_{spi}——第 i 层复合土层的压缩模量，MPa。

$$E_{sp}=\frac{E_s(A_e-A_p)+E_pA_p}{A_e}$$

加固区下卧层的压缩量 S_2 的计算按《建筑地基基础设计规范》中的方法计算：建筑物基底压力 $P_0=P-r'h=85kPa$，基础面积系数 $\omega=75.5\%$超过 60%可按矩形基础计算，计算公式如下：

$$S_c = \psi_s \sum_{i=1}^{n} \frac{P_0}{E_{si}} (Z_i \bar{\alpha}_i - Z_{i-1} \bar{\alpha}_{i-1})$$

计算结果：厚度为 0. 3m 土石屑垫层的压缩量为 3. 2mm，复合体的压缩量为 5. 49mm，下卧层地基压缩量为 44. 8mm，变形计算深度范围内压缩模量的当量值为：

$$\bar{E}_s = \frac{\sum A_i}{\sum \frac{A_i}{E_{\delta 3}}} = 14.5\text{MPa}$$

则沉降计算经验系数为 $\psi_s = 0.45$，地基最终变形量为：

$$S = \psi_s \sum S_i = 33.89\text{mm}$$

第十一章　地下连续墙

作为基坑围护结构，主要基于强度、变形和稳定性三个大的方面对地下连续墙进行设计和计算，强度主要指墙体的水平和竖向截面承载力、竖向地基承载力；变形主要指墙体的水平变形和作为竖向承重结构的竖向变形；稳定性主要指作为基坑围护结构的整体稳定性、抗倾覆稳定性、坑底抗隆起稳定性、抗渗流稳定性等，稳定性计算方法。以下针对地下连续墙设计的主要方面进行详述。

一、墙体厚度和槽段宽度

地下连续墙厚度一般为 0.5~1.2m，而随着挖槽设备大型化和施工工艺的改进，地下连续墙厚度可达 2.0m 以上。日本东京湾新丰洲地下变电站圆筒形地下连续墙的厚度达到了 2.40m。上海世博 500kV 地下变电站基坑开挖深度 34m，围护结构采用直径 130m 圆筒形地下连续墙，地下连续墙厚度 1.2m，墙深 57.5m。在具体工程中地下连续墙的厚度应根据成槽机的规格、墙体的抗渗要求、墙体的受力和变形计算等综合确定。地下连续的常用墙厚为 0.6m、0.8m、1.0m 和 1.2m。

确定地下连续墙单元槽段的平面形状和成槽宽度时需考虑众多因素，如墙段的结构受力特性、槽壁稳定性、周边环境的保护要求和施工条件等，需结合各方面的因素综合确定。一般来说，壁板式一字形槽段宽度不宜大于 6m，T 形、折线形槽段等槽段各肢宽度总和不宜大于 6m。

二、地下连续墙的入土深度

一般工程中地下连续墙入土深度在 10~50m 范围内，最大深度可达 150m。在基坑工程中，地下连续墙既作为承受侧向水土压力的受力结构，同时又兼有隔水的作用，因此地下连续墙的入土深度需考虑挡土和隔水两方面的要求。作为挡土结构，地下连续墙入土深度需满足各项稳定性和强度要求，作为隔水帷幕，地下连续墙入土深度需根据地下水控制要求确定。

1. 根据稳定性确定入土深度

作为挡土受力的围护体，地下连续墙底部需插入基底以下足够深度并进入较好的土层，以满足嵌固深度和基坑各项稳定性要求。在软土地层中，地下连续墙在基底以下的嵌固深度一般接近或大于开挖深度方能满足稳定性要求。在基底以下为密实的砂层或岩层等物理力学性质较好的土(岩)层时，地下连续墙在基底以下的嵌入深度可大大缩短。例如上海轨道交通七号线耀华路站综合开发项目开挖深度约 20.4m，基底以下主要以软塑的黏土层为主，采用地下连续墙作为围护结构，墙体嵌入基底以下 19m 方满足稳定性要求。南京绿地紫峰大厦开挖深度约 21.4m，基底以下均为中风化安山岩，地下连续墙嵌入基底以下 7m 即满足稳定性要求。

2. 考虑隔水作用确定入土深度

作为隔水帷幕，地下连续墙设计时需根据基底以下的水文地质条件和地下水控制确定入土深度，当根据地下水控制要求需隔断地下水或增加地下水绕流路径时，地下连续墙底部需进入隔水层隔断坑内外潜水及承压水的水力联系，或插入基底以下足够深度以确保形成可靠的隔水边界。如根据隔水要求确定的地下连续墙入土深度大于受力和稳定性要求确定的入土深度时，为了减少经济投入，地下连续墙为满足隔水要求加深的部分可采用素混凝土浇筑。

天津津塔基坑开挖深度 22.1m，采用 1.0m 厚的“两墙合一”地下连续墙作为围护体。其地面下约 40m 深分布有(8b)粉土层第二承压含水层，基坑不满足承压水突涌稳定性要求，根据基地周边环境保护要求需采取隔断措施。根据稳定性计算，地下连续墙插入基底以下 17.2m 即可满足各项稳定性要求。而要隔断第二承压水，地下连续墙底部需进入(8c)粉质黏土层，插入基底以下的深度需达到 23.7m。因此综合考虑稳定性和隔承压水两方面的因素，地下连续墙插入基底以下 23.7m，并根据受力和稳定性要求在基底以下 17.2m 范围采用钢筋混凝土，在基底以下 17.2～23.7m 段采用素混凝土段作为隔水帷幕。该工程已经竣工，地下连续墙下部素混凝土段有效的隔断了第二承压水。具体见图 2-11-1。

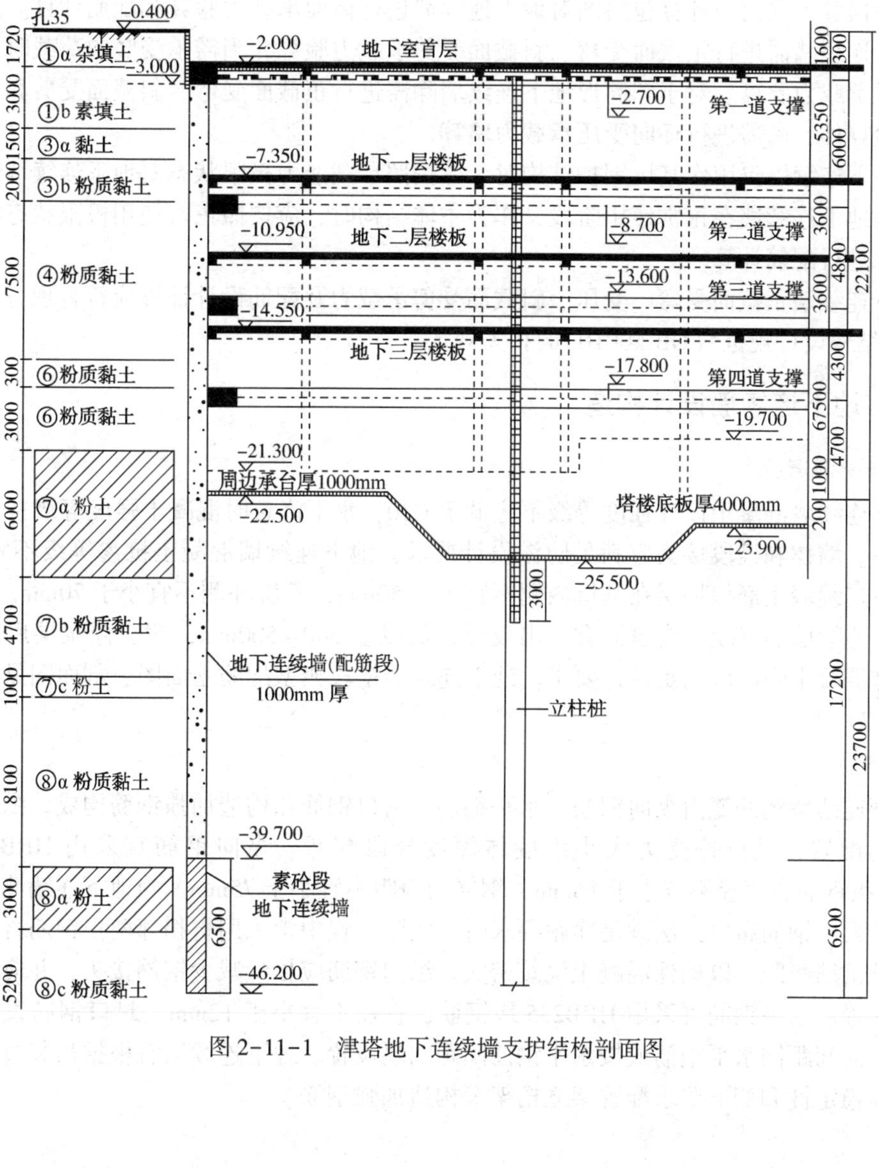

图 2-11-1　津塔地下连续墙支护结构剖面图

三、内力与变形计算及承载力验算

1. 内力和变形计算

地下连续墙作为基坑围护结构的内力和变形计算目前应用最多的是平面弹性地基梁法，该方法计算简便，可适用于绝大部分常规工程；而对于具有明显空间效应的深基坑工程，可采用空间弹性地基板法进行地下连续墙的内力和变形计算；对于复杂的基坑工程需采用连续介质有限元法进行计算。

墙体内力和变形计算应按照主体工程地下结构的梁板布置，以及施工条件等因素，合理确定支撑标高和基坑分层开挖深度等计算工况，并按基坑内外实际状态选择计算模式，考虑基坑分层开挖与支撑进行分层设置，以及换撑拆撑等工况在时间上的先后顺序和空间上的位置不同，进行各种工况下连续完整的设计计算。

2. 承载力验算

应根据各工况内力计算包络图对地下连续墙进行截面承载力验算和配筋计算。常规的壁板式地下连续墙需进行正截面受弯、斜截面受剪承载力验算，当需承受竖向荷载时，需进行竖向受压承载力验算。对于圆筒形地下连续墙除需进行正截面受弯、斜截面受剪和竖向受压承载力验算外，尚需进行环向受压承载力验算。

当地下连续墙仅用作基坑围护结构时，应按照承载能力极限状态对地下连续墙进行配筋计算，当地下连续墙在正常使用阶段又作为主体结构时，应按照正常使用极限状态根据裂缝控制要求进行配筋计算。

地下连续墙正截面受弯、受压、斜截面受剪承载力及配筋设计计算应符合现行国家标准《混凝土结构设计规范》(GB 50010)的相关规定。

四、地下连续墙设计构造

1. 墙身混凝土

地下连续墙混凝土设计强度等级不应低于C30，水下浇筑时混凝土强度等级按相关规范要求提高。墙体和槽段接头应满足防渗设计要求，地下连续墙混凝土抗渗等级不宜小于S6级。地下连续墙主筋保护层在基坑内侧不宜小于50mm，基坑外侧不宜小于70mm。

地下连续墙的混凝土浇筑面宜高出设计标高以上300~500mm，凿去浮浆层后的墙顶标高和墙体混凝土强度应满足设计要求。地下连续墙槽段典型配筋立面图、剖面图见图2-11-2，图2-11-3。

2. 钢筋笼

地下连续墙钢筋笼由纵向钢筋、水平钢筋、封口钢筋和构造加强钢筋构成。纵向钢筋沿墙身均匀配置，且可按受力大小沿墙体深度分段配置。纵向钢筋宜采用HRB335级或HRB400级钢筋，直径不宜小于16mm，钢筋的净距不宜小于75mm，当地下连续墙纵向钢筋配筋量较大，钢筋布置无法满足净距要求时，实际工程中常采用将相邻两根钢筋合并绑扎的方法调整钢筋净距，以确保混凝土浇筑密实。纵向钢筋应尽量减少钢筋接头，并应有一半以上通长配置。水平钢筋可采用HPB235级钢筋，直径不宜小于12mm。封口钢筋直径同水平钢筋，竖向间距同水平钢筋或按水平钢筋间距间隔设置。地下连续墙宜根据吊装过程中钢筋笼的整体稳定性和变形要求配置架立桁架等构造加强钢筋。

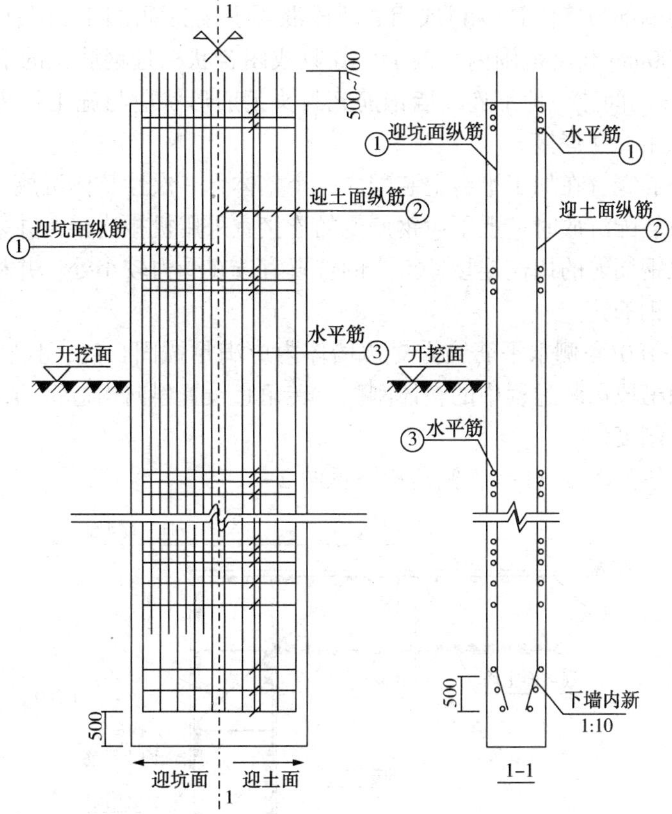

图 2-11-2　地下连续墙槽段典型配筋立面图

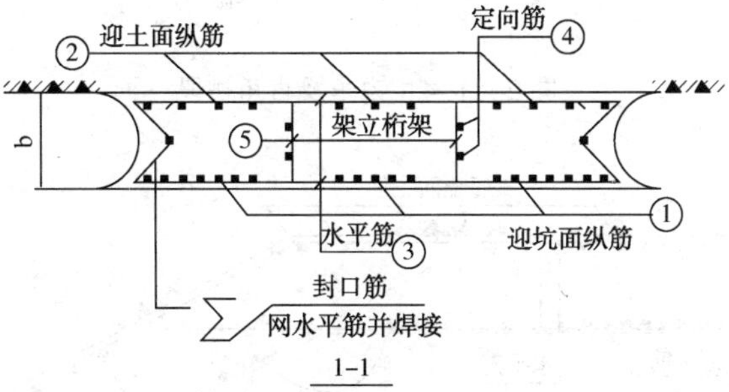

凹槽段配筋剖面图

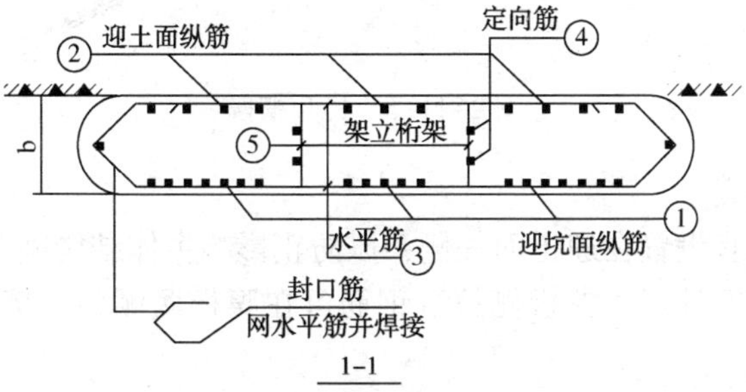

凸槽段配筋剖面图

图 2-11-3　地下连续墙槽段典型配筋剖面图

钢筋笼两侧的端部与接头管(箱)或相邻墙段混凝土接头面之间应留有不大于 150mm 的间隙，钢筋下端 500mm 长度范围内宜按 1：10 收成闭合状，且钢筋笼的下端与槽底之间宜留有不小于 500mm 的间隙。地下连续墙钢筋笼封头钢筋形状应与施工接头相匹配。封口钢筋与水平钢筋宜采用等强焊接。

单元槽段的钢筋笼宜在加工平台上装配成一个整体，一次性整体沉放入槽。当单元槽段的钢筋笼必须分段装配沉放时，上下段钢筋笼的连接宜采用机械连接，并采取地面预拼装措施，以便于上下段钢筋笼的快速连接，接头的位置宜选在受力较小处，并相互错开。

(1) 转角槽段钢筋笼

转角槽段小于 180°角侧水平筋锚入对边墙体内应满足锚固长度，且宜与对边水平钢筋焊接，以加强转角槽段吊装过程中的整体刚度。转角宜设置斜向构造钢筋，以加强转角槽段吊装过程中的整体刚度。

锐角及直角槽段见图 2-11-4，钝角槽段见图 2-11-5。

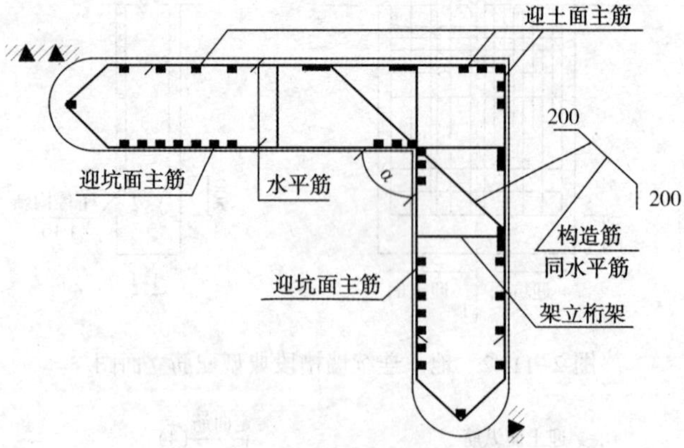

图 2-11-4　锐角及直角槽段

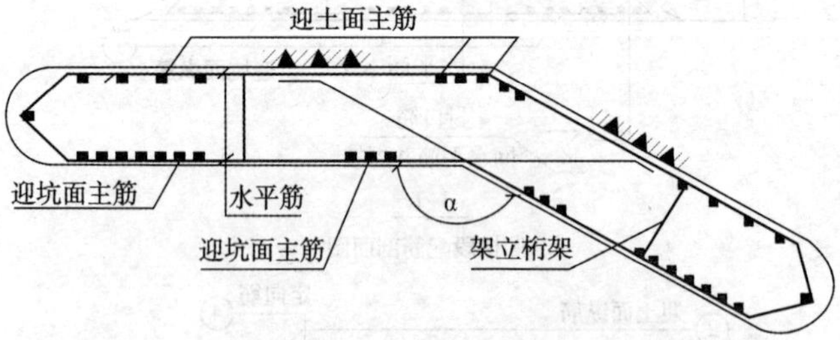

图 2-11-5　钝角槽段

(2) T 型槽段钢筋笼

T 型槽段外伸腹板宜设置在迎土面一侧，以防止影响主体结构施工。根据相关规范进行 T 型槽段截面设计和配筋计算，翼板侧拉区钢筋可在腹板两侧各一倍墙厚范围内均匀布置。具体见图 2-11-6。

3. 墙顶冠梁

地下连续墙顶部应设置封闭的钢筋混凝土冠梁。冠梁的高度和宽度由计算确定，且宽度不宜小于地下连续墙的厚度。地下连续墙采用分幅施工，墙顶设置通长的顶圈梁有利于增强

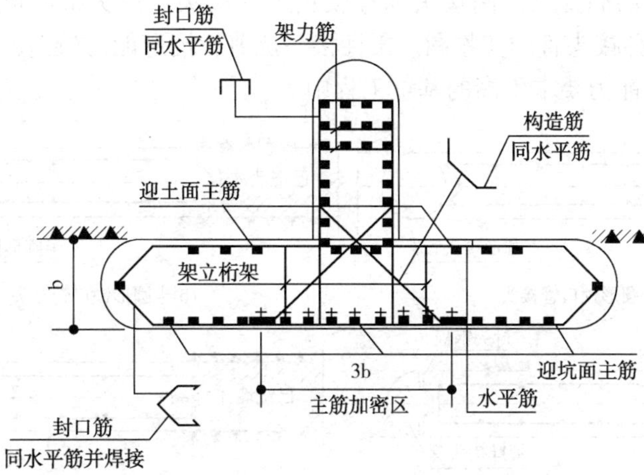

图 2-11-6　T 型槽段截面构造

地下连续墙的整体性。顶圈梁宜与地下连续墙迎土面平齐，以便保留导墙，对墙顶以上土体起到挡土护坡的作用，避免对周边环境产生不利影响。

地下连续墙墙顶嵌入圈梁的深度不宜小于 50mm，纵向钢筋锚入圈梁内的长度宜按受拉锚固要求确定。具体见图 2-11-7。

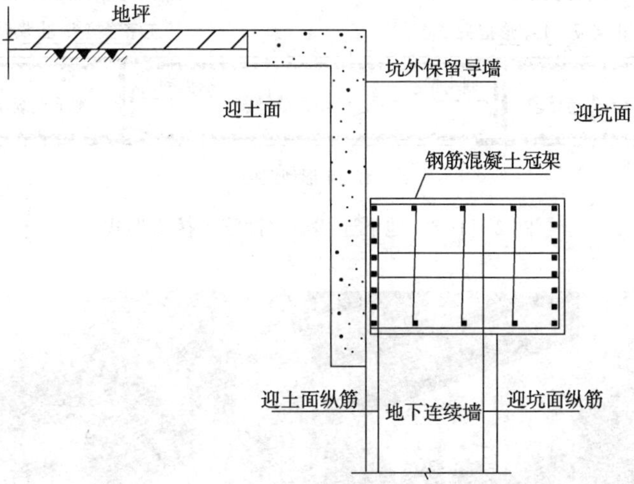

图 2-11-7　地下连续墙钢筋混凝土冠梁示意图

五、地下连续墙施工接头

1. 类型与形式

施工接头是指地下连续墙单元槽段之间的连接接头。根据受力特性地下连续墙施工接头可分为柔性接头和刚性接头。能够承受弯矩、剪力和水平拉力的施工接头称为刚性接头，反之不能承受弯矩和水平拉力的接头称为柔性接头。

2. 柔性接头

工程中常用的柔性接头主要有圆形（或半圆形）锁口管接头、波形管（双波管、三波管）

接头、楔形接头、钢筋混凝土预制接头和橡胶止水带接头，接头平面形式如图 2-11-8 所示。图 2-11-9 为几种接头管的实物图。柔性接头抗剪、抗弯能力较差，一般适用于对槽段施工接头抗剪、抗弯能力要求不高的基坑工程中。

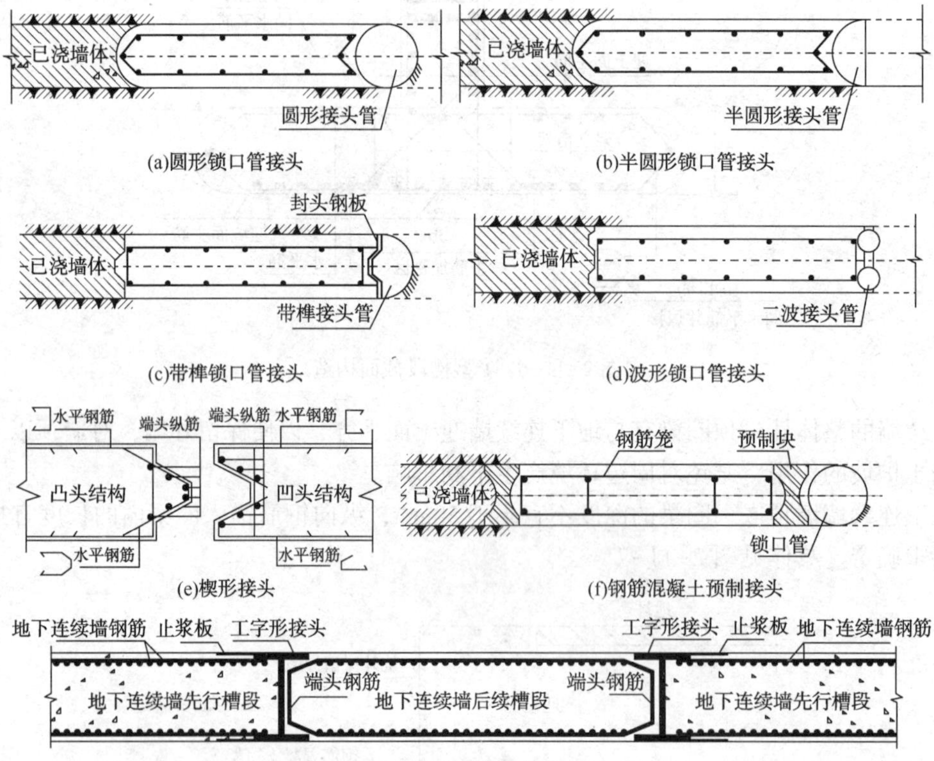

(a)圆形锁口管接头　(b)半圆形锁口管接头

(c)带榫锁口管接头　(d)波形锁口管接头

(e)楔形接头　(f)钢筋混凝土预制接头

(g)工字形型钢接头

图 2-11-8　地下连续墙柔性施工接头形式

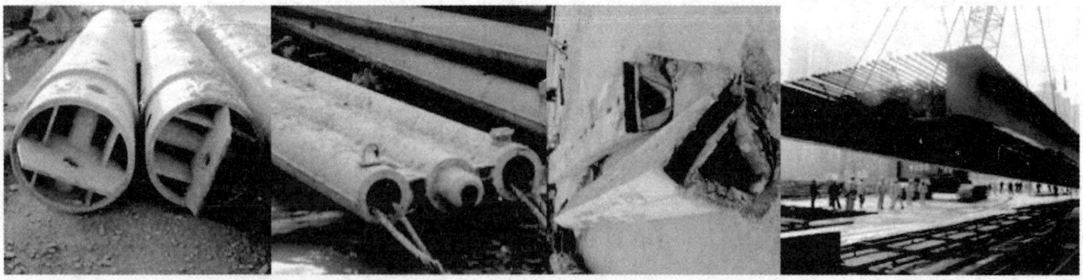

(a)圆形锁口管　(b)波纹管　(c)半圆形锁口管　(d)工字形型钢接头

图 2-11-9　施工接头(管)实物图

(1) 锁口管接头

圆形(或半圆形)锁口管接头、波形管(双波管、三波管)接头统称为锁口管接头，锁口管接头是地下连续墙中最常用的接头形式，锁口管在地下连续墙混凝土浇筑时作为侧模，可防止混凝土的绕流，同时在槽段端头形成半圆形或波形面，增加了槽段接缝位置地下水的渗流路径。锁口管接头构造简单，施工适应性较强，止水效果可满足一般工程的需要。

（2）钢筋混凝土预制接头

钢筋混凝土预制接头可在工厂进行预制加工后运至现场，也可现场预制。预制接头一般采用近似工字型截面，在地下连续墙施工流程中取代锁口管的位置和作用，沉放后无须顶拔，作为地下连续墙的一部分。由于预制接头无须拔除，简化了施工流程，提高了效率，有常规锁口管接头不可比拟的优点。特别适用于顶拔锁口管困难的超深地下连续墙工程。当受到运输和吊放设备能力限制等因素限制时，预制接头一般在深度方向分节吊放，分节长度应根据基坑开挖深度确定，以确保分节接缝位置处于基坑底面以下一定深度为原则。上下节之间可采用预制钢筋混凝土方桩分节桩之间的钢板接头连接方式，并使接缝处于平整密实的连接状态。也可将预制接头上下节先采用螺栓与连接固定，再焊接。

（3）工字形型钢接头

该接头形式是采用钢板拼接的工字形型钢作为施工接头，型钢翼缘钢板与先行槽段水平钢筋焊接，后续槽段可设置接头钢筋深入到接头的拼接钢板区。该接头不存在无筋区，形成的地下连续墙整体性好。先后浇筑的混凝土之间由钢板隔开，加长了地下水渗透的绕流路径，止水性能良好。工字形型钢接头的施工避免了常规槽段接头施工中锁口管或接头箱拔除的过程，大大降低了施工难度，提高了施工效率。该接头在直径 130m，挖深 34m 的世博地下变电站圆筒形地下连续墙设计中得到成功应用。

3. 刚性接头

刚性接头可传递槽段之间的竖向剪力，当槽段之间需要形成刚性连接时，常采用刚性接头。在工程中应用的刚性接头主要有一字或十字穿孔钢板接头、钢筋搭接接头和十字型钢插入式接头。

（1）十字穿孔钢板接头

十字穿孔钢板接头是地下连续墙工程中最常用的刚性接头形式，是以开孔钢板作为相邻槽段间的连接构件，开孔钢板与两侧槽段混凝土形成嵌固咬合作用，可承受地下连续墙垂直接缝上的剪力，并使相邻地下连续墙槽段形成整体共同承担上部结构的竖向荷载，协调槽段的不均匀沉降；同时穿孔钢板接头亦具备较好的止水性能。十字钢板接头如图 2-11-10 所示。该刚性接头在地下连续墙设计中应用较为广泛，工艺较成熟。上海银行大厦、解放日报新闻中心、兰馨公寓、盛大中心等工程中均采用了十字钢板刚性接头。

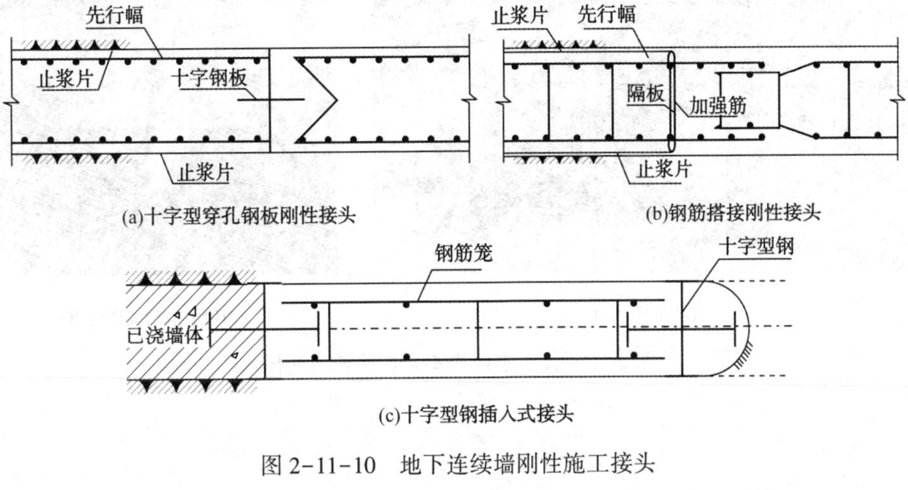

图 2-11-10　地下连续墙刚性施工接头

采用十字穿孔钢板接头应注意以下几个问题：

① 为了防止混凝土浇筑过程中出现从侧面绕流，影响相邻槽段施工，十字穿孔钢板应沿槽段深度通长设置，且应嵌入槽底沉渣内一定深度，彻底隔断混凝土的绕流路径。对于设计上需要地下连续墙加深隔断地下水的槽段，应将钢筋笼加深至槽底，以固定十字钢板。

② 当采用十字穿孔钢板刚性接头时，如墙体钢筋笼超长，在钢筋笼吊装和沉放过程中用易出现十字穿孔钢板弯曲变形，而使十字钢板无法沿接头箱槽口顺利下行，影响钢筋笼沉放。因此在超过 40m 深的超深地下连续墙槽段中一般不宜采用十字穿孔钢板接头。

③ 当地下连续墙采用“两墙合一“时，为了确保地下连续墙的防渗性能，在满足受力的条件下，十字钢板穿孔应尽量设置在基底以下，以减少地下连续墙基底以上渗漏的可能性。

（2）钢筋搭接接头

钢筋搭接接头采用相邻槽段水平钢筋凹凸搭接，先行施工槽段的钢筋笼两面伸出搭接部分，通过采取施工措施，浇灌混凝土时可留下钢筋搭接部分的空间，先行槽段形成后，后施工槽段的钢筋笼一部分与先行施工槽段伸出的钢筋搭接，然后浇灌后施工槽段的混凝土。钢筋搭接接头平面形式如图 2-11-10(b)所示。这种连接形式在接头位置有地下连续墙钢筋通过(水平钢筋和纵向主筋)，为完全的刚性连接。有关试验研究表明其结构连接刚度和接头抗剪能力均优于开孔钢板接头。日本道路协会《地下连续壁基础设计施工指针》中，依据不同的钢筋搭接长度及钢筋比以及钢筋的间隙所作的试验结果，建议接缝处的单位允许应力采用地下连续墙墙体允许应力的 80%来设计。

（3）十字型钢插入式接头

十字型钢插入式接头是在工字形型钢接头上焊接两块 T 形型钢，并且 T 形型钢锚入相邻槽段中，进一步增加了地下水的绕流路径，在增强止水效果的同时，增加了墙段之间的抗剪性能，形成的地下连续墙整体性好。十字型钢插入式接头如图 2-11-10(c)所示。图 2-11-11 为几种刚性接头和接头箱的实物图。

(a)十字钢板接头　　(b)十字钢板接头箱

图 2-11-11　刚性接头及接头箱实物图

4. 施工接头选用原则

由于地下连续墙施工接头种类和数量众多，在实际工程中在满足受力和止水要求的前提下，应结合地区经验尽量选用施工简便、工艺成熟的施工接头，以确保接头的施工质量：

(1) 由于锁口管柔性施工接头施工方便，构造简单，一般工程中在满足受力和止水要求的条件下地下连续墙槽段施工接头宜优先采用锁口管柔性接头；当地下连续墙超深顶拔锁口管困难时建议采用钢筋混凝土预制接头或工字形型钢接头。

(2) 当根据结构受力要求形成整体或当多幅墙段共同承受竖向荷载，墙段间需传递竖向剪力时，槽段间宜采用刚性接头，并应根据实际受力状态验算槽段接头的承载力。

第十二章 结构内力计算与变形分析

一般在进行支护结构的设计计算时，首先要明确作用在基坑支护结构上的荷载，除外界施加的支撑荷载外，支护结构承受的荷载主要是土体作用于支护结构上的土压力(静止土压力、主动土压力、被动土压力)，确定支护结构上的土压力是结构设计的一项重要内容和前提条件。

随着我国各类基坑建设不断发展，许多土压力计算和位移监测的问题不断暴露出来，支护结构上承受土压力的计算得到了越来越多的关注，大量的工程施工监测表明实际工程施工时，支护结构上所承受的土压力小于计算值，而同时由于水渗透和施工质量等方面原因，基坑事故频发，这说明目前对于基坑开挖过程中土与结构共同作用和水土相互作用机理的认识还不够深入和彻底。

目前各类规范中计算挡土结构上所承受的土压力主要是采用库伦或朗肯土压力方法进行计算，该方法计算简单，计算中考虑了地面坡度、墙面倾角和土体与墙体间的摩擦力等但其没有考虑土体中的黏聚力、没有考虑水渗透影响、没有考虑土体位移与土压力间的变化关系(土压力随墙侧土体位移而变化)、没有考虑土压力随时间的变化关系，而且计算土压力时考虑土体是处于一个极限平衡状况，与实际情况不符，所以计算的土压力往往比实际监测值大，而且如若地下水的渗透力考虑不恰当又会引诱工程事故的发生。等值梁法也是目前计算支护结构普遍使用的一种方法，该方法可计算得到支护结构需要的插入深度，其主要是利用力的平衡来进行求解，但该计算方法不适用于超静定结构，而且在计算过程当中没有考虑到位移与力之间的变化关系。

土压力计算的准确性直接影响基坑设计的好坏。在基坑开挖过程中，支护结构在土压力的作用下会向基坑内侧发生位移，作用在支护结构上的土压力会随之减小，而如果支护结构向基坑外侧发生位移，则土压力又会增大大，所以支护结构上所承受土压力的大小是不断变化的，静力平衡法、等值梁法等方法无法考虑这些因素，已无法适应设计需要。杆系有限元法在计算过程中，以支护结构为对象，以土压力和预加支撑力为外力，考虑开挖过程中的各种影响因素，计算简便且结果较为准确，在实际工程中得到了大量应用。考虑基坑工程的施工力学特性与有限元的广泛适用性，杆系有限元法通常采用增量形式，即增量计算法。一般情况下只要土压力与地基反力系数取值合理，计算结果都会令人满意。但该计算方法也有自身缺陷，地基的反力系数在开挖过程中随时间和发生位移的大小而逐渐变化，并层不变的，将土体简化为若干个土弹簧，具有一定的误差，不能考虑土体变形的连续性。

一、施工不同阶段支护结构力与位移的理论分析

1. 工况一：结构力与位移理论分析

在第二层横向支撑设置前，支护桩体受柱侧土体土压力作用，在被顶处受第一层横向支撑作用。在沿深度方向，桩体侧向位移不同，其所受桩侧土压力的大小也随之变化。

(1) 结构受力分析

当基坑开挖至第一层围檩底，第二层横向支撑未设置前支护桩体的受力情况如图 2-11-12 所示。

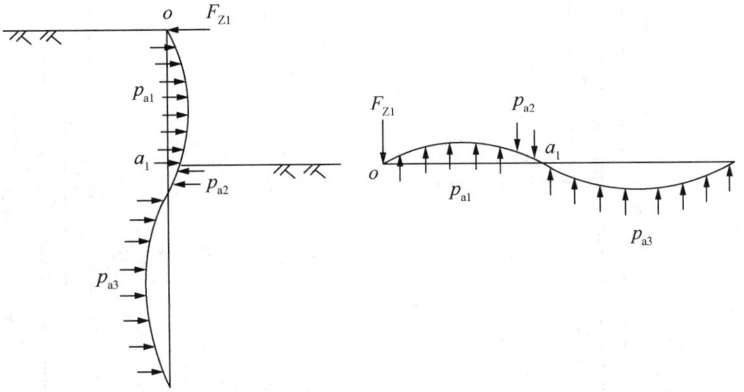

图 2-11-12　支护桩结构受力简图

支护抽主要受第一层横向支撑提供的支撑力和桩侧土压力的作用。其中支撑力通过在支撑结构内埋设元件很容易量测到，而被侧土压力是随桩侧土体位移而发生变化的，已有不少学者展开了这方面的研究。陈页开在试验的研究的基础上，提出了柱侧土压力随位移的变化计算公式。

吴伟强提出当支护结构上的土压力随位移由静止土压力向极限状态发展时，简化土体的变形发展状态，在达到极限状态前为线弹性，在达到极限状态后为理想属性状态。

(2) 边界条件

基坑支护桩的边界条件，根据桩的不同支撑条件，可以进行以下分类：

固定端：边界条件为侧向位移为零，转角为零，如果固定端有给定的侧向位移和转角，则边界条件变为侧向位移和转角为给定值。

简支端：边界条件为侧向位移为零，弯矩为零如果固定端有给定的侧向位移和弯矩，则边界条件变为侧向位移和弯矩为给定值。

自由端：边界条件为剪力为零，弯矩为零如果固定端有给定的支撑力和弯矩，则边界条件变为剪力和弯矩为给定值。对于支护桩，在给定两端的边界条件后等于给定了四个边界条件可以求解出微分方程解中的四个参量。

2. 工况二：支护结构力与位移理论分析

第二层横向支撑设置后，支护桩的受力情况如图 2-11-13 所示。

3. 工况三：支护结构力与位移理论分析

第三层横向支撑设置前，支护桩的受力情况如图 2-11-14 所示。

4. 工况四：支护结构力与位移理论分析(图 2-11-15)

5. 工况五：结构力与位移理论分析(图 2-11-16)

6. 工况六：结构力与位移理论分析(图 2-11-17)

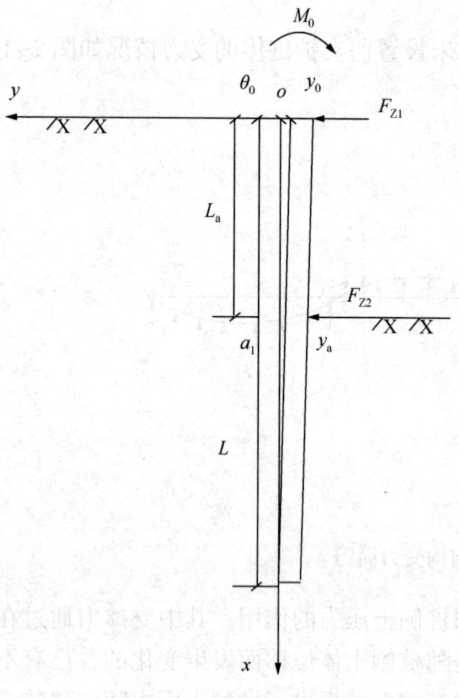

图 2-11-13　工况二

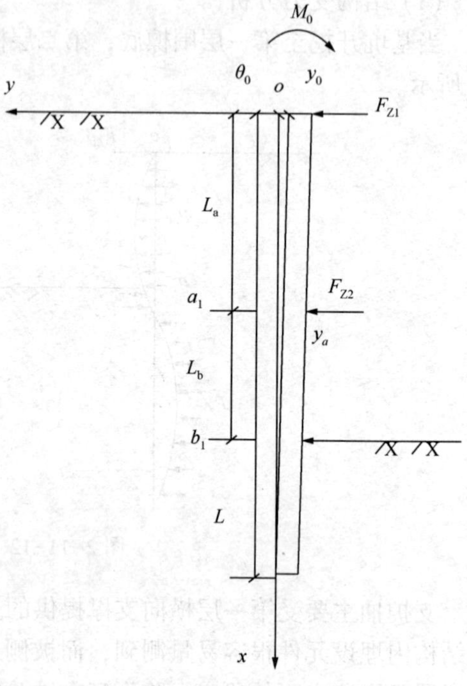

图 2-11-14　工况三

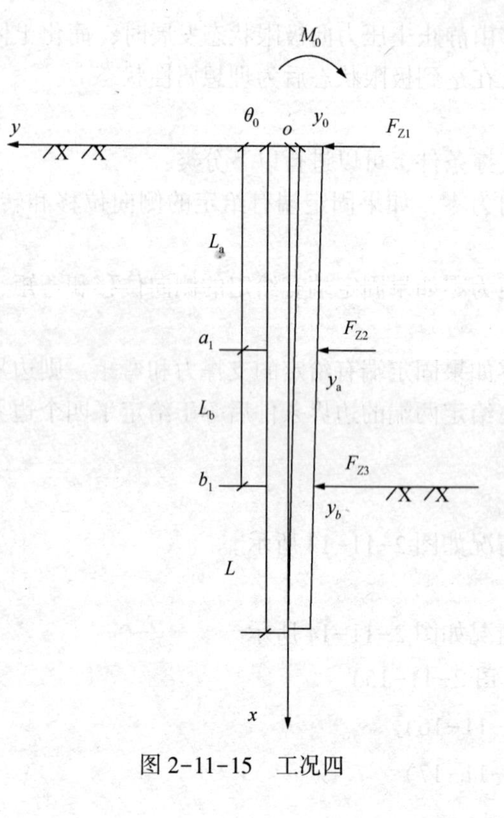

图 2-11-15　工况四

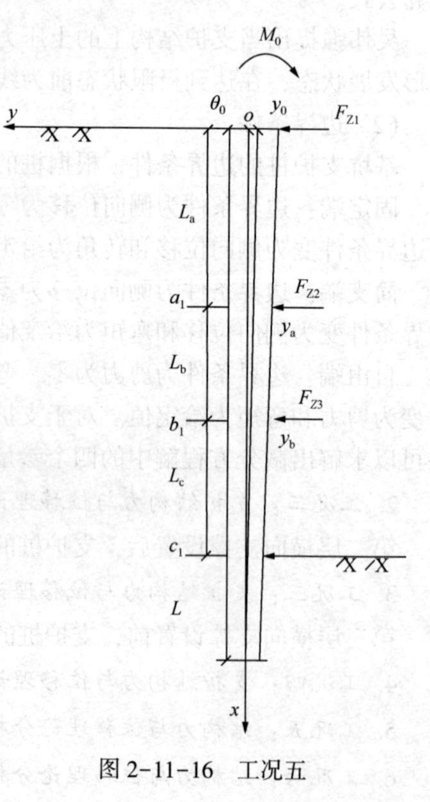

图 2-11-16　工况五

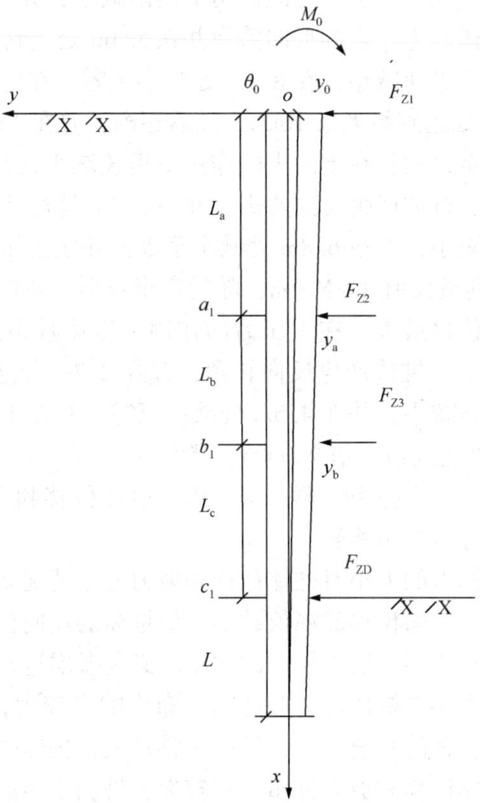

图 2-11-17　工况六

二、苏州交通银行大厦基坑支护工程土压力与位移计算分析

1. 工况一力与位移计算

由推导得出的施工各阶段基坑侧壁土压力、位移和支护桩的剪力、弯矩和和转角沿桩深度方向的分步计算公式计算苏州交通银行基坑支抑工程各阶段位移和力的分步情况。假设第一层横向支撑提供支护桩的支撑力为 76.3kN，在桩顶处产生的横向位移为 2mm，按照上小节推导的计算公式可得在第一层横向支撑处横向支撑提供给支护桩的弯矩 203.72kN·m，桩体发生的转角为 0.00106 弧度。通过计算可得桩体在土压力作用下发生的位移、转角和桩体的剪力、弯矩分布情况。

可以看出在桩顶处桩体的位移为 2mm，受第一层支撑提供弯矩作用的影响，随着深度的增加粧体发生的横向位移有一定的减小，并在 1.7m 桩体的横向位移减小至最小值 1.16mm，随后在桩侧土压力的作用下桩体的横向位移由逐渐增加，在 4.3m 达达到最大值 2.12mm，桩体的横向位移迅速减小，在 9.4m 减小至零。随着深度的继续增加，桩体发生一定的反向横向位移，并在 11.8m 处达到最大值 0.09mm，之后又迅速减小并在 15m 处减小至零，在 15m 以下阶段桩体的横向位移几乎为零，说明桩体上部的各种力作用的影响范围为 15m。

桩体的剪力在桩顶处最大，在土压力的作用下逐渐减小，并在 4. 4m 处减小至零。随后在土压力的继续作用下桩体产生一定的反向剪力并在 5. 4m 处达到最大值 50kN，在反向土压力的作用下，桩体的剪力又迅速减小，在 8. 2m 处减小至零，在土压力的作用下由产生与顶部同向的剪力，并在 10m 处达到最大值 10kN，随后逐渐，并在 15m 处减小至零。

桩顶处桩体受到的弯矩最大，在土压力的作用下迅速减小，并在 2. 5m 处减小至零，之后在土压力的继续作用下，桩体产生反向弯矩，并在 5. 4m 处达到最大值 62kN · m，随后在反向土压力的作用下迅速减小，并在 6. 8m 处减小至零，并在土压力的作用下产生与桩顶部同向的弯矩，在 8m 处达到最大值 20kN · m，随后逐步减小，并在 15m 处减小至零。

桩顶处桩体发生转角位移最大，在土压力的作用下迅速减小，并在 1. 3m 处减小至零，之后在土压力的继续作用下，桩体产生反向转角，并在 2. 7m 处达到最大值 0. 00052，随后在反向土压力的作用下迅速减小，并在 4. 5m 处减小至零，并在土压力的作用下产生与桩顶部同向的转角，在 6. 5m 处达到最大值 0. 00057，随后逐步减小，并在 11m 处减小至零。

桩体处第一层支撑提供的支撑力、第一层支撑处桩体位移和土体的重度对桩体的位移、剪力、弯矩和转角等参量分布的影响较大。

第一层支撑提供的支撑力的大小对柱体位移和剪力分布情况影响较大，支撑力越大，桩体的横向位移下降越迅速，横向位移的峰值越小，但桩体的反向位移越大，同时桩体承受的剪力峰值也越大，在确定柱体第一层支撑力的大小时必须考虑这几方面的因素。

桩体顶部横向位移的大小对桩体位移和剪力分布影响也较大，位移取负值时较为合理，当桩顶处位移取正值时，位移的峰值较大，反向位移较大，桩体受的剪力峰值也较大。

柱侧土体的重度对桩体位移和剪力分布影响较大，桩侧土体的重度越小，桩体发生的位移越小，桩体承受的剪力峰值也越小，不同桩侧土体重度时，除披顶处给定横向位移外。

2. 工况二力与位移计算

第二层横向支撑设置后，给支护护桩体提供一定的支撑力，会在一定程度上改善支护桩位移和各种力参数的分布情况况。在上小节第二层横向支撑设置前各项基本参数条件的前提下，第二层横向支撑提供 20kN 的横横向支撑力前后。

第二层横向支撑力的大小对支护桩的位移和弯矩分布情况影响较大。从图中可以看出提供的支撑力越大，位移递减速度越快，峰值越小，但如果提供支撑力过大，会产生一定的反向位移。横向支撑提供的支撑力越大，弯矩峰值就越小，分布约均匀，但如果提供的横向支撑力过大，则也会产生一定的反向弯矩。

3. 工况三力与位移计算

随着基坑的继续开挖，在柱体土体土压力的作用下，支护桩的位移和各种力的分布情况都在不断的变化。

第二层横向支撑力的大小对支护披的位移和弯矩分布情况影响较大。可以看出提供的支撑力越大，位移递减速度越快，峰值越小，第二层横向支撑提供的支撑力能够很好的改善支护柱横向位移的分布。横向支撑提供的支撑力对弯矩分布影响较小，只在力的作用点上下范围内有一定的影响。

第二层横向支撑提供支撑力的大小对支护桩转角位移的影响较大，提供的支撑力越大，转角位移下降的速度越快，转角位移的峰值越小。第二层支撑提供支撑力对剪力总体分布影响较大，提供的支撑力越大则剪力在力的作用点处的峰值越大，在确定桩第二层横向支撑力的时候必须考虑柱的抗剪切能力。

4. 工况四力与位移计算

第三层支撑力对支护桩横向位移分布影响较大，横向支撑力越大，桩横向位移峰值越小，第三层横向支撑力对支护桩弯矩、转角和剪力分布影响不大，只在力的作用点一定范围内有一定的影响。

5. 工况五力与位移计算

随着基坑的继续开挖，在桩体土体土压力的作用下，支护桩的位移和各种力的分布情况都在不断的变化。

6. 工况六力与位移计算

底层混凝土浇筑后，会对支护桩提供一定的横向支撑力，能在一定程度上改善支护柱各种力和位移的分布状况。

本小节主要对基坑开挖过程中支护桩的横向位移、剪力、弯矩和转角位移的分布情况进分析，理论分析过程中考虑了施工不同阶段中力分布状况的变化，针对不同的施工阶段建立各自的力和位移的求解方程，推导得出施工不同阶段支护桩横向位移、剪力、弯矩和转位移的计算公式。基于苏州交通银行大厦基坑支护工程基本参数条件，对施工不同阶段力位移的分布情况进行了分析，并采用不同的算例对各层横向支撑力对支护桩位移与力分布情况的影响进行了分析，主要结论如下：

(1)根据实际情况把基坑开挖与支护施工分为了六个阶段，并对每个阶段力的分布情况进行了分析；(2)考虑了土压力与桩侧土体横向位移之间变化关系的基础上，基于弹性地基梁变形理论，结合支护桩各部分间的变形协调关系，推推导得出了第二层横向支撑设置前后、第三层横支撑设置前后和底层混凝土浇筑前后等六个阶段横向位移、剪力、弯矩和和转角位移沿桩纵的分布计算公式。

第三篇　深基坑支护工程施工

第一章　桩板式墙

一、工程概况

安康市某贮水池扩建工程设计基础开挖尺寸47.9m×21.6m，准备建设施工在西段地下3层，地上2层，基础埋置深度9.2~14.3m；东段地下2层，地上3层，基础埋置深度12.9~15.7m，局部基础埋置深度最大处18.6m。该工程的基坑开挖深度相对较深，周边临近大型建筑，附近有桥梁、铁路等重要构筑物，该区域地下水位在基坑底面以上6~9m左右，为确保该基坑工程施工过程的安全，基坑开挖过程中需要做好基坑支护与降水的措施。拟建场地如图3-1-1所示：

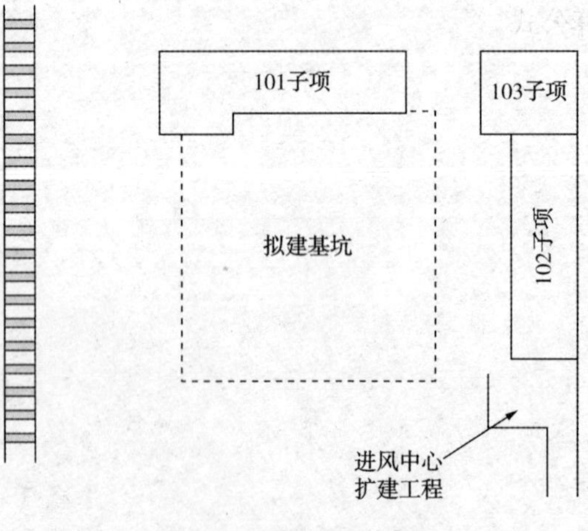

图3-1-1　基坑平面图

二、场地的自然地理条件

1. *地形地貌及地质情况*

安康市位于陕西省东南部，汉水沿东西方向横穿安康，北部邻近秦岭，南面邻近巴山，安康在大地构造位置上属于秦岭地槽褶皱系南部和扬子准地台北部汉南古陆的东北缘。安康南北以汉江为界，分为秦岭地区和大巴山两大区域，其地形波状起伏，沟梁相间，具明显的龙岗式地貌景观。在地域面积中，秦岭区域占地约40%，大巴山占地约60%；区域地貌主要为山地占地在90%以上，其次为丘陵地带占约6%。上覆第四系全新统冲积、洪积膨胀土、粉质黏土、粉土、砂类土和碎石类土，下伏志留系云母片岩。部分区域覆第四系上更新统积膨胀土、混合土(含粉质黏土粗、细圆砾土)，且厚度较大。

2. 气象条件

安康属于北亚热带湿润山地气候，该段年平均气温12.6~15.6℃，年平均降水量720~810mm，气候温和，雨量充沛，无霜期长，四季分明。其特点是降雨集中在夏季且多有伏旱，冬季比较寒冷且少雨，春季较暖和干燥，秋季多阴雨空气湿润。该区域历史最低气温为-16.4℃；历史最高气温为42.6℃。历史月均最低气温为3.5℃，月均最高气温26.9℃。丘陵区一般为15~16℃，秦巴中高山区为12~13℃。

3. 区域地质条件

拟建场地地面标高1359.95~1437.28m，该地区经历过强烈而复杂的构造运动，遭到多种地壳活动的切割破坏，板块层次复杂多样，场地相对较为平坦，地貌单元属于中等倾斜老洪积扇群中残留的高位洪积扇区。含水层为上更新统及全更新统地层，深度27~32m以上，岩土为黏性土、粉土、砂土，市区主要含水层地质主要是砂砾卵石和黏性土和砂。20世纪40年代常年地下水位在8.0~10.0m，因气候较为干旱，工农业和生活用水的增加以及南水北调工程的施工，导致地下水位在不断的下降。

三、场地的工程地质条件

1. 场地的地层分布

根据地质柱状图显示，钻孔深度最大为27.6m，断面显示，地层有明显的沉积韵律，层位较稳定。根据钻探揭露及试验结果划分为四部分：人工素填土、洪积砾石上洪积砂土(局部呈胶结状)、黏性土、花岗片麻岩。在勘探深度范围内，各工程地质单元层的分布情况及特征如下：

第一层：杂填土：主要是由砂砾石和黏性土组成，颜色呈现褐色、杂色。土层厚度不均匀，土质松软，位于表面厚度1.6~4.4m范围内。土的物理力学性质为：土质结构松散。

第二层：砂砾石：主要由砂砾和砂构成的红褐色或黄褐色含钙质结合的砂砾石土质，其中还含有少量的卵石和黏性土，该土质的特点是具有坚硬—硬塑—可塑的变化，局部软塑状。砾石粒径一般在0.3~0.8cm范围内，不均匀分布，大多数呈不规则圆形颗粒。硫酸盐以分散状、蜂窝状、集中纤维状的形式分布在该土质中，切面稍光滑，干强度中等，韧性中等密实。该层厚度1.7~5.1m。土的物理力学性质：该层地基土处于中等密度状态。

第三层：黏土：该土质中含少量灰绿色条纹及铁锰质斑点，多呈棕红或者棕黄色，该层部分位置分布有粉质黏土，可析出少量黏性土结核及白色硫酸盐晶体。其特点是表面稍有光泽，干强度较高且具有一定的韧性。土质层厚不均匀分布，一般在4.9~10m范围内变化，平均土层厚度大约在6.7m。土的物理力学性质：砾砂：褐黄色—黄褐色，该层层厚变化较大、土层密实。

第四层：细砂：呈现褐黄色或棕黄色，材质中含量主要为石英和长石为主，并含黑色矿物及少量云母。该层土质中有粉土薄层夹杂。土的物理力学性质：该层地基土呈稍密-中密状态。

第五层：黏土：呈现棕黄色，表面有光泽，含水量少时硬度高。内含铁锰质斑点及灰绿色条纹局部夹砂性土薄层或混砂性土团块，见孔隙，局部夹细砂薄层及粉土薄层、韧性中等。土的物理力学性质：该层地基土为中压缩性土。

第六层：强风化片麻岩和中风化片麻岩，颜色为灰绿色或墨绿色，主要成分含石英、云母、长石、其他矿物质等。土的物理力学性质：该层地基土呈中密-密实状态。

2. 地下水

20 世纪 50 年代，该地区地下水位在 6m 左右，雨季爆发后地下水位可达 4m 左右，随着社会的发展，工农业用水、居民生活用水急剧增加，加之气候变得干旱少雨，目前地下水位较深，大约深度在 36m 左右。工程所处位置地下水位在 22m。不良地质作用经过勘察，安康境内部分区域覆盖膨胀土，具有遇水膨胀失稳的特性。在现场勘查，取土进行膨胀性试验后，该区域三项检测数据均未达到膨胀土指标，所以不存在不良地质作用。

四、地基土的工程分析评价

1. 场地稳定性评价

该贮水池扩建工程根据其区域地质构造进行分析，结合当地建筑施工经验分析总结，该区域无特殊地质构造，地基相对稳定，适合作为建筑施工场地。

2. 地基均匀性评价

贮水池扩建工程基础埋深 9～14m，贮水池扩建工程场地地基土层经过分析相对稳定，从钻孔柱状图来看，结合历史资料，水平方向层厚变化不大，各层厚度相对比较均匀，其最大深度位置位于持力层及下卧层上，承载力及土质相对稳定，所以该区域地基为均匀地基。

3. 地基土的液化评价

该贮水池扩建工程基础埋深 9.1m，地下水位在原地面以下 22m 左右，根据钻探资料及土工试验，结合该地区近 50 年的最不利地下水位。埋深范围内不存在饱和的粉土及砂土，设计对地基土的液化问题可不考虑。

4. 地基土的承载力特征值、变形参数

依国家及陕西省的现行规范、规程及标准，并根据钻探资料及土工试验，结合该地区近 50 年的最不利地下水位，结合既有的参考文件、设计文件，该区域地基土承载力、压缩模量、内摩擦角等参数可采用表 3-1-1 的值。

表 3-1-1　地基土强度、变形参数建议值一览表

层号	岩土名称	承载力特征值 F_{ak}/kPa	压缩模量 E_{s1-2}/MPa	黏聚力标准值 c/kPa	内摩擦角标准值 φ/(°)	
					干燥状态	饱和状态
①	黄土状粉质黏土	130	6.5	11.0(c_{cu})	14.6(c_{cu})	
②-1	黄土状粉土	135	7.0	1(c_{cu})	30.4(c_{cu})	
②-2	黄土状粉土	130	6.5	23(c_{cu})	15.5(c_{cu})	

续表

层号	岩土名称	承载力特征值 F_{ak}/kPa	压缩模量 E_{s1-2}/MPa	黏聚力标准值 c/kPa	内摩擦角标准值 φ/(°)	
					干燥状态	饱和状态
③	细砂	180	18.0	0	30.1	27.8
③-1	粉土	130	6.5	—	—	—
④	中粗砂	200	20.0	—	38.0	28.1
⑤	粉质黏土	170	7.5	—	—	—
⑤-1	细砂	180	18.0	—	—	—
⑥	细砂	200	22.0	—	—	—
⑦	中粗砂	220	24.0	—	—	—
⑧	粗砂	300	32.0	—	—	—

5. 基坑边坡稳定性评价

根据现场钻探以及原位测试试验资料，该地地基土的强度、变形参数，当基坑深度为10.5m时，为防止超载，在一倍开挖深度范围内严禁材料堆放及施工机具、机械停放。同时基坑周边设置排水沟，为防止地表水及施工用水浸泡边坡，影响基坑土体稳定，在基坑四周设置汇水沟，四个角设置集水井，随时进行抽排，并用砂浆封底进行防渗处理。

6. 天然地基评价(表3-1-2)

表3-1-2　土体的天然地基评价表

层号	岩土名称	评　价
①	杂填土	土质松散，稳定性差，难压实，应清除
②	黄土状粉质黏土	该层具有中高度压缩性，土体物理稳定性差
②-1	黄土状粉土	该层具有中度压缩性，土体物理稳定性稍差
②-2	黄土状粉土	该层具有中度压缩性，土体物理稳定性稍差
③	细砂	物理稳定性较好，承载力较高
③-1	粉土	该层具有中度压缩性，物理稳定性稍差
④	中粗砂	物理稳定性好，承载力较高，为较好的天然地基持力层
⑤	粉质黏土	该层具有中压缩性，物理稳定性稍好，可以作为下卧层
⑤-1	细砂	物理稳定性较好，有较高的承载力，为良好的下卧层
⑥	细砂	物理稳定性较好，有较高的承载力，为良好的下卧层
⑦	中粗砂	物理稳定性较好，有较高的承载力，为良好的下卧层
⑧	粗砂	物理稳定性较好，有较高的承载力，为良好的下卧层

五、支护方案研究

依据国家行业标准规定以及周边环境要求，本工程两面临街，开挖深度较大，且开挖量大，周边没有合适的弃土场地，且施工成本相对较高，因此不能采用放坡开挖的方式，故在设计上优先考虑锚杆式排桩支护系统，首先在场地限制上有明显的优势，结合该工程特点，可采用干钻施工，对周边环境的污染少，施工效率高。根据地层性质，及地下水位情况，该基坑采用排桩及土钉墙施工比较有优势。该基坑开挖最深处为-14.2m，地基土的强度、变形参数等基坑侧壁安全等级为一级，考虑到施工成本、工期压力、周边环境等多方面的因素，最终确定该基坑工程采用桩锚支护结合小直径灌注桩进行加固支护的结合方式。根据基坑深度及土质情况，为确保安全增加整体支护整体受力性能，沿基坑面周围设置一排钢筋混凝土桩基，支护系统由两层锚杆组成，开挖过程中，及时对桩基之间进行混凝土护壁，支护结构需要边施工，边完善，原则上是完成开挖24h内完成护壁，48h内完支护体系，考虑到设置横撑，为了给安装提供操作空间，开挖略大于横撑位置，支撑分别设置在标高为-3.600m和-7.000m处时，计算中在验算最不利状态时取值为-4.000m和-7.400m。

六、排桩计算

根据土的力学参数(见表3-1-3)，地面超载取值20kPa，原地面标高假定为±0.000m，在-3.600m与-7.000m处分别设置两道横支撑，按弹性支点法计算，侧壁重要性系数为1.00，桩顶标高-3.000m，桩嵌入深度5.00m，桩计算宽度0.90m。工程先采用完成桩基施工，边开挖边支护的形式进行护壁及锚杆施工。桩径 D 为600mm，长度 L 为14.1m，桩距设置为900mm，混凝土强度设计为C35。锚杆采用双层设置，外倾角设计为15°。

表3-1-3 第一、二层土主动土压力

主动土压力	上部/(kN/m)	下部/(kN/m)
第一层土(标高0.000m，-3.600m)	63	64.8
第二层土(标高-3.600m，-4.000m)	-5.54(取0)	0.69

基坑开挖后，最大弯矩计算，经过积分运算得到，结果如表3-1-4所示。

表3-1-4 土层最大弯矩分布表

主动土压力	上部 M_{umax}/(kN/m)	下部 M_{dmax}/(kN/m)
(标高-10.72m，-16.35m)	-546.13	-247.98
0.9m桩(标高-10.72m，-16.35m)	-491.52	-223.18

七、锚杆计算

根据规范要求，支点计算力需要将侧壁的重要性系数放大1.5倍，得出的结果为锚杆的拉力值，如表3-1-5所示。

表3-1-5 锚杆设计参数

序号	水平拉力/kN	标高/m	锚孔直径/m	锚固角度/(°)	锚杆间距/m	安全系数
1	270.00	-3.500	0.15	15	1.8	1.2
2	230.00	-7.000	0.15	15	1.8	1.2

根据规范及验标要求，锚杆的张拉值采用支点计算力侧壁的重要性系数放大1.5倍，得出杆件的水平拉力值为335.50kN。本次以计算深度为18.40m的锚杆进行，其土层内土的重度为19.05kN/m^3、内摩擦角为21.22°加权平均后的内聚力值为21.98kPa。

八、桩锚支护结构内力计算

本文桩锚支护结构的内力计算，针对一根桩的截面进行计算和验算，相关参数依次列出，该桩的计算截面具体情况如图 3-1-2 所示。

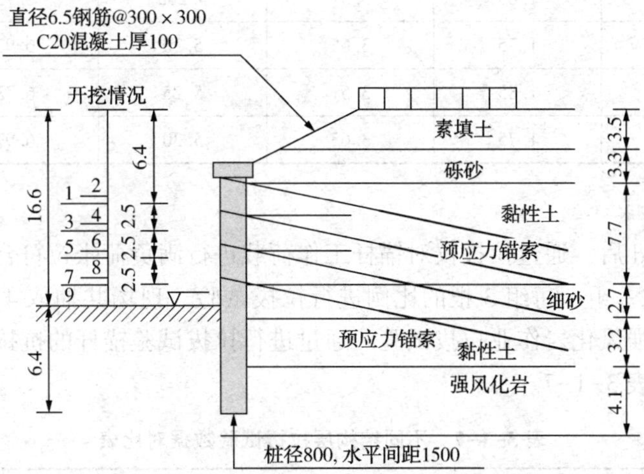

图 3-1-2　其中一根桩锚杆支护计算截面

1. 拉杆施工及防腐处理

为了避免拉杆受周围环境影响发生结构腐蚀，安装前检查杆件的材质，型号是否与设计一致，安装过程中注意加强对拉杆的保护，防止碰撞或者由于角度打设与转进角度不一致，造成拉杆弯曲变形，或者发生扭曲。拉杆的打入深度要满足设计要求。最少打入深度为设计长度，拉杆完成安装后，外露部分要做好成品的保护工作，防止外力作用拉杆变形。

1）拉杆的制作

拉杆材质为钢筋，每间隔 1.5m 设置一根，采用导向架打入，注浆管联通拉杆，外套 PVC 管，注浆孔设置在端部，分部在两米范围内，交错布置。

2）拉杆防腐

对于拉杆自由区域的防腐，采用混凝土封端的方式。

2. 施工工艺

施工顺序：凿孔并清理孔道——一次锚固注浆—杆体施工—张拉杆体—二次注浆。

3. 张拉锁定

该市贮水池扩建工程锚具所采用的是螺丝端杆，螺丝端杆与拉杆采用双面搭接焊，焊接质量要满足设计及规范要求，其长度为 300mm，进行张拉条件为锚固体结构强度达到 30MPa 之后，该工程采用锚杆的设计张拉值分别为 290kN 和 220kN，张拉锁定值为 218kN 和 166kN，张拉前需要进行预张拉，采用 0.1～0.2 倍的设计张拉值对锚杆预拉 1～2 次，对锚杆进行先张拉后锁定，若发现预应力损失较为明显，则应进行张拉补偿，张拉锁定的数值见表 3-1-6。

表 3-1-6 锚杆张拉锁定表

张拉载荷 F/kN	87.5	175	262.5	350	385
油压表读数 P/MPa	5.6	11.2	16.8	22.4	24.7
持荷时间 t/min	5	5	5	10	15
锚头 135#	1.85	3.51	5.285	6.73	7.75
位移 205#	1.75	3.65	5.30	6.97	7.83
增量 282#	1.85	3.51	5.25	6.73	7.75
位移 343#	1.75	3.65	5.30	6.97	7.83

4. 张拉应力测试

在二次注浆 28d 后，通过拉拔仪对锚杆工作荷载进行满负荷张拉符合性试验，经过抽取比例为 1000 根抽取一组，每组 3 根的比例进行拉拔试验。现场共抽取 4 组。分别针对杂填土、砂砾、黏土、强风化岩作业拉拔试验。通过进行拉拔试验锚杆的抗拉拔能力均能满足设计要求。其数据见表 3-1-7。

表 3-1-7 不同结构层拉拔试验数据对比表

地质类型	锚杆长度/m	设计值	实测值	平均值	备注
杂填土	22.6	337.5	357.3	352.6	合格
	22.6	337.5	360.5		合格
	22.6	337.5	339.8		合格
砂砾	22.6	337.5	366.5	365.2	合格
	22.6	337.5	357.8		合格
	22.6	337.5	371.2		合格
黏土	22.6	337.5	364.3	358.9	合格
	22.6	337.5	351.2		合格
	22.6	337.5	361.1		合格
强风化岩	22.6	337.5	375.9	385.6	合格
	22.6	337.5	380.7		合格
	22.6	337.5	400.2		合格

从试验结果来看，强风化岩锚杆的抗拉拔力相对较高，杂填土相对较低。个别点相差较大，主要是由于土质不均匀性影响注浆效果，以及土体的内摩擦角造成结果偏差较大。

5. 注意事项

(1) 二次注浆后，在进行应力测试时，确保二次注浆的强度。需要通过进行抗压试验。

(2) 注意施工过程核实梅根锚杆的尺寸与设计钻孔深度一致，且钻孔深度不得大于锚杆总长度，防止出现锚固失效。

(3) 采用拉拔仪进行张拉应力测试前，需要对拉拔仪进行权威的鉴定。

(4) 注浆应使用专用器具，注入过程必须连续，确保注入饱满。

九、位移测量

在基坑开挖之后，贮水池扩建工程采用闭合水准点法，观测基坑结构顶面的水平位移，基坑排桩顶水平位移量见表 3-1-8。

表 3-1-8　基坑排桩顶水平位移量

观测点		1	2	3	4	5
水平位移/mm	第一步开挖	0	0.1	0.3	0.1	0
	第二步开挖	0.1	1.1	1.9	1.2	0.1
	第三步开挖	1.2	2.3	6.8	2.4	1.2

根据工程记录所知，水平方向位移的最大值是 9.2mm，并且土体没有明显变形，所以，本次支护工程在基坑开挖施工是成功的。

(1) 本工程中采用的锚杆式支护结构，锚杆的设计长度不仅与锚固作用力的大小直接相关，也受倾角大小、地质条件直接影响。计算时，通过反推等效内摩擦角，利用朗肯土压力理论进行计算。对于地下水位低、地质稳定性好的地层，可直接采用机械干作业成孔，便于清理现场，迅速形成工作面，加快施工进度，位移观测符合设计要求，通过试验监测判定支护结构可以满足安全性要求。

(2) 锚杆支护是一种安全、经济的支护方式，在国内各种地下工程的建设中得到广泛应用，但锚杆支护技术较为复杂，设计方法也显粗糙，锚杆施工质量技术始终存在问题。长远来看，锚杆技术具有结构轻、安全可靠、适应性强的特点，对于实现快速掘进、降低生产成本、确保安全具有重要的意义，已在很多工程得到迅速推广，其结构形式在不断的推陈出新，而且该种结构还具有工程量少，经济效益好，施工方便的优势，是一种值得大力推广的先进技术。

第二章　钢板桩墙(含钢管板桩)

钢板桩具有很多特点，例如强度大、重量轻、施工方便、锁扣比较紧密、施工速度快等等。因此钢板桩在地下水位不高、开挖深度不大、对变形要求不很高的深基坑以及港口板桩码头的支护中，应用是十分广泛的。但钢板桩也有一些缺点，例如钢用量大和造价费用高，这些缺点就限制了钢板桩在一些特殊的深基坑支护中的应用，例如较厚软弱土层的深基坑。

一、钢板桩的施工工艺流程

1. 钢板桩的施工顺序及要求

根据施工图实现钢板桩位置的定位放线、根据定位放线挖沟槽、安装导梁、打钢板柱瞩、拆掉导梁、清理锚杆处的土方、挖土、混凝土施工、填土、拔除钢板柱。

为了确保钢板柱在施工过程中能够安全稳定的进行，有关部门制定了一些技术规范，例如钢板桩垂直度的最大偏差不能超过 1/150，沿基坑轴线的墙面左右偏差最大不能超过 300mm；为了方便钢板桩的打桩，要求钢板槽相扣并充填润滑油，锁口应该严实封闭；在钢板桩打桩时，施工场地应该平整，降低钢板桩桩底标高的误差，最大误差不能超过 500mm；完成结构的回填之后才能够拔除钢板桩；

2. 钢板柱打桩过程

第一，钢板柱的施工应该选择合适的“屏风式”打桩方法、流水段划分以及打桩的机械，这样不仅可以使打桩后的板桩墙有很好的刚度和防水作用，而且可以使板桩墙面平直，满足施工的基础要求。如果是封闭式的板桩墙则需要封闭合拢。

第二，选用以上的方法打桩既有优点也有缺点，由于该方法是从一个角开始一块一块的插打，每个钢板桩从开始到结束需要一次性打完，所以打桩机的行走路线就会很短，而且施工非常简便，打桩的速度也比较快。但由于是单块打桩，所以容易导致钢板桩向一边倾斜，而且累积的误差不容易纠正，墙面的平直精度不能够保证。

第三，根据施工图纸，可以先让测量人员确定钢板桩的围堰轴线，并每隔一段的距离设置导向桩。利用钢板桩作为导向桩，挂上绳线作为导线。在打钢板桩时，利用导线对钢板桩的轴线进行控制，如果轴向法向的要求比较高，则需要使用导向架。

第四，在单桩逐根打桩的施工过程中，需要注意钢板顶高的相差距离，不宜太大。在打桩的过程中，有关人员需要时刻监控每一个钢板桩的倾斜度，不应超过 2%。如果在监控过程中发现钢板桩的倾斜度大于 2%，则应该拔起钢板桩，重新打桩，而不能采用拉齐的方法将其矫正。

第五，当发现钢板桩在打入的时候，出现了倾斜或者锁口的结合不严，最后封闭合拢时的误差较大，则应该用上宽下窄或者宽度不同于标准宽度的钢板桩进行矫正。

3. 支撑系统的安设及要求

第一，支撑系统主要是由钢支撑和钢腰梁组成。钢支撑一般都支撑在钢腰梁上，在组装钢支撑时，需要根据实测的支撑长度，必须精确的安装到位；钢腰梁上安装有三角架和斜拉筋上部固定的角钢，均用以 M20 的膨胀螺栓固定；吊装钢腰梁紧靠着墙身，再用斜拉筋拉紧。

第二，为了让支护桩和腰梁能够紧密的结合，并有效地减少基坑外地层的沦陷和支护桩向内的位移，在支撑安设好之后，需要对其施加向外的预加轴力。根据施工监测的实际情况，分层施加预加轴力，可以有效的防止围护桩体向基坑外侧偏移。对于施加预加轴力的千斤顶，要求其能够在施工的整个过程当中起到作用，并能够根据监测的实际结果随时对其进行调整，以确保基坑的变形在允许的范围之内。拆除钢支撑的时候，一定要确保传力带已经做好，方可在进行下一步施工。

二、施工过程中的问题及措施

渗漏、涌沙、倾侧以及基坑底部隆起是钢板桩施工过程中常见的问题，下面分别介绍一下这些问题出现的原因以及防止其发生的相关措施。

1. 渗漏和涌沙现象

渗漏主要发生在基坑挖土过半时的接缝处和转角处，有的地方甚至还涌沙。引起渗漏和涌沙的因素很多，这里主要说一下最为常见的因素。钢板桩过于陈旧或者旧的比较多而且在使用前没有进行检修、矫正；锁水处啮合的不严密，导致接缝处出现漏水的现象；转角处为了更好的封闭合拢，应该安设特殊的转角桩，如果这些转角桩的加工工艺不符合标准，则会使其变形；钢板桩的垂直度不合格；钢板桩之间的插对不合格等。

根据引起渗漏和涌沙的因素，采取相应的措施。旧的钢板桩在打桩前必须在平台上进行矫正，对弯曲的钢板桩用千斤顶或者火烘的方法进行矫正。为了确保钢板桩能够垂直打入并且打入后钢板桩面平直，就需要做好围檩支架。可以再钢板桩锁扣出设置卡板，以防止锁扣中心线的位移。可以采用异性板桩法或者轴线封闭法解决钢板桩的倾斜和锁扣封闭合拢不严的问题。为防止钢板柱转角处的涌沙现象，可以采用压密注浆的方法。地下水位较高时，则需要采取降水措施。

2. 钢板桩侧倾和基坑底隆起的现象

因其钢板柱侧倾和基坑底隆起主要原因也是多方面的。开挖土方的挖土机和运土车一般都设在地面钢板桩顶的一侧，这样就增加了地表负荷，引起顶桩侧倾；钢板桩的施工都在软土地区，设计的嵌固深度不能满足需要，则会导致基坑底隆起。

嵌固钢板桩的深度必须根据《建筑基坑支护技术规程》，进行严格的计算，确保满足实际施工的需要。挖土机和运土车不能在钢板柱顶地面附近作业，如果必须在其附近作业，就必须在计算中添加上挖土机和运土车的负荷，加深钢板柱的嵌固深度。

三、施工监测

1. 支护检测仪器

钢板柱顶点的水平位移和钢板柱的外地表沉降都需要有关人员进行测量，一般选用施工单位现有的经纬仪和水准仪。经纬仪主要是测量钢板柱顶的水平位移，而水准仪则主要是测量地面和开挖过正中的标高和沉降的。专业的人员利用检测到数据，及时应对施工过程中的突发情况。

2. 检测布置与检测频率

根据实际情况，需要距钢板柱顶部每隔 5m 设置一个控制点，其初始坐标值的确定，需要在基坑开挖前利用相应的仪器进行测量，并多次测量以确保其准确性。基坑检测的频率需要根据实际的开挖进度以及基坑的变化情况，随时进行调整。但开挖过程中每天的开挖次数不少于两次，开挖后每天的开挖次数不少于一次。观测的次数和间隔时间也要根据实际的情况来定，例如如果钢板桩顶部位侧移，则要适当增加观测次数。

四、钢板桩深层支护技术建议

第一，在基坑开挖施工期间，我们可以通过观察钢板桩的变形情况，对钢板桩以及周边建筑的侧移进行控制，并利用监测数据及时处理施工过程当中出现的异常问题，以确保基坑的安全。

第二，在实际施工过程中，应该特别注意地下水对钢板桩深层支护的影响。如果在施工过程中遇到地下水，则应该立即采取有效地措施进行堵塞，特殊情况可以采用加密钢板桩的方法。

第三，为了使基坑能够迅速地挖到预定的高度，可以采用钢板桩围护截渗以及基底压密注浆封底的方法，当基坑面处理完毕后，就可以马上浇筑底板的混凝土垫层，也为下一阶段的创造了良好的条件，而且也降低了雨季对工程的影响，加快了施工进度。

随着对地下空间的不断开发，钢板桩的深基层支护工程技术也在不断的发展。钢板桩的深层支护有很强的地区性，同时也涉及了很多科学领域和工艺手段。随着科学技术的不断发展，新工艺手段的不断更新，钢板桩的深层支护也会不断发展并趋于完善的。

第三章　钻孔灌注桩

灌注桩系是指在工程现场通过机械钻孔、钢管挤土或人力挖掘等手段在地基土中形成桩孔，并在其内放置钢筋笼、灌注混凝土而做成的桩，依照成孔方法不同，灌注桩又可分为沉管灌注桩、钻孔灌注桩和挖孔灌注桩等几类。

钻孔灌注桩的施工，因其所选护壁形成的不同，有泥浆护壁方式法和全套管施工法两种。

1. *泥浆护壁施工法*

冲击钻孔，冲抓钻孔和回转钻削成孔等均可采用泥浆护壁施工法。该施工法的过程是：平整场地→泥浆制备→埋设护筒→铺设工作平台→安装钻机并定位→钻进成孔→清孔并检查成孔质量→下放钢筋笼→灌注水下混凝土→拔出护筒→检查质量。

施工顺序：

（1）施工准备

施工准备包括：选择钻机、钻具、场地布置等。

钻机是钻孔灌注桩施工的主要设备，可根据地质情况和各种钻孔机的应用条件来选择。

（2）钻孔机的安装与定位

安装钻孔机的基础如果不稳定，施工中易产生钻孔机倾斜、桩倾斜和桩偏心等不良影响，因此要求安装地基稳固。对地层较软和有坡度的地基，可用推土机推平，再垫上钢板或枕木加固。

为防止桩位不准，施工中很重要的是定好中心位置和正确的安装钻孔机，对有钻塔的钻孔机，先利用钻机的动力与附近的地笼配合，将钻杆移动大致定位，再用千斤顶将机架顶起，准确定位，使起重滑轮、钻头或固定钻杆的卡孔与护筒中心在一垂线上，以保证钻机的垂直度。钻机位置的偏差不大于2cm。对准桩位后，用枕木垫平钻机横梁，并在塔顶对称于钻机轴线上拉上缆风绳。

（3）埋设护筒

钻孔成败的关键是防止孔壁坍塌。当钻孔较深时，在地下水位以下的孔壁土在静水压力下会向孔内坍塌、甚至发生流砂现象。钻孔内若能保持比地下水位高的水头，增加孔内静水压力，能为孔壁平衡孔外地下水压力或者加大孔内向水力、防止坍孔。护筒除起到这个作用外，同时还有隔离地表水、保护孔口地面、固定桩孔位置和钻头导向作用等。

制作护筒的材料有木、钢、钢筋混凝土三种。护筒要求坚固耐用，不漏水，其内径应比钻孔直径大(旋转钻约大20cm，潜水钻、冲击或冲抓锥约大40cm)，每节长度约2~3m。一般常用钢护筒。

（4）泥浆制备

钻孔泥浆由水、黏土(膨润土)和添加剂组成。具有浮悬钻渣、冷却钻头、润滑钻具，增大静水压力，并在孔壁形成泥皮，隔断孔内外渗流，防止坍孔的作用。调制的钻孔泥浆及经过循环净化的泥浆，应根据钻孔方法和地层情况来确定泥浆稠度，泥浆稠度应视地层变化或操作要求机动掌握，泥浆太稀，排渣能力小、护壁效果差；泥浆太稠会削弱钻头冲击功能，降低钻进速度。

(5) 钻孔

钻孔是一道关键工序，在施工中必须严格按照操作要求进行，才能保证成孔质量，首先要注意开孔质量，为此必须对好中线及垂直度，并压好护筒。在施工中要注意不断添加泥浆和抽渣(冲击式用)，还要随时检查成孔是否有偏斜现象。采用冲击式或冲抓式钻机施工时，附近土层因受到震动而影响邻孔的稳固。所以钻好的孔应及时清孔，下放钢筋笼和灌注水下混凝土。钻孔的顺序也应该事先规划好，既要保证下一个桩孔的施工不影响上一个桩孔，又要使钻机的移动距离不要过远和相互干扰。

(6) 清孔

钻孔的深度、直径、位置和孔形直接关系到成桩质量与桩身曲直。为此，除了钻孔过程中密切观测监督外，在钻孔达到设计要求深度后，应对孔深、孔位、孔形、孔径等进行检查。在终孔检查完全符合设计要求时，应立即进行孔底清理，避免隔时过长以致泥浆沉淀，引起钻孔坍塌。对于摩擦桩当孔壁容易坍塌时，要求在灌注水下混凝土前沉渣厚度不大于30cm；当孔壁不易坍塌时，不大于20cm。对于柱桩，要求在射水或射风前，沉渣厚度不大于5cm。清孔方法是使用的钻机不同而灵活应用。通常可采用正循环旋转钻机、反循环旋转机真空吸泥机以及抽渣筒等清孔。其中用吸泥机清孔，所需设备不多，操作方便，清孔也较彻底，但在不稳定土层中应慎重使用。其原理就是用压缩机产生的高压空气吹入吸泥机管道内将泥渣吹出。

(7) 灌注水下混凝土

清完孔之后，就可将预制的钢筋笼垂直吊放到孔内，定位后要加以固定，然后用导管灌注混凝土，灌注时混凝土不要中断，否则易出现断桩现象。

2. 全套管施工法

全套管施工法的施工顺序。其一般的施工过程是：平场地、铺设工作平台、安装钻机、压套管、钻进成孔、安放钢筋笼、放导管、浇筑混凝土、拉拔套管、检查成桩质量。

全套管施工法的主要施工步骤除不需泥浆及清孔外，其他的与泥浆护壁法都类同。压入套管的垂直度，取决于挖掘开始阶段的5~6m深时的垂直度。因此应该随时用水准仪及铅垂校核其垂直度。

施工特点：

(1) 与沉入桩中的锤击法相比，施工噪声和震动要小的多；

(2) 能建造比预制桩的直径大的多的桩；

(3) 在各种地基上均可使用；

(4) 施工质量的好坏对桩的承载力影响很大；

(5) 因混凝土是在泥水中灌注的，因此混凝土质量较难控制；

(6) 费工费时，成孔速度慢，泥渣污染环境；

3. 成孔问题

(1) 塌孔

预防措施：根据不同地层，控制使用好泥浆指标。在回填土、松软层及流砂层钻进时，严格控制速度。地下水位过高，应升高护筒，加大水头。地下障碍物处理时，一定要将残留的砼块处理清除。孔壁坍塌严重时，应探明坍塌位置，用砂和黏土混合回填至坍塌孔段以上1~2m处，捣实后重新钻进。

（2）缩径

预防措施：选用带保径装置钻头，钻头直径应满足成孔直径要求，并应经常检查，及时修复。易缩径孔段钻进时，可适当提高泥浆的黏度。对易缩径部位也可采用上下反复扫孔的方法来扩大孔径。

（3）桩孔偏斜

预防措施：保证施工场地平整，钻机安装平稳，机架垂直，并注意在成孔过程中定时检查和校正。钻头、钻杆接头逐个检查调正，不能用弯曲的钻具。在坚硬土层中不强行加压，应吊住钻杆，控制钻进速度，用低速度进尺。对地下障碍进行预先处理干净。对已偏斜的钻孔，控制钻速，慢速提升，下降往复扫孔纠偏。

4. 安装问题

（1）钢筋笼安装与设计标高不符

预防措施：钢筋笼制作完成后，注意防止其扭曲变形，钢筋笼入孔安装时要保持垂直，砼保护层垫块设置间距不宜过大，吊筋长度精确计算，并在安装时反复核对检查。

（2）钢筋笼的上浮

钢筋笼上浮的预防措施：严格控制砼质量，坍落度控制在20cm±2cm，砼和易性要好。砼进入钢筋笼后，砼上升不宜过快，导管在砼内埋深不宜过大，严格按照规范控制在2~6m之间，提升导管时，不宜过快，防止导管钩钢筋笼，将其带上等。

5. 水下砼灌注问题

（1）堵管

预防措施：商品砼必须由具有资质，质量保证有信誉的厂家供应，砼的级配与搅拌必须保证砼的和易性、水灰比、坍落度及初凝时间满足设计或规范要求，现场抽查每车砼的坍落度必须控制在钻孔灌注桩施工规范允许的范围以内。灌注用导管应平直，内壁光滑不漏水。

（2）桩顶部位疏松

预防措施：首先保证一定高度的桩顶留长度。因受沉渣和稠泥浆的影响，极易产生误测。因此可以用一个带钢管取样盒的探测，只有取样盒中捞起的取样物是砼而不是沉淀物时，才能确认终灌标高已经达到。

（3）桩身砼夹泥或断桩

预防措施：成孔时严格控制泥浆密度及孔底沉淤，第一次清孔必须彻底清除泥块，砼灌注过程中导管提升要缓慢，特别到桩顶时，严禁大幅度提升导管。严格控制导管埋深，单桩砼灌注时，严禁中途断料。拔导管时，必须进行精确计算控制拔导管后砼的埋深，严禁凭经验拔管。

加固应用施工方法适用于灌注桩的持力层应为碎石层，碎石含量应在50%以上，充填土与碎石无胶结或者为轻微胶结，碎石的石质要坚硬，碎石分布均匀，碎石层厚度要满足设计要求。

加固机理在灌注桩施工中将钢管沿桩钢筋笼外壁埋设，桩混凝土强度满足要求后，将水泥浆液通过钢管由压力作用压入桩端的碎石层孔隙中，使得原本松散的沉渣、碎石、土粒和裂隙胶结成一个高强度的结合体。水泥浆液在压力作用下由桩端在碎石层的孔隙里向四周扩散，对于单桩区域，向四周扩散相当于增加了端部的直径，向下扩散相当于增加了桩长；群桩区域所有的浆液连成一片，使得碎石层成为一个整体，从而使得原来不满足要求的碎石层满足结构的承载力要求。在钻孔灌注桩施工过程中，无论如何清孔，孔底都会留有或多或少的沉渣；在初灌时，混凝土从细长的导管落下，因落差太大造成桩底部位的混凝土离析形成"虚尖""干碴石"；孔壁的泥皮阻碍了桩身与桩周土的结合，降低了摩擦系数，以上几点都影响到灌注桩的桩端承载力和侧壁摩阻力。浆液压入桩端后首先和桩端的沉渣、离析的"虚尖""干碴石"相结合，增强该部分的密实程度，提高了承载力；浆液沿着桩身和土层的结合层上返，消除了泥皮，提高了桩侧摩阻力，同时浆液横向渗透到桩侧土层中也起到了加大桩径的作用。以上几点均对提高灌注桩的单桩承载力起到不可忽视的作用。

6. 压浆参数的设定

压浆参数主要包括压浆水灰比、压浆量以及闭盘压力，由于地质条件的不同，不同工程应采用不同的参数。在工程桩施工前，应该根据以往工程的实践情况，先设定参数，然后根据设定的参数，进行试桩的施工，试桩完成后达到设计的强度，进行桩的静载试验，最终确定试验参数。

(1) 水灰比：水灰比一般不宜过大和过小，过大会造成压浆困难，过小会使水泥浆在压力作用下形成离析。

(2) 压浆量：压浆量是指单桩压浆的水泥用量，它与碎石层的碎石含量以及桩间距有关，取决于碎石层的孔隙率，在碎石层碎石含量为50%~70%，桩间距为4~5m的条件下，压浆量一般为115~210t。它是控制后压浆施工是否完成的主要参数。

(3) 闭盘压力：闭盘压力是指结束压浆的控制压力，一般来说什么时候结束一根灌注桩的压浆，应该根据事先设定的压浆量来控制，但同时也要控制压浆的压力值。在达不到预先设定的压浆量，但达到一定的压力时就要停止压浆，压浆的压力过大。一方面会造成水泥浆的离析，堵塞管道；另一方面压力过大可能扰动碎石层，也有可能使得桩体上浮。一般闭盘的最大压力应该控制在180MPa。

根据预先设定的参数，进行试验桩的施工，再根据试桩的静载试验结果，最后确定工程桩的压浆参数，就可以进行工程桩的施工了。

7. 后压浆施工工艺

灌注桩成孔→钢筋笼制作→压浆管制作→灌注桩清孔→压浆管绑扎→下钢筋笼→灌注桩混凝土后压浆施工。

1）施工要点

(1) 压浆管的制作在制作钢筋笼的同时制作压浆管。压浆管采用直径为25mm的黑铁管制作，接头采用丝扣连接，两端采用丝堵封严。压浆管长度比钢筋笼长度多出55cm，在桩底部长出钢筋笼5cm，上部高出桩顶混凝土面50cm但不得露出地面以便于保护。压浆管在最下部20cm制作成压浆喷头(俗称花管)，在该部分采用钻头均匀钻出4排(每排4个)、间距3cm、直径3mm的压浆孔作为压浆喷头；用图钉将压浆孔堵严，外面套上同直径的自行车内胎并在两端用胶带封严，这样压浆喷头就形成了一个简易的单向装置；当注浆时压浆管中压力将车胎迸裂、图钉弹出，水泥浆通过注浆孔和图钉的孔隙压入碎石层中，而混凝土灌注时该装置又保证混凝土浆不会将压浆管堵塞。

(2) 压浆管的布置将2根压浆管对称绑在钢筋笼外侧。成孔后清孔、提钻、下钢筋笼，在钢筋笼吊装安放过程中要注意对压浆管的保护，钢筋笼不得扭曲，以免造成压浆管在丝扣连接处松动，喷头部分应加混凝土垫块保护，不得摩擦孔壁以免车胎破裂造成压浆孔的堵塞。按照规范要求灌注混凝土。

(3) 压浆桩位的选择根据以往工程实践，在碎石层中，水泥浆在工作压力作用下影响面积较大。为防止压浆时水泥浆液从临近薄弱地点冒出，压浆的桩应在混凝土灌注完成3~7d后，并且该桩周围至少8m范围内没有钻机钻孔作业，该范围内的桩混凝土灌注完成也应在3d以上。

(4) 压浆施工顺序压浆时最好采用整个承台群桩一次性压浆，压浆先施工周圈桩位再施工中间桩；压浆时采用2根桩循环压浆，即先压第1根桩的A管，压浆量约占总量的70%(111~114t水泥)，压完后再压另1根桩的A管，然后依次为第1根桩的B管和第2根桩的B管，这样就能保证同一根桩2根管压浆时间间隔30~60min以上，给水泥浆一个在碎石层中扩散的时间。压浆时应做好施工记录，记录的内容应包括施工时间、压浆开始及结束时间、压浆数量以及出现的异常情况和处理的措施等。

2) 压浆施工中出现的问题和相应措施

(1) 喷头打不开压力达到10MPa以上仍然打不开压浆喷头，说明喷头部位已经损坏，不要强行增加压力，可在另一根管中补足压浆数量。

(2) 出现冒浆压浆时常会发生水泥浆沿着桩侧或在其他部位冒浆的现象，若水泥浆液是在其他桩或者地面上冒出，说明桩底已经饱和，可以停止压浆；若从本桩侧壁冒浆，压浆量也满足或接近了设计要求，可以停止压浆；若从本桩侧壁冒浆且压浆量较少，可将该压浆管用清水或用压力水冲洗干净，等到第2d原来压入的水泥浆液终凝固化、堵塞冒浆的毛细孔道时再重新压浆。

(3) 单桩压浆量不足压浆时最好采用整个承台群桩一次性压浆，压浆先施工周圈桩形成一个封闭圈，再施工中间，能保证中间桩位的压浆质量，若出现个别桩压浆量达不到设计要求，可视情况加大临近桩的压浆量作为补充。

8. 控制技术

1) 准备阶段

(1) 施工人员对施工地点地质情况、桩位、桩径、桩长、标高等了解清楚。

(2) 桩位放样。测量人员将4根直径400mm的钢管打入强风化层作为定位桩。

(3) 将吊装工字钢焊接的钢围堰导向桩与定位桩分层联结固定，确保导向框位置准确。

(4) 插打钢护筒。钢护筒壁厚12mm，根据各墩不同地质情况决定护筒长度，护筒下沉深度穿过覆盖层。

(5) 插打钢板桩围堰。采用拉伸——Ⅲ型钢板桩沿导向框排列。用Dz-60Y型振动锤振动下沉，直至穿过覆盖层为止。

2) 钻孔阶段

(1) 安设钻机，使钻杆中心重合，其水平位移及倾斜度误差按规范要求调整。

(2) 用冲击钻钻孔时，应待相邻孔位上已灌注好的混凝土凝固并已达到一定强度时，才能开钻。

(3) 钻孔过程采用正循环回转钻进施工技术，在黏土层，适当少投泥土，靠钻进自行造浆，在砂土层则加大泥浆浓度固壁。钻进速度始终和泥浆排出量相适应。

(4) 孔内始终保持 0.2kgf/cm^2 的静水压力，护筒内水位始终高于水库水位，遇松散地层时，适当增大泥浆相对密度和稠度，尽量减轻冲液对孔壁的影响，同时降低转速和钻压以满足施工质量控制要求。

(5) 钻进过程严禁孔内掉进钻头、钻杆及其他异物，经常检查钻头的磨损情况。

(6) 钻进过程随时留取渣样，每米不少于 1 组，在离设计标高 1.0~1.5m 范围内，每 30cm 留 1 组，每根桩渣样不少于 3 组。

3）清孔阶段

(1) 清孔是钻孔桩施工中保证成桩质量的重要一环。通过清孔尽可能使沉渣全部清除，使混凝土与基岩接合完好，以提高桩底承载力。

(2) 终孔后，将钻头提至距孔底的 0.2~0.3m 处，使之空转，然后将残存在孔底的钻渣吸出；必要时投入适量纯碱以提高泥浆比重和胶结能力，使沉渣排出孔外。

(3) 当钢筋笼下沉固定后，再次复检孔深和沉渣厚度等。若沉渣超标，可用导管中附属的风管再次清孔，直至全部符合设计要求和工艺标准。

(4) 清孔结束前，将泥浆比重调整到规定范围，以保证水下混凝土的顺利灌注，同时保证成桩质量。

4）钢筋笼的制作及安装注意事项

(1) 钢筋笼制作时，主筋连接，桩身纵向受力钢筋的接头应设置在桩身受力较小处；接头位置宜相互错开，且在 35d 的同一接头连接区段范围内钢筋接头不得超过钢筋数量的 50%；主筋与箍筋应点焊。

(2) 钢筋笼应整体吊装，吊装时不得碰损孔壁。钢筋笼吊放前，必须清除槽底沉渣，孔底沉渣厚度≤200mm。钢筋笼吊放到设计位置时，应检测其水平位置和高程是否达到设计要求，检测合格后应立即固定钢筋笼，钢筋笼入孔后至浇筑混凝土完毕的时间不超过 4h。

(3) 钢筋笼在制作、运输、吊装过程中应采用有效措施防止钢筋笼变形。

(4) 在钢筋笼上有预埋钢筋处应采用聚乙烯泡沫板覆盖预埋件，以便于需要时凿出预埋件。

5）灌注混凝土注意事项

(1) 砼坍落度 18~22cm、粗骨料粒径小于 40mm。

(2) 混凝土灌注在二次清孔结束后 30min 内立即进行。

(3) 采用 $\phi250$ 法兰式导管自流式灌注混凝土。导管联结要平直，密封可靠；导管下口距孔底 30~50cm 为宜。

(4) 首盘浇筑：初灌量必须保证导管底部埋入混凝土中 80cm 以上，且连续灌注。

(5) 正常灌注混凝土时，导管底部埋于砼中深度宜为 2~6m。

(6) 一次拆卸导管不得超过 6m，每次拆卸导管前均要测量砼面高度，计算出导管埋深，然后拆卸。不要盲目提升、拆卸导管，导管最小埋深 2.0m。

9. 检测技术

钻孔灌注桩由于其施工工艺成熟、承载力高、适用范围广已被广泛应用于公路、铁路桥梁等结构工程基础中。高等级公路大、中、小桥和互通式立交桥，基本采用钻孔灌注桩。但是，由于钻孔灌注桩是一项隐蔽工程，较多的建设单位关心其工程施工质量。但实践表明，仍有5%~20%的钻孔灌注桩存在不同程度的质量问题。加强施工阶段桩基检测，可以有效地避免质量事故发生，并及时采取补救措施，减少经济损失。

桩基检测技术有多种方法，如弹性波法、超声波法、抽芯试验法等。弹性波法根据锤击程度分为高应变检测法和低应变检测法，二者以桩基是否产生位移及位移趋势为界限。

10. 钻孔灌注桩安全管理措施

为了降低职业风险，减少职业伤害，保证安全生产，特制定本防护措施：

（1）采用机械钻孔，钻机就位后，对钻机及配套设备，应进行全面检查，如卷扬机、钢丝绳、滑车、钻头、泥浆泵、水泵及电气设备等，是否完好正常，润滑部位加油后检查合格后方可开钻。

（2）采用液压电动正反循环钻机前，应随检查液压油、润滑油情况，注满油料后，旋塞要拧紧、关严。钻机皮带转动部位，必须设有防护罩，所用动力线宜使用橡胶防水电缆。

（3）各类钻机在作业中，应由本机或机管负责人指定的操作人员操作，其他人不得任意登机，操作员在当班时，不得擅自离岗。

（4）每次拆换钻杆或钻头时，要迅速快捷，并保证联接牢靠。严防工具、铁器及螺帽等掉入孔内，必要时孔口应加护盖。

（5）采用冲击钻孔时，选用的钻锥、卷扬机和钢丝绳等应配套，钻架联接牢靠，钢丝绳性能应适应要求，其安全系数不小于12。冲击过程中，要经常检查钢丝绳的损伤情况，当断丝已超过5%时必须立即更换。

（6）使用正反循环及潜水钻机钻孔时，对电缆线要严格检查电缆引出线与电源电缆的接头，必须按规定要求绑扎牢固。

（7）使用潜水钻机钻孔，累计运行50h，要检查一次两端封闭情况，钻进速度应根据地质变化，适当控制，以保证安全。

（8）钻孔中发生故障需排除时，严禁作业人员下孔内处理故障，在特殊情况下，必须下到孔内时，应在有护筒或其他防护设施的钻孔中，由潜水人员或具有水下打捞经验的人下到钻孔中处理事故。

（9）钻孔中使用泥浆，应设置泥浆循环净化系统，注意防止或减少环境污染。

（10）钻机停钻必须将钻头提出孔外，置于钻架上，严禁将钻头停留孔内过久。

（11）采用冲抓或冲击钻孔，应防止碰撞护筒、孔壁和钩挂护筒底缘，提升时，应缓慢平稳。

（12）钻孔过程中，必须有专人、按规定指标，保持孔内水位高度及泥浆的稠度，严防坍孔。

（13）起吊钢筋笼时，要根据它的长度和起吊高度设扁担梁。焊接时注意电缆线不得接触水面以防漏电。直吊时，有专人指挥。注意起吊范围内的高低压电线及其他空中障碍物。

（14）灌注水下混凝土，应搭设作业平台、溜槽、导管及提升设备，经全面检查确认安全后方可施工。

（15）灌注混凝土，如使用减速漏斗，漏斗应悬挂牢固，并应附有保险绳索。

（16）夜间施工，注意照明安全、交通安全、超重安全、用电安全几项措施，夜间施工有值班领导在场，特别在灌注水下混凝土时，必须有项目领导值班。

(17) 钻机钻完孔移走时要注意塔架的拆解和位移，特别是用吊车移位时要特别注意吊点的位置，选择确保吊装安全。

(18) 泥浆池要给予封闭，并且有标牌指示，避免百姓特别是小孩到池中去，以免产生危险。

(19) 钻孔桩基坑要用护栏围起，并用较醒目的标记，以防人员和机械掉进基坑中。

(20) 基坑中因下雨存水，为防止掉进水中，应及时将水抽出，并将基坑周围用铁丝网挡死。

(21) 未断交的钻孔桩施工应时刻注意交通安全，预防标识牌、指示牌、必须按规定摆放，夜间施工要设指示灯。

第四章　SMW 工法桩

由于城市地下空间开发利用和发展，高层建筑技术要求的不断提高、深基坑面积不断扩大加深和工程环境因素多变等状况的工程越来越多，如何满足周边环境保护的要求，在保证基坑安全的前提下，降低基坑支护的造价和提高其整体稳定性，成为了我国深基坑工程设计研究的重点之一。

一、工程概况

某广场为多功能大型综合建筑群，主要是集商业娱乐及公寓为一体，总建筑面积 $403570m^2$。设地下室二层，每层层高 5.2m，地下室建筑面积 $39591m^2$。地上五层裙楼和六栋 31 层的公寓楼。整个平面为长方形，其中长度 225m，宽度则是 78m。对于基坑开挖的深度要求是 10~11m，对于电梯井的开挖深度为 15m。

二、基坑围护结构的选型

首先本工程地质以及水文地质的情况：工程场地地形平坦，地貌十分的单一，并且在场地中相应的土层主要是黏性土、粉土以及粉砂组成。场地内主要为第四系孔隙潜水，水位为-0.6m，对混凝土没有腐蚀性。

其次是围护的结构，针对该工程的岩工工程要求来看，并且结合周围的水文特征进行分析之后，决定采用坑外高压旋喷桩形成止水帷幕。而支护结构主要是利用桩内插 H 型钢，在坑内组合钢管水平支撑，就是所谓的 SMW 工法桩作为止水结构的应用。水平支撑用 ϕ609 的钢管，以此来形成一个受力并且止水比较稳定的结构整体。对于维护墙体必须满足相应的防水渗透要求，这样能够有效的保证稳定性。在各项条件都符合标准下，先对结构进行设计与计算，以及基坑抗隆起稳定性和抗倾覆稳定性及墙体位移验算。对于维护设计的主要原则是：

(1) 沿着基坑布置三轴高压旋喷桩，其连接方式主要是单侧挤压连接。

(2) 对于内插 H 型钢水泥来说，其中的渗入量必须大于一般水泥搅拌桩，其中渗入量为 20%，水灰比为 1.6 左右，并且对于水泥旋喷桩 28d 无侧限抗压强度为 1.2MPa。为了能够有效的减少桩长，主要是尽量的减少支护桩的悬臂高度，在相应的角部设置 ϕ609 的钢管角撑。并对深基坑的中部设置相应的钢管进行对撑，以及在角撑和对撑下设置 H 型钢柱。

最后是在 SMW 工法桩的顶部设置钢筋混凝土围檩，以此来对型钢进行包裹，同时能够使支护连成一个整体其中围檩截面为 1200mm×800mm。

三、施工工艺

1. 施工前的准备

(1) 对场地进行清理

在利用三轴搅拌机进行施工之前，一定要对场地进行平整的处理，必须要将场地中存在的表层以及地下障碍物进行全面的清理，同时对于含有地下管线以及各个线路的交错纵横的场地，必须要请相关的单位进行研究探讨，以此来制定出合适的措施，最终做好对障碍物的清除工作。

(2) 测量放线

对于测量放线工作来说，必须要遵循着相关的 GPS 设计图进行测量定位，并且在正确的位置做好标志，从而在放线定位之后，能够有效的确保后期施工的准确性。

(3) 沟槽开挖

对于开挖沟槽来说，主要是根据基坑周围的内边控制线，利用挖掘机来清除障碍物。导槽尺寸要求中心两侧宽为 0.16m、深度 0.15m，过程中边筑墙边开挖导槽，以此保证浆液不向外溢出，对置换的余土进行及时的清理，保障 SMW 工法的正常施工。

(4) 放置定位型钢

为了防止 H 型钢插入时不正，可以在平行导槽方向放置两个定位型钢，并在型钢上做好标记，便于施工中找到桩位。

(5) 三轴搅拌机桩孔定位

根据三轴搅拌机的尺寸(三轴中心距为 1200mm)在平行 H 型钢表面进行标记定位。

(6) 试成桩

试成桩目的是标定各项施工技术的参数，包括搅拌机钻进速度，灰浆的水灰比例，外掺剂的配方；每米柱长或每根柱的输浆量、灰浆经输浆管到达喷浆口的时间等等。

2. 施工过程

(1) 桩机就位

在桩机就位时，施工人员须严格控制钻机桩架的移动速率，确保钻孔轴心就位不偏。如地面无法承受三轴搅拌机，因此要铺设型钢以此来保证其稳定。应用钻杆和桩架相对定位原理，在钻杆上划出钻孔深度标尺线，严格控制下钻速度、提升速度和深度。桩机的稳定性非常重要，须用仪器进行定位以及观测，利用线锤进行垂直度的检测，保证精确性。

(2) 钻进及注浆

三轴搅拌机在下沉以及提升时，须按适当的水灰比注入水泥浆，同时对速度也要进行严格的控制，在桩底部分进行持续搅拌注浆，并填写成桩的原始记录。如因特殊情况出现冷缝，要在冷缝处围护桩外侧补搅素砼桩。为确保补桩效果，在维护桩达到一定的强度后才能进行补桩，防止从冷缝处渗水。

(3) 桩孔插入 H 性钢

由于基坑的深度不同，在施工过程中经常要对型钢进行焊接，焊接时需要在两根型钢的对焊口处开一方孔，然后在方孔出焊接钢板，确保焊缝处的受力面积。焊接后须对焊接表面进行磨平，在其表面涂抹减磨材料，以便日后的回收和利用。另外，对于三轴搅拌机来说，在施工完毕之后，会移动一段距离，之后会立刻将吊机进行就位。型钢起吊定位采用“两点定位法”，并且型钢的翼缘必须要对准基坑沟槽定位卡垂直，利用线锤来确定垂直度。布置符合标准后，将型钢底部中心对准桩位的中心，然后将型钢直接垂直插入到相应的搅拌机中。若是无法达到设计的标准，则必须要反复下插，进行调整。对于桩顶标高的控制，必须在高层的控制点上利用水准仪进行定位，将其定位在型钢上。同时也要根据定位型钢以及 H 型钢之间的差距进行分析，确定型钢上搁置槽钢焊吊筋位置，从而控制 H 型钢的高度标准，控制误差在正常的范围之中。在水泥搅拌桩达到一定的硬化后，将吊筋与沟槽定位型钢撤除。在施工过程中应由专人进行记录每根桩的下沉、提升时间和 H 型钢的下插情况，以此作为竣工时的验收依据。最后，在地下主体结构达到设计强度之后，采用专用夹具进行起拔回收型钢。在插放前需涂抹高分隔离材料，并使用一定比例的水泥砂浆自流充填 H 型钢拔出后所产生的空隙，以此来减少对周边建筑和地下管线的影响。

四、对于基坑监测控制

首先，为了保证水泥土搅拌均匀和水泥浆的质量符合标准，必须严格控制搅拌速度和每次投料后的拌合时间不少于 1.0min。对于搅拌机的下沉速度控制在 0.8～1.0m/min，而喷浆的速度则是定在 0.5m/min。对于重复性的搅拌以及下沉，必须将速度控制在每分钟 0.5～0.8m 之间，这样能保证水泥浆的搅拌均匀。喷浆和搅拌提升速度的误差不能超过 1.0m/min 之内，以此保证水泥浆沿全桩长的均匀分布；并且主要是利用"二喷二搅"的工艺，第一次喷浆量控制在 60%，第二次喷浆量控制在 40%。施工过程中泵送压力应该大于 0.3MPa，泵送流量要求恒定；在搅拌桩施工时，不能冲水下沉，当遇到硬土层时，应考虑到冲水对桩身质量的影响，进行适量冲水；施工过程中，若是出现因故停浆的情况应将搅拌头下沉至停浆点 0.5m 以下，在恢复供浆时应继续进行搅拌提升；两个相邻的桩搭接的施工间隔时间不应该大于 24h，以保证桩间搭接的质量不受到影响。

其次，型钢插入前应对其校准平整度。插入时间控制在搅拌桩施工结束的 30min 之内，插入时尽可能做到依靠型钢的自身重量插入，避免冲击打击，垂直偏差应控制在 1%以内，而水泥搅拌桩的偏心则应该控制在 3cm 以内。型钢的插入过程应始终均由两个不同的仪器进行两个方向的纠正，保证其垂直度。型钢拔出阻力，主要由静摩擦阻力、变形阻力及自重等三部分组成，根据以往实验结果表明，此工艺成功的关键在于：型钢插入前，其表面应涂抹减摩剂，厚度不超过 1mm；型钢插入时确保型钢的垂直度，避免冲击打击；并须要采取措施控制基坑的变形，确保型钢不变形。

SMW 工法桩的施工有着诸多的优势，但就目前的项目工程施工来看 SMW 工法在应用上仍然存在着一些问题有待解决。在项目工程施工中，应善于利用 SMW 工法桩的工艺优势，并仔细研究总结更高效的利用空间，以便于日后在深基坑支护的应用中发挥更大的效用，实现真正有效提高工程质量和经济效益的目标。

第五章 咬合桩

随着我国城市化进程的不断加快，城市建筑行业得到进一步的发展，许多高层建筑逐渐向地下空间进行开发利用，使得深基坑工程的数量日益增加，同时对深基坑支护工程的质量安全也提出了更高的要求。钻孔咬合桩作为一种新型的深基坑支护结构，具有施工速度快、振动较小、成桩质量高、垂直度高和工艺简单等优点，能够起到较好的基坑防渗及止水效果，同时钻孔咬合桩比较适合于淤泥、砂土、流砂和地下水复集等不良土层的处理，目前在高层建筑等城市构筑物的深基坑工程中得到广泛的应用及推广。

一、工程概况

某基坑普遍区域开挖深度为 5.2m，深坑区域开挖深度为 5.7~6.3m，场地土层为软土，本工程基坑呈规则长方形，基坑北边和南边为正在使用的工业厂房，其基础距离本工程基坑边线仅 1.0m 左右，且该厂房基础为柱下独立浅基础，厂房内有各类仪器与设备，对地基位移与变形的控制要求较高。

二、基坑围护

根据常规的基坑围护形式，本工程可采用 SMW 工法桩、钻孔灌注桩结合单排三轴水泥土搅拌桩、钻孔灌注桩结合双排双轴水泥土搅拌桩、钻孔灌注桩结合高压旋喷桩以及地下连续墙进行基坑围护。若选取 SMW 工法桩，工程结束后，型钢在狭窄的空间中无法拔出，会使工程造价攀升；若选取灌注桩结合双轴或者三轴搅拌桩止水帷幕进行围护，又受到场地施工条件的限制；若采取灌注桩结合高压旋喷桩止水帷幕，因高压旋喷施工压力较大，对厂房基础影响较大；若采用地下连续墙，工程造价高昂。通过方案比选，最终选择钻孔灌注咬合桩进行基坑围护。

本工程采用 ϕ800@600 钻孔灌注咬合桩作为围护体，有效桩长 13.00m，桩与桩之间搭接 200mm，桩顶设置一道截面为 1000mm×700mm 的钢筋混凝土压顶梁，并设置一道 ϕ609×16 钢管支撑。

三、应用效果

基坑土方开挖至基底后，发现钻孔咬合灌注桩的围护效果比较理想，周边环境没有发生明显的改变，基坑底部较为干燥，地下水渗入量很小。

深层土体的水平位移、钢结构支撑的轴力和周围建筑的沉降进行监测结果为：水平位移预警值累计最大水平位移 23mm，或连续 3d 位移速率不大于 2mm/d。钢支撑的轴力值为 564kN，周围建筑最大沉降量为 12mm，周围建筑最大沉降量为 13mm。观测结果均符合设计和规范要求，没有发现任何异常。在施工过程中，基坑位移控制较好，基坑开挖对周围建筑物、管线设施基本没有影响，基坑施工对周围环境影响较小，证明了此方案安全、可靠有效、经济合理。

四、钻孔咬合桩施工工艺

1. 工艺流程

(1) 导墙施工钻孔咬合桩成桩前，在桩顶部两侧浇筑钢筋混凝土导墙，保证咬合桩孔口定位的精度并提高桩体就位效率。本工程导墙宽 500mm，厚 300mm，且配置 ϕ8@ 200×200 钢筋网片。

(2) 单根咬合桩施工工艺流程

① 护筒钻机就位。当定位导墙达到设计强度后，用吊车移动钻机就位，并使主机抱管器中心对应定位于导墙孔位中心。

② 单桩成孔。随着第 1 节护筒的压入(深度为 1. 5~2. 5m)，冲弧斗接着从护筒内取土，一边抓土一边继续下压护筒，待第 1 节护筒压入后(一般高出地面 1. 0~2. 0m)检测垂直度，合格后，接第 2 节护筒，如此循环至压到设计桩底标高。

③ 吊放钢筋笼。对于荤桩，成孔检查合格后安放钢筋笼，此时应保证钢筋笼标高正确。

④ 灌注混凝土。如孔内有水，需采用水下混凝土灌注法施工；如孔内无水，则采用干孔灌注法施工并注意振捣。

⑤ 拔筒成桩。一边浇筑混凝土一边拔护筒，并保持护筒底低于混凝土面不小于 2. 5m。

2. 控制措施

成孔精度控制。每根桩成孔过程中，应自始至终进行桩身垂直度检测，不得中断，以达到咬合桩成孔精度的要求。施工中，若发现有偏差时及时进行纠偏调整。本工程在成桩机具上悬挂两个线柱控制东西、南北向护筒外壁垂直度并用两台测斜仪进行孔内垂直度检查。

3. 施工问题与解决方案

(1) 素桩“管涌”。在荤桩成孔过程中，由于素桩混凝土未完全凝固，处于流动状态，可能从素桩与荤桩相交处涌入荤桩孔内，形成“管涌”。解决措施：①素桩混凝土坍落度控制在 16cm±2cm，其 3d 强度不应大于 3MPa，且缓凝时间不得小于 60h；②护筒应超前孔底至少 1. 5m；③实时观察素桩混凝土顶面是否下陷，若发现下陷应立即停止荤桩开挖，并一边将护筒尽量下压，一边向荤桩孔内填土或填素混凝土，直至制止住“管涌”为止。

(2) 地下障碍物。因咬合桩采用钢护筒护壁，所以可吊放作业人员下孔内清除障碍物。

(3) 因各种原因使得少量咬合桩存在质量问题时，应及时在桩间压密注浆进行封堵。

(4) 荤桩应连续施工，若须暂停施工，则在施工段的接头处设置一根砂桩，重新开始施工时，挖出细砂，下放钢筋笼，灌注混凝土，并在桩边进行压密注浆。

五、施工技术要点

1. 咬合桩施工技术要点

围护桩桩孔垂直度不应超过 3‰，灌注桩成桩中心与设计桩位中心偏差不大于 10mm，桩底沉渣厚度不大于 100mm，桩身因扩颈造成局部突出不应大于 100mm。咬合桩施工前，应在平整地面上进行套管的垂直度检查校正，钻管垂直度应控制在 3‰之内。套管底口始终保持超过开挖面至少 2.5m 的一段深度。

灌注桩施工前，将第一节套管插入定位孔并检查调整，使套管周围与定位孔之间的空隙保持均匀。每节套管下压结束之后，安装下一节套管之前，都须进行孔内垂直度检查。不合格时须进行纠偏，直至合格后，方可进行下一节套管施工。

钻孔成孔时间须满足素桩在缓凝 50~60h 内完成 2 次切割咬合，且在素桩初凝前，必须完成荤桩施工。

灌注混凝土时，边灌注边拔管，始终保持套管低于混凝土面 2.0~6.0m。浇筑过程中要不断上下抽动导管防止导管埋置过深或过浅，以保证导管周围混凝土的密实。灌注混凝土时，套管应随桩体混凝土的灌入逐段拔出，严禁强行上拔。为了防止钢筋笼上浮，宜在钢筋笼底部焊接一块略小于钢筋笼直径的薄钢板，必要时须安装钢筋笼导正器。

2. 导墙施工技术要点

咬合桩桩顶以上设置钢筋混凝土导墙，其每侧宽度不得小于 500mm，厚度不小于 300mm，混凝土标号不得低于 C20。导墙顶面高出地面 100mm，配置 $\phi8@200\times200$ 钢筋网片，达到设计强度后，方可拆模。

导墙定位孔直径大于围护桩直径不得超过 40mm。孔口定位误差应控制在±10mm 之内，内墙面垂直度偏差小于 3%、平整度误差小于 3mm，导墙顶面平整度偏差小于 5mm。

施工中应采取措施，避免导槽开挖后，导墙发生移位。导墙模板浇筑时，应两边对称交替进行，严防走模。若发生走模，须立即停止浇筑，重新加固模板，并纠正无误后，方可继续浇筑。

振捣宜采用插入式振捣器，避免振捣不均，防止走模，振捣间距宜为 600mm。导墙基底和土层开挖面、导墙内侧和周围土体之间应加强混凝土捣固，保证黏结密实。导墙混凝土未达到设计强度时，严禁重型机械在附近停置与作业。

通过探讨钻孔咬合桩在深基坑工程中的应用，可以得出以下几点结论：①钻孔咬合桩采用素桩和荤桩间隔布置的排列方式，可以有效降低围护结构的配筋率，且无须泥浆护壁，减少了混凝土灌注量，节约了施工成本；②钻孔咬合桩在施工时可随转折变线，比较适合于边线不规则或各种弧型的基坑，并且适用于环境条件苛刻的基坑工程。

第六章　大直径筒桩

一、工程概况

平阳县昆阳镇城东新区B43地块安置房建设项目坐落于温州市平阳县昆阳镇城东新区建丰村，规划中的经五路以东，三号路以西，环城路以北，北侧有在建平阳县昆阳镇城东新区B30地块安置房项目。本工程地下室一层，基坑开挖深度深4900~7100mm，结合周边场地情况，基坑支护采用筒桩支护体系。筒桩外侧采用水泥搅拌桩止水土帷幕，坑底部分区域采用水泥搅拌桩加固。

二、工艺原理

将筒桩在基坑周边成队列式间隔布置，结合水泥搅拌桩组成挡土止水的围护结构，为一种排桩支护。筒桩则是采用专用施工机械在地基中形成大直径筒形孔，然后配置钢筋并就地灌注混凝土成型。筒桩专用钻机由机座、机架、成孔器三大部分组成，机座和机架与普通的沉管灌注桩机相似。成孔器包括中高频率的振动锤、连接振动器和内外管的夹持器、出泥孔、混凝土受料槽、外管、内管、最底部的环形桩尖。其中环形桩尖、内外护壁套管和专用振动锤是筒桩成型整套工艺的核心设备。

三、施工工艺流程及操作要点

施工工艺流程：施工前期的各项准备—制作桩尖—筒桩的施工—保养和养护—科学的处理桩顶—灌芯—施工压顶梁—在其支撑作用的梁下方挖土—施工支撑梁—养护—开挖至基底标高。

操作的要点：(1)施工准备阶段。应结合实际情况编制施工现场的岩土工程勘察报告、施工设计文件、施工现场与地下管线、地基基础以及铁路、道路等相关资料，同时应联合各个部门的人员做好对施工图纸文件的会审工作，并及时的进行施工安全和施工技术交底。进行打桩之前，应将地下和高空的障碍物处理干净，施工现场应具备足够的平整性，桩机移动的垂直度必须符合相应的要求，同时还应考虑到地面的承载力，为保证施工机械设备的有序作业，应保证排水的畅通性，先进行试打桩再进行筒桩的施工，确保施工工艺以及各项设计参数都是符合相应的规范要求的。(2)制作桩尖。为充分的保证环形桩尖的制作效果，必须遵照以下的要求进行操作：桩尖的表面应是较为密实和平整的，掉角的深度应小于20mm，同时局部掉角和蜂窝的缺损总面积应是小于桩尖全部表面积的1%的，在桩尖的上方，内外支承面的高度差应小于5mm，并且其内外面圆度的偏差不应超过桩尖直径的1%，其混凝土强度则应高于筒桩混凝土强度一个等级。(3)桩基的就位调平。在施工的准备阶段，应确保桩机就已经是调试合格的，导管、桩管以及桩的中心线必须是在同一个竖直线上的，垂直度的允许偏差必须是小于1%的，预制的桩尖应放置在成孔器的正下方，落下振动锤，确保桩尖是嵌在内外护筒之间的，这样不但能够防止夹层中混入泥土，同时也能更好的固定双层钢护筒。应将提前定制的橡胶密封圈安装在护筒和桩尖之间，从而起到良好的水止吐作用。(4)安装钢筋笼。应严防钢筋笼出现变形的问题，安装完成后应固定好钢筋笼的位置，确定成管的标高已经符合了相应的要求后，应立即将夹持器和振动锤拆卸下来，同时放置制作完成的钢筋笼，并用振动锤将双层钢护筒重新夹紧，从而起到良好的固定作用。(5)灌注混凝土。进行混凝土灌注的作业之前，应保证成孔具有良好的质量，同时保证成孔器内是不存在进泥和吞桩尖的现象的，防止进水问题的发生。灌满管内的混凝土后，应先振动 6s，并同时将其提升 8m 左右，之后改为间歇振动的方式，并采取加料的方式将其再次提升，从而保证管内砼面的高度比地面高 2m，提升的速度应控制在 1. 2~2m/min 的范围内，为保证桩身的连续性，应保证钢管埋入到成孔器中的深入是多于 1m 的。应预加一定的高度在灌注的桩顶标高上，这一高度应大于 0. 5m，同时采取有效的保护措施，以保证即使在将桩顶的浮浆凿除后桩顶的混凝土强度也是符合设计要求的。(6)有效的处理桩顶。浇筑作业完成后，通常桩尖都应是比设计标高高 50cm 的，对其进行保护并凿除浮浆层，如果已经和桩顶标高持平了，桩身混凝土的质量却还是不符合要求的，那么应继续凿除，确保凿到了质量较好的部位，接桩时建议采用接桩法。(7)压顶梁的施工。应先在压顶梁底部的标高部位支好底模，之后再将钢筋绑扎在压顶梁上，底模建议采用方木和具有一定厚度的胶合板，在筒桩壁上的支点位置处，方木应设置好预留孔，切忌应在绑扎钢筋之前就设置好，应以压顶梁的截面高度为依据准确的计算出方木的间距。伸入压顶梁的筒桩主筋的长度应大于锚固的长度，同时采用常规的方法进行混凝土的浇筑以及钢筋的绑扎作业就可以了。

四、布桩形式

筒桩采用单排 ϕ1500@ 2500(2100)，振动贯入成孔法施工。筒桩采用 C30 水下混凝土，充盈系数>1. 1，混凝土应超灌 1000mm，凿除浮浆后顶部混凝土强度必须满足设计要求。灌注混凝土前，必须检查成孔器内有无吞桩尖或进泥、进水现象。桩主筋保护层厚度 35mm。施围护工时采用跳打方式，保证施工质量，不得出现缩径、夹泥、露筋、断桩等施工质量问题。筒桩的质量检测采用低应变动测法，检测数量不应少于总桩数的 30%。有异常情况时，应加大抽检范围，必要时进行钻孔取芯检测。

大直径现浇混凝土薄壁筒桩应用于基坑支护具有以下几个特点：(1)桩径大大增加，充分发挥了大直径桩的稳定性和强度，大直径环形截面能提供较大的抗弯刚度，有效限制基坑侧向变形；(2)独特的筒体结构以及更大桩距进行布桩，大大降低了围护桩混凝土和钢筋用量，更加节省材料；(3)连续灌注一次成型，在中高频率振动下起拔，桩的整体性好，桩身混凝土质量容易控制；(4)沉孔过程中土体从上部出泥孔自动溢出，挤土效应小，并且没有泥浆排放，中高频振动施工几乎没有噪声和粉尘污染，更加环保。

第七章　大直径预应力管桩水泥土墙（PCNW 工法桩）

一、适用范围

大直径预应力管桩水泥土墙支护工艺适用于加固淤泥、淤泥质土和含水量高的黏土、粉质黏土、粉土等土层；可直接作为基坑开挖重力式围护结构，用于较软土的基坑支护时深度不宜大于6m，对于非软土的基坑支护，支护深度不宜大于10m，止水帷幕则受到垂直度要求的控制。水泥土桩施工范围内地基承载力不宜大于150kPa。

二、材料要求

（1）水泥：宜选用32.5级普通硅酸盐水泥，要有出厂合格证和检测报告，并要复验。若在有硫酸盐的区域要采用深层搅拌加固，不宜选用矿渣硅酸盐水泥。

（2）砂子：用中砂或粗砂，含泥量小于5%。

（3）外加剂：塑化剂采用木质素磺酸钙，促凝剂采用硫酸钠、石膏，应有产品出厂合格证，掺量通过试验确定。

三、主要机具设备

（1）水泥土搅拌桩法：深层搅拌机，灰浆搅拌机，灰浆泵，机动翻斗车，导向架，集料斗，磅秤、提速测定仪，电气控制柜，铁锹，手推车等。

（2）高压喷射注浆桩法：高压泵、钻机、浆液搅拌器等；辅助设备包括操纵控制系统、高压管路系统、材料储存系统以及各种管材、阀门、接头安全设施等。

四、作业条件

（1）施工机具已运至现场并安装检修、试运转正常，检查桩机运行和输料管畅通情况，施工现场的水电应满足施工要求。

（2）深层搅拌机或钻机定位时，必须经过技术复核确保定位准确。

（3）施工前应确定灰浆泵输送量、灰浆经输送管到达喷浆口的时间和起吊设备提升速度等施工工艺参数，并根据设计要求试验确定搅拌材料的配合比。

（4）采用旋喷法施工时必须事先确定水泥浆的水灰比。

（5）施工现场应具备满足施工要求的测量控制点，并做好材料、机具摆放规划，使水泥浆输送距离最短。

五、施工工艺

水泥土墙工艺流程如下：

(1) 水泥土搅拌桩

深层搅拌机定位→预搅下沉→配制水泥砂浆→喷浆搅拌、提升→重复搅拌下沉→重复搅拌提升直至孔口→关闭搅拌机、清洗。

(2) 高压喷射注浆桩

机具就位→灌入注浆管→试喷射→喷射注浆→拔管、冲洗。

六、施工要点

(1) 施工使用水泥，必须经强度试验和安定性试验合格后才能伺用。砂子应严格控制含泥量，外加剂必须没有变质。

(2) 大直径预应力管桩水泥土墙采用格栅布置时，水泥土的置换率对于淤泥不宜对于0.8，淤泥质土不宜小于0.7，一般黏性土及砂土不宜小于0.6；格栅长宽比不宜大于2。

(3) 水泥土桩与桩之间的搭接宽度应根据挡土及截土要求确定，考虑截水作用时，桩的有效搭接宽度不宜小于200mm。

(4) 当变形不能满足要求时，宜采用基坑内侧土体加固或水泥土墙插筋加混凝土面板及加大嵌固深度等措施。

(5) 当大直径预应力管桩水泥土墙需设置插筋时，桩身插筋应在桩顶搅拌完成后及时进行。插筋材料、插入长度和露出长度等均应符合设计要求。

(6) 大直径预应力管桩水泥土墙工程施工前，必须具备完整的地质勘察资料及工程附近管线、建筑物、构筑物和其他公共设施的构造情况，必要时应进行施工勘察和调查以确保工程质量及附近建筑的安全。

(7) 施工过程中出现异常情况时，应停止施工，由监理或建设单位组织勘察、设计、施工等有关单位共同分析，消除质量隐患，并应形成文件资料后方可继续施工。

(8) 加筋水泥土桩是在水泥土搅拌内插入筋性材料如型钢、钢板桩、混凝土板桩、混凝土工字梁等。这些筋性材料可以拔出，也可不拔，视具体条件而定。如要拔出，应考虑相应的填充措施，而且应同拔出的时间同步，以减少周围的土体变形。

七、质量验收及标准

(1) 大直径预应力管桩水泥土墙所用材料必须符合设计要求，并严格按规定抽样检验。

(2) 大直径预应力管桩水泥土墙墙体结构的检验应按成桩施工期、基坑开挖前、基坑开挖期三个阶段进行。在基坑开挖期，主要通过直观检验开挖面桩体的质量以及墙体和坑底渗漏情况，如不符合设计要求，应立即采取补救措施，以防出现质量事故。

第八章　土钉墙

第一节　土钉支护施工

随着社会经济的发展，工程施工技术在不断创新。在原先的基坑开挖和边坡稳定方面，广泛使用了桩、墙、撑、锚支撑等技术，近20年来又开发出了土钉支护这一新型挡土技术，有效提升了施工质量。

一、土钉支护技术的应用

土钉体是一种金属杆件，它的应用目的是为了加固施工现场天然土体。土钉支护技术采取的方法是采用较密集排列的土钉作为主要受力构件，依靠自身与土体间界面的黏合力或者摩擦力，在土体发生变形的时候，土钉支护就被动承受拉应力。土钉支护系统通常分成三个部分：土钉、面层、防水系统。土钉支护与加筋土挡墙在形式上有相似的地方，都属于土体加筋技术。不同的是：土钉是在原位土内从上到下一边开挖，一边加支护，而加筋土挡墙是在填土的过程中，从下到上分层铺设拉筋，并与墙面板组成挡土结构。

二、土钉支护的特点

1. 土钉支护的优点

(1) 工程量少、施工速度快。与桩支护和连续墙支护相比较，土钉支护是将土作为支护的一部分，用混凝土和用钢量要少得多。大大加快了施工速度，工期缩短一半。

(2) 投资抵。在国外，土钉支护比拉锚支护要节省10%~30%，我国的土钉支护比其他支护方法省30%~50%。有效降低了投资成本，深受投资方的欢迎。

(3) 施工简单。土钉支护不需要特殊的工艺，对技术和设备的要求较低，成孔时只需要有洛阳铲就行了。但是在卵石层成孔的时候，就需要有专用的锚杆钻机了。

(4) 安全可靠。土钉支护采用的是大量密集的列的土钉作为支护体，它对土体的干扰较小，即使土钉支护里面某1根土钉出现问题，也不会影响全局；在施工过程中，可以根据现场的土质和测量数据对设计进行及时的修改和调整，有效避免险情的发生。只要把现场监控和反馈设计有效结合起来，就比其他支撑技术的安全系数高。

(5) 抗震性能好。土钉支护属于柔性支护，对于地震的车辆振动有着良好的抵抗性。即使受力损坏，也是一个缓慢的变形损坏过程，不会出现立刻彻底损坏的现象。

2. 土钉支护的缺点

土钉支护的变形，比预应力锚杆或者预应力撑式支护稍微高；不利于在软土、松散沙土和地下水丰富的环境下使用；因为土钉支护与锚杆挡墙都是永久性支护结构，所以要采取有效的防锈措施。

三、土钉支护设计内容和施工的若干要求

1. 设计内容

土钉支护一般适用于地下水位以上或进行人工降水后的可塑、硬塑或坚硬的黏性土，胶结或弱胶结P，包括毛细水黏结Q的粉土、砂土和角砾、填土；在经过大量工程实践后，土钉支护在杂填土、松散砂土、软塑或流塑土、软土中也得以应用，并可与砼灌注桩、钢板桩及止水帷幕等配合使用进行支护，在设计方面，需要关注几个问题：①土钉支护结构可以根据不同的类别和工程经验进行设计。②土钉的抗拔力与长度应根据公式进行计算、实验来决定。③土钉锚固钉作用，应该是任一土钉所控制面积上的土压力要小于土钉的锚固力。④土钉钢筋受到的拉应力应该小于作用力。⑤土钉墙应该是把土钉自身和土作为一个整体来进行稳定性的验算。

2. 土钉支护施工的要点

土钉支护要严格按照工程进度分层开挖，做到及时支护。不宜抢先开挖，避免后期工程的变化造成不利影响；土钉支护不宜在有地下水的状况下使用；对于不良的土层要采取有效措施，防止基坑边坡的裸露土体发生坍塌。可以通过以下几种方法进行：①在水平方向上间隔开挖。②修坡后立即喷涂混凝土或砂浆，待凝固后再钻孔。③先将作业深度上的边坡做成斜坡保持稳定，待钻孔并设置土钉以后再清坡。

四、土钉支护的现场测试与施工监控

现场检测与施工监控也是土钉支护施工的重要环节。施工过程中，要始终对支护进行变形监测和地面裂缝观察，如果周围有建筑物，要密切观察建筑物是否有变形和开裂情况。检测与监控的主要内容有：①土钉现场的抗拔实验。②土钉支护体顶部的水平位移和垂直的沉降测量。③基坑的地表地物的开裂与变形监控。④对于土钉受到应力的钢筋和受到压力的面层的工作状态进行全面监控。

土钉技术是近年来发展起来的一种新型挡土技术，它具有安全性能高、施工简单、投资成本低等特点，适合于高层建筑深基坑开挖、地下机构施工开挖、土坡开挖等方面的临时支护。也可以用作隧道洞口挡墙、和路堑边坡挡墙和桥台挡墙的永久结构。它的应用很广，有广阔的发展前景。

第二节 工程实例

一、工程概况

（一）工程概况

位于深圳市的半岛城邦花园，该建筑工程二期建筑分别为3栋48层框架剪力墙结构建筑，2栋25~32层框架剪力墙结构建筑，2栋3~6层的小区中学以及幼儿园，该项目的总建筑面积为$28\times10^4m^2$，设有2层的地下室，该项目的施工位置处于填海区，工程项目的地层情况比较的复杂，并且施工场所的地下水位和海水有一定的关联，所以对建筑物的钢筋混凝

土具有一定的腐蚀性，填砂层的特点是分布广泛并且厚度较大，填石集中并且范围较大，淤泥层平面分布较广（局部较厚），基岩面标高变化幅度大。

影响项目的基坑开挖的地下水主要是孔隙潜水，尤其是项目所使用的填砂及填石具有很强的透水性并且和海水关联比较密切。该工程项目的西、南、北侧均贴近市政管网，进行基坑开挖之后必然会对周围的市政道路以及市政管网产生不利的影响，鉴于这些情况，所以在该工程中使用全封闭截水对基坑进行支护，基坑支护工程中所使用的止水帷幕选择使用选择使用水泥搅拌管桩、单管旋喷桩并且配合使用素混凝土冲孔咬合桩等施工工艺，对于能够选择使用水泥搅拌管桩的位置选择使用水泥搅拌管桩，对于含有较块石或者者是砂层厚度太大的填土的某些位置选择使用单管旋喷桩，对于填石孔隙太大或者联通性好的位置选择使用素混凝土冲孔咬合桩。在该工程项目中基坑开挖选择使用局部放坡挂网喷混凝土、预应力锚索联合土钉墙以及冲孔桩、预应力管桩与锚索等支护形式对基坑进行共同支护设计。

（二）基坑安全等级

基坑四周已经建成的市政道路和市政管线非常多，所以对于基坑开挖所导致周围建筑物或者者是道路的沉降有比较严格的界限值，具有厚度较大的透水层，高地下水位，并且基坑开挖的深度相对比较大，按照相关的规范的划分准则，该基坑的安全等级确定为二级。

（三）止水帷幕

原有的基坑设计除了9-9剖面的填石区及剖6-6、11-11坡面的冲孔管桩间选择使用单管旋喷桩外，基坑的其余所有位置都选择使用水泥搅拌管桩，然而在项目的实际开展过程中发现，1-1剖面、2-2剖面、95.7m的3-3剖面、15.4m的4-4剖面、14.5m的5-5剖面，都出现了基坑填砂层厚度太大并且填土中出现块石较多的现象，54.4m的8-8剖面所进行的填土中亦含有数量较大的块石，水泥搅拌管桩无法进行施工，施工过程中经常出现钻头折断、钻杆的现象，导致施工进度达不到设计要求，经过甲方以及监理的同意，由设计院出具设计变更，再上述所有的剖面均选择使用单管旋喷桩进行基坑内施工。该工程项目在设计变更后所选择使用的止水帷幕施工方案，在实际施工过程中起到了非常好的止水效果，整个基坑开挖没有出现漏水的现象。

（四）基坑支护结构（图3-8-1）

1. 基坑西侧（ABCDEF段）

位于基坑西面的ABCDEF段选择使用上部局部放坡，下部直立的处理方式，放坡段设置1排3m长48的钢管土钉支护，并且设置φ6.5@200×200钢筋网片，与钢筋网片表面喷射100mm厚的C20细石混凝土；直立段下部选择使用桩锚共同支护的支护形式，管桩的间距选择1.1~1.2m，其长度选择7~13m，至于选择何种间距以及长度必须根据淤泥厚度来进行选择，管桩的顶端设置1排12m48钢管土钉支护，连同选择使用截面为400×400mm的混凝土冠梁进行连接，直立段中间位置设置1排锚索，两桩1锚。4-4剖面南端及5-5剖面，基坑开挖中因为淤泥顶标高提高了近3m，导致绝大多数的锚索都埋在了淤泥中，所以锚索的抗拔力达不到之前的设计标

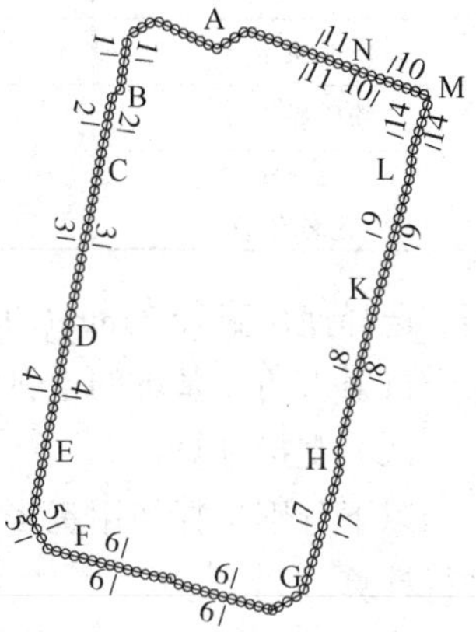

图3-8-1　基坑支护平面图

准，导致该处出现了位移变形较大的现象，而且该处仍然需要开挖 6m 的大承台基坑，所以经设计院变更设计对该处进行了针对性的加固设计，经过加固后的基坑整体已经趋于完全稳定。

2. 基坑南部(FG 段)

基坑南部的 FG 段选择使用 $D=1000$mm 的桩锚索共同支护结构形式，冲孔桩间距选择为 1300mm，冲孔桩间设置 1 根 $D=600$mm 的单管旋喷桩，冲孔桩顶设置一道 1000×700mmmm 的冠梁，冲孔桩喷 50mm 厚素混凝土。

3. 基坑东部(GHILM 段)

基坑东部 GHIL 段除了部分的淤泥露出段设置土钉支护之外，其余位置均选择使用 1∶2 的大放坡支护形式，坡面选择使用设置 ϕ6.5@300×300mm 的钢筋网片，于网片表面喷射 50mm 厚的 C20 细石混凝土进行护面处理；LM 段选择使用 1∶1 坡度，并且选择使用土钉墙进行基坑支护。

4. 基坑北部(MNA 段)

基坑北部的 MN 段，进行放坡处理，选择使用土钉墙进行基坑支护，NA 段与南部基坑支护形式相同，其冲孔桩间距设置为 1300mm。

二、土钉墙设计及与其他算法对比分析

(一) 土钉墙支护设计

基坑的 14-14 剖面选择使用土钉墙进行基坑支护。

(1) 确定支护设计参数

如前所述，该工程的基坑工程安全等级为Ⅱ级，根据相关的规范，基坑侧壁重要系数选定为 1.30，坡顶超载选定为 10kPa，各个地层岩土支护参数见表 3-8-1。

表 3-8-1　岩土支护参数表

分层＼指标	天然重度/(kN/m^3)	固结快剪		锚固体与土体黏结强度标准/kPa	厚度/m
		内摩擦角/°	凝聚力值/kPa		
人工填土①	18.5	15	10	20	4.5
淤泥质土②	17.0	10	25	45	3.2
粉质黏土③	19.5	25	36	80	2.7
全风化花岗岩④	19.5	20	28	60	2.5

选择使用直径 22mm(Ⅱ级钢筋)的土钉钢筋，130mm 的成孔直径，M20 的水泥浆，015 的土钉射入角，基坑的土钉水平间距与垂直间距都为 1.3m，土钉墙的坡角为 45°。

(2) 支护计算

以下分别选择使用王步云法和《深圳地区建筑深基坑支护技术规范》(SJG05)对基坑支护进行计算。

① 综合内摩擦角的计算，凝聚力以及天然容重(本文选择使用厚度加权平均值法进行计算)

$$\Psi=\frac{15\times4.5+10\times3.2+25\times0.4}{8.1}=13.25°$$

$$C=\frac{10\times4.5+25\times3.2+36\times0.4}{8.1}=17.2\text{kPa}$$

$$\Upsilon=\frac{18.5\times4.5+17\times3.2+19.5\times0.4}{8.1}=17.96\text{kN/m}^3$$

计算综合内摩擦角 Ψ_d 的大小

$$\theta=45°+\frac{13.52°}{2}=51.76°$$

$$\Psi_d=\arctan[\tan\Psi+2c/(rh+10)\cos\theta]$$

$$=\arctan[\tan13.52+2\times17.2/(17.96\times8.1+10)\cos\theta]=30.7°$$

综合上述，本工程中的土钉墙支护设计所选择使用以下的设计参数：喷射混凝土的面板厚度为 100mm，钢筋网选择使用 ϕ6@200×200，混凝土的面板中每 $6m^2$ 均设置 1 个泄水孔。

（二）理正软件设计方案

软件进行计算的规范根据是：JGJ 120《建筑基坑支护技术规程》。

（1）地层岩土支护的参数选取如表 3-8-1 所示。

（2）计算过程中的其他参数根据地质勘查报告和相关的技术参数选取。

（三）两种设计方案对比分析

（1）选择使用王步云法和按照《深圳地区建筑深基坑支护技术规范》（SJG 05）规范中的方法进行计算，可以得出基坑支护的第一排土钉长度 12m，第二、三排土钉长度 10m，第四、五排土钉长度 8m，第六排土钉长度 6m，相较之下，比单单选择使用《建筑基坑支护技术规程》中的计算方法所得到的基坑支护的土钉长度，能够节约工程造价：

$$1-\frac{12+10+10+8+8+6}{12+12+10+10+8+6}=6.9\%$$

（2）将两种计算方法所得到的计算结果，代入到理正软件当中进行验算，在考虑地下水作用的情况下，安全系数亦能够满足相关规范中的要求，这说明选择使用《建筑基坑支护技术规程》中的相关的计算方法，所得到的安全系数是保守的。

（四）侧壁水平位移分析

本文整理了各个工况下的基坑侧壁结点的水平位移计算结果，详细见图 3-8-2，图中的工况 1 所代表的是第一排土钉施工情况，依次类推工况 2、3、4、5、6 分别表示的是第二、三、四、五、六排土钉施工情况。

通过数据分析，我们可以得到以下的几点结论：

（1）伴随着基坑开挖深度的不断增加，导致基坑的侧壁水平位移数值不断变大。出现这样的现象主要是由于基坑开挖的过程中受到空间挤压效应的作用，基坑的水平位移最大值出现的位置是位于基坑中部附近的区域内，而且水平位移的最大值会随着基坑开挖工程的进行呈现出逐渐向下发展的情形。

（2）在基坑开挖到达坑底的时候，最大水平位移的位置位于基坑侧壁 3.7m 处，这个位置也正和土钉轴力最大值的位置相同，这也从一个方面说明了土体的位移是导致

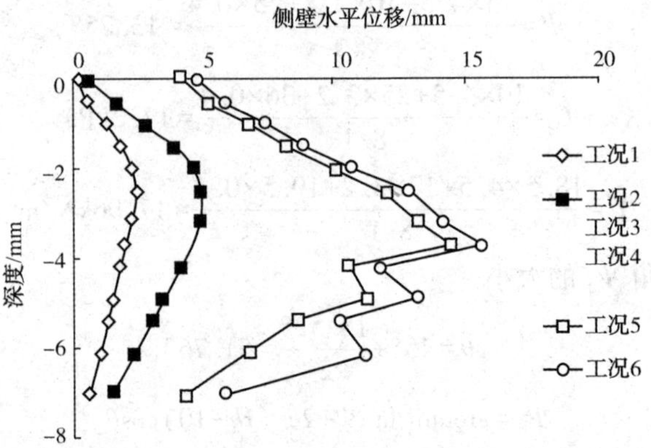

图 3-8-2　平位移曲线

土钉被动受力的原因。

(3) 从图中可以看出，基坑的侧壁水平位移在工况 5、工况 6 的条件下是一条折线，说明土体位移在土钉作用下有明显减小的趋势，表明了土钉对土体的良好的约束作用。

(五) 基坑周围地表沉降分析

伴随着基坑的不断开挖，导致地表的沉降值不断的增加，在距离基坑侧壁约 4m 处的位置出现了沉降最大值，从此之后，随着距离坑壁的距离不断的增加，地表沉降值也越来越小，最后趋于稳定，这已基本上达到了基坑开挖工程周围地表沉降普遍规律。1、2、3、4 号测点是按距离基坑坑壁的远近来设置的。分别是 1 号的距离是 2m，2 号测点的距离是 6m，3 号测点的距离是 12m，4 号测点的距离是 20m。从上图可以得知，在整个基坑工程的实施过程中，沉降速率最大的 1 号测点，沉降速率最小的是 4 号测点。基坑开挖施工到达坑底时，各个沉降观测点的均较理论计算值要大，其原因是因为基坑开挖在实际的施工过程中会出现更大的基坑变形。

(六) 基坑底部回弹分析

在进行基坑的施工过程里，由于对土体进行开挖，不断会有土体被挖出并且由于土体被挖出而导致土体释放自重应力，这会导致基坑坑底出现土体回弹的现象。随着距离基坑坑壁的距离的增大，其土体回弹的数值也在增大，其土体回弹最大值出现在基坑坑底的中线附近。从图中还可以看出，距离基坑坑壁 0~3m 的范围之内，基坑坑底的土体回弹数值增幅较为明显，当距离基坑坑壁的距离大于 3m 时，基坑坑底的土体回弹数值增幅减缓，并且趋于稳定。

第九章　深层水泥搅拌桩墙

绝大部分江河边冲积层以及低洼沟地、鱼塘、深坑等经填筑而成的地基，其大都有较深厚的软弱层，主要为杂填土、粉质黏土、粉土、粉细砂、淤泥及淤泥质土，一般不能直接作为建筑物基础的持力层，必须对其进行相应的加固处理才能满足要求(或者采用桩、筏板等基础)，同时对于地下水位相对较高的深基坑，由于边坡土层抗渗、稳定性差，基坑土方不能正常开挖，必须对其边坡的稳定和抗渗进行设计计算，按设计的方案进行施工才能保证正常。深层搅拌桩多应用于地基加固及深基坑止漏、防渗。总结我司多年的深层搅拌桩施工经验形成本工法。

一、工艺特点

深层搅拌桩的特点是：在地基加固过程中无振动，无噪声，对环境无污染；对土无侧向挤压，对邻近建筑物影响很小；可按建筑物要求作成柱状、壁状、格子状和块状等加固形状；可有效地提高地基强度(当水泥掺量为8%和10%时，加固体强度分别为0.24和0.65MPa，而天然软土地基强度仅0.006MPa)；施工成的地下防渗墙因其桩与桩的紧密咬合止漏防渗效果好；同时施工工期短，造价低廉，效益显著。

二、适应范围

深层搅拌桩适应于加固较厚的淤泥，淤泥质土、粉土和含水量较高且地基承力不大于120kPa的黏性土地基，对超软土效果更为显著，多用于墙下条形基础，大面积堆料厂房地基以及深基施工时用于防止坑壁及边坡塌滑、坑底隆起以及防渗连续墙等工程上。

三、工艺原理

(1) 深层搅拌法系利用水泥(石灰)等材料作为固化剂，通过深层搅拌机在地基深部，就地将软土和固化剂(浆体或粉体)强制拌合，利用固化剂和软土发生一系列物理、化学反应，使凝结成具有整体性、水稳性好和较高强度的水泥加固体，与天然地基形成复合地基。

(2) 其加固原理是：水泥加固土由于水泥用量很少，水泥水化反应完全是在土的围绕下产生的，凝结速度比混凝土缓慢，水泥与软黏土拌合后，水泥矿物和土中的水分发生强烈的水解和水化反应，同时从溶液中分解出氢氧化钙生成硅酸三钙($3CaO$、SiO_2)、硅酸二钙($2CaO$、SiO_2)、

铝酸三钙($3CaO$、Al_2O_3)、铁铝酸四钙($4CaO$、Al_2O_3、Fe_2O_3)、硫酸钙($CaSO_4$)等水化物，有的自身继续硬化成水泥石骨架，有的则因有活性的土进行离子交换和团黏反应、硬凝反应和碳酸化作用等，使土颗粒固结结团、颗粒间形成坚固的联结，并具有一定的强度。

(3) 其防渗原理是：通过对颗粒间有渗透通道的土体与固化剂进行强制拌合形成水稳定好、强度较高的固化桩体，再通过桩与桩的无缝咬合连接形成连续(封闭)墙而达到止漏防

渗的效果。

四、工艺流程

深层搅拌桩施工程序为：深层搅拌机定位→预搅下沉→制配水泥浆(或砂浆)→喷浆搅拌、提升→重复搅拌下沉→重复搅拌提升直至孔口→关闭搅拌机、清洗→移至下一根桩，重复以上工序。基坑防渗桩墙应配备至少2套机具设备，使桩向两个或多个方向连续施工最后合闭。

五、工艺要点

(1) 桩平面布置：深层搅拌桩平面布置可根据上部建筑对变形的要求，采用柱状、壁状、格子状、块状等处理形式，可只在基础范围内布桩；根据深基坑止水要求，采用柱状连续墙处理形式，在边坡上连续搭接布桩。

(2) 机具设备及材料要求：

① 机具设备包括：深层搅拌机、起重机、水泥制配系统、导向设备及提升速度量测设备等。设备性能参数因生产厂家、型号不同而各有不同，其制成的桩外形呈"8"字形。

② 深层搅拌桩固化剂水泥掺入量一般为土重的7%~15%，每搅固$1m^3$土体掺入水泥约110~160kg。

(3) 场地要求：场地应平整、清除桩位处地下、地上一切障碍物(包括大块石、树根和生活垃圾)，场地低洼处用黏性土料回填夯实，不得使用杂填土回填。

(4) 施工前应标定搅拌机械的灰浆泵输送量，灰浆输送管到达搅拌机喷浆口的时间和起吊设备提升速度等施工工艺参数，并根据设计要求通过试验确定搅拌桩的配合比。

(5) 成桩过程

① 施工时先将深层搅拌机用钢丝绳挂在起重机上，用输浆胶管将贮料罐砂浆泵与搅拌机接通，开动电动机，搅拌机叶片相向而转，借设备自重，以0.38~0.75m/min的速度沉至要求深度；再以0.3~0.5m/min的均匀速度提升搅拌，与此同时开动砂浆泵将浆体从深层搅拌中心管不断压入土中，由搅拌叶片将水泥浆体与深层处的软土搅拌，边搅拌边喷浆直至要求标高，即完成一次搅拌过程，用同法再一次重复搅拌下沉和搅拌喷浆上升，即完成一根搅拌桩，其外形呈"8"字形，一根接一根搭接，以增强其整体性和水稳定性，即成壁状加固体。桩与桩咬合联结成为地下连续防渗墙。

② 施工中固化剂应严格按预定的配合比拌制，并应有防离析措施。起吊应保证起吊设备的平整度和导向架的垂直度。成桩要控制搅拌机的提升速度和次数，使连续均匀，以控制注浆量，保证搅拌均匀，同时泵送必须连续。

③ 搅拌机预拌下沉时，宜采用干搅法；当遇到较硬土层下沉太慢时方可适量冲水，且要保证桩身强度。

④ 每天加固完毕，应用水清洗贮料罐、砂浆泵、深层搅拌机及相应管道，以备再用。

六、质量要求及检验

《建筑基坑支护技术规程》(JGJ 120)；

《建筑地基基础设计规范》(GB 50007)；

《建筑地基处理技术规程》(JGJ 79、JGJ 220)；
《地下工程防水技术规程》(GB 50108)；
《建筑地基基础工程施工质量验收规范》(GB 50202)；
《建筑工程施工质量验收统一标准》(GB 50300)。

七、安全技术措施

(1) 所有操作人员必须是通过考核合格的专业人员，均需持证上岗。深层搅拌桩施工前，项目工程师向操作班组进行口头和书面安全技术交底。

(2) 严格按施工方案组织施工。

(3) 严格按机械设备安全操作规程进行操作。

(4) 严格按规定对深基坑边坡进行变形观测。

(5) 严格执行《建筑安全检查评分标准》(JGJ 59)

(6) 深基坑深层搅拌桩地下防渗墙施工安全的重点是基坑边坡的稳定性和抗渗性，故在施工前根据地质勘测报告、基础施工图和相关的规范、规程需进行：①搅拌桩嵌固深度设计计算；②搅拌桩桩径设计计算；③搅拌桩正截面承载力验算。

八、技术经济效益

深层搅拌桩软土地基加固相比桩基础施工工期段、工程造价低；其用于基坑止水防渗相比旋喷法施工成本低，虽比注浆止水施工成本偏高，但因其对空隙率小的粉细砂、黏土层止水防渗效果显著，技术上有保障。故该施工工艺具有明显的技术经济效益。

九、工程实例

华润鲤电A厂2×300MW机组材料仓库工程，单层单跨、排架结构、建筑面积2680m^2。位于回填洼地上，自上而下土层分布为2~3m杂填土、6~8m淤泥质土、1~2m粉细砂、3~5砂卵石层。地面设计活荷载为6000N/m^2。地基加固采用深层搅拌桩施工，布桩为3×3m柱状型式，搅拌桩进入卵石层1m以上。该工程于2006年6月底施工完成，至现在建筑物无沉降、地面无开裂现象。

华润鲤电A厂2×300MW机组2#转运站工程，平面尺寸10.5×12.5m，地下两层、地上一层，开挖标高为-9.6m，地下常年水位-6.5m左右(与东江水系连通)，土质分布情况为：2~3m杂填土、3~4.5m粉质黏土、4~5m粉细砂、4~6m砂卵石层、1~2m残积层、2~3m强风化砂岩。基坑止水护壁采用深层搅拌桩防渗墙，墙厚0.8m，搅拌桩进入强风化不小于1m、嵌固深度不小于6m，桩顶设压顶梁。开挖坡度1:0.5。该工程基坑土方于2003年2月开挖施工，结构施工顺利，止水效果好。

永兴综合利用电厂2×60MW机组转运站，平面尺寸8.5×10.5m，地下两层、地上一层，开挖标高为-10.1m，地下常年水位-6.5m左右，土质分布情况为：4~5m杂填土、3~3.5m粉质黏土、3~4m粉土、2~3m粉细砂、4~6m砂卵石层、1~2m残积层、2~2.5m强风化砂岩。基坑止水护壁采用深层搅拌桩防渗墙，墙厚0.9m，搅拌桩进入强风化不小于1m，嵌固深度不小于6m，桩顶设压顶梁。开挖坡度1:0.5。该工程土方已开挖完成，目前地下结构正在施工，基坑内仅用1台ϕ50泵抽水，止水护坡安全可靠。

第十章　高压旋喷桩墙

高压旋喷桩，是以高压旋转的喷嘴将水泥浆喷入土层与土体混合，形成连续搭接的水泥加固体。施工占地少、振动小、噪音较低，但容易污染环境，成本较高，对于特殊的不能使喷出浆液凝固的土质不宜采用。

一、适用范围

(1) 高压喷射注浆法适用于处理淤泥、淤泥质土、流塑、软塑或可塑黏性土、粉土、砂土、黄土、素填土和碎石土等地基。

(2) 当土中含有较多的大粒径块石、坚硬黏性土、含大量植物根茎或有过多的有机质时，对淤泥和泥炭土以及已有建筑物的湿陷性黄土地基的加固，应根据现场试验结果确定其适用程度。应通过高压喷射注浆试验确定其适用性和技术参数。

(3) 高压喷射注浆法，对基岩和碎石土中的卵石、块石、漂石呈骨架结构的地层，地下水流速过大和已涌水的地基工程，地下水具有侵蚀性，应慎重使用。

(4) 高压喷射注浆法可用于既有建筑和新建建筑的地基加固处理、深基坑止水帷幕、边坡挡土或挡水、基坑底部加固、防止管涌与隆起、地下大口径管道围封与加固、地铁工程的土层加固或防水、水库大坝、海堤、江河堤防、坝体坝基防渗加固、构筑地下水库截渗坝等工程。

二、施工准备

1. 材料、成品、半成品、构配件进场验收和复试要求

(1) 高压喷射注浆法所用灌浆材料，主要是水泥和水，必要时加入少量外加剂。

(2) 高压喷射注浆所采用的水泥品种和标号，应根据环境和工程需要确定，一般情况下，宜采用强度等级为42.5级的普通硅酸盐水泥，可根据需要加入适量的外加剂及掺合料。使用其他水泥注浆时应得到设计许可。

(3) 注浆所用水泥应符合《硅酸盐水泥、普通硅酸盐水泥》GB 175中的规定。

(4) 高压喷射注浆用水泥必须符合质量标准，应严格防潮和缩短存放时间，施工过程中应抽样检查，不得使用过期的和受潮结块的水泥。

(5) 搅拌水泥浆所用的水，应符合《混凝土拌合用水标准》JGJ 63的规定。

(6) 高压喷射注浆一般使用纯水泥浆液。在特殊地质条件下或有特殊要求时，根据工程需要，通过现场注浆试验论证可使用不同类型浆液。如水泥砂浆等。

(7) 根据需要可在水泥浆液加入粉细砂、粉煤灰、早强剂、速凝剂、水玻璃等外加剂。

2. 主要施工机具、设备

(1) 高压喷射注浆法所用施工机具设备，有国产设备和进口设备。施工用主要设备机具有：地质成孔设备，搅拌制浆设备，供气、供水、供浆设备，喷射注浆设备，控制测量检测

设备。①地质成孔设备：地质钻机、潜孔钻机、冲击回转钻机、水井磨盘钻机、振冲设备等。②搅拌制浆设备：搅灌机、搅拌机、灰浆搅拌机、泥浆搅拌机、高速制浆设备等。③供气、供水、供浆设备：空压机、高压水泵、高压浆泵、中压浆泵、灌浆泵等。④喷射注浆设备：高压喷射注浆机、旋摆定喷提升装置、喷射管喷头喷嘴装置等。⑤控制测量检测设备：测量仪、测量尺、水平尺、测斜仪、密度仪、压力表、流量计等。

(2) 根据工程需要和场地地质条件选用施工机具设备。

3. 施工现场(作业条件)要求

(1) 平整场地，清除地面和地下可移动障碍，应采取防止施工机械失稳的措施。

(2) 建齐施工用的临时设施，如供水、供电、道路、临时房屋、工作台以及材料库等。

(3) 施工平台应做到平整坚实，风、水、电应设置专用管路和线路。

(4) 施工单位应制定环境保护措施，施工现场应设置废水、废浆处理和回收系统。

(5) 施工现场应布置开挖冒浆排放沟和集浆坑。

(6) 施工前应测量场地范围内地上和地下管线及构筑物的位置。

(7) 基线、水准基点，轴线桩位和设计孔位置等，应复核测量并妥善保护。

(8) 机械组装和试运转应符合安全操作规程规定。

(9) 施工前应设置安全标志和安全保护措施。

4. 技术准备

(1) 施工前，建设、设计、监理等单位向施工单位进行技术交底，并提供下列文件和资料：①工程设计报告和地基与基础的施工图件。②施工场地的工程地质水文地质资料。③施工场地地上范围的高压线、电话线、各类管线等资料。④施工场地地下管线及已建有的地下构筑物的有关资料。⑤必要的荷载试验及其他有关试验资料。⑥施工技术要求，包括质量标准和检查方法。⑦施工前已完成的有关试验报告。⑧施工中使用的标准和有关文件。⑨施工场地四通一平和测量基准点资料。

(2) 施工单位在开工前应做好下列工作：①编制施工组织设计。②建立质量保证体系。③制定安全操作规程。④制定劳动保护和文明施工措施。⑤组织施工人员进行技术交底和培训。⑥组织学习国家安全生产的法律、法规。⑦施工记录所用各种表格应符合规范要求。

5. 施工工艺

(1) 高压喷射注浆施工工序应先分排孔进行，每排孔应分序施工。当单孔喷射对邻孔无影响时，可依次进行施工。单管法非套接独立的旋喷桩不分序，依次进行施工。

(2) 高压喷射注浆旋、摆、定喷射结构形式，对套接、搭接、连接、“焊接”孔与孔应分序施工。

三、操作工艺

(1) 测量放线：根据设计的施工图和坐标网点测量放出施工轴线。

(2) 确定孔位：在施工轴线上确定孔位，编上桩号、孔号、序号，依据基准点进行测量各孔口地面高程。

(3) 钻机造孔：可采用泥浆护壁回转钻进、冲击套管钻进和冲击回转跟管钻进等方法。

① 钻机主钻杆对准孔位，用水平尺测量机体水平、立轴垂直，钻机要垫平稳牢固。②

钻孔口径应大于喷射管外径20~50mm，以保证喷射时正常返浆、冒浆。③ 开钻前由项目部技术组下达造孔通知书，报监理工程师批准后开钻。④ 造孔每钻进5m用水平尺测量机身水平和立轴垂直1次，以保证钻孔垂直。⑤ 钻进过程中为防止塌孔采用泥浆护壁，黏土泥浆容重一般为1.1~1.25g/cm^3。⑥ 钻进过程中随时注意地层变化，对孔深、塌孔、漏浆等情况，要详细记录。⑦施工场地勘察资料不详时，每间隔20m布置一先导孔，查看终孔时地层变化。⑧钻孔终孔深度应大于开喷深度0.5~1.0m，以满足少量岩粉沉淀和喷嘴前端距离。⑨终孔后将孔内残留岩芯和岩粉捞取置换干净，换入新的泥浆，保证高喷顺利下管。⑩孔深达到设计深度后，进行孔内测斜，孔深小于30m时，孔斜率不大于1%。⑪钻孔完成后及时将孔口盖好，以防杂物掉入孔内。⑫钻孔记录要填写清楚、整洁，经监理、质检员、施工员签字后当天交技术组。⑬采取套管跟管钻进方法时，在起拔套管前应向孔内注满优质护壁泥浆。⑭当采用振冲沉管时，应保证机架和沉管(喷射管)的垂直度，满足设计要求。

(4) 测量孔深：钻孔终孔时测量钻杆钻具长度，孔深大于20m时，进行孔内测斜。

(5) 下喷射管：钻孔经验收合格后，方可进行高压喷射注浆，下喷射管前检查以下事项。①测量喷射管长度，测量喷嘴中心线是否与喷射管方向箭一致，喷射管应标识尺度。②将喷头置于高压水泵附近，试压管路应小于20m，试喷调为设计喷射压力。③施工时下喷射管前进行地面水、气、浆试喷，即设计喷射压力+管路压力。④设计喷射压力+管路压力为施工用的标准喷射压力，更换喷嘴时重新调试。⑤摆喷施工下喷射管前，应进行地面试喷并调准喷射方向和摆动角度。⑥地面试喷经验收合格后，下入喷射管时，应采取措施防止喷嘴堵塞。⑦孔内沉淀物较多时，应事先准备黏土泥浆，下喷射管时边冲入泥浆边下管。⑧钻孔当采用套管护壁时，下入喷射管后，拔出护壁套管。⑨当采用振冲沉管时，必须满足以上要求。⑩当喷射管下至设计深度时，经监理工程师批准后，准备开喷。

(6) 搅拌制浆：搅拌机的转速和拌和能力应分别与所搅拌浆液类型和灌浆泵的排浆量相适应，并应能保证均匀、连续地拌制浆液。保证高压喷射注浆连续供浆需量。①按设计的水灰比拌制水泥浆液，常用水灰比为1∶1。②水泥浆的搅拌时间，使用高速搅拌机不少于60s；使用普通搅拌机不少于180s。③纯水泥浆的搅拌存放时间，自制备至用完的时间应少于2.5h。④浆液应在过筛后使用，并定时检测其密度。⑤制浆材料称量可采用质量或体积计量法，其误差应不大于5%。⑥炎热夏季施工应采取防热和防晒措施，浆液温度应保持在5~40℃。⑦寒冷季节施工应做好机房和高压喷射注浆管路的防寒保暖工作。⑧若用热水制浆，水温不得超过40℃。⑨浆液使用前，检查输浆管路和压力表，保证浆液顺利通过输浆管路喷入地层。⑩水泥浆液中需要加入适量的外加剂及掺合料构成复合浆液，应通过试验确定。

(7) 供水供气：施工用高压水和压缩气的流量、压力应满足工程设计要求。①单管法，施工用高压水泥浆的密度、流量、压力应符合设计要求。②两管法，施工用高压水泥浆和压缩气的流量、压力要符合设计要求。③三管法，施工用高压水和压缩气的流量、压力要符合设计要求。

(8) 喷射注浆：高压喷射注浆法为自下而上连续作业。喷头可分单嘴、双嘴和多嘴。①当注浆管下至设计深度，喷嘴达到设计标高，即可喷射注浆。②开喷送入符合设计要求的水、气、浆，待浆液返出孔口正常后，开始提升。③高压喷射注浆喷射过程中出现压力突降或骤增，必须查明原因，及时处理。④喷射过程中拆卸喷射管时，应进行下落搭接复喷，搭接长度不小于0.2m。⑤喷射过程中因故中断后，恢复喷射时，应进行复喷，搭接长度不小于0.5m。⑥喷射中断超过浆液初凝时间，应进行扫孔，恢复喷射时，复喷搭接长度不小于1m。⑦喷射过程中孔内漏浆，停止提升，直至不漏浆为止，继续提升。⑧喷射过程中孔内严重漏浆，停止喷射，提出喷射管，采取堵漏措施。⑨对有特殊要求的注浆孔，可采用复喷来增加喷射长度和强度。⑩喷射过程中，要记录每个高压喷射注浆孔施工时间全过程[1]。

(9) 冒浆：高压喷射注浆孔口冒浆量的大小，能反映被喷射切割地层的注浆效果。孔口冒出的浆液能否回收利用，取决于工程设计和冒浆质量的好与差，工程中尽可能利用回浆。①单管法、两管法，孔口冒出的浆液不回收利用。②单管法、两管法，注浆过程中，冒浆量小于注浆量的20%时为正常现象，冒浆量超过20%或完全不冒浆时，应采取下列措施：a. 当地层中有较大空隙引起不冒浆时，可在浆液中掺合适量的速凝剂，缩短固结时间，使浆液在一定的土层范围内凝固，也可在空隙地段增大注浆量，填满空隙后再继续喷射。b. 当冒浆量过大时，可通过提高喷射压力，或加快喷射的提升速度，减少冒浆量。③三管法，注浆过程中不冒浆，孔内严重漏浆，可采取以下措施处理：a. 孔口少量返浆时，应降低提升速度，孔口不返浆时，应立即停止提升。b. 加大浆液浓度或水泥砂浆，掺入少量速凝剂。c. 降低喷射压力、流量，进行原位注浆。④三管法，根据工程设计要求，可回收利用孔口冒出的浆液。a. 在含黏粒较少的地层中进行高压喷射注浆，孔口冒浆经沉淀处理后方可利用。b. 在黏性土或软塑至流塑状淤泥质土层中注浆，其孔口冒浆不宜回收利用。

(10) 旋摆提升：单嘴喷头摆360°为旋喷；小于360°为弧喷；小于等于180°为拱喷；小于等于90°为摆喷；摆角为0°时为单向定喷。同轴双嘴喷头摆180°为旋喷；小于180°为双向拱喷；小于等于90°为双向摆喷；摆角为0°时为双向定喷。非同轴双嘴喷头有90°夹角、120°夹角、150°夹角，可用于摆喷和定喷。多嘴喷头目前国内使用的不多。旋摆为机械旋摆和特殊环境下人工旋摆。①高压旋喷切割土体一周，旋摆和提升速度慢，喷射半径长，形成桩径大。②高压摆喷切割土体，摆动和提升速度慢，喷射半径长，形成凝固体积大。③高压定喷切割土体，提升速度慢，喷射半径长，形成凝固体板长。④提升速度应与注浆量匹配，供浆量应满足提速，提速应满足喷射半径长度。⑤高压喷射注浆机械旋摆，形成凝固体积规则，人工旋摆，形成凝固体积不规则。⑥旋摆定喷射过程中要固定喷方向桩，以便随时检查和防止喷方向位移。⑦喷射过程中接卸换管时要检查喷方向，防止喷射方向位移。⑧按设计要求旋摆定喷射提升，自下而上至设计标高，停止喷射，提出喷射管。⑨旋喷注浆适用于细颗粒和粗颗粒松散地层，定喷注浆适用于细颗粒松散地层。a. 定喷：适用于黏性土、粉土、砂土细颗粒松散地层。b. 摆喷：适用于黏性土、粉土、砂土、砾石中颗粒松散地层。c. 旋喷：适用于黏性土、粉土、砂土、砾石、卵石粗颗粒松散地层。

(11) 成桩成墙：高压喷射注浆凝固体可形成设计所需要的形状，如旋喷形成圆柱状、盘形状，摆喷形成扇形状、亚铃状、梯形状、锥形状和墙壁状，定喷形成板状。

(12) 充填回灌：每一孔的高压喷射注浆完成后，孔内的水泥浆很快会产生析水沉淀，应及时向孔内充填灌浆，直到饱满，孔口浆面不再下沉为止。终喷后，充填灌浆是一项非常重要的工作，回灌的好与差将直接影响工程的质量，必须做好充填回灌工作。①将输浆管插入孔内浆面以下2m，输入注浆时用的浆液进行充填灌浆。②充填灌浆需多次反复进行，回灌标准是：直到饱满，孔口浆面不再下沉为止。③对高压喷射注浆凝固体有较高强度要求时，严禁使用冒浆和回浆进行充填回灌。④对高压喷射注浆凝固体只有抗渗要求时，可以使用冒浆和回浆进行充填回灌。⑤应记录回灌时间、次数、灌浆量、水泥用量和回灌质量。

（13）清洗结束：每一孔的高压喷射注浆完成后，应及时清洗灌浆泵和输浆管路，防止清洗不及时不彻底浆液在输浆管路中沉淀结块，堵塞输浆管路和喷嘴，影响下一孔的施工。

四、施工试验计划

1. 参数确定

（1）施工前在场地内选择与工程条件相类似地段，进行现场试验确定施工工艺参数。

（2）为工程全面开工准备，先选择工程中少量部分进行试验性施工确定施工工艺参数。

（3）施工中发现使用的技术参数有问题，应当及时进行修正和调整施工工艺参数。

2. 施工试验

（1）根据工程需要开工前试验，可选择旋喷注浆、摆喷注浆和定喷注浆等类别。

（2）喷射形式和结构，可选择旋喷桩、摆喷墙、定喷板单喷和连接或围井试验。

五、质量控制措施

1. 材料质量控制

（1）注浆所用的固化剂和外掺剂品种、规格及性能应符合设计。

（2）水泥在使用前需作质量鉴定，搅拌水泥浆所用的水，应符合《混凝土拌合用水标准》。

（3）为了解喷射注浆固结体的性质和浆液的合理配方，必须取现场各层土样，在室内按不同含水量和配合比进行试验，优选出最合理的浆液配方。在正式施工前现场进行喷射试验，查明喷射固结体的直径和强度，验证设计的可靠性和安全性。

2. 施工工艺控制

（1）在正式施工前应进行成桩工艺试验。

（2）施工中钻机安放平稳，钻杆保持垂直，其倾斜度不得大于1.5%，钻机位置与设计位置偏差不得大于50mm。注浆管分段提升的搭接长度不得小于100mm。

（3）在注浆过程中出现压力骤然上升或下降。大量冒浆等异常情况时，应及时停止提升和注浆，以防断桩。

（4）严格对固结体的质量进行检验包括检验固结体的整体性和均匀性、固结体的有效直径、固结体的垂直度、固结体的强度特性包括轴向压力、水平压力、抗冻性和抗渗性，固结体的溶蚀和耐久性。

（5）喷射注浆时要注意设备开动顺序。以三重管为例，应先空载起动空压机，待运转正常后，再空载起动高压浆，然后同时向孔内送风和水，使风量和泵压逐渐升高至规定值。风水畅通后，旋转注浆管，并开动注浆泵，先向孔内送清水，待泵量泵压正常后即可将注浆泵的吸水管移至储浆桶开始注浆。待估算水泥浆的前峰已流出喷头后，才可开始提升注浆管，自下而上喷射注浆。

（6）喷射注浆中需拆卸注浆管时，应先停止提升和回转，同时停止送浆，然后逐渐减少风量和水量，最后停机。拆卸完毕继续喷射注浆时，开机顺序也要遵守上条规定。

(7) 喷射注浆达到设计深度后，即可停风、停水，继续用注浆泵注浆，待水泥浆在孔口返出后，即可停止注浆，然后将注浆泵的吸水管移到清水箱，抽吸定量清水将泥浆泵和注浆管路中的水泥浆顶出，然后停泵。

(8) 对喷射深层长桩，应按地质剖面及地下水等资料，在不同深度，针对不同地层土质情况，选用合适的喷射参数，才能获得均匀密实的长桩。

(9) 喷射注浆作业后，由于浆液的析水作用，一般均有不同程度的收缩，使固结体顶部出现凹穴，应及时用水灰比为0.6的水泥浆补灌。

(10) 在冒浆过程中，往往有一定数量的土粒，随着一部分浆液沿着注浆管壁冒出地面。冒浆量小于注浆量20%为正常，超过20%或完全不冒浆时，应查明原因，采取相应措施。

第十一章 地下连续墙

随着现代社会的急速发展，基础设施的建设规模也在随之增大，城市轨道交通工程变得越来越复杂，其中轨道交通和高层建筑所需的超深地下连续墙基础工程也逐渐增多。地下连续墙作为主要的围护结构技术应用不断加大，近些年来逐渐向超深方向发展。地下墙施工的首要一步是导墙，这给地下墙施工定位、储存泥浆和成槽奠定了坚实的基础。在施工导墙的过程中，为了防止影响孔壁的稳定性，导墙沟槽间要与机动车便道保持一定的距离，这样就避免了车辆行驶的过重荷载。同时，可以采用单排直径600mm、间距400mm的水泥搅拌桩，加固了软弱土层的处理，从而提高地下连续墙施工导墙附近淤泥质土层的承载力，但应注意，加固深度要求达到淤泥质土层以下0.5m，搅拌桩与导墙侧壁的距离为250mm，更好的确保了加固质量。此外，防止导墙发展成为漏浆通道，所以导墙沟内不能存有积水，土壤导墙槽侧壁还有导墙外侧土模的功能，应注意防止通道宽度的超挖或土壁的坍塌问题。在分段施工现场浇混凝土导墙，坚定地连接着两相邻段导墙，为确保导墙内壁的净宽和垂直精度，导墙的接头位置应避开地下连续墙的分段联合或过于接近，在设计强度达到一定程度时，任何重型机械和运输设备不能在路边行驶，防止导墙变形。

在超深地下连续墙施工中，成槽施工是保证地下连续墙施工质量的重要工序之一。首先，驾驶员要严格执行挖槽机操作要领，保证成槽精度。抓斗一定要保持垂直，并与导墙平行，如果成槽垂直度不能保证，将会导致钢筋笼下放困难，如果严重很有可能侵限车站的主体结构。同时，在挖槽机挖土时，一定要使悬吊机具的钢索保持垂直张紧状态而不能松弛，这是保证挖槽垂直精度必要的关键动作。其次是对于成槽时槽壁的稳定性也是尤为重要的，而成槽机械、泥浆的配比及置换一同控制了超深地下连续墙施工的成槽质量。泥浆是确保地下连续墙施工稳定的基本措施，它主要取决于自重力和墙表面上形成的不透水水泥来实现其保护槽壁的效应。因此，槽壁的稳定是由泥浆的质量直接影响的。超深地下连续墙穿过地层，在一定深度的影响下，要想确保槽壁的稳定性就变得更加困难。超深连接槽质量进墙里，必须从比率和更换槽机械，泥浆控制。最后，是成槽的质量检验。用全站仪实地测量成槽平面位置的偏差、用测锤实地测量槽底深度，还要用超声波测壁仪对槽壁进行扫描，记录壁面的凸出量或凹进量。

地下连续墙施工的特点：施工噪声、震动较小，对邻近地基和建筑物结构影响甚至微，故适宜在城市建筑密集和人流多及管线多的地域施工。连续墙的作用根据操作流程分为．接头管接头、接头箱接头、隔板式接头、钢板组合接头、预制块接头。地下连续墙是由间隔或连续浇筑的钢筋混凝土墙段组成。目前国内常用的地下连续墙最容易施工的是锁口管接头，其他的接头形式还有锁口管接头、接头箱等。但由于锁口管与槽壁是线接触，接触面小，容易造成混凝土绕流，所以较少采用锁口管接头形式。

(1) 对于超深地下连续墙，因为墙体的深度大，锁口管牵引阻力，拔管时间在超深地下连续墙的施工建设中难以把握。拔管时间早期损害了已经浇筑的槽接口；拔管时间后将导致混凝土和接头管紧密，进而不能拔管。因此，如果控制不好拔管时间容易出现锁口管不能拔出的现象。

(2) 处理混凝土绕流的方法，通过增加上拔接头箱的频率、减少每次上拔的高度等措施，使接头处的混凝土面始终与接头箱保持脱离状态，确保接头箱能安全拔起；当接头箱全部拔出后且绕流混凝土强度不高时，马上用液压抓斗彻底清除绕流混凝土，然后用优质黏土进行暂时回填，确保相邻槽段的开挖能正常进行。

总而言之，通过各种行之有效的施工措施，地下连续墙达到了较好的外观效果，并且随着施工设备的改进和施工技术的不断提高，地下连续墙施工中存在的问题将会得到更好地解决，施工效果更加符合施工要求。

第一节　工艺原理及适用范围

工程应用中常见的地下连续墙结构形式主要有壁板式、T 型、Π 形地下连续墙、格形地下连续墙、预应力或非预应力 U 形折板地下连续墙等几种形式。

(1) 壁板式

壁板式又可分为直线壁板式和折线壁板式[如图 3-11-1(a)所示]，折线壁板式常用于转角和模拟弧形段位置。在地下连续墙工程中壁板式应用较广，适用于各种直线段和圆弧段墙段。在上海世博会 500kV 地下变电站工程中，直径 130m 的圆筒形基坑地下连续墙施工中为了模拟圆弧段，就采用了 80 幅直线壁板式地下连续墙。

(2) T 型和 Π 形地下连续墙

T 型和 Π 形地下连续墙[如图 3-11-1(c)、图 3-11-1(d)所示]常用于基坑支撑竖向间距较大且开挖深度较大，受到相关条件限制，墙厚无法增加的情况，通过加肋的方式，增加墙身的抗弯刚度。

(3) 格形地下连续

格形地下连续墙[如图 3-11-1(e)所示]是一种将 T 形和壁板式地下连续墙两种形式组合在一起的结构形式，格形地下连续墙结构型式的构思出自格形钢板桩岸壁的概念，格形地下连续墙依靠其自身重量保持稳定，属于半重力式结构。同时，格形地下连续墙结构也是一种用于建(构)筑物地基开挖的无支撑空间坑壁结构。格形地下连续墙常用于大型的工业基坑、船坞以及施工条件下无法设置水平支撑的基坑工程，如上海耀华-皮尔金顿二期熔窑坑工程，熔窑建成后坑内不允许有任何永久性支撑和隔墙结构，而且要保护邻近一期工程的正常使用。该工程采用了重力式格形地下连续墙方案，利用格形地下连续墙作为基坑支护结构，同时作为永久结构。格形地下连续墙在特殊条件下具有不可替代的优势，但由于受到自身施工工艺的约束，一般槽段数量较多。

(4) 预应力或非预应力 U 形折板地下连续墙

作为新型的地下连续墙结构的代表，预应力或非预应力 U 形折板[如图 3-11-1(b)]地下连续墙已应用于上海瑞金医院地下车库工程。折板本身具有抗侧刚度大、变形小、节省材料等特点，拥有良好的受力特性。

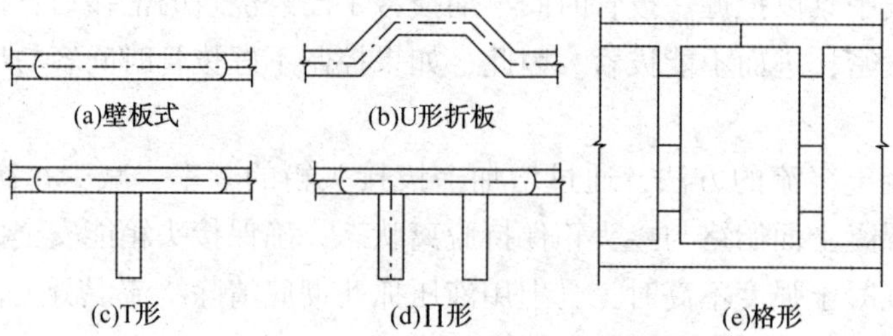

图 3-11-1　地下连续墙平面结构形式

地下连续墙施工技术适用范围：

与灌注桩对桩径和刚度进行灵活调整不同，受到目前施工机械和工法的限制，地下连续墙的厚度具有固定的模数。因此，为了保持地下连续墙的经济性和特有的优势，基坑深度超过 10m 以上。在进行设计方案论证时，必须对拟采用地下连续墙的方案进行技术、经济分析，经济合理时才可采用。一般情况下地下连续墙适用于如下条件的基坑。

(1) 施工开挖深度需大于 10m，才能保证地下连续墙有较好的经济性；

(2) 当基坑空间有限，施工红线内场地紧张，而采用普通基坑围护结构形式无法满足施工操作空间要求的工程；

(3) 对基坑本身的防水和变形有较高要求的工程，或者邻近存在保护要求较高的建、构筑物(例如居民楼、学校、医院)；

(4) 对防水、抗渗有较严格要求，且围护结构可作为主体结构的一部分的工程；

(5) 整体施工选用逆作法施工，地上和地下同步施工时，基坑围护结构优选地下连续墙；

(6) 在超大、超深基坑施工中，采用普通结构形式无法满足要求时，适宜采用地下连续墙。

第二节　施工准备

1. 周边环境调查

深基坑地下连续墙是集大型成槽、吊装施工机械、专业操作人员于一体的综合性很强的工程，不仅需要解决自身需求的各项问题，比如：施工机械、材料进场，对施工场地进行规划，临时用水接入，临时用电接入及安装，民工及项目驻地建设，施工场地出入口及围挡设置；更需要避免对周边环境的影响，比如：建筑垃圾处理，施工噪音扰民，污水排放，施工风险对周边的影响，交通导改对行人的影响。每一项均需要遵守地方规定、要求并结合周边实际环境及条件解决，因此，为保证后续施工顺利、高效，工程施工需要做好充分的环境调查。

(1) 施工场地周边建构筑物调查

周边的建构筑物性质对工程施工有着很大影响。在临近高大建构筑物的地方施工做地下连续墙时，因为槽壁会受到由建构筑物引起的荷载影响，承受较大的土压力，引起成槽缩孔或者槽孔塌落，这种事故反过来导致槽孔附近的地面沉陷，引发此位置建构筑物非正常开裂、倾斜、损坏，因此，在开始挖槽作业前，必须对附近构筑物进行考察调研、分析计算影响等级，针对影响情况制定针对性措施，例如：减小槽段长度、增大泥浆相对密度、尽量缩短施工时间等措施，最大限度减小施工对周边建构筑物的影响。当作业区域附近有地下结构物时，应对建构筑物的结构形式、埋深、周边地质环境及管线进行详细调查。因为地下连续墙挖孔作业采用泥浆护壁形式，本工程成槽是深度达到40m以上，不可避免存在地质疏松、空洞，泥浆很可能渗透到地下建构筑物；特别是地下建构筑物一般都与地下管线连通，比如电力管线、通信管线、给排水管，泥浆一旦通过管线沟槽或穿线管涌入地下建构筑物将会造成恶劣影响，同时泥浆对渗透底层，还会进一步产生地表沉降、引起管线破裂等次生灾害。

（2）给排水条件调查

地下连续墙在造浆、成槽过程中需要大批量地用到水，特别是在泥浆配合比调配阶段和成槽阶段，对施工用水的供应要求很高，一旦供水不及时就会影响成槽进度甚至槽孔安全；另外，当遇到大雨天场地会产生大量雨水集水，如果不及时疏导排放则会流入泥浆池或者泥浆通道，泥浆会被稀释，泥浆护壁作用受到直接影响，甚至会出现塌孔，因而，在进入作业阶段前做好给排水条件调查，并提前准备好给排水条件，保证施工连续性。调查最近的给水接入点，联系给水公司安排临水接入，严格按照相关程序进行接入。临时用水管线的布置要统筹规划，既保证用水方便、管线安全，又不能影响后续施工。临水管线路由要在临建方案或临建图中明确标出，方便后续维修、保护。施工前调查清楚最近的市政雨、污水管线位置，严格按照市政设施管理单位的要求完善相应手续之后进行接入，严禁雨水、污水混排。雨污水管线在场地内的走向及布置形式要制定详细的规划，既能保证排水、排污需要（特别是雨季排水），又不能影响周围施工便道、成槽施工及基坑开挖施工的安全，做好管线的防渗漏处理。

（3）施工临时用电接入条件调查

地下连续墙施工时，泥浆系统、钢筋加工机械、钢筋安装等机械用电功率很大；另外，生活区宿舍、厨房严禁明火，因此均需用电，需要花费足够的时间、精力考察施工现场的供配电是否满足施工要求，做好接引前的预备工作。施工前应调查最优临电接入位置，充分考虑功率负荷、临电接入点距离、临电线路敷设方式等，并及时申请程序，与电力公司协调接入配合事项；临电进入场地路由要在临建方案中详细说明，并配图，敷设方式要遵守相关规范，敷设位置根据施工场地布置情况统筹确定，既满足后续施工需要，又要保证管线安全。

（4）市政管线情况调查

本施工场区地下存在的管线主要有中压给水管道、600mm污水排水管道、400mm雨水排水管道、500mm燃气管道、10kV电力管线、电信通讯管线等；由于城市地下管线较集中，并与城市功能、居民生活息息相关，施工前应对影响的管线进行充分的保护，必要时进行管线改移，这涉及到前期管线调查、相关产权单位联系、与业主及设计单位协商处理措施，每一环节均对场地的正式投入施工产生直接的影响，因此管线调查工作必须准确、详尽，能为管线保护、改移提供参考，并起到复核设计文件的作用，避免过程中出现管线实际情况与管线综合图不符，造成施工搁浅，影响正常进展。另外，前期详尽的管线调查为后续工程施工创造一个安全可控的施工环境；基坑工程受到附近雨水、污水、自来水管线影响发生垮塌、变形的事故屡见不鲜，暗挖施工造成的沉降损坏上部管线造成不良的社会影响也无法承受。详尽的管线核查规避管线与施工的相互影响，做到提前筹划、防患于未然显得尤为必要。

(5) 施工场地及周边建构筑物调查

除了管线以外，场地内已拆迁建构筑物基础、待拆迁建构筑物及周边高大建构筑物、重要建构筑物、架空线、园林树木均对施工产生影响。对于已拆迁建构筑物基础，例如桩基、挡土墙等，则要通过了解相关建构筑物设计资料，掌握遗留基础对后续施工的影响，做到提前规划。如果大型混凝土基础正好处于地下连续墙处，则会对地下连续墙成槽施工造成极大困难，应该提前评估影响，调整设计方案或者清除遗留构筑物，此时相关调查资料及处理过程资料直接关系到业主计价款的确定。施工场地附近架空线、树木、建筑物对地下连续墙钢筋笼吊装、施工机械回转有着直接影响，通过施工调查评估影响，形成报告，指导制定保护措施或者申请改移、拆除。而周边高大建构筑物及重要建筑则对地下连续墙施工有着直接的要求，例如：本工程附近一亩园公交枢纽明确要求夜间禁止噪音大的施工、严禁泥浆流出施工场地、起重吊装施工离公交枢纽站房 50m 以上，并对扬尘治理做出了较高要求，导致地下连续墙成槽、钢筋笼吊装等噪音较大的施工无法在夜间施工，必须做出全面的规划、制定工期保证措施。因此，前期的调查对后续施工安排起到直接的指导，保证了后续施工的合理、有序安排。

(6) 施工设备进场条件

由于钢筋笼吊装使用到的 150t 履带式起重机、成槽机、锁口管等机械、设备体积庞大，施工场地布置、进场道路规划均要充分考虑机械设备进场条件。一方面保证场地条件适合机械进场、组装、展开施工，另一方面要提前调查运输路线是否满足要求，包括沿线桥梁承载力、道路宽度、坡度、隧道净空等。

(7) 平面控制点及高程控制点调查

平面控制点及高程控制点是地下连续墙施工过程中测量放线时坐标和标高确定的必要条件，为此，在展开地下连续墙施工之前，必需对工程测量点进行查验，确定是否能够满足工程需要，并选择合适路径将控制点引至。

(8) 挖槽土方弃土场调查

地下连续墙施工期间产生大量泥浆及渣土，场地内无法大量存储废弃泥浆，北京市对泥浆、渣土的运输、处理要求严格，施工前必须对运输车辆、运输路线、运输时间限制、处理地点做好详细调查确认，严格按照规定办理运输、卸载相关手续，选择达标车辆，确保泥浆、渣土顺利外运。另外，为应对渣土不能顺利外运的特殊情况，比如：大雨天弃土场封闭、首都大型活动安保期间禁止土方外运等，在场地规划时候应预留出渣土临时存放场地，尽量减轻渣土外运受限对施工的制约。

(9) 商品混凝土站调查

水下施工地下连续墙混凝土时，混凝土浇筑中间停滞时间超过 0.5h 就会导致砼和易性、流动性降低，导管中的混凝土会因和易性、流动性不佳引发堵管，因此，水下砼浇灌需要维持混凝土供应的不间断性。在北京市范围内进行正式工程混凝土施工作业时，必须采用业主单位指定的混凝土拌合站的商品砼，因此在施工之前，必须对商品砼站地理位置、资质情况、交通条件进行调查、对比掌握，确定能满足地下连续墙施工供料质量、及时性等要求的混凝土拌合站。

2. 技术准备

(1)施工方案编制

施工技术方案文件是地下墙施工作业方法及技术的指导文件，施工方案的编制要在周边环境调查的基础上根据客观环境编制，工艺的制定充分考虑现场施工条件及环境因素，工期的安排充分考虑周边环境对施工的影响，工序的衔接充分考虑场地布置情况，确保施工方案的针对性。深入结合导致深基坑地下连续墙出现渗漏水等质量缺陷的客观因素，制定有针对性的施工工艺、方法，重点针对以下关键工序制定保证措施：

① 槽壁稳定性分析及针对措施：

泥浆产生的静水压力对地下连续墙槽孔土、水压力的平衡是维持槽壁稳定的根本保障，如果无法满足这一平衡，就会直接导致出现槽壁失稳破坏、局部坍塌影响施工安全、质量，进而对周边环境安全长生影响。编制方案过程中根据地质情况选择合适的泥浆类型及技术参数是一项重要工作，为选购适合的膨润土、添加剂等材料制定必要的技术标准。

② 成槽机械选择：

根据土层的软硬程度，确定成槽机类型与成槽方式是本环节的核心任务。

③ 钢筋笼制作及起吊：

根据钢筋笼的尺寸、重量以及施工周边环境选用起重机械，当场地受限或者钢筋笼长度、重量超过可用流动式起重机械设备最大起吊能力时则要考虑分段加工、吊装。本工程中盾构隧道洞门处钢筋笼采用玻璃纤维筋配筋，钢筋笼形成两端钢筋、中间7m玻璃纤维筋的形式，由于玻璃纤维筋与钢筋材料及受理特点的差异为起吊安装造成了很大困难，因此制定安全、质量、工期保证措施是不可或缺的任务。

④ 锁口管接头处理：

锁口管接头及拔出设备及技术相对比较成熟，但是接头阻水一直是影响地下连续墙发挥阻水效能的软肋，是制定接头处理措施，改进施工工艺的重要突破口，期间主要解决锁口管起拔时间控制难、混凝土绕流、接头清刷不到位等难题，相关措施应在技术方案中予以明确。

⑤ 水下混凝土浇筑：

在水下砼浇筑前做好充分的准备，比如：导管气密性试验、水下灌注辅助设备就位情况、导管布置数量及位置、浇筑速度控制等。浇筑过程中把导管没入混凝土中的长度以及混凝土供应的连续性作为最重要的任务，保证墙体质量。

(2) 方案实施

施工前严格进行施工操作环境、工艺流程、技术要求交底，首先对施工现场技术人员进行方案交底，使之熟悉施工方法、控制要点、现场组织要求，为施工准备打下坚实基础，为后续施工的顺利开展提供技术指导；

施工前分部位、环节对施工班组工人进行交底，对关键环节、新工艺的工艺要求和技术要求作专题交底，要细化到操作层，做到交底内容能够直接指导工人操作；对大型钢筋笼整幅吊装等特殊施工方法及其安全操作规程作专题交底、教育；在一些控制薄弱环节，比如接头清刷、泥浆制备、成槽纠偏等工序，要详细说明规范施工的重要作用，培养班组施工的质量意识；

施工过程中质检人员严格按照设计、方案要求履行好质量监督职责，做好质量控制，关键环节技术人员做到全程旁站，现场直接盯控施工质量，指导工人操作；钢筋笼吊装、锁口管安装及拔出等危险性较大的施工环节专职安全员必须全程现场盯控，做好警戒、疏导，督促操作人员按照交底及操作规程施工。

(3) 槽壁稳定性保证措施

地下连续墙施工中槽壁稳定性控制处于各项技术工作的首要位置，成槽过程中塌孔、扩孔现象时有发生，原因主要是引起槽壁坍塌、失稳的影响因素过多、工程地质情况千差万别等等，但是，截至目前，对引起槽壁失稳的原因研究还不够充分，还没有一种可以广泛采用、准确适用的分析方法来实现指导现场施工作业，再加上施工现场意外状况频繁，控制措施不到位等等，因此，在施工前需要做大量的准备工作来制定保证槽壁稳定的措施。

① 地质条件调查分析

影响开挖稳定性的主要因素之一就是土体的抗剪强度指标，这一指标与土体内摩擦角、密实度有直接关系；相关试验证明，土的内摩擦角越大槽壁稳定性越好，越不容易出现失稳、坍塌现象(如图 3-11-2、图 3-11-3 所示)；一般情况下黏土层、粉质黏土层成槽比较理想，不容易出现槽壁失稳，在砂层、卵石层、松散回填土中成槽易发生坍塌。

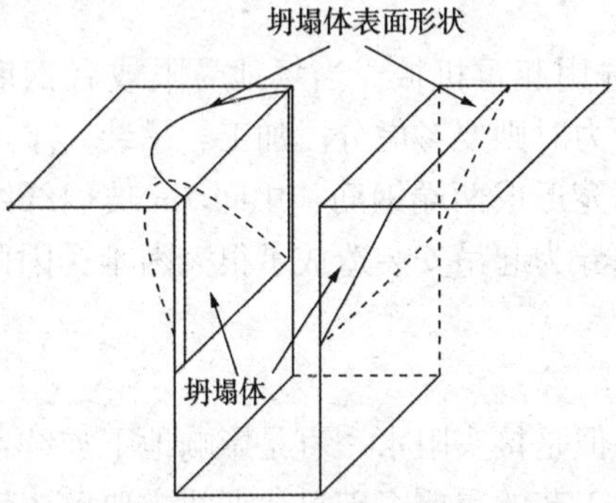

图 3-11-2　整体稳定破坏示意图

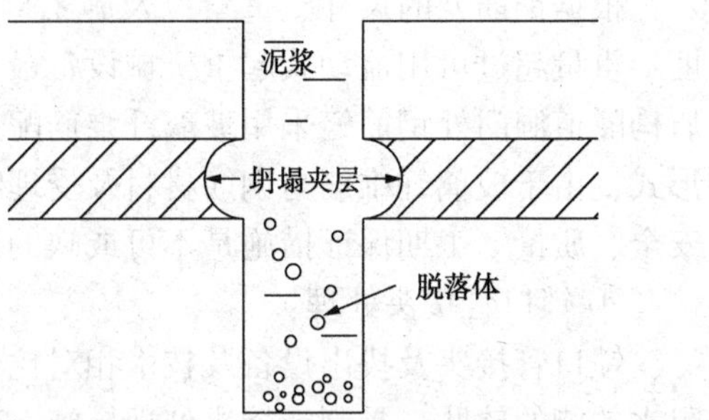

图 3-11-3　局部稳定破坏示意图

土质情况对泥皮的形成有着直接的影响：在泥浆护壁条件下，在高密实度的黏性土槽孔壁表面很容易形成“泥皮”，土层黏聚力越大其自身稳定性越好，在泥浆护壁及土体自身稳定性作用下所需的泥浆相对密度越小，膨润土用量也会越小；对于非黏性土，由于土体颗粒间孔隙较大，泥浆会沿着土体间的缝隙渗透入土层一段距离，在渗透过程中由于泥浆的胶凝作用会在渗透范围逐渐与槽壁土体黏结为一个整体，阻隔泥浆继续渗入土层，最终在槽壁上形成泥皮；但是，如果土的级配状况不理想，粒径居中的颗粒比例过小的情况下，土颗粒间缝隙过大，泥浆胶体不能有效填充、黏附，反而会破坏土颗粒间原有的黏聚力，不仅不能有效形成泥皮，反而会因泥浆对土体的冲刷或者因在土中渗透距离过长造成槽壁塌落、泥浆的流失。

② 地下水位

从受力平衡角度分析，泥浆在槽壁上的压力在不小于水压力和作用在槽壁上的土压力之和的情况下才能保证泥浆护壁作用的实现，因此，在挖槽作业过程中，一般均要求泥浆浆液顶面位置高于地下水水位，以保证泥浆压力对地下水压力的优势，这一方法在实践中得到了充分验证，成为工程实践中泥浆的控制指标之一。

③ 根据设计参数选择分析方法

目前，槽壁的整体稳定性分析方法主要包括二维分析方法(如图 3-11-4 所示模型)和三维分析方法两大类，它们的共同点是：均在假设的相异形状的滑动面、滑动体的基础上，通过对假定的滑动体受力平衡分析或单元土体应力极限状态进行分析总结出来的；这些分析方法的不一样处主要是对水平方向土压力 p 或 P 的计算方法。

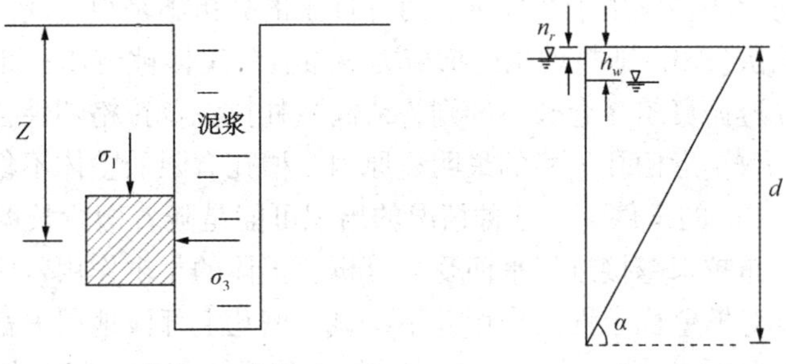

(a)应力平衡示意图　(b)斜面滑动面

图 3-11-4　二维分析法中假定的滑动体

槽壁整体稳定性安全系数定义通常有以下三种：

$$F_s=\frac{P_s-P_w}{P}$$

$$F_s=\frac{\tau_f}{\tau}$$

$$F_s=\frac{P_s-P_w}{P}$$

式中 F_s 为槽壁整体安全系数，P_s、P_w 和 P 分别为某一深度槽壁上单元土体受到的泥浆压力、水压力和水平向土压力，τ_f 为土的抗剪强度，τ 为平衡滑动体需要的动用的滑动边界上的剪应力；P_s、P_w 和 P 分别为槽深范围内作用的在槽壁两侧总的泥浆压力、水压力和水平向土压力；在知道 γ_s 的条件下，可根据上式计算出 F_s，或根据预定 F_s，按上式反过来计算所需的泥浆容重 γ_s。

a. 单元土体应力极限状态分析。这种分析方式的实质是槽孔内泥浆对槽壁的有效压力与主动土压力在极限状态下的特定关系，是由槽壁上单元土体的应力摩尔圆半径与相应极限状态下与抗剪强度包线相切摩尔圆半径数据的比值来评价槽壁的稳定性，这种分析方法未体现与槽段的横截面尺寸的关系。

b. 槽壁两侧土压平衡分析。这类方法通过泥浆在水平方向对两侧槽壁产生的压力和在考虑竖直面土拱效应的情况下槽壁上主动土压力相比，来对槽壁的稳定与否做出评估结果，未体现出与地下连续墙成槽宽度 w 的关系。

c. 滑动体受力平衡分析。此分析方法是根据土层实际情况假设一个土体失稳滑动面，通过滑动土体抗剪强度和滑动土体滑动面上制约滑动体变形趋势所需的剪应力的比值数据，来评价槽壁的稳定性，目前所总结的方法都不能体现与槽段的横截面尺寸的关系。

d. 三维滑动体受力平衡分析方法。这类方法充分体现了槽孔周围土体水平面上的土拱效应，大大提高了土体自稳能力；根据土质实际情况假设三维滑动体，通过作用在槽壁上的有效泥浆压力与平衡滑动体滑动趋势所需要动用的泥浆压力的比值，或者通过滑动土体抗剪强度和滑动土体滑动面上制约滑动体变形趋势所要用的剪应力之比，来定性槽孔的稳定性，目前所总结的方法都不能体现与槽段的横截面尺寸的关系。

目前主要是用有限元(FEM)分析方法来对槽壁稳定进行三维数值分析；对于土这种典型的非线性弹塑性体，如果能对地基土的边界条件进行合理的假设，就可以利用有限元来分析稳定问题，但目前此法多应用于黏性土，对黏性土的分析不是很广泛。目前分析采用的多是抗剪强度折减系数法(SSR)即折剪土的剪应力参数直到土体被破坏，此外还要假设土体为理想的弹塑性体，并遵循莫尔库仑破坏准则，或满足杜拉克普拉格塑性公设。

槽孔的长度是导致矩形槽孔失稳的最明显原因，槽孔有限的整体不稳定以及局部不稳定均出现在槽长不小于 5m 的条件下；这种情况的出现可能是随着槽段长度越来越大，槽孔开挖导致的应力重新分布越来越接近于平面受力分析，土体的土拱作用效应不明显的原因。对应起来看，成槽深度对槽壁稳定性的作用并不明显，槽孔上部浅地层失稳是地下连续墙成槽时不稳定性出现的主要形式，图 3-11-5 所示的滑动体形状与实际发生的情况较为接近。施工前可根据地质情况进行分析计算，充分利用土拱效应对槽壁稳定性的有利影响，指导制定较合理的护壁泥浆参数。

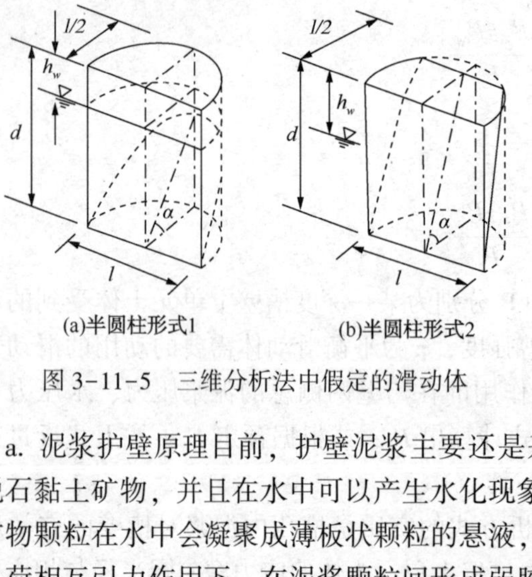

(a)半圆柱形式1　　(b)半圆柱形式2

图 3-11-5　三维分析法中假定的滑动体

④ 确定合理的护壁泥浆技术指标

护壁泥浆技术指标在地质、水文、施工荷载影响等各方面因素充分研究之后确定，并经施工实验调整。泥浆的性能指标主要包括黏度、pH 值、相对密度、泥皮厚度、失水量、稳定性、胶体率、含砂率 8 项内容，其中黏度、失水量、相对密度、泥皮厚度起关键作用，而泥皮厚度、失水量又受黏度、相对密度、地质情况直接影响，因此施工前主要确定黏度、相对密度。

a. 泥浆护壁原理目前，护壁泥浆主要还是采用的是膨润土泥浆，膨润土的组成主要是蒙脱石黏土矿物，并且在水中可以产生水化现象，膨润土泥浆具有触变性，这是由于某些黏土矿物颗粒在水中会凝聚成薄板状颗粒的悬液，凝胶状颗粒表面分别带有正、负电荷，在异性电荷相互引力作用下，在泥浆颗粒间形成弱胶结，因此膨润土泥浆在静止时出现絮状凝胶现象，受外力搅动时产生液化。

b. 泥浆技术指标确定地下连续墙成槽过程中槽壁失稳坍塌、扩孔的一个重要因素是槽内护壁泥浆相对密度不能满足要求，即某一深度护壁泥浆作用力小于土压力、地下水压力的合力，导致槽壁向槽内坍塌；泥浆技术指标的确定应由施工中最容易发生槽壁失稳的土层实际情况进行分析确定，需要确定土层土质情况、地下水水位情况；此外，在同一地层中，有地下水的情况下槽壁稳定性比干槽土层槽壁稳定性低；而泥浆黏度与泥浆相对密度共同作用，使泥浆在压力作用下、向槽壁渗透过程中在槽壁上聚集、凝结形成泥皮，阻隔地下水、减小施工过程中的扰动、地面超载对槽壁土体影响，极大促进槽壁稳定性；泥浆黏度、相对密度越大，薄膜泥皮越致密、稳定。泥浆技术参数设计程序如图 3-11-6 所示。

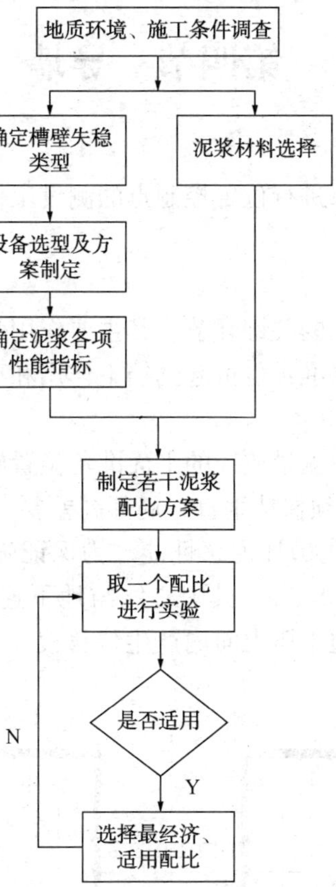

图 3-11-6　泥浆技术参数设计程序

第三节　施工工艺流程

地下连续墙施工工艺流程见图 3-11-7。

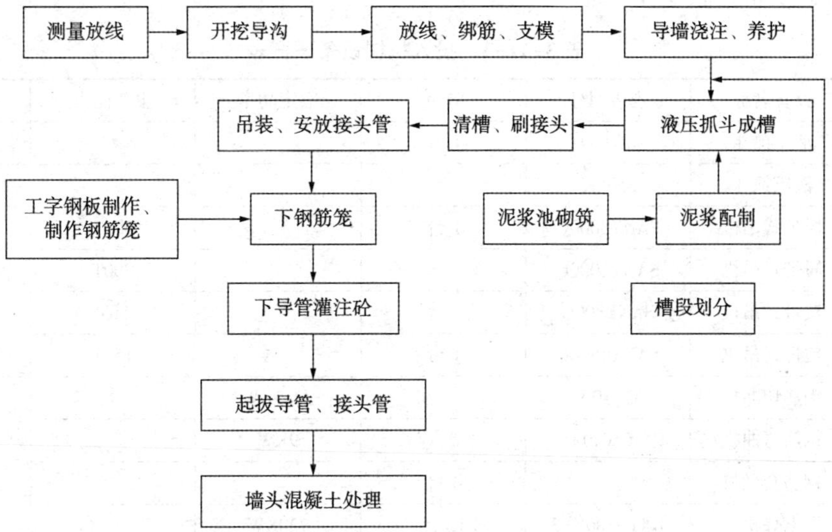

图 3-11-7　地下连续墙施工工艺流程图

第四节　导墙

(1) 测量放线

根据地下连续墙的槽段分幅进行位置控制点的测设工作，对控制点位进行保护，并依据控制点进行施工测量放线施工。

(2) 导墙设计形式

导墙施工是地下连续墙施工的关键环节，其主要作用为控制地下连续墙的施工精度，可作为量测挖槽标高、垂直度的基准；也可起到挡土作用和重物支承台；同时也可稳定泥浆液面的作用。

导墙施工顶面应水平，应按测量放线的平面准备位置施工。高差控制在 10mm 以内，轴线偏差不超过 10mm，在竖向必须保持垂直，局部高差要求小于等于 5mm，导墙顶面应高出地面 10cm，防止地表水流入槽内破坏泥浆性能。为保证施工顺利进行，内外导墙之间净宽大于地下连续墙厚度 50mm，深 1.5m，其中心线与地下连续墙施工轴线重合，导墙施工时为考虑基坑开挖后连续墙受周边土压力向内产生位移侵入净空，中心线则外放 50mm。导墙施工见图 3-11-8。

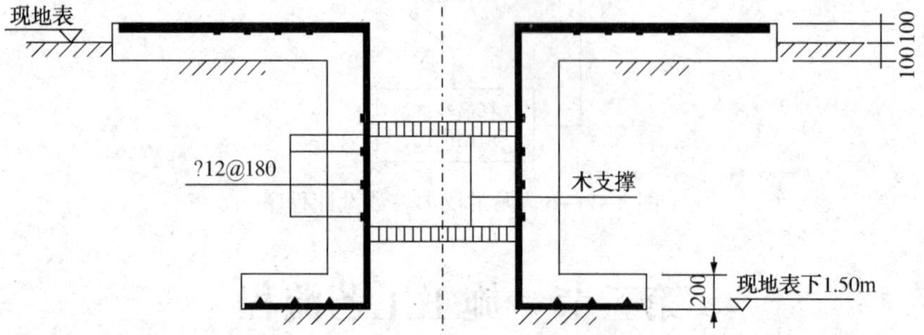

图 3-11-8　导墙结构示意图

投入机械设备见表 3-11-1。

表 3-11-1　投入机械设备一览表

序号	设备名称	规格型号	数量	额定功率	生产能力	备注
1	液压抓斗	BG-34	1 台			成槽
2	液压抓斗	BH-12	1 台			成槽
3	履带式吊机	SANY3000C	1 台		300T	吊运机具和吊放钢筋网片、倒钢筋和起拔接头箱
4	履带式吊机	SANY2000C	1 台		200T	
5	履带式吊机	SANY800C	1 台		80T	
6	履带式吊机	SANY1500C	1 台		150T	
7	钢筋切断机	GQ50A	2 台	22.5KW		钢筋网片加工
8	钢筋弯曲机	GW40	2 台	9KW		
9	钢筋套丝机		4 台			
10	电焊机	BX1-300F-3	12 台	720KW		

续表

序号	设备名称	规格型号	数量	额定功率	生产能力	备注
11	制浆泵	ZL-400	2台	15KW		泥浆循环
12	泥浆泵	NL1110-16-57	4台	36KW		
13	砼浇筑平台		2套			砼浇筑
14	导管		86m			
15	液压拨管机		1套			地下连续墙
16	接头箱	1000×400	88m			
17	接头箱	800×300	70m			
18	接头刷	800×400	1个			
19	钻机	MGJ-50型	1台			高压旋喷桩
20	高压水泵	3S2型	1台			
21	注浆泵	13W-150型	1台			
22	水泥搅拌机	自制	1台			
23	二重喷浆管	Φ90	1套			
24	引孔机	XY-1型	1台			

(3) 导墙施工流程

导墙施工的工艺流程包括：平整施场地、测量定位、挖槽、打垫层、绑扎导墙钢筋笼、支侧模板、浇筑混凝土并养护、拆模并设置横撑、导墙外侧回填黏土压实。

① 测量定位：按设计图纸放出地连墙的中心线及导墙的开挖线、端线并引入高程，控制导墙顶面的高程与地连墙顶面高程基本一致。

② 开挖导沟：使用机械挖槽，挖至设计标高以上 20cm 时(一般挖至原状土为止)，采用人工清，修理边坡。为了保证导墙不滑移及沉降，并能承受住顶升接头箱的反力，二导墙上部从导墙内侧分别向外翻 80cm 和 130cm。

③ 支模钢筋绑扎：导沟开挖完成后，对导沟底部做 100mm 厚的 C10 素混凝土垫层。钢筋绑扎时应严格按照设计图纸施工，槽底纵向钢筋的下方需设置钢筋保护块，以保证保护层厚度。先浇筑导墙下部外翻的混凝土，后在临土面混凝绑扎钢筋支模，外加 50×100 横向和纵向背楞，并每隔 2.0m 加设 2 道横向支撑。

④ 混凝土浇筑及养护：在导墙混凝土浇筑之前，必须将槽底的渣土和灰尘清理干净。浇筑混凝土时选用插入式振捣棒振捣。导墙浇捣应比自然地坪高出 10cm，防止地表水进入槽内。振捣时注意避开钢筋，同时保证距模板至少 10cm。导墙混凝土浇筑完成 24h 后，需覆盖塑料薄膜进行养护。导墙混凝土拆模后，应每隔一米设上下两道木横撑，防止导墙在侧向土压作用下产生变形、位移。同时严禁大型机械设备在导墙周边行驶。导墙整体施工完成后，应在导墙外侧用黏土回填、夯实，防止地表水从导墙背后渗入槽内，引起槽段塌方。

导墙按每 30m 为一单元分段施工，前后两段导墙相连施工缝要凿毛清理，导墙内水平钢筋必须连成整体，并按设计位置预留泥浆溢流孔以减少泥浆对场地的污染。导墙的施工接头位置应与地下连续墙施工接头错开导墙施工实况。

第五节　泥浆

为保持开挖沟槽土壁的稳定，地下连续墙成槽过程中，需不断的向槽中灌入护壁泥浆。泥浆在成槽过程中主要起液体支撑的作用。通过在开挖的土体表面形成泥皮，防止地下水的渗入和槽壁坍塌。泥浆还具有润滑、冷却挖槽机具和悬浮土渣、固壁的作用，泥浆是保证挖槽机成槽的关键因素。泥浆管理和运用的好坏，直接影响到地下连续墙的施工质量。

(1) 泥浆的配制与净化

① 泥浆循环系统：泥浆采用钠基膨润土搅拌泥浆，现场开挖新浆池($200m^3$)、净浆池 $250m^3$。

② 及沉淀池($250m^3$)，配备两台 3PNL 泵进行泥浆循环，并配备 1 台泵将新鲜泥浆送到施工槽孔。泥浆池设置位置见现场平面布置图，总容积约 $700m^3$。槽段排出的泥浆经沉淀池沉淀后泵送到净浆池，供下一槽段使用，其循环工序流程详见图 3-11-9。

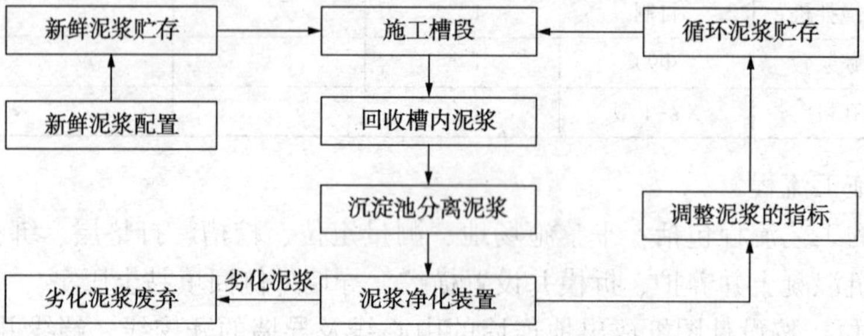

图 3-11-9　泥浆生产循环工序图

(2) 泥浆配比设计及现场性能测定

① 确定最容易坍塌的土层

依据地下水、地基土和施工条件等因素综合考虑。由于 12#盾构井地下连续墙是在软弱的冲积层上进行施工，采用膨润土拌制泥浆，并添加适量的分散碱和增黏剂 CMC。地基土主要由粉砂、粉土、粉质黏土、黏土等构成。综合考虑此种复合地基情况，确定以最容易坍塌的土层(粉土、粉砂)为主要因素来确定泥浆配合比。

② 确定泥浆的黏度

为了保证槽壁的稳定性，需要泥浆有一定的黏度。根据地基土质、有无地下水、挖槽方式、泥浆循环方式的不同，选用不同黏度的泥浆。总体来说，用于黏性土地基的泥浆黏度应不能大于沙质土地基。当地下水较少的地基的泥浆黏度应小于地下水多的地基。另外，特别注意，当采用大型抓斗水下提拉的挖槽方式时，在泥浆静止状态下挖槽，容易产生槽壁坍塌。所以泥浆黏度要大于泥浆循环挖槽方式时的黏度。综合考虑水文情况、地质条件、施工区域类似工程经验以及相关地下连续墙的施工经验。为了满足工程的地下连续墙挖槽稳定性要求，最终确定采用泥浆静置 24h 的黏度(700/500mL)在 18~25s 的膨润土泥浆。

12#盾构井地下连续墙的工程泥浆基本配合：

膨润土：8.5%；

Na_2CO_3：2.5‰；

高黏 CMC：2‰。

③ 泥浆试配与修正

在试验段施工中，对前面确定的基本配合比进行检验、确定(见表 3-11-2、表 3-11-3)。根据护壁情况，确定合适的配合比，并在正式施工中根据实际情况进行调整。搅拌泥浆的顺序为水→膨润土→CMC 溶液→分散剂→其他外加剂。为了保证膨润土颗粒充分水化、膨胀，搅拌出的新浆应该在贮浆池内静止 24h 以上，测试合格后方可使用。

表 3-11-2　新鲜浆液性能指标及其测定

项目	性能指标	测试方法	项目	性能指标	测试方法
比重	1.05~1.08	泥浆比重计	pH 值	7~9	pH 试纸
黏度	25~30s	500ml/700ml 漏斗法	失水量	<10ml/30min	泥浆过滤装置
含砂量	<4%	含砂量测定仪	胶体率	>98%	量洞法
泥皮厚度	<1.5mm	泥浆过滤装置			

表 3-11-3　循环泥浆性能指标及其测定

项目	性能指标	测试方法	项目	性能指标	测试方法
比重	<1.20	泥浆比重秤	泥皮厚度	1~3mm/30min	失水量仪
黏度	20~30s	500ml/700ml 漏斗法	pH 值	<11	pH 试纸
含砂量	<5%	含砂量测定仪			

(3) 泥浆净化处理

待成槽机开挖后，将储浆池中的泥浆输入槽内，保持液面距导墙顶以下 300mm 左右，并高于地下水位 500~1000mm 以上。灌注水下混凝土的同时，将置换出来的泥浆泵送至泥浆处理池，经净化处理分离出泥浆中的渣土，恢复泥浆的正常性能，可重复循环使用。回收泥浆检测，如性能指标严重恶化，则需作废浆处理，用全封闭废浆车外运至指定地点，保证施工质量及清洁。

(4)泥浆质量管理

① 新拌泥浆每隔 24h 测试其性能，掌握其性能随时调整，回收泥浆应做到每池检测。

② 对槽内泥浆定期取样测试。若达不到标准规定，要及时调整泥浆性能。

③ 抓斗提升出地面时要及时补浆，以保持槽内泥浆面高度。

④ 在清槽结束后测一次黏度和密度，浇筑砼前再测一次，并做好原始记录。

第六节　挖槽

(1) 槽段划分大尺度地下连续墙的单元槽段的划分应根据场地地质水文条件、抓斗尺寸、钢筋网起吊能力、地下连续墙结构、混凝土供应能力等确定。应综合考虑满足槽壁稳定性、成槽施工工艺要求、成槽设备的性能、钢筋笼制作和起吊能力等因素，尽可能加大槽段宽度，减少接头。在导墙制作完毕养护期间，在导墙上用红油漆按地连墙槽段划分图画出槽段分界线和接头箱放置位置线。

(2) 成槽设备本工程地下连续墙施工要满足永久结构的要求必须保证地下连续墙的垂直

度和平整度，控制地下连续墙沉降以及墙体止水、抗渗。考虑以下几个因素的影响：①地层特性；②开挖深度；③地下连续墙厚度和强度；④施工条件；⑤机械设备的性能。对这五个因素进行综合评估，拟选用宝俄抓斗系列，其性能参数参见表3-11-4。

表3-11-4 液压抓斗性能参数

型号	BG-34	型号	BG-34
挖深/m	60/70	钻架高度/m	13.8
挖宽/m	0.5~1.2/0.8~1.2	悬挂重量/t	8.0/12.0
斗齿开度/m	2.8	斗容/m^3	1.2~2.0
斗齿数	2+3	纠偏方法	液压电子纠偏

(3) 成槽施工

成槽施工是地下连续墙施工关键技术之一。是工期控制和质量控制的关键点。根据施工区域的具体地质情况，确定采用地下连续墙液压抓斗施工。施工过程中，抓斗应保证对准导墙中心线取土。通过液压抓斗导向杆调整抓斗的空间位置和垂直度。同时控制成槽进度。

本工程基本槽段(6m一个槽)施工，采用一槽三抓挖槽法。即先开挖两边土体，然后挖取中间部分土体。异型槽也基本采用一槽三抓挖槽法(详见图3-11-10)。槽段分序进行施工，其中编号分为1序槽和2序槽；为保证连续墙的稳定性，在地下连续墙的转角处，分别设有"Z"型槽、"L"型槽等。

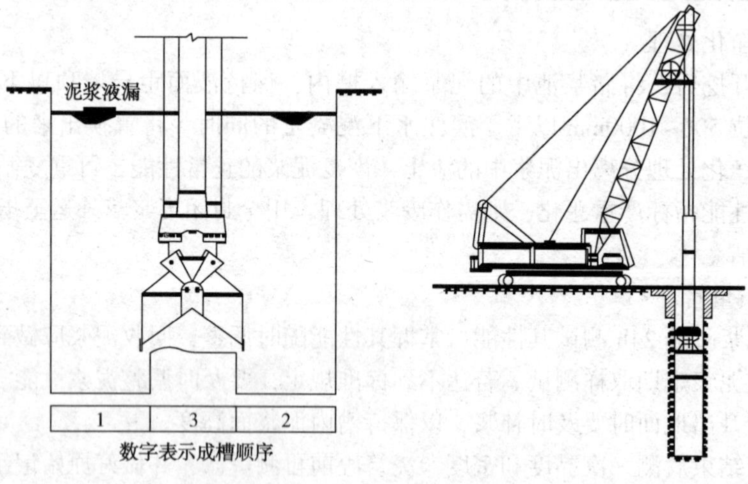

图3-11-10 三抓成槽工序图

具体施工时，依据现场测量放出的施工槽段线，首先在每一个挖掘单元的两侧分别使用液压抓斗成槽至设计标高；然后将成槽设备抓斗移至该槽段的中部，抓槽至设计标高。抓斗机具就位前，为了满足施工垂直度要求，必须对施工作业场地进行平整硬化处理，同时需保证吊车履带与导墙垂直。

挖槽作业需要连续施工，不能中断。随着挖槽向下延伸，需随时向槽内补充泥浆，始终保持泥浆液面位于泥浆面标志处，一直到槽底挖完，防止挖槽过程中坍槽。因故中断时，必须将液压抓斗从沟槽内提出，并保证机具设备远离槽段施工范围。防止设备侧翻或塌方埋钻。当抓斗提升出地面后，要及时对槽内补充新鲜泥浆，始终保持槽内泥浆面在导墙顶面下

50cm 左右。详见表 3-11-5。

表 3-11-5　连续墙施工顺序

1	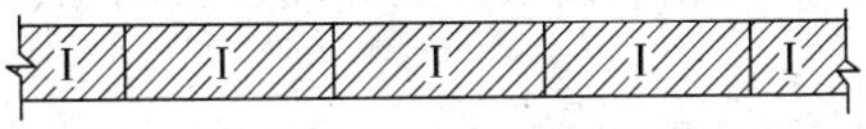	待开挖的连续墙编号，分为Ⅰ序槽段和Ⅱ序槽段
2	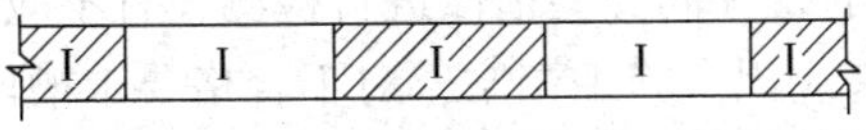	先开挖Ⅰ序槽段，Ⅰ序槽段内按照跳一挖一的原则进行施工
3	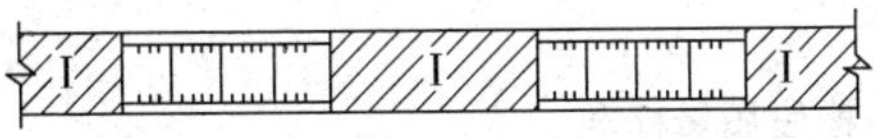	Ⅰ序槽段抓孔完成后，进行清孔，下钢筋网片
4	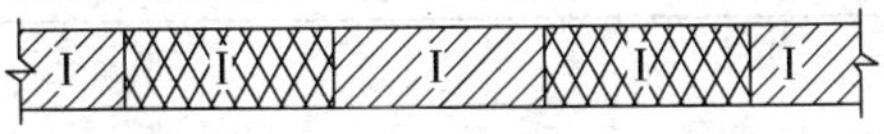	Ⅰ序槽段灌注水下混凝土
5	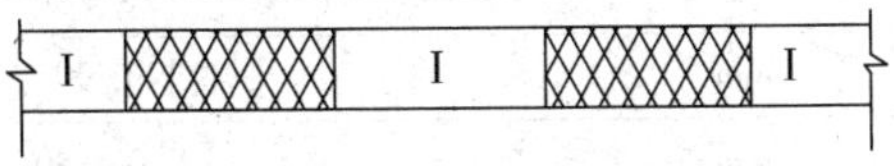	Ⅰ序槽段混凝土达到强度，开挖Ⅱ序槽段
6	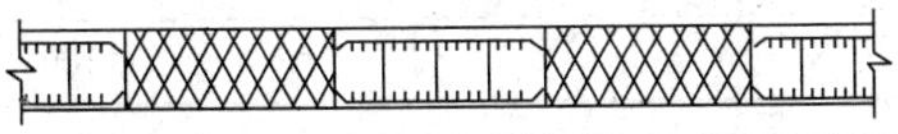	对Ⅱ序槽段两端与Ⅰ序槽段接头处采用钢丝刷清刷接头，然后下放钢筋网片
7	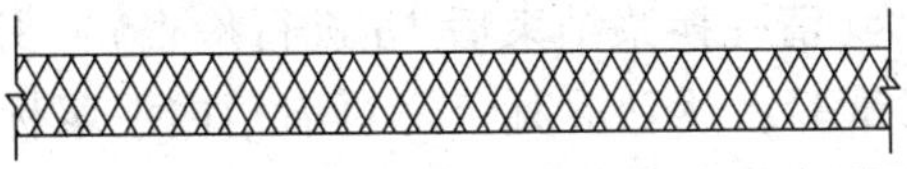	浇注Ⅱ序槽段混凝土，连续墙连成一个整体后，进行冠梁施工

当槽段挖至设计标高后，应第一时间对槽深、槽宽、槽位和垂直度进行检查，并记录好相关数据。

在施工中应严格按规范规程相关要求，控制槽段的垂直度和允许偏差，保证成槽质量，详见表 3-11-6。

表 3-11-6　成槽控制表

项目		允许偏差	检查频率		检查方法
			范围	点数	
成槽垂直度	液压抓斗法	1/300	每幅 3 线	每线每米一点	测斜仪
接头相邻两槽段的中心线		0~50mm，并不能影响内部限界			
挖槽深度		清孔后不小于设计深度			测探吊线
清孔及槽底淤泥厚度		100mm			

（4）清槽

成槽后需要进行清槽，清槽施工通常采用“二清法”。一清：当成槽并沉淀一小时后，用抓斗抓起槽底余土及沉渣。二清：若孔底附近泥浆或沉渣厚度不能满足相关规范、规程要求，应利用灌注导管（采用双 3PN 大泵并联）在浇筑混凝土前进行正循环清渣。

① 清槽关键点：为了防止泥浆静置时的悬渣沉淀，必须保证泥浆的正常循环。刚开始进行循环时，应将导管提起 5~6m。等泥浆比重基本稳定后，再逐渐下放至槽底，清底必须在刷壁或下完接头箱后进行。

② 槽段接头清刷：用吊车吊住刷壁器对槽段接头混凝土壁进行上下刷动，以清除混凝土壁上的杂物。刷壁时需要注意：

a. 刷壁过程中要注意接头位置有否异常，钢丝绳的偏移量。

b. 刷壁要斜向拉，相邻槽段要尽快施工，避免泥皮过厚，导致附着过硬，难以清洗干净。

c. 成槽后，抓斗要尽量在接头箱位置紧贴已浇槽段向下除去混凝土。

③ 使用外形与槽段接头形状相匹配的清刷器对相邻槽段接头界面进行刮除、清刷泥皮。停待约 1h，待土渣沉淀后，再用抓斗清底。

④ 槽深测量及控制：成槽后，应对不少于 20%同类型槽段进行检测，且不应少于 3 幅；每幅槽段成槽检测不少于两个断面，检测结果应记入施工档案，对不合格要求槽段重新进行整改。槽段质量标准见表 3-11-7：

表 3-11-7　槽段质量标准

序号	项目	单位	质量标准
1	垂直度	%	≤3‰
2	槽深	mm	不小于设计深度
3	槽宽	mm	0~+50
4	沉渣厚度	mm	≤100

槽段终孔并验收合格后，清孔合格标准为(清孔换浆结束后 1h 进行检查)：①孔底淤积厚度≤10cm；②从距孔底 0.5~1.0m 处取浆试验，达到混凝土浇筑前槽内泥浆标准，且不含粒径大于 5mm 的钻渣。其中槽段内混凝土浇筑前泥浆各项指标参数为：黏度 45~50s，失水量≤30(ml/30min)；pH 值 9.5~11.0；含砂率≤5%。

施工过程中槽深可采用标定好的测绳测量，每幅根据其宽度测 2~3 点，同时根据导墙实际标高控制挖槽的深度，以保证地下连续墙的设计深度。

第七节　槽段接头及结构接头

划分单元槽段时必须考虑槽段之间的接头位置，以保证地下连续墙的整体性。一般接头应避免设在转角处以及墙内部结构的连接处。

(1) 地下连续墙采用工字字型止水钢板接头，应满足以下要求：

① 不能影响已完成的一期墙段及后续墙段的施工，不能影响施工设备和机械的正常运行。

② 能起到伸缩接头的作用，能传递各单元槽段之间的应力。接头结构承受混凝土的侧向压力，并保证满足变形要求。

③ 混凝土不得从接头下端流向背面，也不得从接头与槽壁之间流向相邻槽段去。

④ 接头不得窝泥，并且要易于清除。接头表面上不应黏附变质泥浆的胶凝物或沉渣，以免造成漏水或者强度降低。

⑤ 施工接头不能因分段搭接错位而影响整体性和垂直性，以至影响后续墙段的施工。

(2) 地下连续墙接头采用接箱处理接头：

① 吊装接头箱应使用履带式吊车。

② 接头箱应分段起吊、入槽。在槽口逐段拼接到达设计长度后，沉防至槽底。

③ 接头箱必须沉放到设计位置，上端口与导墙连接处用槽钢扁担托住以防混凝土倒灌。接头箱后侧应填筑黏土，防止混凝土绕流。

第八节　钢筋笼

根据设计，地连墙钢筋网片的最大长度为43m，含工字钢最大重量约为85t左右。采用300T履带吊+150T履带吊配合整体吊装，钢筋网片加工场地尽可能就近布置。

(1) 制作平台要求

钢筋加工平台应浇筑素混凝土，地面高差不大于2cm。地面上安装与最大单元槽段钢筋笼长度和宽度相同的槽钢(见图3-11-11)。槽钢按上纵下横排列、横向间距为4m，纵向间距为1.5m。焊接成矩形，四角保证成90°，并在制作平台的四周边框上按钢筋纵横间距尺寸焊定位筋。

图3-11-11　钢筋笼制作平台示意图

(2) 钢筋笼制作

钢筋笼制作应严格按设计图纸标定的钢筋品种、长度和排列间距，从下到上，按横筋→纵筋→桁架→纵筋→横筋顺序铺设钢筋。钢筋笼制作过程中应注意：

① 钢筋网片必须根据设计图纸中墙体配筋图和单元槽段的划分来加工。

② 钢筋网片吊装时应整节起吊安装，钢筋接头采用Ⅰ级直螺纹连接。转角部位的钢筋网片应设置斜撑，以增加吊装刚度和稳定，待下笼时逐根切割掉。

③ 地下连续墙的基坑钢支撑预埋件，应保证预埋件中心位置误差应小于1cm。

④ 钢筋网片底部的纵向受力主筋应向内弯曲，避免吊装时钢筋磕碰槽壁。横向筋放置在外侧，纵向主筋放置在内侧。纵向筋底端距槽底应满足设计要求。

⑤ 应按设计要求保证钢筋网片主筋内外净保护层厚度。水平钢筋端部与接头箱应留有10~15cm间隙。在纵向主筋上每隔3m应设置一排垫块以保证保护层的设计厚度，垫块用0.5cm厚扁钢制成，每排每个面大于3块。

⑥ 应根据导墙顶面的实际标高和钢筋网片安装标高确定吊筋长度。并在桁架的纵筋上焊接吊筋吊环。为保证钢筋网片起吊时的刚度，在钢筋网片内布置3~4榀桁架：槽段宽度大于6m时，架立桁架为5榀；槽段宽度大于5m时，架立桁架为4榀；槽段宽度小于5m时，架立桁架为3榀。钢筋网片水平筋与桁架钢筋交叉点、吊点2m范围、钢筋网片口处应100%点焊，其他位置70%点焊。

⑦ 根据均匀分布原则，在桁架上确定了4个主吊点，4个副吊点。副吊点位于钢筋网片中、下部，主吊点位于钢筋网片顶端。应在已确定的吊点位置上，用预弯成“]”形的钢筋与桁架上下纵筋焊接加固。

(3) 吊点设置及吊具、钢丝绳、吊点的验算

① 吊点位置的确定

钢筋笼起吊时会产生挠曲变形，如果挠曲变形过大，会造成焊缝开裂，整体结构散架，无法起吊。因此，通过计算确定吊点的位置，是钢筋笼吊装过程的难点。以下以标准钢筋笼的掉点计算为例说明：

根据正负弯矩相等时所受弯矩变形最小的弯矩平衡定律原理，计算如下(图 3-11-12)。

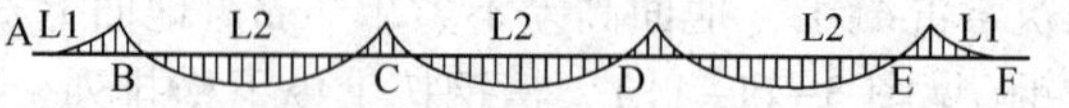

图 3-11-12　钢筋笼弯矩计算图

$$+M=-M$$

其中：$+M=\frac{1}{2}\quad qL_1^2$　　　　M 弯矩

$-M=\frac{1}{8}\quad qL_2^2-\frac{1}{2}\quad qL_1^2$　　　　q 均布载荷

故：$L_2=2\sqrt{2}L_1$

所以 B、C、D、E、F 四点起吊时弯矩最小。实际吊装过程中，B、C 中心是主吊点；D、E、F 中心为副吊点。而 AB 距离的存在影响钢筋笼吊装。根据实际吊装经验，B 点可向 A 点移动即 A、B 重合，其他各点位置调整如图 3-11-13 所示。

A(B)	C	D	E	F
11000	11000	8400	8400	3390

图 3-11-13　钢筋笼吊装吊点图

在钢筋笼起吊过程中，A(B)C 为主吊点，D、E、F 为副吊点。

以长度 42.19m 钢筋笼设置吊点(其他钢筋笼参照设置)为例。为达到减少钢筋笼的变形的目的，必须最大限度的减少钢筋笼的最大弯矩。水平吊点设置四道：钢筋笼顶端第一道水平筋处设置第一道；第一道向下 11m 设置第二道；上、下各设置 3 个起吊点，由主吊机负责起吊。距钢筋笼底 3.39m、8.4m 和 8.4m 处依次设置第三道、第四道、第五道。每道设 2 个吊点，总共 6 个吊点，由副吊机负责起吊。每个吊点位置的水平方向应增设 2 个 ϕ32mm 加劲环筋，以提高吊点位置的局部稳定性(详见附图钢筋笼加强图)。

② 吊点、吊筋等部位加强

为保证钢筋笼在起吊及入槽下放的整体稳定性和安全性，钢筋笼局部需在原设计基础上进行加强。钢筋笼采用 $\phi36$ 钢筋作为吊筋，见图 3-11-14。

吊点加强及支撑筋、穿传杠部位均采用 $\phi32$ 钢筋进行加强，见图 3-11-15。

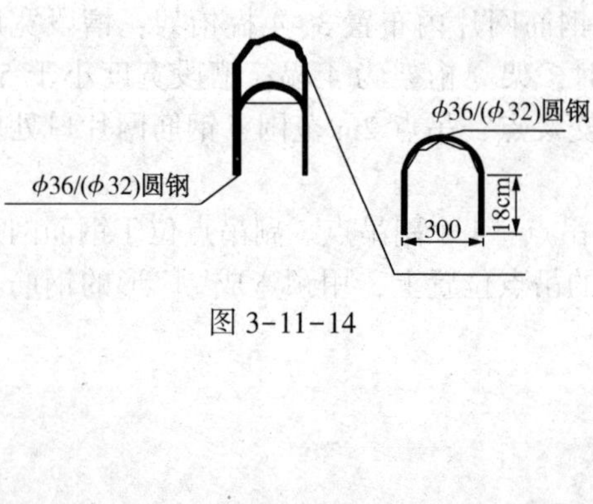

图 3-11-14

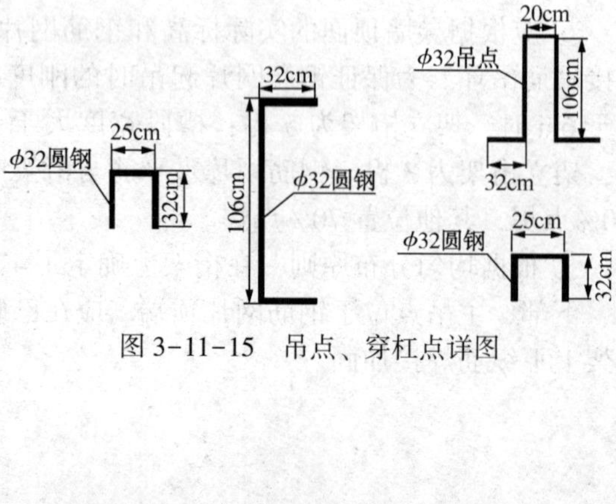

图 3-11-15　吊点、穿杠点详图

钢筋笼第一道水平筋用 ϕ36 钢筋代替原水平筋，并增加 ϕ32 钢筋一道，第一道水平筋向下竖向 2~3m 布置一道 ϕ28 水平加强筋代替原水平筋。

钢筋笼两侧布置 20 剪刀叉支撑筋。

① 钢筋笼双机起吊负荷分配计算

为保证地下连续墙钢筋笼起吊的安全性，避免因起吊损坏钢筋笼结构，造成安全隐患，对钢筋笼起吊采用双机配合起吊方式起吊钢筋笼，根据起重机的性能要求，每台起重机承担的重量不能超过额定荷载的 80%，并按此进行起重机起重力选择与起重安全计算。

因两台起重机的起重量不相等，钢筋笼起吊采用 12 点抬吊，主机 6 吊点，辅机 6 吊点，因此一般先确定主机的负荷值和绑扎点位置，然后按力的平衡条件求出辅机的负荷值，再根据力矩平衡条件求出辅机的绑扎点位置。二机起吊负荷分配应考虑二种情况：起吊时情况；钢筋笼被立直后的情况。

a. 起吊时受力情况：

钢筋笼起吊时的负荷分配如图 3-11-16 所示：

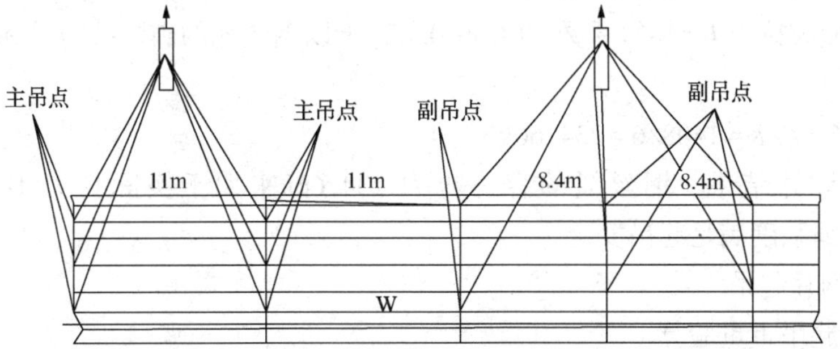

图 3-11-16　负荷分配图

设钢筋笼重为 W，且设其重心作用点位置为钢筋笼的中心处。则由力平衡条件得：主吊与副吊上的负荷分别为 P_a、P_b

$$P_a+P_b=W \qquad 其中：P_a+P_b=3(P_1+P_2+P_3+P_4) \qquad W=80\text{t}$$

由力矩平衡条件得：

$$P_a 16.5\text{m}=P_b 14.9\text{m}$$

$$求得：P_a=37.96\text{t}$$

$$P_b=42.04\text{t}$$

b. 钢筋笼被立直后的受力情况，见图 3-11-17。

钢筋笼被立直后，这时副吊摘钩，负荷全部落在主吊上，负荷分配如下图所示，则

由力平衡条件得：

主吊钢筋笼上 6 个吊环上的负荷：$6P_0=WP_0=13.3\text{t}$

起重机主吊负荷：$P_a=W=80\text{t}$

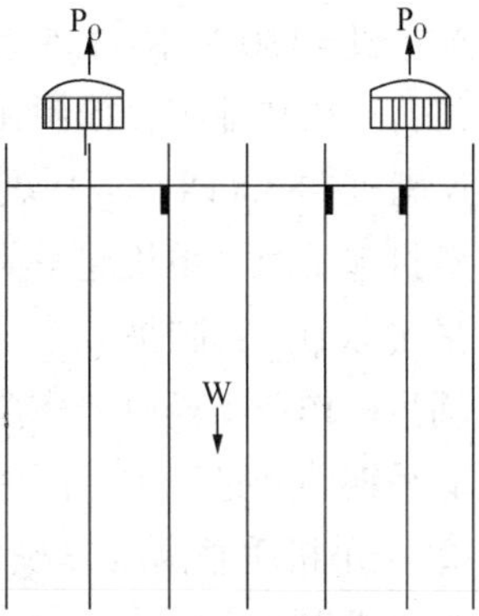

图 3-11-17　钢筋笼受力图

钢丝绳强度验算：

钢丝绳接头采用压头方式，钢丝绳的破拉力换算系数 C 取 1.0；钢丝绳接头采用插头方式，钢丝绳的破拉力换算系数 C 取 0.75。

主吊机钢丝绳：

扁担处钢丝绳应采用 ϕ56mm 的钢丝绳(6×37)。吊具重量取 85t。

其中 Q=833kN；n 为钢丝绳根数，n=4；B 是钢丝绳分支与水平面的夹角。

每根钢丝绳的拉力 $S=(Q/n)\times(1/\sin\beta)=(833/4)\times(1/\sin60°)=240.47$kN，式中 n 为钢丝绳的根数。

则：钢丝绳破拉力 P=换算系数 C(C 取 1)乘以钢丝绳的破断拉力总和，即 P=2248kN×1=2248kN 容许拉力 $T=P/K=2248/6=374.6$kN

根据以上计算结果，钢丝绳的容许拉力 374.6kN 大于实际拉力为 240.47kN，选用 ϕ56.0mm 的钢丝绳强度满足起吊安全。

辅吊机钢丝绳：

扁担处及钢丝绳选用 ø38mm 的钢丝绳(6×37)。吊具重量取 64.5t，其中 Q=632.1kN；n 为钢丝绳根数，n=4；每根钢丝绳的拉力 $S=(Q/n)\times(1/\sin\beta)=(632.1/4)\times(1/\sin60°)=182.48$kN，式中 n 为钢丝绳的根数。

则：钢丝绳破拉力 P=换算系数 C(C 取 0.82)乘以钢丝绳的破断拉力总和，即 P=1408×1=1408kN

容许拉力 $T=P/K=1408/6=234.66$kN

根据以上计算结果，钢丝绳的容许拉力 234.66kN 大于实际拉力 182.48kN，选用 ϕ38mm 的钢丝绳强度满足起吊安全。

（4）钢筋网片起吊

① 钢筋笼起吊重量验算

主吊机 300t 起吊整个钢筋笼的最重重量为 80t，加吊具、吊钩等重量为 85t，辅吊机在辅助吊装过程中所承受的起吊最大重量为整个网片的 0.75，加吊具吊钩等重量为：62t。

主吊选用 300t 履带吊：根据起重性能表，计划主臂长度 60m，角度 76°，额定起重量 130t。

辅吊选用 150t 履带吊：根据起重性能表，计划主臂长度 34m，角度 76°，额定起重量 80t。

双机抬吊系数(K)计算：

N 主机=130tN 索=1.5t 主吊实际 Q_{max}=80t+5t=85t

注：主机作业半径控制在 10m 以内。

N 副机=83.6tN 索=1t 副吊实际 Q_{max}=60t+2t=62t

双机起吊时，单机起吊荷载不得超过允许荷载的 75%，主吊 Q_{max}=130×75%=97.5t 大于主吊实际 Q_{max}；副吊 Q_{max}=83.6t×75%=62.7t 大于副吊实际 Q_{max}。

辅吊机作业半径应严格控制在 7.5m 以内。

起吊钢筋笼过程中，所用主、副吊起重角度及起重半径均需控制在额定的范围。

② 主吊机垂直高度 H 确定

主吊机垂直高度除了应综合考虑钢筋笼的最大尺寸、重量和主吊臂架最大仰角 76°，还要考虑钢筋笼吊起后吊臂能正常旋转且不碰撞主吊臂架(见图 3-11-18)。

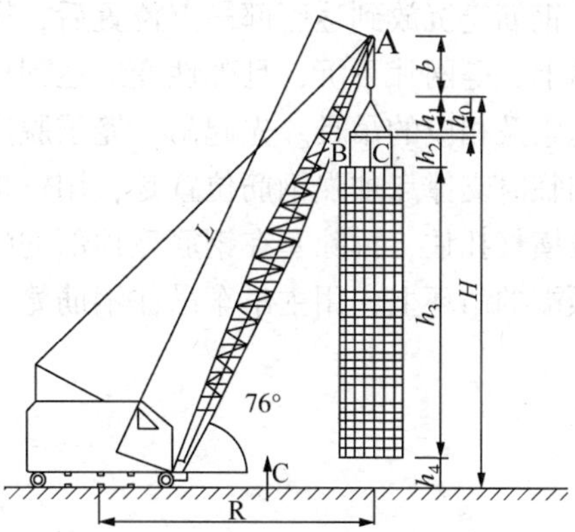

图 3-11-18

$AC = b + h_1 + h_2 + h_0 = 11.5 + 2.598 + 1.8 + 1$
$= 16.898m$

BC = AC/tan76° = 16.898/tan76° = 4.213m > 3.5m（钢筋笼宽度 7m），符合碰臂验算要求。

$H = h_1 + h_2 + h_3 + h_4 + h_0 = 2.598 + 1.8 + 42.66 + 0.5 + 1.0 = 48.558m$

h_0——起吊扁担净高，$h_0 = 1.0m$

h_1——扁担吊索钢丝绳高度，h_1 -3sin60°-2.598m

h_2——钢筋笼吊索高度，$h_2 = (18-14.4)/2 = 1.8m$

h_3——钢筋笼长度，$h_3 = 42.581m$

h_4——起吊时钢筋笼距地面高度，$h_4 = 0.5m$

b——起重滑轮组定滑轮到吊钩中心距离，b = 11.5m

主吊机起重臂长度 L

$L = (H+b-C)/\sin a = (48.558+11.5-2.235)/\sin 76° = 59.59m$

C—起重臂下轴距地面的高度 2.235m

③ 地面荷载的验算

a. 地面荷载涉及地质与地基情况：大面积压实填土，3m 厚的粉土，路基为 30cm 厚的密实级配砂石地基承载力特征值取值 350kPa，路面为 30cm 的 C25 钢筋混凝土地基承载力特征值 300kPa；

b. 300t 吊车履带接触路面面积：$(6.2m \times 3.3m) \times 2 = 40.92m^2$；吊车吊重物旋转中，按最不利原则考虑，接触路面面积修正为：$40.92m^2 \times 0.7 = 28.6m^2$；

c. 300t 吊最重网片总重量：吊车自重 350t+钢筋网片和吊具重量 85t=435t；

（5）吊装程序

钢筋笼起吊时，主吊机吊绳应挂到距钢筋笼顶部的第一排水平筋下的吊点及距第一个吊点 12m 处。副吊机吊绳应挂到钢筋笼下端二排吊点上。当主副、吊机吊钩同时起吊时。当钢筋笼以水平状态提升约 20cm 后，稳定钢筋网片 5min，检查各吊点、吊具和吊车行走路面情况，确定没有异常后，主吊钩可继续提升。此时，副吊钩应水平方向沿主吊机方向移动。起吊时，严禁让钢筋笼底端在地面上拖拉。应保证缓慢使钢筋笼由水平状态转变成垂直悬吊状态。当钢筋笼成垂直悬吊状态稳定后，由工人在两侧用人力操纵，防止钢筋笼摇摆，然后辅吊吊钩缓慢下放，直到扁担下滑至离地面 1m 左右，人工拆除扁担上滑轮。此时，辅吊机应吊走扁担，并离开钢筋笼下放区域。假如发生钢筋笼吊起后，在行走过程中摇摆，应立刻在钢筋笼的下端系拽引绳，采用人力操纵。

移动主吊机到沉放钢筋笼的相应位置，将钢筋笼对位后，缓慢、垂直沉放入槽中。沉入槽内时，应保证吊点中心对准槽中心。相邻槽段混凝土接头面与钢筋笼侧面之间保留适当空隙，缓慢下降，保证不产生横向大摆动，以免碰坏槽壁。在水平方向，在钢筋网中心涂刷红油漆作标志，在导墙的相应位置也用红油漆作标志。在钢筋笼吊装下沉过程中，应始终保持两标志点重合。假如出现偏差，应重新调整对准后才能继续沉放。

钢筋笼沉放到达底部吊点位置后，用3根穿杠(10cm×20cm×160cm的实体钢板)支撑在导墙上，等网片下沉，且弹性变形达到稳定，钢丝绳彻底松懈后，拆除套在钢筋笼上的卡环及绳索及相应的吊具。先起吊，笼子脱离穿杠后，取出穿杠，继续沉放钢筋笼。当沉放位置达到临时支撑点加强钢筋位置是，用三根穿杠，横穿过钢筋笼并搁置在导墙上。此时，钢筋笼被横杠托住，拆除套在钢筋笼顶部的的卡环、绳索及相应的吊具。同时，将卡环套在钢筋笼顶端的吊环上，用主吊车吊住钢筋笼。见图3-11-19。

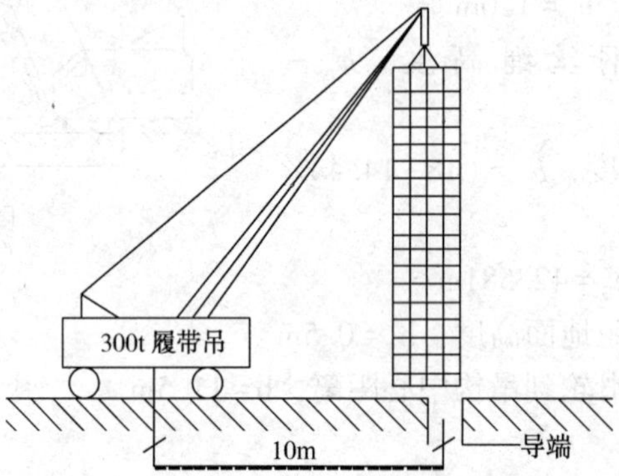

图3-11-19　主吊示意图

提升钢筋笼，抽出横在导墙上的穿杠。缓慢下沉钢筋笼至设计标高。此时，用穿杠穿过吊环并搁置在导墙上，托住钢筋笼。

第九节　混凝土浇筑

(1) 混凝土配合比

本工程地下连续墙混凝土设计强度等级C30，设计抗渗、防冻等级W8F150，为了达到此等级，水下灌注需提高一等级为C35的混凝土，需要防水混凝土施工的配合比应通过试验确定。

(2) 灌注准备

① 下放钢筋网片和导管前必须清刷砼接头。用挖槽机抓斗清槽底沉渣。刷接头设备应保证把接头刷洗干净。

② 混凝土浇筑平台就位后应先调平，对准钢筋网片导管通道。吊防直径25cm~28cm的混凝土浇筑导管。应保证导管密封性能，导管下口与槽底距离小于等于50cm。

③ 现场检查混凝土塌落度满足设计标准。灌注前，应在导管内泥浆液面处放置隔水球胆。

④ 钢筋网片固定后4h必须内灌注混凝土。否则，应进行泥浆循环清槽替浆。

⑤ 浇筑砼前，要测定槽内泥浆比重、含砂量及槽底沉渣厚度，若比重大于1.20或槽底沉渣厚度大于100mm，则要采取置换泥浆清孔。其方法见前述清底换浆。

(3) 混凝土灌注

① 当槽段长度采用两根导管灌注时，应保证两导管之间距小于等于3m，导管距槽端部小于等于1.5m。

② 浇筑混凝土时应保证混凝土面上口平，一个槽段上的两个导管应同时开始灌注。两台混凝土罐车(每车不少于6m^3 混凝土)对准导管漏斗同时浇筑混凝土，保证混凝土同时下落，混凝土面层同时上升。

③ 首灌量的确定：

$$V=V_0+V_1$$

式中 V——首灌量；

V_0——管外砼堆高量；

V_1——管内砼贮量。

其中：

$$V_1=h_1\frac{\pi d^2}{4}+H_cA$$

$$h_1=H_w\frac{\gamma_w}{\gamma_c}$$

式中 R——导管作用半径(m)；

h——混凝土堆高(m)；

B——槽孔宽度(m)；

d——导管直径(m)；

H_c——首批砼浇筑深度(m)；

h_1——导管内砼柱高度(m)；

H_w——砼顶面距导墙顶面高差(m)；

γ_w——槽内泥浆容重；

γ_c——砼容重

根据导管下口埋入砼深度不小于1.5m来确定，砼不少于15m^3。基本能满足首灌量的要求。设专人经常测定混凝土面高度，并记录混凝土灌注量(因混凝土上升面一般都不水平，应在三个以上位置量测)。通过记录数据来确定拔管长度，埋管深不得少于1.5m，最大不超过6m。一般控制在2~4m为宜。

④ 水下混凝土必须连续灌注，从而保证混凝土在导管内的流动性，防止出现混凝土夹泥现象。砼面上升速度不小于2m/h。双导管同时灌注，两侧砼面均匀上升，高差不得大于500mm。灌注全槽时间不得超过混凝土初凝时间。

⑤ 砼初凝前30min，用顶升机上提并活动接头箱，缓慢提升10cm之后，每隔30min活动一次，4~5h后再拔出接头箱。

⑥ 地下连续墙顶部浮浆层控制采取以下措施：

a. 根据实际槽深计算混凝土方量；

b. 用测绳量测混凝土面深度；

c. 到上部时，可用钢筋标出尺寸，向下探测混凝土面层；

d. 为保证设计墙顶处砼强度满足要求，通常混凝土最后浇筑高程要高出设计高程0.3~0.5m，待开挖后将上部浮浆凿去。

第十节　施工质量标准

地下连续墙技术是土木施工中重要的环节，其在深基坑施工中具有非常关键的作用。地下连续墙技术的施工好坏，直接决定了深基坑施工的质量的好坏。因此，在应用此技术时，一定要给与足够的重视。本文就地下连续墙的施工技术进行深入研究，结合天津津滨轻轨地下连续墙施工过程，对其施工中的关键环节进行探讨，从而为地下连续墙施工提供有益的参考。

一、地下连续墙施工的施工特点

地下连续墙施工特点。在一般情况下，当开展地下连续墙施工时，主要是采用特定的机械设备，开挖出一条地下深槽。待深槽挖好后，将一定量的钢筋放置槽中，然后进行浇筑施工，这样就能够有效形成完整的钢筋混凝土结构。钢筋和混凝土有效结合在-起，能够非常好地提升地下连续墙体的抗渗漏能力，起到非常有效的防水的效果，同时能够有效提升其承载能力，从而为深基坑接下来的施工提供必要的开挖条件。

在过去的建筑施工中，地下连续墙往往应用于地下室、地铁的外部围护结构中。随着建筑技术的不断发展和完善，地下连续墙施工技术也得到了有效提升，成为了高层建筑施工的重要主体结构。通过应用这种施工技术，能够有效保障高层建筑物的整体安全性能，让建筑物更加稳定。

二、地下连续墙施工的条件

想要有效利用地下墙施工技术来提升深基坑的施工质量，首先要保证施工的准备工作的质量。其中，一要保证有效掌握施工图纸，二要保证合理选择施工设备，下面就对这两个方面进行研究。

1. 掌握施工图纸

建筑施工是一个动态的过程，是按照施工设计思路有效开展下去的。因此，想要有效促进施工的健康运行，就需要对施工图纸有充分的了解，要牢牢把握设计师的设计思想，有效实现从图纸了解设计意图再回头修订图纸的过程。与此同时，要进一步强化对图纸的了解，对工程的基本情况进行有效了解，认真分析工程的施工方案，有效明确施工工程的重点和难点，从而为接下来的施工打下良好的基础。

2. 有效选择设备

设备的好坏一定程度上影响着工程的施工质量。在本次施工中，考虑到天津市有丰富的地下水资源，且地质较差的问题。我标段通过应用防水性能较好的，且结构十分稳定的地下连续墙施工结构。在选用成槽机时，应用了液压抓斗，其特点主要有以下几点：

第一，液压抓斗具有非常好的施工效率，其抓斗的闭合力非常大。与此同时，卷扬机能够快速提升，只需较短的施工辅助时间。当其提供较大的闭合力时，能够更好地促进复杂地层的连续墙施工开展。

第二，液压抓斗配有倾角传感器和纵向及横向纠偏装置，首先通过倾角传感器实时检测抓斗的状态并发送到处理器进行处理，由处理器发出纠偏信号到控制油缸，调整抓斗状态。在工作中能够随时对槽壁进行前后、左右全方位的修整，在软土层施工中纠偏效果明显。

第三，液压渣都具有先进的测量系统。抓斗配备了触摸屏电脑测量系统，记录、显示液压抓斗开挖的深度和倾斜度，其挖掘深度、升降速度和 x、y 方向的位置可在屏幕上准确显示，测斜精度可达 0.010，并可通过电脑储存及打印输出。

第四，液压抓斗有非常可靠的安全保护系统。驾驶室设有安全操纵杆及配有多项中央电子检测系统，可随时预报各主要部件的工作状况。此外，抓斗旋转系统可使抓斗相对臂架回转，在不移动底盘的情况下，完成任何角度的成墙施工，大大提高了设备的适应能力。

三、地下连续墙施工的关键工序及应注的问题

本工程地下连续墙采用一槽三抓的跳挖施工法，根据设计确定的单元槽段长度。标准段的施工过程，大致可分为七步：①测量放线及导墙施工等准备工作；②用专用机械进行成槽开挖；③安装锁口管；④安装钢筋笼；⑤水下混凝土灌筑；⑥拔除锁口管；⑦已完工的槽段。

第一步是准备开挖的地下连续墙沟槽。待准备工作完成后，在沟槽的两边放入锁口管，然后把钢筋笼插入槽段之中，按照设计的高度进行下沉。然后把导管插入，接着进行水下混凝土灌注。当混凝土初凝之后，将锁口管拔除，从而初步形成了完善的单元地下连续墙。而在整个施工过程中，存在着一些关键环节和一些应该注意的问题，具体来说，主要表现为以下几点：

(1) 导墙的施工

在进行导墙施工时，首先要进行测量放线，然后对开挖导墙，根据施工的要求和规定，规范绑制双排钢筋、支模、浇筑。这一施工环节较为简单，但是导墙的质量好坏却对地下连续墙的轴线和标高有着非常重要的影响。对于导墙来说，其要座于原状土之上。此外，导墙除了要在成槽中有很好的导向作用之外，还要能够有效承受施工中车辆及设备的荷载，有效避免槽的坍塌；要保证存储泥浆的稳定液位；要搁置入槽后的钢筋笼，同时还要能够有效承受顶拔锁管时产生的集中反力。

(2) 泥浆的配备

泥浆配置质量的好坏对施工质量好坏起着关键性作用。在对泥浆进行配备时，要充分保证液压抓斗成槽的安全和质量。在这其中，有效保证护臂泥浆生产循环系统的质量控制指标是非常关键的。在施工过程中，要有效配备足量的，合格的泥浆，从而有效保证地下连续墙施工的正常开展。在我段施工中，对泥浆的质量控制非常严格，每日必检、每幅必查。同时对循环浆的要求非常严格，要求其比重<1.1、黏度<25s、含砂率<4%。也正因为如此，在施工过程中有效避免了地下连续墙出现坍塌事故的几率。

(3) 地下连续墙成槽

地下连续墙成槽是非常重要的环节，在施工中一定要标明单元槽段的位置，标注出每抓的宽度位置和首开幅成槽宽度位置、钢筋笼搁置位置及泥浆液面高度，并标出槽段编号。要注意拆除单元槽段的导墙支撑，与此同时，要在槽段两侧筑挡水埝。接着要有效检测泥浆管是否畅通，检查是否存在漏浆的问题，然后向该幅槽段内注入泥浆至泥浆液面位置。对于闭合槽段，应首先复测槽段的宽度，如有较大变动，应立即通知技术负责进行核定。

在整个成槽施工中，要严格控制成槽的速度，保证液压抓斗的筑坝位置放宽，这样能够有效降低泥浆液面的落差。此外，在应用液压抓斗时，要用最大的工作半径停机，液压抓斗履带下面应铺4cm厚钢板或路基箱。然后分析成槽护壁的泥浆施工情况，进行必要的调整。

此外，要重视刷壁环节的作业质量。刷壁器应用偏心吊刷，这样就能更好地保证钢刷面与接头面紧密接触从而达到清刷效果。后续槽段挖至设计标高后，用偏心吊刷清刷先行幅接

头面上的沉碴或泥皮，直到刷壁器的毛刷面上无泥为止，确保接头面的新旧砼接合紧密。

(4) 钢筋笼的加工及吊装

钢筋笼要符合施工的质量要求，需要经过验收签证才能够吊装入槽。要保证钢筋笼的外观洁净和不变形，在同一截面上的钢筋焊接接头不超过50%，对焊接头无裂纹、错位。在起吊钢筋笼时，要先用100t履带吊(主吊)和一台50t履带吊(副吊)双机抬吊，将钢筋笼水平吊起，然后升主吊、放副吊，将钢筋笼凌空吊直。吊运钢筋笼单独使用100t吊车(主吊)，必须使钢筋笼呈垂直悬吊状态。利用在导墙上标注的钢筋笼位置确定钢筋笼入槽定位的平面位置与高程偏差，并通过调整位置与高程，使钢筋笼吊装位置符合设计要求。

(5) 锁口管接头的安装定位

当锁口管被下放之后，用吊机向上提升2m左右，保证其固定，然后让其沉入至槽底土中，将其上部进行有效固定。与此同时，其背后空隙部位要进行填实，这样能够有效避免锁口管出现移位问题或者砼绕流下幅槽段。与此同时，在安装接口时，要对其进行必要的保护，可以通过投黏土袋法，向接口孔的两侧投入黏土袋进行填筑，另外，还是有效清理接口，可以安装特别加工的接口清理装置，在在槽段成槽后将接头清理装置安装在液压抓斗斗体上，安装的接头处钢板方向应朝下，这样就可以利用斗体自重自动切削脱离。

(6) 水下混凝土浇筑

混凝土浇筑要在钢筋笼入槽后4h内开始浇灌，施工时要保证供料连续，一般要保证每小时20m”，同时要保证导管埋入混凝土大于1.0m。砼浇筑中要保持砼连续均匀下料，砼面上升速度控制在4~5m/h，导管埋置深度控制在2~6m。同时，导管要在混凝土浇筑过程中保持插入混凝土的状态，保证其埋深大于2m，避免混凝土导管出现拔空的状况。另外，混凝土灌筑的间断时间不能过长，要有效保证在1h以内。在进行砼浇筑时，要保证砼不会溢出。

在浇筑过程中，要认真观察砼面的高度以及导管的埋深。当混凝土被送入导管之内时，此时，槽内的的混凝土面会出现上升的情况，这样就需要对来料方数以及实测槽内混凝土面深度所反映的方数核对一次，有效保证二者相符。

第四篇　深基坑施工监测及风险管控

随着城市的发展，土地越来越稀缺。高层、超高层建筑不断涌现，相邻建筑物的间距越来越小，地下室的深度越来越大。在进行基础施工时，由于基坑坍塌发生群死群伤事故、抽水造成毗邻建筑物开裂、周边道路下沉开裂、管线爆裂的现象屡见不鲜，不仅危及到生命财产的安全，也给正常的施工造成影响，增加工程造价，拖延施工工期。有调查显示，基坑工程事故率可达到20%左右。因此，对于深基坑，建设、施工、设计单位都应给予高度的重视，开工前应进行充分的论证，采取可靠的措施，确保基坑工程作业人员及周边道路、管线、建(构)筑物的安全。

一、绪论

地下空间施工形成的深基坑，所存在的安全问题不仅仅是基坑本身的安全、基坑施工过程安全，还包括对基坑邻边的影响。为满足抗震结构设计，基础本身要求有一定的埋置深度，同时为满足利用地下室，建造地下车库、商场、仓库和人防设施等功能的要求，高层建筑的基础埋置深度不断增大。从发展趋势看，高层建筑越来越高，向地下发展越来越深，给深基坑安全施工提出了严峻的挑战。

1. 深基坑工程分类

一般深基坑是指开挖深度超过5m(含5m)或地下室三层以上(含三层)，或深度虽未超过5m，但地质条件和周围环境及地下管线特别复杂的工程。

深基坑工程主要包括深基坑支护体系设计与施工和土方开挖，是一项综合性很强的系统工程。它要求岩土工程和结构工程技术人员密切配合。基坑支护体系是临时结构，在地下工程施工完成后就不再需要。

深基坑工程作业具有很强的区域性。如软黏土地基、黄土地基等工程地质和水文地质条件不同的地基中深基坑工程差异性很大。同一城市不同区域也有差异。深基坑工程的支护体系设计与施工和土方开挖都要因地制宜，根据本地情况进行，外地的经验可以借鉴，但不能简单搬用。因此，对于深基坑工程详细的类别划分尚未有一个完整的体系。通常，对深基坑工程的分类是按照工程地质和水文地质条件的不同划分的，也有按照深基坑工程建筑产品的不同划分的。

2. 深基坑工程作业特点

深基坑支护体系是临时结构，安全储备较小，具有较大的风险性。深基坑工程施工过程中应进行监测，并应有应急措施。在施工过程中一旦出现险情，需要及时抢救。在开挖深基坑时候需注意加强排水防灌措施，风险较大应该提前做好应急预案。

深基坑工程具有很强的个性。深基坑工程的支护体系设计与施工和土方开挖不仅与工程地质水文地质条件有关，还与基坑相邻建(构)筑物和地下管线的位置、抵御变形的能力、重要性，以及周围场地条件等有关。有时保护相邻建(构)筑物和市政设施的安全是深基坑工程设计与施工的关键。这就决定了深基坑工程具有很强的个性。因此，对深基坑工程进行分类、对支护结构允许变形规定统一标准都是比较困难的。

深基坑工程具有较强的时空效应。深基坑的深度和平面形状对深基坑支护体系的稳定性和变形有较大影响。在深基坑支护体系设计中要注意深基坑工程的空间效应。土体，特别是软黏土，具有较强的蠕变性，作用在支护结构上的土压力随时间变化。蠕变将使土体强度降低，土坡稳定性变小。所以对深基坑工程的时间效应也必须给予充分的重视。

深基坑工程是系统工程。深基坑工程主要包括支护体系设计和土方开挖两部分。土方开挖的施工组织是否合理将对支护体系是否成功具有重要作用。不合理的土方开挖、步骤和速度可能导致主体结构桩基变位、支护结构过大的变形，甚至引起支护体系失稳而导致破坏。同时在施工过程中，应加强监测，力求实行信息化施工。

深基坑工程具有环境效应。深基坑开挖势必引起周围地基地下水位的变化和应力场的改变，导致周围地基土体的变形，对周围建(构)筑物和地下管线产生影响，严重的将危及其正常使用或安全。大量土方外运也将对交通和弃土点环境产生影响。

3. 深基坑工程作业要求

深基坑工程主要包括基坑支护体系设计与施工和土方开挖，其中基坑支护工程施工与土方工程施工需现场具体作业的工程，因此对深基坑工程作业要求主要分为对基坑支护工程施工以及土方工程施工的作业要求。

对基坑支护工程施工的作业要求主要包括：(1)基础施工前必须进行地质勘探和了解地下管线情况，根据土质情况和基础深度编制专项施工方案。施工方案应与施工现场实际相符，能指导实际施工。其内容包括：放坡要求或支护结构设计、机械类型选择、开挖顺序和分层开挖深度、坡道位置、坑边荷载、车辆进出道路、降水排水措施及监测要求等。对重要的地下管线应采取相应措施。(2)坑槽开挖时设置的边坡符合安全要求。坑壁支护的做法以及对重要地下管线的加固措施必须符合专项施工方案和基坑支护结构设计方案的要求。(3)基坑施工应根据施工方案设置有效的排水、降水措施。深基坑施工采用坑外降水的，必须有防止邻近建筑物危险沉降的措施。

对土方工程施工的作业要求主要包括：(1)施工前，应对施工区域内存在的各种障碍物，如建筑物、道路、沟渠、管线、防空洞、旧基础、坟墓、树木等，凡影响施工的均应拆除、清理或迁移，并在施工前妥善处理，确保施工安全。(2)大型土方和开挖较深的基坑工程，施工前要认真研究整个施工区域和施工场地内的工程地质和水文资料、邻近建筑物或构筑物的质量和分布状况、挖土和弃土要求、施工环境及气候条件等，编制专项施工组织设计(方案)，制定有针对性的安全技术措施，严禁盲目施工。(3)山区施工，应事先了解当地地形地貌、地质构造、地层岩性、水文地质等，如因土石方施工可能产生滑坡时，应采取可靠的安全技术措施。在陡峻山坡脚下施工，应事先检查山坡坡面情况，如有危岩、孤石、崩塌体、古滑坡体等不稳定迹象时，应妥善处理后，才能施工。(4)施工机械进入施工现场所经过的道路、桥梁和卸车设备等，应事先做好检查和必要的加宽、加固工作。开工前应做好施工场地内机械运行的道路，开辟适当的工作面，以利于安全施工。(5)土方开挖前，应会同有关单位对附近已有建筑物或构筑物、道路、管线等进行检查和鉴定，对可能受开挖和降水影响的邻近建(构)筑物、管线，应制定相应的安全技术措施，并在整个施工期间，加强监测其沉降和位移、开裂等情况，发现问题应与设计或建设单位协商采取防护措施，并及时处理。相邻基坑深浅不等时，一般应按先深后浅的顺序施工，否则应分析后施工的深坑对先施工的浅坑可能产生的危害，并应采取必要的保护措施。(6)基坑开挖工程应验算边坡或基坑的稳定性，并注意由于土体内应力场变化和淤泥土的塑性流动而导致周围土体向基坑开挖方向位移，使基坑邻近建筑物等产生相应的位移和下沉。验算时应考虑地面堆载、地表积水和邻近建筑物的影响等不利因素，决定是否需要支护，选择合理的支护形式。在基坑开挖期间应加强监测。(7)在饱和黏性土、粉土的施工现场不得边打桩边开挖基坑，应待桩全部打完并间歇一段时间后再开挖，以免影响边坡或基坑的稳定性并应防止开挖基坑可能引起的基坑内外的桩产生过大位移、倾斜或断裂。(8)基坑开挖后应及时修筑基础，不得长期暴露。基础施工完毕，应抓紧基坑的回填工作。回填基坑时，必须事先清除基坑中不符合回填要求的杂物。在相对的两侧或四周同时均匀进行，并且分层夯实。(9)基坑开挖深度超过9m(或地下室超过二层)，或深度虽未超过9m，但地质条件和周围环境复杂时，在施工过程中要加强监测，施工方案必须由单位总工程师审定，报企业上一级主管。(10)基坑深度超过14m、地下室为三层或三层以上，地质条件和周围特别复杂及工程影响重大时，有关设计和施工方案，施工单位要协同建设单位组织评审后，报市建设行政主管部门备案。(11)夜间施工时，应合理安排施工项目，防止挖方超挖或铺填超厚。施工现场应根据需要安设照明设施，在危险地段应设置红灯警示。(12)土方工程、基坑工程在施工过程中，如发现有文物、古迹遗址或化石等，应立即保护现场和报请有关部门处理。(13)挖土方前对周围环境要认真检查，不能在危险岩石或建筑物下面进行作业。(14)人工开挖时，两人操作间距应保持2~3m，并应自上而下挖掘，严禁采用掏洞的挖掘操作方法。(15)上下坑沟应先挖好阶梯或设木梯，不应踩踏土壁及其支撑上下。(16)用挖土机施工时，挖土机的工作范围内，不得有人进行其他工作，多台机械开挖，挖土要自上而下，逐层进行，严禁先挖坡脚的危险作业。(17)基坑开挖应严格按要求放坡，操作时应随时注意边坡的稳定情况，如发现有裂纹或部分塌落现象，要及时进行支撑或改缓放坡，并注意支撑的稳固和边坡的变化。(18)机械挖土，多台阶同时开挖土方时，应验算边坡的稳定，根据规定和验算确定挖土机离边坡的安全距离。(19)深基坑四周设防护栏杆，人员上下要有专用爬梯。

二、我国深基坑工程作业现状

随着城市建设的发展，各类用途的地下空间已在世界各大中城市中得到开发利用，诸如高层建筑多层地下室、地下铁道及地下车站、地下停车库地下街道、地下商场、地下医院、地下仓库、地下民防工事以及多种地下民用和工业设施等。近20年是我国城市基坑工程发展最为迅猛的时期，针对城市地区用地紧张和地价昂贵的状况，开发商总是设法提高土地的空间利用效益。由于向上伸展受到容积率的限制，因而加大对地下空间的利用则成为有效的选择。深基坑施工作业与安全管理得到了前所未有的发展和推进。

1. *施工现场问题*

深基坑施工各方面技术虽然已经在全国不同地区、不同的作业环境条件下取得了很多成功的经验，但现在仍然存在着一些问题需要进一步改进或提高。

(1) 土方工程问题

在实际的工程建设中，往往会出现经过施工后的边坡表面的平整度、顺直度等不规则的问题，而在挡土支护工程后的欠挖与超挖现象也并不少见。另外为了降低成本或加快进度而刻意忽略施工措施与施工要求的不同，并由此所引起的施工质量问题也并不少见。

(2) 支护工程问题

深基坑支护由于其土压力与传统理论的挡土墙土压力有所不同，在目前没有完善的土压力理论指导下，通常仍沿用传统理论计算，因此有误差是正常的。但不可避免的是，由于深基坑工程的特性，施工作业环境复杂，受土质、水土压等的影响很大，因此支护工程的设计方案仍是一个需要研究并提高的点。

2. 安全管理问题

深基坑工程的安全管理是一个复杂的管理问题，涉及建设单位、设计单位、施工单位、监测单位以及监理单位等。

(1) 建设单位问题

基坑支护工程属于临时性工程，建设开发单位往往在思想上不够重视，不愿投入过大的资金，为减少管理费用，很少聘用岩土工程专业人员，造成基坑施工现场管理缺乏经验，指挥人员技术素质太低，由此埋下安全隐患。

(2) 设计单位问题

设计单位经验不足，往往盲目服规范，这种极端行为，在设计单位是普遍存在的问题。另外深基坑设计多以经验估算为主，过于重视专家意见。但经验或专家意见，并不能等同于具有普遍指导意义的理论，随意性较大，设计结果也就难以把握了。

(3) 施工单位问题

基坑施工和运行期间，涉及的管理主体较多，施工单位现场作业不协调的行为严重影响了施工的安全管理。目前基坑开挖和支护一般由两个单位来完成，在管理上分别独立地受建设单位领导，这就不可避免地存在着工序之间的分工协作问题，这一问题与责任不明确等因素，更直接导致施工过程中各项不安定因素的增长。少数施工单位不具备技术条件，人力、物力等基本素质较差，不了解深基坑工程安全生产是建立在团结协作基础上的系统工程，片面地追求利润或迁就业主，使得深基坑工程的安全性大大降低。

(4) 监理单位问题

监测单位技术分析能力不足。基坑工程事故与基坑监测不力或险情预报不准有直接关系，分析其原因主要表现在：①监测人员技术能力不足。基坑监测过程是综合分析评价并进行决策的研究过程，目前监测人仅仅是测量员，只知道报告结果，不知道结果的来由，更谈不上如何处理结果了。明显的表现就是监测人不具备最起码的专业知识，知识面窄，更没有现场施工经验。②监测人员责任心不够。监测是周而复始的机械工作，监测人未免疲乏、懒散，对监测工作没有放到"安全第一"的高度来认识，导致监测质量得不到保证，监测数据不真实，使监测工作流于形式。

三、深基坑工程作业问题分析

深基坑工程施工中的安全事故主要表现在：一是围护结构整体失稳坍塌；二是围护结构局部或部分破坏；三是围护结构体系滞水功能失效，基坑大量进水或涌砂(泥)；四是基坑底土严重隆起；五是由于基坑支护结构严重位移或破坏引起基坑周边道路、地下管线、建筑物破坏等。

引起基坑上述事故的主要原团有以下几个方面：一是基坑施工单位对基坑工程没有给予足够的重视，施工前没有按相关规定编制切实可行的施工方案而随意施工；二是施工单位编制的施工方案存在着严重的缺陷，按此方案施工，事故不可避免；三是施工前提供的有关基坑地质勘察资料不准确，据此编制的方案不可能完善；四是施工单位虽编制了切实可行的施工方案，但在施工中为了压造价赶工期而不按方案实施；五是在基坑工程施工中遇到突发事故没有切实可行的应急处理方案，或应急处理不当；六是其他不可预知的因素或不可抗力引起的基坑事故。

1. 固有措施问题分析

一般来说，土方开挖工程技术含量相对较低，工序简单，组织管理容易。而挡土支护工程的技术含量高，工序较多且复杂，施工组织和管理都较土方开挖复杂，二者的协调配合是深基坑工程施工作业中的重要问题。深基坑事故往往是由于支护工程的问题所引起的支护工程整体结构塌毁、局部结构破坏，挡水性不足导致坑内进水、涌沙、涌泥等事故，然而实际工程施工中真正导致上述事故发生的主要原因，除人为控制以及自然条件原因外，两道工序的协调配合措施是主要问题所在。因为上述两道工序的施工建设单位通常是由建设单位独立分别管理的，因此不可避免的会在信息交流沟通、施工人员主观合作协调意识、方案措施技术交底等方面上出现问题。另外前者工序的进度往往在进行之后很久才会进行后者的施工工作，由此不得不使用比如二次回填土或者搭设梯架等方法来保证后者施工的进行，但因此而导致的安全隐患以及工人暴露在影响安全系数的环境中的时间则大大增加了，并往往因此导致支护工程的各种问题，从而最终导致上述事故的发生。

土方开挖施工的一般工序是首先由机械开挖，在挖至设计规定的深度或厚度后由工人人工修理钎平。但实际工程施工中，受技术交底与各部门信息交流沟通、各施工作业段开挖深度高度落差、机械操作工人专业技能水平与职业素质水平、建设施工单位施工现场管理措施方法等因素影响，边坡的平整度、顺直度等在实际工程中施工后的效果往往与设计方案要求有出入，而在此之后的工人人工修理钎平等工作又不可能进行深度地挖掘修正，因此最终边坡的顺直度往往在局部会出现与理想效果较大的不同，再加之其后对验收的不重视或主观上片面对施工措施费用的降低以及侥幸心理，最终影响到边坡的实际工程施工效果。导致实际施工结果达不到或不符合设计要求，造成边坡挡土支护工程的欠挖超挖现象。

在支护工程施工中，因为工人的专业技能水平与职业素质水平较低，加上施工建设单位管理观念方面的忽视，或者为降低成本而偷工减料，都会导致支护工程的工艺达不到或不符合设计要求，实际施工过程也与设计要求的施工工程的差异性较大等问题。

2. 人为控制问题分析

实际深基坑工程中，大多数发生了工程事故的单位都是没有按照相关规定进行实施监理或检测工作的，或者也有部分是虽然进行了监理检测工作，但管理不规范，全责划分含糊，工作安排不细致，施工场地内外监督管理水平标准不一致，而实行全过程监理的就更少了。客观来讲，深基坑工程的监理工作对监理人员的专业知识水平、业务能力水平、经验阅历、以及职业道德水平都有较高要求，然而在我国现阶段的监理工作中，无论是监理人员的水平或是监理单位的安全责任意识都仍需长足的进步。当下我国的监理工作主要就支护结构工程质量、工期、进度进行监理，而距离全过程监理工作仍然是一个较大的缺口。

施工建设单位为降低成本，往往不安排施工监测人员进行相关工作，或者虽然设置了相关数据检测点，但对周边环境尤其是基坑坡边、坑外环境影响、变形的检测不足甚或完全忽视，导致数据不足；又或者直接对检测数据本身重视不足。使得检测工作流于形式，形同虚设。另外，施工建设单位对支护工程的检测更显不足，对其没有进行设计相关的监测方案或应急处理预案，发生意外或遭遇特殊天气、地理等人力不能控制的极端变化时，不能够做出及时有效的预警报警或应急处理工作，事故发生后处理也往往走着“大事化小，小事化了”的套路，各单位各部门竭尽全力地避开责任，对事故发生原因往往不了了之，加之对事故原因本身的调查也不容易展开，因此往往一次事故后仍然得不到应得的重视对待，对下次避免或处理事故完全没有任何帮助。

施工建设单位为了降低管理费用，所招收的相关工作人员鲜有专门学习土力结构等专业的有有丰富从事相关工作经验的，这就造成了施工现场管理指挥的工作人员或监督部门的人员专业技能素质普遍过低，由于缺乏经验，现场管理混乱无秩序等问题。

另一方面，实际工程施工工作的展开实事上是与设计密不可分的，然而为了降低成本，施工建设单位往往片面强调设计的一面，而对实际施工工作与设计工作的结合刻意忽视。深基坑的设计本应是为了施工工作定下标准的工作，然而实际工作中，为了满足建设行政部门在监督管理方面的要求，从而展开在此之后紧随的相关施工工作，往往仅仅强调于施工图中的安全性而忽略实际施工中的操作性，而之后在深基坑的招投标阶段为中标得到施工资格又忽略施工实际情况压力工程造价，甚至存在个别低于设计方案中的预算。导致之后在实际施工工作的展开中，根本无法做到按照施工图设计的要求，由此埋下安全隐患，导致事故频发。

深基坑工程的施工期间参与的管理主体较多，各单位之间的协作合同行为严重影响着施工作业现场的危险性，如对场地设施的合作应用、材料的处理等问题。而一旦出现某些单位部门间不合作的现象，如将施工材料、机械设备、临时性工程放置、搭建于深基坑的边坡附近等行为，如不经过沟通协调很可能会导致边坡因受力过大而发生严重变形，此类行为将大幅度提升施工现场的作业条件危险性。

3. 自然条件问题分析

深基坑支护由于其土压力与传统理论的挡土墙土压力有所不同，在目前大多采用习惯的水土合算计算土压力，然后这种方法因为基坑水压受地下常水位的影响，往往会低估水土压力的，因此往往会出现有误差，因而影响到工程的安全性。

四、解决措施

1. 做好设计工作

首先，设计人员在进行初步设计时，一定要对施工场地的地质情况进行详细的勘察，尤其是地质特点以及当地的地貌，以此为深基坑开挖提供正确的参考数据。设计图纸中，设计人员要详细的表述出土的特性，尤其是稳定性，这对施工人员来说至关重要；其次，设计人员依据勘察数据会设计出很多种方案，相关人员通过对造价、安全度等方面对比，选择出最合理的方案，这是确保施工现场安全的重要因素。有些工程正是因为设计方案选择不合理，不仅造价偏高，也引发了很多安全事故。

2. 做好技术方面工作

首先，组建技术交底班子，班子成员包括项目经理、施工组长等。班子成员要对深基坑施工现场安全管理有充分的认识，同时每一位成员都要对施工步骤有详细的了解，按照相应的规范进行技术交底，监督与管理要齐头并进，以此保证施工顺利完成；其次，施工单位要严格按照设计图进行施工，安全管理人员要进行动态控制。深基坑施工所要达到的主要目的就是挡土、防水，为此施工人员在进行施工时，一切都要以挡土、防水为目标。施工期间可能会发生很多无法确定的因素，设计图纸可能与现实情况不符，此时施工人员不能擅自做主，要与设计人员、监理人员一起商讨对策；最后，采用信息化手段施工，现阶段信息化技术已经被广泛的应用在深基坑施工中，信息化技术手段可以进行信息采集，同时对各种不安全因素进行随时的监控，这对减少安全隐患的出现有着积极的作用。

3. 做好材料管理工作

深基坑施工所需要的材料质量必须有所保证，材料质量不合格是引发安全事故的重要原因之一。材料采购人员在选择材料厂家时，一定要检查其是否具有出厂合格证，同时还对材料进行送检，只有送检合格的材料才能够使用。另外，安全管理人员还需要建立材料管理制度，做好材料的采购、储存等方面的工作。

深基坑工程是一个系统工程，管理主体较多，施工工序繁杂，存在很多不确定因素，责任的界定相当模糊，因此，需要建立系统化的责任管理模式。这需要政府牵头，建设开发单位组织且为总管理责任主体，设计、施工、监理、监测等单位为管理责任主体，且互相牵制。

基坑的安全管理是一个系统管理，需要参建各方通力协作，不但做好工序间的衔接，还要做好各责任管理主体的交接。只要政府执法部门和监理单位有作为，建设开发单位有资金保障，设计、施工、监测单位及时有效地沟通，基坑的安全保障一定会在有效的监控范围内。

第一章　监测的目的及其重要性

基坑支护监测的对象是围护结构自身、周边建筑物和构筑物，应在施工中采取的监测点的布置范围为基坑边坡开挖的影响区域，按略大于二倍的基坑深度考虑，同时考虑到监测对象的特定情况(重要性、距离远近、构造情况和基础形式等)。在基坑边坡周边每 20~25m、基坑阳角应设立一个沉降、位移监测点，为利于工程施工完毕后分清路面破损形成的过程和责任，必须在工程正式开工前对路面现状进行详细调查，并对道路的现状(材质、平整度、表面特征、破损及开裂)情况进行拍照、描述归档，以便于今后的对比分析，并定期跟踪巡视视察，若出现较大变化时及时将情况上报有关各方。

1. 基坑工程监测的目的

(1) 为施工开展提供及时的反馈信息

开挖施工总是从点到面，从前到后，将局部和前期的开挖效应与观测结果加以分析并与预估值比较，验证原开挖施工方案正确性，或根据分析结果调整施工参数，必要时采取附加工程措施，以此达到信息化施工的目的，使得监测数据和成果成为现场施工管理和技术人员判别工程是否安全的依据，成为工程决策机构必不可少的“眼睛”和“瞭望塔”。今年来，这种预警预报式的信息化施工方法已经成为工程法规，通过政府管理部门指令性推行实施，避免了不少可能发生的工程事故，保护了人民的生命财产。

(2) 作为设计与施工的重要补充手段

基坑工程设计和施工方案是设计人员通过对实体进行物理抽象，采取数学分析手段开展定量化预测计算，并借鉴长期工程实践经验制定出来的，在很大程度上揭示和反应了实际真实状况。然而，实践是检验真理的唯一标准，只有在方案实施过程中才能获得最终的结论，其中现场监测是获得上述验证的重要和可靠手段，设计计算中未曾计入的各种复杂因素，都可以通过对现场监测结果分析加以局部修改和完善。将施工监测和信息反馈看作设计的一部分，前期设计和后期设计互为补充，相得益彰。

(3) 作为施工开挖方案修改的依据

根据工程实际施工的结果来判断和鉴别原设计是否安全和适当，必要时还需对原开挖方案和支护结构进行局部的调整和修改，例如，改变挖土顺序，减少日出土量，或采取地基与结构加固措施等。为了选择和制定出最佳的修改和加固方案，既保证安全又经济合理，对于设计人员来说，施工监测数据则是至关重要的定量化依据。只有通过对监测数据的透彻分析，准确预估结构及其相邻介质的变形趋势，才能以最小的代价获得最大的成效。

在采用监测数据预测基坑围护和相邻土层变形与受力规律方面，反演理论的应用取得了较大的成功，其做法是将结构和土层的量测位移作为输入，按所假设的弹性或弹塑性模型反算或校正材料参数和作用荷载，进而推算出相应条件下结构和相邻介质的最终结果予以输出。根据反演分析概念编制成计算机分析程序，装入现场监测数据储存作用的微机，则可在输入监测数据的瞬时，即可获得理论预测结果，在基坑工程中具有重要的应用价值。

(4) 积累经验以提高基坑工程的设计和施工水平

鉴于在地质条件、施工工艺、几何形状、开挖深度、围护和支撑类型等方面所存在的差异，基坑围护的设计和施工，应该在充分借鉴现有成功经验和吸取失败教训的基础上，配合和计入自身的特点和要素，力求在技术方面中有所拓展，有所创新。对于某一个特定基坑工程而言，在方案阶段，需要参考同类工程的图纸和监测成果，在竣工阶段，则为后续工程的建设又增添了一个工程实例。正是在各个工程监测工作的基础上，有关基坑工程的数据库才得以逐渐丰富和扩大。从完整的意义说，广大工程技术人员不辞劳苦，所从事的现场监测不仅为确保本工程项目的安全可靠，而且为该领域的学科和技术发展作出了贡献。在基坑工程的技术发展过程中，监测工作及其监测成果起到了十分重要的作用。

在通常使用的力学分析、数值计算、室内试验模拟等工程技术手段中，客观事物，即地下结构和相邻土层，总是在不同程度上作些近似或简化处理，为突出主要因素，忽略了其他次要因素，这样做对于不同问题求解是必需和适合的，但在真实刻画自然界客观事物的变化规律方面，不可避免地掺入了人为假定的因素。在这方面，现场监测技术显示了极大的优势，每一个基坑工程的施筑，从某种意义上说，都是一次 1 : 1 的实体试验，所取得的数据是结构和土层在工程施工过程中的真实反映，是各种复杂因素影响和作用下基坑系统的综合体现。

2. 基坑监测的重要性

深基坑的理论研究和工程实践告诉我们，理论、经验和监测相结合是指导深基坑工程的设计和施工的正确途径。对于复杂的大中型工程或环境要求严格的项目，往往难从以往的经验中得到借鉴，也难以从理论上找到定量分析、预测的方法，这就必定要依赖于施工过程中的现场监测。第一，靠现场监测提供动态信息反馈来指导施工全过程，并可通过监测数据来了解基坑的设计强度，为今后降低工程成本指标提供设计依据。第二，可及时了解施工环境——地下土层、地下管线、地下设施、地面建筑在施工过程中所受的影响及影响程度。第三，可及时发现和预报险情的发生及险情的发展程度，为及时采取安全补救措施充当耳目。

从基坑工程事故分析可知，由于部分单位不重视基坑施工过程的监测，从而造成了较严重的工程事故，甚至造成了人员伤亡事故。如基坑围护结构的失稳，周边建筑的裂缝及地下设施的破坏。因此，当前对于超过 4.0m 深的基坑开展监测工作已经变得越来越重要，同时，为设计、施工更复杂的基坑积累经验。

第二章　监测方案编制

建设单位应委托具备相应资质的第三方对建筑基坑及边坡工程实施现场监测，监测单位不得与建设、施工、监理等单位有相互隶属或同属一个上级单位等利益关系。

监测单位编写监测方案前，建设单位应向监测单位提供监测工作所需的以下资料：

(1) 岩土工程勘察成果文件；

(2) 建筑基坑、边坡工程设计说明书及图纸；

(3) 建筑基坑、边坡工程影响范围内的道路、地下管线、地下设施及周边建筑物的有关资料。

监测单位编写监测方案前，应了解建设单位和相关单位对监测工作的要求，并进行现场踏勘，搜集、分析和利用已有资料，综合考虑基坑工程设计方案、建设场地的工程地质和水文地质条件、周边环境条件、施工方案等因素，在基坑工程施工前制定合理的监测方案。

监测单位编写的监测方案应与基坑设计方案对监测的要求相一致，并经建设、设计、监理等单位认可，必要时还需与市政道路、地下管线、人防等有关部门协商一致后方可实施。

对周边环境比较复杂的建筑基坑项目，建设单位或工程总承包单位及监测单位在施工前，应邀请相邻房屋业主、市政、供电、供水、供气、通讯、城建等有关单位，就设计、施工方案征询相关各方意见；对可能受影响的相邻建筑物、构筑物、道路、地下管线等作进一步检查；对可能发生争议的部位应拍照或摄像，布设记号，作好原始记录，并经双方确认。

1. 监测依据

工程监测依据主要应列出本监测方案依据的工程设计资料、合同承诺以及相关规范、标准、法律法规等。

(必须包括《基坑支护设计方案》《建筑基坑支护技术规程》《建筑基坑监测技术规范》《建筑变形测量规范》《中国建筑基坑支护工程技术规程》及建设单位提供的基坑周边环境(周边道路、管线、建筑物)图等。)

2. 工程概况

简要叙述如下内容：

建设项目名称、建设地点、建设规模；工程的建设、勘察、设计、总承包和分包单位名称，以及建设单位委托的建设监理单位名称以及工期要求等。

说明基坑开挖深度、周长、面积，主要地层及水文地质情况，支护形式及主要监测项目等。详细说明基坑周边环境状况，包括周边道路、管线、建筑物。

3. 监测目的、项目及测点布置

(1) 监测目的

根据本基坑工程特点、周边环境状况、地层及水文地质情况，说明实施监测的目的。

(2) 监测项目

根据国家及地方相关规范、标准，结合本基坑工程特点、周边环境状况、地层及水文地质情况，详细描述该基坑工程的监测项目。

(3) 测点布置

详细说明监测基准点、各监测项目监测点的布置数量、间距、位置，并在监测平面布置图上明确表示，监测平面布置图中应将监测点与基坑边的距离标注出来，详细说明监测点及监测标志的埋设方法、保护措施，并绘制埋设大样图。

4. 监测方法及精度

(1) 监测方法

应详细阐述各监测项目的监测方法及采用该监测方法的依据。

(2) 监测精度

说明各监测项目的监测精度要求，精度要求应符合相关规范、标准要求。

5. 监测组织架构及采用的仪器设备

(1) 监测组织架构

说明实施该监测项目的人员组织架构(列出人员姓名)及相应的职责，监测成果的质量保证措施等。

(2) 仪器设备

说明各监测项目所采用的仪器、设备、数量、型号及其精度要求，所使用的监测设备必须经检定机构检定合格，并处于有效期内。不得使用不合格的监测仪器或超过有效检定期的监测设备。

6. 监测频率、控制值、报警值及应急监测措施

(1) 监测频率

详细说明各监测项目不同施工阶段、不同开挖深度的监测频率，监测周期应为基坑开挖前到基坑回填完毕。

(2) 监测控制值及报警值

详细说明各监测项目监测变形、变化累计控制值及变化速率控制值、报警值，控制值和报警值应符合基坑安全等级、支护设计方案及相关规范、标准的要求。

(3) 监测应急措施

详细说明监测达到报警值、控制值或施工过程出现异常情况时的监测应急措施，异常情况请参照《建筑基坑工程监测技术规范》(GB 50497)相关条文。

① 基坑支护结构或周边土体的位移出现异常情况或基坑出现渗漏、流砂、管涌、隆起

或陷落等；

② 基坑支护结构的支撑或锚杆体系出现过大变形、压屈、断裂、松弛或拔出的迹象；

③ 周边建(构)筑物的结构部分、周边地面出现可能发展的变形裂缝或较严重的突发裂缝；

④ 根据工程经验判断，出现其他必须报警的情况。

7. 监测数据的记录制度和处理方法

(1) 监测数据的记录

应采用标准的记录表格记录监测数据，并绘出记录表格样表，说明监测质量保证措施及相关人员签字认可制度，监测当日报表、阶段性报告、总结报的格式及内容要求，说明监测数据出现异常时的处理措施，绘出监测成果变化曲线或图形。具体要求可参照《建筑基坑支护技术规程》(JGJ 120)和《建筑基坑工程监测技术规范》(GB 50497)相关条文。

(2) 监测数据处理方法

说明监测数据误差分析、消除方法及处理要求，列出数据计算及误差分析公式，确保监测成果的质量。

8. 监测管理及信息反馈制度

(1) 监测管理

说明监测作业管理制度，相关责任人签字认可制度，监测成果整理、审核、审定制度。

(2) 监测信息反馈制度

说明监测信息反馈机制，根据监测信息反馈机制及时向建设单位、设计单位、施工单位、监理单位通报监测数据，向建设单位呈送监测报告，包括日报告、阶段性监测报告和总结报告，监测报告应经监测单位技术负责人签字，并根据监测数据提出合理建议。重点说明监测异常、超过报警值、控制值的信息反馈制度。

9. 图件及表格

监测平面布置图(图中应将各监测项目监测点及监测基准点表示清楚，标出间距及与基坑支护结构间距)。

基准点、监测点埋设大样图。

监测成果相关样图样表。

监测设备、仪器检定证书复印件。

监测作业人员资格证书或上岗证书。

第三章　施工监测的组织及实施

随着经济社会的发展，城市建设也迅速发展起来，出现了越来越多的地下轨道交通和高层建筑工程，从而有了更多的深基坑工程，并且其开挖深度和规模也在逐步扩大。在对深基坑进行施工时，因为受到周边环境、地质条件以及地下水位等各类不确定性因素的作用，易导致坍塌状况，对财产和人员造成一定程度的威胁，从而实时监测深基坑具有相当重要的现实意义。

1. 深基坑监测的必要性

所谓建筑深基坑监测工作，即为在建筑基坑使用及进行施工的环节，针对建筑实际情况，对其基坑和四周环境开展相应的监视、量测以及检测工作。近几年来，城市化进程不断加快，土地资源相当紧缺，城市地下交通呈现迅速发展趋势，在此过程中利用了大量的建筑地下空间，而在各类建筑安全事故中，有很大比例的深基坑坍塌事故，一旦出现基坑坍塌状况，便会导致相当严重后果，不但人员伤亡而且经济损失极大。因此，基坑工程自身的施工安全以及其对周围环境造成的影响越发受到人们的重视。而在现场进行深基坑监测，不但能够为基坑工程进一步优化设计和信息化作业等提供相应理据，而且还可以利用预警和监测，及时发现并解除一定安全隐患，确保基坑和周围环境的安全。

2. 深基坑监测中的常见问题

虽然深基坑工程支护技术已经各个不同地区、不同的地质条件下取得了不少成功的经验，甚至一些已达到非常先进的水平，但仍存在一些问题需进一步思考或提高，以适应现阶段建设的需要。以下将从几个方面对深基坑监测中的常见问题进行分析。

(1) 塌方、管涌及流砂以及位移问题

在深基坑监测中，塌方、管涌及流砂以及位移是经常出现的问题：①在基坑开挖中支护结构失效，边坡局部大面积失稳的情况下，会导致塌方；②在开挖基坑时，基坑尾部的土发生流动效应，在地下水流的带动下共同从基坑底部或旁边一起涌入基坑，进而导致四周地面产生塌陷，建筑物出现裂缝，此为管涌及流砂；③支护结构往基坑里部方向发生位移，从而造成四周房屋出现裂缝，桩后地面产生沉降，边坡失去稳定性，并产生滑移。

(2) 检测技术问题

虽然目前的科学技术在不断提高，并在外来先进技术的融合下，进一步提高了工程质量。然后，仍旧存在各种不足之处。由于目前我国极为欠缺创新力度，并在传统性思维的影响之下，太过保守固执，很少尝试创新。另外，目前我国的教育为应试教育，从而导致人们缺乏灵活性思维，在各类条条框框之下被固有的思想束缚，如此造成我国创新受到阻碍，从而在技术上难以得到很大提升，影响了监测结果。

(3) 深基坑检测点不合理

① 从客观因素上分析来看，造成深基坑检测点埋设问题是由于其不合理的地理位置，因为地质地形相对复杂，难以按时开展检测工作。除此之外，由于欠缺技术和供应的资金，加上自然环境因素，比如环境的突变性，如此便造成发生的状况难以即时解决。

② 从主观因素分析来看，导致深基坑检测点埋设问题是由于在开展决策之初未全面衡量，缺乏符合实际的决策，造成布设基准点时出现不均衡的状况。另外，由于相关员工缺乏较高的科学素养，未全面掌握相关知识，造成其不能够更为透彻地考虑问题，加上团队没有较强合作能力，无法实现充分互补，难以充分发挥集中智慧。最后，由于领导人员的带领问题和成员工作态度问题，都可以造成在实际工作过程中的疏漏问题。

3. 深基坑监测中的常见问题的对应举措

(1) 塌方问题举措

① 在基坑支护验收时，应将下列资料充分准备好。a. 设计变更通知、重大问题处理文件和技术洽商记录；b. 边坡和周围建筑物变形监测报告、锚杆抗拔试验报告、混凝土强度试验报告、砂浆试块抗压强度试验报告以及原材料出厂合格证、复验报告；c. 边坡工程与周围建筑物位置关系图、施工记录和竣工图等。

② 重视对重要的基坑工程进行必要的监测，监测内容主要有以下几点：a. 渗漏、冒水、冲刷、管涌；b. 地下水位以及基坑周边的地面变形；c. 支护结构的变形以及邻近工程和地下设施的变形等。

③ 做好相关预防措施。a. 开挖基坑前应首先采取相关降水方式，将地下水降至开挖基底 0.5m 以下；b. 土层锚杆应当深入至厚实土层里，并灌浆密实；再者，应当避免随挖随支护，尤其要强调按照设计要求程序施工，不能任意在支护结构上增加支护设计未考虑的诸多施工荷载或者随意改变支护结构的受力状态；c. 应当将挡土桩设计得拥有充分的强度和刚度，同时利用顶部圈梁将其连成一个整体。

(2) 管涌及流砂举措

关于深基坑监测中的管涌及流砂问题，可以有以下举措：①大型机械开挖及机械行驶要避免将排水管道损坏，一旦出现破裂要立即修复；②在施工时应当利用深井或井点对基坑进行有效降水，将止水桩设计得更为合理，让其切合挡土桩设计，保持紧密结合，以增强支护刚度和发挥帷幕墙的作用；③桩嵌入基坑底深度要准确算出，让土颗粒的浸水密度比桩侧上渗动水压力大，挡土桩间出现间隙，应在背面设旋喷止水桩挡水，防止发生流水缺口，导致水土流失情况，涌入基坑；④挡土桩宜穿透基坑底部粉细砂层，在施工开始前要增强地质勘察，将土质情况了解清楚。

(3) 位移举措

针对深基坑监测中的位移问题，可以有如下举措：①当经监测出现位移时，应在位移较大部位卸荷和补桩，或在该部位进行水泥压浆加固土层；②基坑开挖前应进行降水，以减少桩侧土压力和水流入基坑，使桩产生位移，施工时，应加强管理，避免在支护结构上大量堆载、停放挖土机械及运输汽车；③锚杆施工必须保证锚杆能深入到可靠锚固层内，基坑开挖前应将整个支护系统包括土层锚杆、桩顶圈梁等施工完成，挡土桩应达到强度，以保证支护结构强度和整体刚度，减少变形；④灌注桩与阻水旋喷桩间应当结合严密，让其形成封闭止水幕，防止桩后土壤在动水压力作用下过多流入基坑，及严格计算入土深度和支护结构挡土桩截面，避免漏算桩顶地面堆土、运输车辆、堆放材料、行驶机械等附加荷载。

(4) 降低安全事故发生的机率

① 应当培养施工相关人员的安全意识，让其做好安全防护工作，珍惜生命，学会利用国家相应法律法规来确保自身的合法权益。②工程管理人员应当充分尊重劳动者，进而确保在建筑工程中科技人员提供更多更可靠的技术支持。③应当安排专门人员去勘查工程的安全系数，判断其危险性高低，并上报相关结果给相应部门，以此保证有效规避风险。在众多复杂多变状况下，应当采取规范合理的安全举措，以此最大程度降低建筑施工过程中的安全隐患。

总而言之，在建筑工程施工过程中，深基坑检测工作质量极大影响着建筑工程的施工水平，从而应当切实保证建筑施工的科学合理性，做好相关深基坑检测工作。更为重要的是，应当切实加强相关检测人员在深基坑检测重要性方面认知，提升检测者的工作积极性，并及时优化工程中的相关问题。如此一来，不但能够确保我国建筑工程深基坑建设的安全性与稳固性，还能有效增强建筑工程的综合质量。

第四章 常见监测项目及精度要求

一、监测项目

1. 水平位移监测

测定特定方向上的水平位移时可采用视准线法、小角度法、投点法等；测定监测点任意方向的水平位移时可视监测点的分布情况，采用前方交会法、自由设站法、极坐标法等；当基准点距基坑较远时，可采用 GPS 测量法或三角、三边、边角测量与基准线法相结合的综合测量方法。当监测精度要求比较高时，可采用微变形测量雷达进行自动化全天候实时监测。

水平位移监测基准点应埋设在基坑开挖深度 3 倍范围以外不受施工影响的稳定区域，或利用已有稳定的施工控制点，不应埋设在低洼积水、湿陷、冻胀、胀缩等影响范围内；基准点的埋设应按有关测量规范、规程执行。宜设置有强制对中的观测墩；采用精密的光学对中装置，对中误差不宜大于 0.5mm。

2. 竖向位移监测

竖向位移监测可采用几何水准或液体静力水准等方法。

坑底隆起(回弹)宜通过设置回弹监测标，采用几何水准并配合传递高程的辅助设备进行监测，传递高程的金属杆或钢尺等应进行温度、尺长和拉力改正等。

基坑围护墙(坡)顶、墙后地表与立柱的竖向位移监测精度应根据竖向位移报警值确定。

3. 深层水平位移监测

围护墙体或坑周土体的深层水平位移的监测宜采用在墙体或土体中预埋测斜管、通过测斜仪观测各深度处水平位移的方法。

4. 倾斜监测

建筑物倾斜监测应测定监测对象顶部相对于底部的水平位移与高差，分别记录并计算监测对象的倾斜度、倾斜方向和倾斜速率。应根据不同的现场观测条件和要求，选用投点法、水平角法、前方交会法、正垂线法、差异沉降法等。

5. 裂缝监测

裂缝监测应包括裂缝的位置、走向、长度、宽度及变化程度，需要时还包括深度。裂缝监测数量根据需要确定，主要或变化较大的裂缝应进行监测。

裂缝监测可采用以下方法：

(1) 对裂缝宽度监测，可在裂缝两侧贴石膏饼、划平行线或贴埋金属标志等，采用千分尺或游标卡尺等直接量测的方法；也可采用裂缝计、黏贴安装千分表法、摄影量测等方法。

(2) 对裂缝深度量测，当裂缝深度较小时宜采用凿出法和单面接触超声波法监测；深度较大裂缝宜采用超声波法监测。

(3) 应在基坑开挖前记录监测对象已有裂缝的分布位置和数量，测定其走向、长度、宽度和深度等情况，标志应具有可供量测的明晰端面或中心。

裂缝宽度监测精度不宜低于 0.1mm，长度和深度监测精度不宜低于 1mm。

6. 支护结构内力监测

坑开挖过程中支护结构内力变化可通过在结构内部或表面安装应变计或应力计进行量测。对于钢筋混凝土支撑，宜采用钢筋应力计(钢筋计)或混凝土应变计进行量测；对于钢结构支撑，宜采用轴力计进行量测。围护墙、桩及围檩等内力宜在围护墙、桩钢筋制作时，在主筋上焊接钢筋应力计的预埋方法进行量测。支护结构内力监测值应考虑温度变化的影响，对钢筋混凝土支撑尚应考虑混凝土收缩、徐变以及裂缝开展的影响。

7. 土压力监测

土压力宜采用土压力计量测。

土压力计埋设可采用埋入式或边界式(接触式)。埋设时应符合下列要求：

(1) 受力面与所需监测的压力方向垂直并紧贴被监测对象。

(2) 埋设过程中应有土压力膜保护措施。

(3) 采用钻孔法埋设时，回填应均匀密实，且回填材料宜与周围岩土体一致。

(4) 做好完整的埋设记录。

土压力计埋设以后应立即进行检查测试，基坑开挖前至少经过 1 周时间的监测并取得稳定初始值

8. 孔隙水压力监测

孔隙水压力宜通过埋设钢弦式、应变式等孔隙水压力计，采用频率计或应变计量测。孔隙水压力计应满足以下要求：量程应满足被测压力范围的要求，可取静水压力与超孔隙水压力之和的 1.2 倍；精度不宜低于 0.5%F·S，分辨率不宜低于 0.2%F·S。孔隙水压力计埋设可采用压入法、钻孔法等。

9. 地下水位监测

地下水位监测宜采通过孔内设置水位管，采用水位计等方法进行测量。地下水位监测精度不宜低于 10mm。

10. 锚杆拉力监测

锚杆拉力量测宜采用专用的锚杆测力计，钢筋锚杆可采用钢筋应力计或应变计，当使用钢筋束时应分别监测每根钢筋的受力。锚杆轴力计、钢筋应力计和应变计的量程宜为设计最大拉力值的 1.2 倍，量测精度不宜低于 0.5%F·S，分辨率不宜低于 0.2%F·S。应力计或应变计应在锚杆锁定前获得稳定初始值。

二、基坑监测方法及精度要求的一般规定

监测方法的选择应根据基坑等级、精度要求、设计要求、场地条件、地区经验和方法适

用性等因素综合确定，监测方法应合理易行。

1. 变形测量点分为基准点、工作基点和变形监测点。其布设应符合下列要求：

（1）每个基坑工程至少应有 3 个稳固可靠的点作为基准点；

（2）工作基点应选在稳定的位置。在通视条件良好或观测项目较少的情况下，可不设工作基点，在基准点上直接测定变形监测点；

（3）施工期间，应采用有效措施，确保基准点和工作基点的正常使用；

（4）监测期间，应定期检查工作基点的稳定性。

2. 监测仪器、设备和监测元件应符合下列要求：

（1）满足观测精度和量程的要求；

（2）具有良好的稳定性和可靠性；

（3）经过校准或标定，且校核记录和标定资料齐全，并在规定的校准有效期内。

3. 对同一监测项目，监测时宜符合下列要求：

（1）采用相同的观测路线和观测方法；

（2）使用同一监测仪器和设备；

（3）固定观测人员；

（4）在基本相同的环境和条件下工作。

监测过程中应加强对监测仪器设备的维护保养、定期检测以及监测元件的检查；应加强对监测仪标的保护，防止损坏。

监测项目初始值应为事前至少连续观测 3 次的稳定值的平均值。

第五章　监测资料的整理及分析

第一节　监测资料的整理整编

监测资料的整理是指对现场采集的监测数据和巡视检查结果，以一定的形式进行加工，从而形成便于应用的监测成果；监测资料整编是指对年度监测资料或多年监测资料进行收集、整理、审定，并按一定的规格编印成册。

一、一般规定

1. 日常资料整理的一般规定

（1）监测资料应及时进行日常整理。日常资料整理的主要内容包括：查证原始观测数据的正确性与准确性，观测值输入计算机数据库，进行观测效应算，编制报表和绘制过程线，巡视检查记录整理，考察观测效应量的变化，初步判断是否存在异常变化。

（2）日常资料整理要经常性，不得拖延，更不能长期积压。每次观测后就立即对原始数据进行检查校核和整理，及时进行初步分析。当发现监测原始资料有异常或确认观测效应量有异常时，应立即向主管部门报告。

(3) 原始资料在现场校核检验后，不得再进行任何修改。粗差的辨识和剔除必须慎重，应严格按照有关规定要求进行。经整理和整编后的监测资料和数据亦不得修改。

2. 定期资料分析的一般规定

(1) 监测资料应定期(一般每年一次)进行编印。定期资料编印的主要内容包括：在平时资料整理的基础上进行观测效应量的统计，填制统计表格，绘制各种观测效应量的分布与相互间的相关图线，编写编印说明书等。

(2) 整编成果应项目齐全、规格统一、考证清楚、说明完备、方法合理、资料可靠、图表完整、数据正确。如停止或减少观测项目的资料整编和分析工作，应经上级主管部门批准。

(3) 全部资料的整编、分析成果应予统一编号，分类归档，由专人统一管理，保持完整，注意保密。

3. 定期资料分析的 HIS 规定

(1) 监测资料应定期进行初步分析。初步资料分析主要包括：效应量变化过程分析、特征值统计分析、测值分布特性分析、测值相关性分析、测值对比分析等。初步分析的主要目的是定性判断大坝是否存在异常状态，并初步判断出现异常的原因。

(2) 监测资料的初步分析应结合年度监测资料整编进行，每年至少一次。遇大洪水或其他特殊情况时，也应及时进行初步分析。

(3) 应建立监测数学模型，对监测效应量进行定量分析。监测模型的建立，主要目的是进一步分析大坝是否存在异常状态，并分析出现异常的原因。

(4) 有条件时，应在年度资料整编时建立监测数学模型进行分析。大坝管理单位不具备建樽条件时，应每隔一段时间(一般为 5 年)委托有资质的单位对监测资料进行全面 I 系统的分析，包括建立数学模型。

(5) 当监测资料积累 5 年以上时，应及时建立以监控模型为基础的监测效运量安全监控指标。当监测资料增加 5 年以上时，应及时校正监控模型和更新安全监控指标。

二、监测资料整理

1. 监测资料整理的基本内容

监测资料整理主要包括：工程基本信息汇编，监测测点基本资料表建立，监测数据记录表建立，监测测值合理性检验，监测效应量计算，监测数据的报表与绘图等。

2. 工程基本信息汇编

这包括工程水文特征(设计洪水、校核洪水等)工程效益(发电装机等)，工程建设过程中的一些影响基坑施工安全的事件(设计修改、施工事故、补强加固等)。

3. 监测测点基本资料表

应对所有测点建立测点基本信息表。基本资料表也称测点考证表，包含：测点所在部位、坐标、高程，仪器型式、型号、厂家、仪器各种参数，测点埋设或建点时间、基准时间、各种基准值等。

4. 监测数据记录表

监测数据记录表应根据仪器和监测类型，遵照《深基坑工程施工安全监测资料整编规程》DL/T 5209 附录 B 和《深基坑工程施工安全监测资料整编规程》KSL 169 附录 B，结合基坑工程安全监测的特点进行设计。

5. 监测数据合理性初验

对现场采集的数据，应对其进行初步检验，包括：作业方法是否符合规定，是否存在缺测或漏测现象，数据记录是否准确、清晰、齐全，观测精度是否满足规定要求，各项观测限差是否在容许的范围内，是否存在粗差或系统误差，是否超仪器量程等。对于超出限差及判断为粗差的数据，应做好标记，并立即重测。对于含有较大系统误差的数据，应分析原因，设法减少或消除其影响，必要时亦应重测。

对被判断为异常的效应量，处理时应慎重。这些表面上看为异常的效应量，很可能是深基坑工程结构性态的表现，必须进行深入分析，不可轻易简单地进行删除处理。

6. 监测效应量的计算

在进行监测效应量计算之前，应先对现场采集的原始测值进行可靠性初验。初验的内容主要包括：作业方法是否符合规定，是否存在缺测或漏测现象，数据记录是否准确、清晰、齐全，观测精度是否满足规定要求，各项观测限差是否在容许的范围内，是否存在粗差或系统误差，是否超仪器量程等。对于超出限差以及判断为粗差的数据，应做好标记，并立即重测。对于含有较大系统误差的数据，应分析原因，设法减少或消除其影响，必要时亦应重测。

经检验合格后的观测数据，应及时换算成监测效应量。存在冗余观测或平衡条件的数据，应先作平差计算或平衡修正计算，再计算效应量。

效应量计算应方法合理、计算准确。采用的计算公式要正确反映仪器的工作原理和物理关系，使用的计算机程序应经过检验并确保无误，采用数要符合实际情况。数据计算应使用国家法定计量单位，有效数字应与仪器读数精度相匹配，且前后一致、不得任意增减。

国家法定计量单位包括 6 个部分：国际单位制的基本单位，国际单位制的辅助单位，国际单位制中具有专门名称的导出单位和国家选定的非国际单位制单位，由上述单位构成的组合形式的单位以及由词头和上述单位所构成的十进倍数和分数单位等。其中，国际单位制的基本单位 7 个，分别为：长度(米/m)，质量(千克/kg)，时间(秒/s)，电流(安/A)，热力学温度(开/K)，物质的量(摩尔/mol)，发光的强度(坎/cd)与安全监测有关的国际单位制中具有专门名称的导出单位有：平面角(弧度/rad)，频率(赫兹/Hz)，力、(牛/N)，压力、压强、(帕/Pa)，电位、@、电动势(伏/V，电容(法拉/F)，电阻(欧/Ω)，摄氏温度(度/C)等。与安全监测有关的国家选定的非国际单位制单位有：时间(分/min、小时/h、天/d)，平面角(度、分、秒)，旋转速度(转每分/r/min)，体积(升/L、升/l)，级差(分贝/dB)等构成的十进倍数和分数单位的词头主要有：10^6(兆/M)，10^3(千/k)，10^2(百/h)，10(十/da)，10^{-1}(分/d)，10^{-2}(厘/c)，10^{-3}(毫/m)，10^{-6}(微/μ)。

数据计算后应经过校核和合理性检查，以保证成果准确可靠。计算成果应填入统一格式的表格中，或录入到固定格式的磁盘文件中。计算成果应打印成纸质文件保存，每页计算成果表上均应有计算人及校核人签字。

7. 监测数据的报表与绘图

监测资料应及时填写相应的表格和绘制相应的图形。

报表应包括当次观测成果汇总表)、月观测成果汇总表(月报表)和年度观测成果汇总表(年报表)。报表格式应遵循《深基坑工程施工安全监测资料整编规程》(DL/T 5209)附录 D 和《深基坑工程施工安全监测资料整编规程》(SL 169)附录 C。

绘图应包括过程线、分布图和相关图》绘图方法应遵循《深基坑工程施工安全监测资料整编规程》(DL/T5209)附录 C 和《深基坑工程施工安全监测资料整编规程》(SL. 169)附录 D。

在绘制过程线时，每批效应量过程线图宜配有主要原因量的过程线。当同一项目在邻近可相关联的范围内有多个测点时，宜绘制同一时间效应量的分布线图或等值线图，亦可绘制同一时间段内对应量—征值分布线图或等值线图。当效应量与某一因量有较明显相关关系时，宜绘制它们之间的相关图。

成果图应表达清楚明了，一般均应标上图号、图名、坐标名、量值单位，坐标值应有分格或比例尺，必要时须加上图例、图注。当一幅图上有多根曲线时，宜用不同线型将各线加以区分。在观测效应量成果图上，初步考察效应量的变化规律，发现异常，应立即分析该异常量产生的原因，提出专项文字说明。对原因不详者，还要向上级主管部门报告。

三、监测资料整编

1. 监测资料整编的基本内容

监测资料整编应包括以下主要内容。

(1) 汇集工程基本概况(含基本指标、历次加固改造情况等)，监测系统布置及更新改造情况和各项考证资料等。

(2) 对监测资料进行汇总、列表和刊对，按规范要求绘制各种图表。

(3) 对监测资料进行简单分析，发现明显的异常情况。

(4) 对上述资料进行全面复核、汇编，刊印成册，并建档保存。

2. 监测资料整编的周期和范围

监测资料整编应以日历年为整编时段，每年整编一次，在汛期前应将上一年度监测资料整编完毕。

整编范围应涵盖大坝各建筑物在该年的全部安全监测资料，包括仪器监测资料和巡视检查资料。

3. 监测资料整编的一般步骤

资料整编的一般步骤如下。

(1) 资料汇总。包括基本资料与监测资料的汇总。基本资料应包括各项观测设备的考证图表，监测系统施工竣工资料，仪器设备资料，工程设计、勘探、试验资料等。监测资料应包括日常资料整理的主要成果，包含所有的监测数据、文字和图表。

(2) 资料复查。复查收集到的资料是否齐全，各项效应量计算及坐标、高程系统有无错误，记录图表是否按统一规定编制，效应量成果图是否连续、准确、清晰。

(3) 监测效应量初步分析。通过监测效应量过程线绘制、特征值统计、相关图分析、空间分布分析等方法，对监测效应量进行初步分析，对大坝安全状况作出初步判断，对存在的问题作出说明并提出改进或初步改造方案。

(4) 编制编印说明。重点阐述本编印时段的基本情况、编印内容、编印组织与参加人员，概括本年度存在哪些监测效应量异常及其分布部位，记录本年度对监测设备和工程采取过何种检验、处理等。

(5) 刊印存档。对上述资料进行刊印成册，并入档保存。

4. 刊印成册的整编资料编排及内容

刊印成册的整编资料，应按以下顺序编排。

(1) 封面。封面应包括工程名称、整编时段、编号、整编单位、刊印日期等。

(2) 目录。目录应清晰明了，应让读者从目录上就能基本了解该册资料的基本内容。

(3) 整编说明。应包括整编时段内工程变化和运行情况，监测设施维护、检修、检验、校测以及更新改造情况；整编年度内巡视检查情况，监测实施情况；介绍监测资料的精度和可靠性，监测过程中发现的问题以及对问题的分析和处理；提出对深基坑工程施工安全的意见和对运行管理的建议；说明整编的主持人、审核人、校核人以及参加整编的人员。

(4) 工程基本资料。工程基本资料应在第一次整编成册时详细介绍。以后的整编，可只在整编说明中记录工程的改造变化情况，工程运行过程中的特殊情况等。

(5) 监测布置。监测布置应在第一次整编成册时详细介绍，以后的整编，可只在整编说明中记录监测设施、设备的改造、更换等变化情况。第一次整编成册时，应收录监测项目和监测测点汇总表、监测测点基本资料表等。

(6) 监测资料初步分析成果。综述本整编时段内各监测资料分析的主要成果，包括分析内容和方法、结论、建议等。

(7) 监测资料整编图表。年度监测资料应以表格的形式，按监测项目(环境量、变形、渗流应力应变及温度、F4 断层)的顺序汇总。每个项目中，监测资料汇总表在前，整编图在后(必要时，整编图的取值时段可向前适当延长)。巡视检查结果的整编资料，放在仪器监测资料之后。

(8) 封底。封底起到保护整编成果的作用，也是每册整编资料结束的标志。

5. 整编资料的质量要求

整编成果质量应达到项目齐全、规格统一，考证清楚、说明完备、方法合理、资料可靠、图表完整、数据正确。成果表中应没有较大的或系统的错误，一般性小错的差错率应不超过数据量的二千分之一。

整编成果除刊印成册外，包括封面、扉页、目录、说明、原始数据、成果表、曲线图等，存入计算机的磁盘、光盘保存。整编所依据的原始资料(包括现场埋设及观测记录等)，应打印分册装订存档。

第二节　监测资料分析

工程安全监测在施工过程中起着优化设计、指导施工，并通过监测资料的系统分析和反馈分析，检验设计边界假定和参数合理性的作用。监测资料的及时整理、规范整编，是进行工程安全评价、检验设计边界假定和参数合理性的基础，也是充分发挥安全监测作用、体现安全监测根本目的和意义的关键环节。

一、监测资料分析目标

监测资料分析目标应紧紧围绕安全监测的作用而进行，其分析目标如下：

(1) 对监测资料所反映的建筑物总体状态及基本规律予以勾勒和描述；

(2) 对建筑物性态变化的主要影响因素及其影响程度予以揭示；

(3) 对监测资料所反映的建筑物异常现象给予特别指明，并提出合理建议；

(4) 对建筑物的安全稳定性给予总体评价；

(5) 对于特殊目的的专题资料分析，从监测的角度回答相关各方所关心的特定问题。

二、监测资料分析报告的一般内容及要求

1. 基本概况

(1) 工程概况

工程概况介绍的内容是我们关注其安全稳定性的建筑物(群)及其周边环境，包括建筑物(群)的工程特征、总体布置、型式等级、规模尺寸、建筑材料、气候条件、地质特征，以及施工质量、除险加固等情况。

工程概况介绍原则上只需予以简略描述，但和监测资料分析结论关联性较大的内容则需着重交代。

(2) 监测概况

监测概况介绍的内容是为我们提供分析数据的监测系统，包括监测目的、监测项目、断面布置、监测方法和设备等，其中监测设施的更换改造情况也应予以说明。

监测概况介绍的目的是让对该工程的监测系统缺乏了解的专家、领导及其他读者对工程的监测目的、项目和布置尽快有一个基本清晰的了解。介绍叙述应层次分明，详略得当，篇幅适中，既要把情况描述得完整、清楚，又不能给读者太大的阅读负担。因此对监测布置图和监测设计报告要认真研读，领悟要义，抓牢重点，把握大局，才能在介绍概况时对其中表达的信息合理筛选和重新组织，以适当的文字叙述，配合布置图和一览表，力求达到全面、清晰、精炼。

2. 环境量分析

安全监测环境量主要包括大坝坝前水位、有压隧洞内水压力、气温、水温、雨量等。环境因素对建筑物的变形、应力应变和渗流状况会产生很大影响，因此在安全监测资料分析时，首先须对环境量进行分析，以掌握建筑物运行的外部环境。

环境量分析可以通过绘制环境量过程线，统计特征值(极值、平均值、变幅等)并列表等方式进行，通过对过程线、特征值的观察、对比、分析，描述环境量的基本特征，如水位升降周期、幅度，气温的平均水平、季节性温差，降雨量的平均水平、雨季的时间区段等，对环境量监测数据的质量给予评价，以明确监测成果的可用性。

3. 监测成果及分析

(1) 监测成果检查处理及评价

监测成果定性分析是最常用的方法。在定性分析之前，首先需对涉及的监测数据进行检

查、处理和评价。观察过程线是最快捷而有效地检查办法。检查处理的内容一般包括(不限于):

① 检查测值大小、变幅是否合理，如不是，则追溯检查仪器参数、基准读数是否正确，不正确的予以纠正，正确的予以确认，同时将该不合理的现象作为后续分析时关注的重点；

② 检查测值是否存在人为因素观测错误、仪器自身因素粗大误差(偶然性的大幅度跳变，跳变后又恢复原状)等误差因素，如存在，给予剔除或修正；

③ 检查测值是否存在大量足以干扰正常规律的不稳定跳变，如存在，则其测值不可用或仅做参考；

④ 检查测值是否存在发生突变后持续不恢复的现象，如存在，查阅相关历史记录，看是否存在可能引起系统误差的因素，对可以确认为突变性系统误差的予以修正，难以修正的，作为失效或仅作参考，不能确认为突变性系统误差的，作为关注的重点留待进一步分析判断；

⑤ 检查测值是否存在由于渐变性系统误差造成的趋势性变化，对能够确认的渐变性系统误差予以修正，难以修正的，作为失效或仅作参考，不能确认为渐变性系统误差的，作为关注的重点留待进一步分析判断。

(2) 监测成果定性分析

经过检查有效可用的监测数据，对其监测量的时、空变化规律、相关特性、趋势性、典型特征量等进行对比、统计、分析、提炼，对异常现象(测值或变幅过大，趋势不收敛，规律不符合常规等)应进行重点分析。

报告中的叙述主要为归纳性描述，应做到条理清楚，重点突出。正常稳定的情况简单几句概括即可，对异常、疑点或值得关注的情况应借助于必要的图表予以描述，并说明其发生部位，以及初步原因分析。

(3) 各部位小结和评价

在上述各阶段分析的基础上，对各部位分析成果进行小结，综合评价各部位监测系统的工作状况以及工程建筑施工质量、运行形态和安全稳定性；同时，指出相应部位存在的安全隐患，给出适当的补强加固建议。

(4) 总结和总体评价

综合所有分析结果，对照监测资料分析应达到的基本目标，抓住关键问题，给出最终分析评价结论或总结，包括监测系统总体运行状况，如何加强维护，是否需要更新改造或补充，建筑物安全状况如何，是否存在不利于安全运行的因素，是否需要补强加固等。

三、监测资料分析方法

监测资料分析主要根据《混凝土坝安全监测技术规范》(DL/T5178)及《土石坝安全监测技术规范》(SL60)等规范要求，采用比较法、作图法、特征值统计法、数学模型法等多种方法，分析各监测物理量的变化规律，为判断各水工建筑物在施工期、蓄水期的工作状态提供科学依据。各种分析方法的要点如下：

(1) 比较法：主要是将相同部分(或相同条件)的监测物理量进行相互对比，以查明各自的变化量的大小、变化规律和趋势是否具有一致性和合理性；

(2) 作图法：通过绘制相应物理量的过程线图、相关图、分布图以及综合过程线图，分析观测值的变化大小及其规律，检查观测值有无异常；

(3) 特征值统计法：通过统计各物理量在分析时段内的最大和最小值、变幅、周期、年变化趋势等，考察各监测物理量之间在数量变化方面是否具有一致性和合理性；

(4) 数学模型法：采用统计模型，建立原因量(上下游水位、气温、降雨、时效等)与效应量(测压管水位、位移、扬压力等)之间的数学关系式，据此分离各种荷载的影响，了解各原因量对效应量的影响程度和规律。

第六章　深基坑工程风险的分类和分级

一、引言

1. 深基坑工程的特点

深基坑工程在国外称为“深开挖工程”，是一项涉及范围广且具有时空效应的综合性工程。深基坑工程是岩土工程、结构工程、环境工程等相互交叉、多种复杂因素相互影响的系统工程，是理论与实践上都有待于发展的综合技术学科。岩土工程又具有明显的区域性，由于工程地质及水文地质条件不同其深基坑工程的区域差异性更为突出。深基坑工程虽是个临时工程，但其施工周期长，从开挖到完成地面以下的全部隐蔽工程，常常会遭遇多次降雨、周边堆载以及振动等诸多不利条件，安全保障度的随机性大，其技术复杂性远甚于永久性的基础结构或上部结构。而且基坑本身的深度、平面形状，特别是其随着时间的推移及外界条件的变化对基坑稳定性和变形会有较大的影响。因此，要对深基坑工程的时空效应问题保持高度的重视。

深基坑支护系统的选型影响因素众多，无论采用何种形式的支护结构，对支护结构的强度、嵌入深度、支护受力及构造都必须进行设计和详细的验算，并且对施工过程实施跟踪监测，并将信息及时反馈。深基坑支护结构系统的选型设计必须满足安全可行、经济合理、保护环境以及施工便捷这四个基本要求，在作详细结构设计时还应对这四个基本要求选择各种具体的评价指标来评价深基坑支护系统方案的优劣。基坑工程由于其技术复杂、涉及范围广、影响因素多、事故频繁，在土木工程中最具挑战性。又由于基坑支护工程造价高，开工数量多，成为各承包商争夺的重点，同时也是业主降低工程造价、确保工程质量的重点。当前城市基坑工程朝着“深、大、近、紧、难、险”的方向发展，此外还具有以下特点：

(1) 临时性：一般情况下基坑支护结构是临时性工程，与永久性结构对比安全储备要求小些，业主想尽量节省投资，造成安全系数降低，容易发生事故。

(2) 区域性，深基坑工程区域性强，如黄土地基、砂土地基、岩石地基和软粘土地基等工程地质和水文地质条件不同的地层中，基坑工程差异性很大。即使是同一城市不同区域也有差异。各地地质条件不同，必须因地制宜，外地经验只能作为参考，甚至当地经验也不能简单照搬。

(3) 多学科性，基坑工程是岩土工程、结构工程以及施工技术互相交叉的学科，涉及土力学、基础工程、结构力学和原位测试技术等多学科知识，是一门复杂因素交互影响的系统工程，又是理论上有待进一步发展的综合技术学科，对技术人员的要求很高。

（4）复杂性，基坑支护工程涉及的因素众多，土与水是基坑工程设计和施工的两个关键问题，但岩土性质千变万化，地质埋藏条件和水文地质条件的复杂性、不均匀性，往往造成勘察所得的数据离散性很大，难以代表土层的总体情况，并且精确度较低，给基坑支护工程的设计和施工增加了难度。水土压力的取值目前也主要依据各地经验，没有成熟的理论。

（5）施工周期长，从开始做围护结构到开挖到完成地面以下的全部隐蔽工程，常需经历多次降雨、周边堆载、振动、施工不当等许多不利条件，增加了很多安全隐患，安全度的随机性较大。

（6）事故多发性，由于深基坑支护设计与施工者素质复杂等原因，在深基坑工程施工中经常会由于多种原因而产生各种工程事故。

2. 深基坑工程设计的基本内容

目前，基坑按深度可分为：一般基坑，为数千平方米面积，一层地下室深度5~6m；大型及超大型基坑，其规模一万至几万平米，两层以上地下室，深度超过10m；超深基坑，直径70~80m，深度40~50m。

深基坑工程设计的基本内容可分为两大类：

（1）支护工程：指抵抗土压力和防止边坡变形和破坏的防护工程。

（2）防水工程：指防止开挖过程中地下水涌出破坏边坡或底板稳定的防渗（帷幕）工程或疏干工程。

深基坑工程防护的目的为：

（1）防止因基坑开挖引起基坑周围的建构筑物、管线及道路的变形、破坏，统称为"外环境"的保护。

（2）防止基坑内的基础工程，特别是桩基的变形、破坏，统称为"内环境"的保护。

（3）防止因涌水、涌砂而影响地下工程的正常施工进程和周边地面下沉。

基坑支护工程常用的支护形式主要有：

（1）放坡及坡面防护：坡率使坡体自稳，坡面采用各种适宜的防护措施。

（2）加固边坡土体：主要包括水泥土重力式挡墙、土钉墙、喷锚支护及复合式喷锚支护等。

（3）排桩支护：主要包括悬臂式排桩、桩锚联合及门架式双排桩等。排桩常与防渗帷幕联合使用。

（4）排桩加内支撑：主要包括排桩加钢管或型钢内支撑和排桩加钢筋混凝土内支撑。内支撑有单层和多层。

（5）地下连续墙支护：连续墙有多种工法，如抓斗式、SMW式和连锁桩式。主要支护形式有：悬臂式、墙加锚（单层或多层）、墙加内支撑（钢管、型钢或钢筋混凝土，单层或多层）。

（6）围筒式支护：各式连续墙构成围筒加多层环形钢筋混凝土附臂式内撑。

（7）组合型支护结构：根据具体工程要求将两种或两种以上的支护结构联合应用于同一个基坑工程中，如土钉与桩锚联合支护等。这种支护形式已经在许多工程中得到了成功应用，表现出很大的技术优势和潜力。

基坑工程中地下水治理方法主要有：

(1) 明排或盲沟排水；

(2) 轻型井点降水；

(3) 管井(深井)降水；

(4) 隔渗(帷幕)—连续墙、深层搅拌水泥土墙、高压旋喷水泥土墙、静压注浆(双液)。隔渗帷幕形式—竖向或水平(封底)；竖向分为悬挂式(半截)或落底式；竖向加水平(五面或箱式)。

二、深基坑工程风险分类以及分级探究

1. 深基坑工程风险及分类

1) 工程风险的定义、属性和发生机理

(1) 工程风险的定义

目前，关于深基坑工程中风险的认识还比较混乱，没有达到认识上的统一。究竟什么是风险，不同的人在不同部门不同阶段都有不同的见解。更有甚者，有人将风险与危险和事故相混淆，认为是一样的。事实上，危险只是意味着一种坏兆头的存在，而风险则不仅意味着这种坏兆头的存在，而且还意味着有发生这个坏兆头的渠道、可能性和后果。

江志远认为：工程项目的立项、设计和实施的全过程都存在不能预先确定的内部和外部的干扰因素，这种干扰因素称为工程风险。陈龙博士论文中总结了四种不同的风险定义：

① 把风险视为给定条件下可能会给研究对象带来最大损失的概率；

② 把风险视为给定条件下研究对象达不到既定目标的概率；

③ 把风险视为给定条件下研究对象可能获得的最大损失和收益之间的差异；

④ 把风险直接视为研究对象本身所具有的不确定性。

这四种理解分别从不同的角度看待风险，可以说是千差万别。但从中不难发现，风险的定义和研究的目的以及关注点是密不可分的。研究目的不同，也就造成了研究出发点不同，角度不同，策略方法的不同，当然对风险的理解也就不同。而行业的差异，应该是造成风险分析研究目的不同的主要原因之一。

上述关于风险的定义虽然都有一定的适用性，但都不全面，只是从概率等数量方面来定义风险，不能将风险的含义全面阐述。这也是目前国内外风险研究存在的普遍问题。风险是一种客观存在，不能将其定义为一个数量化的指标。所以，我们认为风险的定义引用姜青航的定义更能反映实际情况，若存在与预期利益相悖的损失或不利后果(即潜在性损失)，或由各种不确定原因造成对工程建设参与各方的损失均称为风险。对于深基坑工程而言，黄宏伟总结为：在以工程项目正常施工为目标的行动过程中，如果某项活动或客观存在足以导致承险体系统发生各类直接或间接损失的可能性，那么就称这个项目存在风险，而这项活动或客观存在所引发的后果就称为风险事故。

(2) 工程风险的属性

风险的属性包括：风险因素、风险事故和风险损失，即由于潜在的风险因素导致风险事故发生，从而导致不良后果，工程风险具有不确定性、可度量性、相对性和可变性。

(3) 工程风险的发生机理

深基坑投资较大，施工工艺复杂，施工周期长，周边环境复杂，建筑材料和施工设备繁多，涉及专业工种和人员众多，具体表现为：工程建设的工程地质与水文地质等自然条件复杂性；工程建设中机械设备、技术人员和技术方案的复杂性；工程建设的决策、管理和组织

方案的复杂性；工程建设周边环境(建筑物、道路、地下管线及周边区域环境等)的复杂性。

2）风险的分类

黄宏伟、孙钧等把风险按照不同的分类方式分成不同的风险。

(1) 按照风险来源分为：自然风险和人为风险。

(2) 按照项目的建设阶段可分为：规划风险、可行性研究风险、设计风险、招标风险、施工风险等。

(3) 按照项目建设目标和承险体的不同可分为：安全风险、质量风险、工期风险、环境风险、投资风险及对第三方的风险等。

(4) 按照管理层次的关系与技术影响的因素可分为：总体风险和具体风险。

① 总体风险是指：社会、政治和金融影响，合同纠纷，企业破产和体制问题，政府干涉，第三方干扰，员工冲突，自然灾害(台风、地震、暴雨或雷电等)等。

② 具体风险是指：工程地质勘察有误或者失真，设计失误或漏项，执行的规范或设计存在问题，工程施工有误，施工设备故障，人员决策或操作失误，施工质量不能满足要求，施工工期延误等。

2. 深基坑工程风险管理内容及风险评估标准

风险管理就是人为的减少或者控制工程中的风险发生的次数。即工程风险管理指工程参与各方(包括规划方、业主、工程勘察单位、承包方、设计方、施工单位、监测单位、监理单位等)通过风险界定、风险辨识、风险估计、风险评价和风险决策，并优化组合各种风险管理技术，对工程实施有效的风险控制和妥善的跟踪处理。实施工程风险管理的目的是尽可能合理、可行地降低各种不利后果或不利影响。

风险是不以人的意志为转移并超越人们主观意识的客观存在，而且在项目的全寿命周期内，风险是无处不在、无时没有的，即风险具有存在的客观性和普遍性；同时任一具体风险的发生都是诸多风险因素和其他因素共同作用的结果，是一种随机现象。个别风险事故的发生是偶然的、杂乱无章的，但对大量风险事故资料的观察和统计分析，发现其呈现出明显的运动规律，这就使人们有可能用概率统计方法及其他现代风险分析方法去计算风险发生的概率和损失程度。深基坑工程风险管理是指：通过风险识别、风险分析和风险评估去认识工程风险，在此基础上合理使用各种风险应对措施和风险管理方法上的经济与技术手段，对项目风险实行有效地控制，妥善处理风险事件造成的不利后果，风险管理是整个项目管理的一个重要组成部分。

1）工程风险管理的内容

(1) 目标

在安全可靠、经济合理、技术可行的前提下，把工程建设期中潜在的各种风险降到尽可能低的水平，以获得最大的建设安全与优质的工程质量，控制工程建设投资，降低经济损失或人员伤亡，保障工程建设工期，提高风险管理效益。

(2) 范围

① 对工程自身可能造成经济损失以及意外损失的风险；

② 因工程的工期延长或提前而需承受的风险；

③ 工程建设相关人员的安全和健康等风险，包括个人伤害直至死亡；

④ 第三方的财产风险，主要针对临近既有各类建筑物，尤其注意历史保护性建筑物、地表和地下基础建设的施工风险；

⑤ 第三方的人员安全和健康等风险；

⑥ 周围区域或环境风险，包括对土地、水资源、动植物的破坏，以及空气污染、电磁辐射、噪声、振动等。

(3) 策略

风险管理策略的制定应使工程建设参与各方在实施工程风险管理过程中目标一致。具体包括以下几点：

① 制订工程建设各阶段的风险管理目标；

② 明确工程建设参与各方风险控制责任；

③ 建立工程风险管理方案的实施、监控、完善评估制度和程序；

④ 建立工程风险管理的沟通与协调机制；

⑤ 建立科学的、系统的和动态的工程风险管理方案，制订工程风险预防、预警和预报案系统，实时更新工程建设信息，动态跟踪风险发展状态，及时实施风险控制措施。

(4) 风险管理流程

风险管理内容根据不同建设阶段分步实施，具体风险管理流程包括：风险界定、风险识别、风险估计、风险评估和风险控制。

(5) 风险管理各阶段的具体内容

建设工程的风险管理应贯彻整个工程建设全过程，结合我国工程的实际情况，一般按照工程进度划分为五个阶段：规划阶段、工程可行性研究(可研)阶段、设计阶段、招标阶段和施工阶段。不同工程建设期的风险管理的具体的内容是不相同，具体情况见表4-6-1。

表4-6-1　风险管理各阶段的具体内容

建设阶段划分	风险管理内容
工程规划阶段	1. 规划方案风险分析；
	2. 工程选址风险分析；
	3. 场地水文地质初勘与环境调查风险分析；
	4. 工程重大风险源分析；
	5. 工程投资可行性风险分析；
	6. 不同工程规划方案风险评估与控制措施
工程可行性研究阶段	1. 建立工程的风险管理大纲，确定工程风险管理具体要求；
	2. 工程风险评估单元划分；
	3. 工程风险分级标准和接受准则；
	4. 对重要、特殊的工程结构设计和施工方案进行风险分析；
	5. 工程可行性方案风险综合比选，确定总体方案，初步制定风险处置对策。
工程设计阶段	1. 收集工程方案相关资料，审查工程地质勘查与环境调查；
	2. 单位资料、技术管理文件扩展报告；
	3. 工程地质勘查方案风险分析，对勘察孔位与数量、钻孔与原位测试技术、室内土工试验方法等进行风险分析；
	4. 工程地质勘察施工风险分析；
	5. 潜在重大不良水文地质或环境风险分析。

续表

建设阶段划分	风险管理内容
工程招标阶段	1. 招标文件的风险管理；
	2. 投标文件的风险管理；
	3. 合同签订风险管理。
工程施工阶段	1. 施工风险管理专项实施细则；
	2. 建立风险预报、预警、预案体系；
	3. 风险控制措施的实施与记录；
	4. 工程风险动态跟踪与监控。

2）风险评估标准

风险评估标准是按风险评估矩阵来进行评估的，而风险评估矩阵是由工程风险概率等级标准及工程风险损失等级标准组成的。

根据工程风险发生的概率可以分为五个等级，见表 4-6-2。

表 4-6-2　工程风险概率等级标准

等级	一级	二级	三级	四级	五级
事故描述	不可能	很少发生	偶尔发生	可能发生	频繁
区间频率	$p<0.01\%$	$0.01\%\leqslant p<0.1\%$	$0.1\%\leqslant p<1\%$	$1\%\leqslant p<10\%$	$p>10\%$

考虑风险损失不同的严重程度，建立风险损失的等级标准，见表 4-6-3。

表 4-6-3　风险事故损失等级标准

等级	1	2	3	4	5
描述	可忽略的	需要考虑的	严重的	非常严重的	灾难性的

故根据风险损失标准和风险概率标准建立起的风险评估标准见表 4-6-4。

表 4-6-4　风险评价矩阵

风险		风险损失				
		1. 可忽略的	2. 需考虑的	3. 严重的	4. 非常严重的	5. 灾难性的
发生概率	A：$p<0.01\%$	一级	一级	二级	三级	四级
	B：$0.01\%\leqslant p<0.1\%$	一级	二级	三级	三级	四级
	C：$0.1\%\leqslant p<1\%$	一级	二级	三级	四级	五级
	D：$1\%\leqslant p<10\%$	二级	三级	四级	四级	五级
	E：$p>10\%$	二级	三级	四级	五级	五级

另外不同的等级风险需采取不同的风险控制对策与处置措施，结合风险评估矩阵，不同等级风险的接受准则的控制对策见表 4-6-5。

表 4-6-5　风险接受准则

等级	接受准则	控制方案	应对部门
一级	可忽略的	日常管理	工程建设参与各方
二级	可容许的	需注意，加强日常管理审视	
三级	可接受的	引起重视，需防范，预警措施	承包商
四级	不可接受的	需决策，制定控制、预警措施	政府部门及工程建设参与各方
五级	拒绝接受的	立即停止，整改、规避或启动预案	

3. 深基坑风险问题

1）深基坑工程风险的特征

深基坑工程除了具有一般工程风险特征外，还具有以下特殊的风险特征：

（1）勘察设计的局限性：勘察设计理论和勘察设计人员的水平及经验，往往对基坑工程的质量有着很大的影响。目前的深基坑设计可以说是一半靠理论，另一半靠经验。1999 年 9 月我国颁布了《建筑工程基坑支护技术规程》JGJ12099，统一了深基坑工程的设计计算方法。在此之前，上海、武汉、深圳等地也编制了地方性的基坑设计施工规程或指南，这为实施建筑深基坑工程提供了很好的技术指导意见。但是，即使是同一地区，土的性质也千变万化，水文地质条件复杂，深基坑的压力计算、挡土支护结构强度计算、上体变形及基坑稳定验算等计算理论、方法还不完善和不成熟，使得深基坑工程的勘察设计难以保证其准确性。

（2）基坑支护工程的临时性：深基坑工程的造价在整个结构工程和工期中占有较高的比例。由于基坑支护工程的临时性，因而大多数业主都希望花最少的时间，投入最少的费用。在部分项目中，业主采用固定总价方式将此项工程发包给承包商，承包商因利益驱使，常常不遵循客观规律和工程规范进行施工，其结果容易因经济利益而忽略工程安全。

（3）实施过程的动态性和组织复杂性：事实上深基坑工程的设计是建立在诸多假定的基础上，而在深基坑工程施工过程中，这些假定往往受很多不确定因素影响，如地质条件的变化、外部荷载变化、地下水变化、工况条件变化等。某一方面的变化，有可能导致灾难性的后果。同时，随着监测技术的发展，深基坑设计和施工有了紧密的互动。这些都体现了深基坑工程的动态性特征。另外，深基坑工程，包括挡土、土体加固、止水、降水、土方、监测、支撑结构等专业施工中，往往有多家承包商参与施工，特别是在开挖阶段，可能有多作业单位并行在同一空间立体交叉作业的情况。在此情形下，如无合理的总分包模式，高素质的承包商，切实可行的计划安排，强有力的现场组织实施控制，则深基坑工程施工很难按设计和计划的要求有序进行，可能会导致工期延长及加剧不确定因素的影响，甚至会导致安全事故。

（4）环境的敏感性和危害的社会性：

深基坑工程一般处于老城区或商业繁华地带，周边往往紧邻道路、管线、老旧建筑或地铁等。由于深基坑工程施工不仅破坏了原先土体的静力平衡，而且会改变地下水的径流路径、水位，从而产生各种岩土力学现象，引发各种环境问题，如房屋开裂倾斜、道路沉陷变形、地下管网断裂等，部分现象会产生放大效应，造成不良社会影响

（5）项目管理者的盲目性：由于知识和经验所限，工程项目的管理者对深基坑工程的特征认识不足，也会导致各种各样的风险。如，管理者在项目前期过低估计深基坑阶段的费

用，导致实施时发包多次失败；工作界面划分不清，导致合同无法履行等。在目前的市场环境下，有时业主将深基坑工程的风险过多地转嫁给承包商，往往会造成双方的对立，引起履约方面的纠纷，严重影响项目的总成本和总工期。

2）深基坑风险管理

（1）深基坑工程风险管理的主要步骤

深基坑工程的风险管理通常分为五个主要步骤：

① 风险的定义：定义风险的研究目的和计划，实地考察，收集相关资料；

② 风险辨识：即找风险，分析深基坑工程施工期所有的潜在风险因素，进行工程调研、文献资料收集、地质水文和环境的数据调查，再进行工程分析、归类整理、风险因素识别，并进行筛选，重点考虑对目标参数影响较大的风险因素。

③ 风险估计：在风险辨识的基础上进行风险定量估计和定性估计并进行风险事故模拟，最后综合定量和定性分析进行评估。而风险定量分析即风险效益分析、风险损失分析和主观概率分析等方法。

④ 风险评价：制定相应的风险接受准则，评价风险控制是否可能控制，并制定采取相应的措施。

⑤ 风险控制：主要针对不同的风险大小，结合实际情况，查看是否满足工程要求，并进行风险管理，给出风险处理的合理对策。

（2）深基坑工程风险处理对策

风险处理和对策多种多样，不同风险，应采用不同的对策。为了有效管理各种可能的风险，决策者首先应该对项目可能遇到的风险进行分类排列，然后根据具体情况采取相应的对策，以达到避免风险或减轻风险可能造成的损失。一般对风险采取的措施有五种方法，如下所述：

① 回避：首先应分析风险事件是否可以回避。有些风险事件较易发现，采取措施可以回避。如非工作人员进入施工现场，场地排水问题等。

② 预防和减少损失：预防要求有一定的预防措施，这些措施需要付出一定的代价，同时也能取得相应的收益，但是采取措施后还有一定的失效概率，它和投入的预防措施费用成反比。因此决策者应计算相关的费用、收益和概率，从而使期望效益值最大。

③ 风险自留：风险自留对策制定的前提是自留可能导致的损失比转移所需费用小。在深基坑工程施工期，决策者在做出自留风险决策之前，应考虑自留风险一旦发生所应采取的措施，如预留应急事故处理费、安全防护措施费等。同时，客观评价自留风险可能获得的好处。风险自留应慎重，权衡利弊，不能因小失大。

④ 分散风险：深基坑工程施工期，决策者通常会遇到无法依靠自身能力解决的难题，只能借助他人的协作配合或者完全委托于他人，此时应考虑分散风险。这种情况下，决策者可通过委托或分包该部分工程的办法，花较小的代价而达到分散风险的目的。然而许多情况下，分散风险并非最佳决策。决策者应考虑深基坑工程中需要分散风险的项目，并分析各种风险分散方法的利弊，找到最佳的解决方法。

⑤ 转移风险：事实上，深基坑工程施工期许多风险不可能靠分散的办法解决，采用风险转移的方法更为可取。风险转移包括非保险转移和保险转移。非保险转移是指通过各种契约将本应由自己承担的风险转移给他人，例如将深基坑工程转包、施工机械设备的租赁等。

保险转移则是通过购买工程保险从而通过保险公司获得可能的损失补偿，如人员伤亡意外保险。

3）目前深基坑工程风险研究中存在的问题

深基坑工程的风险研究得到了各国学者的高度关注，并取得了一些研究成果，但是很多研究者对风险研究在认识上仍有一定局限性，许多管理单位在深基坑工程风险管理实施过程中也存在不完善、不规范的现象，主要体现在以下几个方面：

（1）缺乏相关的可借鉴的统计资料：一般来说关于风险管理方法的研究大多建立在对已完成工程的研究基础之上。我国在计划经济时代工程的相关资料在工程完成之后既缺乏分析，也没有系统化管理，许多有用的数据和宝贵的经验都已流失，给风险管理的研究带来很大的困难。此外，对于一些工程事故资料来说，由于事故资料一般不公开，使风险研究很难在第一手资料上进行，而建立在一般统计资料上的分析结果目前并不太具有针对性和良好的可靠性。因此，目前大量的风险分析只能采用定性和半定量的分析方法，即根据专家经验和一些数学分析工具来进行风险研究。

（2）存在将可靠度研究等同于风险分析研究的倾向：可靠度研究与风险分析具有许同共同点，例如都是以参数或目标的不确定性作为研究对象，都存在概率分析等等。但风险分析与可靠度研究也有很大的不同，可靠度理论应用时一般都是以安全分析为核心目标，不以经济指标为研究重点，而风险分析恰恰可以弥补这一不足，可以实现技术、经济与环境三者的均衡。因此，可靠度理论可以作为风险分析的一种方法，但不能等同于风险分析理论。

（3）风险指标与力学计算结合不够：目前的风险指标往往通过专家调查法等主观方法得到，缺少必要的力学理论分析、有限元计算以及室内试验，使得风险指标的可靠性和正确性大打折扣。

（4）缺乏定性与定量相结合的适应性强的风险分析与评价方法：虽然近年来进行了大量风险定量分析方法的研究，并且也做了许多工作，取得了一些成果，但距离真正的风险定量分析仍然还有一定的距离。且这些研究成果并没有在深基坑工程实践中得到广泛的运用。

（5）没有建立完善的风险预警预案体系：近年来，在深基坑工程中，为防患于未然，人们开始研究深基坑支护系统失效先兆以及进行先兆量化，即预警以及预警指标问题。但目前的预警预案系统尚未走向系统化、程序化、科学化和普遍化。此外，如何把监测数据和预警指标进行有机的结合，充分发挥监测数据的作用以及如何把预警预案系统融入到深基坑工程的风险管理中亦有待深入研究。

（6）实施风险管理的流程和内容不完善、不规范：目前国内外各公司和研究机构，在从事深基坑工程风险管理项目时，主要侧重于对风险的识别和估计，对工程中的某一阶段或某一部分进行风险估计，得到风险值，并根据风险值进行排序。对于其它方面的研究，尤其是对风险的评价及如何控制和降低风险研究较少。其次，在进行风险评估的过程中，只是凭着现有资料和各人取舍来确定采用何种评估方法，其结果缺乏可比性。

（7）对风险决策的认识存在误区：在对待风险上，人们往往有一个错误的概念，认为风险越小越好；在风险决策标准的选择上也存在较多问题，经常出现盲目使用，甚至采用根本不适合此类风险的风险决策标准的现象。

（8）目前研究成果的应用性和可信度较差：

目前的风险分析或评价中，研究单位和设计施工单位，以及决策部门往往只能在风险源的确认上达成基本的共识，至于分析过程和结果的被认可程度还比较低。设计施工单位往往会提两个疑问，一是“结果是怎么算出来的”；二是“结果到底有多少用处”。以上的问题突出地反映出我国在深基坑工程风险管理方面仍处于相对落后的局面，随着国家建设规模不断加大，深基坑工程量和规模也将增多增大，无论业主还是施工方都面临着深基坑工程风险管理问题。因此急需加强对深基坑工程风险分析方法及管理对策的研究。

4）深基坑工程风险研究的发展趋势

深基坑工程的风险研究虽已取得了一定的进步，在某些方面达到了较高的水平，但由于深基坑工程结构复杂，风险影响因素众多，涉及面广，其风险研究和风险管理无论是在理论上、方法上，还是在应用上都尚未达到完善的地步，仍有一些问题需进一步研究和提高，目前主要研究发展趋势表现在：

(1) 目前深基坑工程风险分析大多只考虑单目标或单因素，造成深基坑工程风险分析的结果缺少客观实用性。因此，今后在深基坑工程风险分析中，将综合考虑多目标、多风险因素对深基坑工程的影响，使风险分析的结果更好的指导工程实际。

(2) 目前对客观因素引起的风险研究的较多，今后将会对主观因素即由人的行为所造成的风险以及如何避免“行为风险”进行大量研究。

(3) 在研究方法上，将会采用大量的定量分析对多因素风险进行分析，随着现代计算机技术的发展以及计算方法的改进，应用神经网络、遗传算法等人工智能系统对工程风险管理实践进行仿真和数值计算将成为一个充满希望的研究领域。

(4) 在研究思路上，将更加注重对风险管理的研究，逐步解决“重评估，轻管理”的现象，将项目风险管理的基本理论与方法应用于深基坑工程风险的管理研究，从而极大地提高深基坑工程设计和施工的经济价值和社会效益。

三、本章小结

(1) 系统介绍工程风险的分类、属性及发生机理，以及风险管理的内容及评价标准。

(2) 结合深基坑工程风险的特征(勘察设计的局限性；基坑支护工程的临时性；实施过程的动态性和组织复杂性；环境的敏感性和危害的社会性；项目管理者的盲目性)得出深基坑工程的风险管理的主要步骤及主要措施。

(3) 最后分析了许多管理单位在深基坑工程风险管理实施过程中不完善、不规范的现象以及深基坑工程风险研究的发展趋势。

第七章　深基坑工程风险专项设计

一、设计前的准备工作

1. 收集相关资料

接到一项设计任务后，首先要做的工作就是收集相关资料，包括场地现状地形图、地质勘察报告、建筑总平面图、地下室平面(剖面)图、建筑基础及基础底板结构图，周边若有建(构)筑物或地下管线的还要收集场地周边建(构)筑物的地基基础图纸(包括基础形式、埋深、平面布置等)和地下管线的图纸。

收集到上述资料后，应认真理解、消化有关图纸，并做好以下几件事情：

(1) 确定基坑底开挖标高，初步了解基坑各侧的开挖深度；

(2) 重点关注地下室外墙与场地红线的相对位置关系，以确定有无放坡空间的可能；

(3)·阅读地质勘察报告，掌握整个场地大致地质分布情况，重点关注有无砂(砾)层、软弱土层及基岩深度，若有砂(砾)层、软弱土层等，查看其土层描述及标贯击数情况，初步掌握其岩土力学性质。

(4) 根据管线资料，了解管线分布情况，尤其分布在 1.5~2.0 倍坑深范围内的管线分布情况。

2. 踏勘现场

踏勘现场是进行基坑工程设计很重要的一步现场工作，很多年轻的同志不以为然，认为坐在办公室看场地地形图就可以了，其实这是错误的。只有亲自踏勘现场，才能充分了解现场情况，做到了然于胸，在后面确定支护设计方案时才能抓住重点，做到有的放矢。踏勘现场时要注意哪些方面：

(1) 前面通过资料收集已初步掌握场地红线的与地下室外墙的距离管线，踏勘现场时应重点关注，现场确认有无放坡的可能以及放坡的大概坡率及空间。

(2) 沿着场地红线察看一周，看周边建(构)筑物的情况以及与红线的大致位置关系，增加感性认识，察看时应重点关注周边建(构)筑物的结构形式(是框架结构还是砖砌结构、楼层高度)、建筑物墙体有无旧裂缝、建筑物现在的使用情况及周边地面有无裂缝、下沉等现象，同时察看周边地下管线情况，看看还有没有其它遗漏的重要管线，有的话应及时通知业主进行补测。察看时不仅做好相应记录还要拍摄照片作为留底依据，有条件的话可摄像作为留底依据。

(3) 现场踏勘时还应查看场地地形情况，看看现场实际地形与业主提供的地形图是否吻合，如有出入应做好标记同时通知业主进行地形修测。

(4) 现场踏勘还应根据现场场地地形、地貌条件，结合地质勘察报告，从总体上全面掌握场地的地质变化情况，设计时做到了然于胸。

二、方案设计

1. 概念设计

一个好的基坑支护设计方案，首先要确定一个安全、技术可行、经济的概念性方案，那么如何做好概念设计则至关重要。尤其对刚刚进入岩土设计行业的同志来说，更要注重这方面的培养和积累，做好概念设计也非一日之功，需要时间和大量工程实践经验的积累。做好概念设计要注意以下几个方面：

(1) 首先应根据基坑开挖深度、地质条件、周边环境以及基坑开挖对周边的影响大小等因素综合确定基坑支护的安全等级。

(2) 认真研究地质报告，看看是否有砂层、砾石层等透水层，若有的话首先就要考虑设计止水帷幕的问题。即使没有透水层，也要综合考虑基坑开挖深度及基坑开挖对周边构筑物

(或地下管线)造成的土体失水的影响，综合确定是否需要设计止水帷幕。

止水帷幕的选择常用的有搅拌桩、高压旋喷桩等，对于一般的砂层采用搅拌桩即可，若砂层较厚(大于4.0m以上)或是砾石层则要考虑高压旋喷桩，若此时支护形式采用了灌注桩可结合起来采用桩间高压旋喷的形式进行止水；有时对于一般的黏性土层为防止基坑开挖土体失水也会采用搅拌桩进行止水，若此时黏性土较硬(标贯击数大于15击)则搅拌桩可能很难施工下去，应考虑用旋喷桩。

研究地质报告时，还应重点关注有无软土层及其分布范围和埋深情况(软土层的厚度、位于基坑底部还是上部)，对于有较厚软土层(大于3.0m)位于基坑底附近的情况要特别慎重。

(3) 确定初步支护形式：根据场地空间大小，能放坡卸载的尽量放坡卸载，若只能垂直开挖，结合基坑开挖深度、地质条件及对周边环境的影响选择支护形式。这时个人的设计经验及当地类似工程的成功做法就显得尤为重要，岩土设计者在这方面要特别注意积累。

2. 岩土参数的选取

有了初步支护形式后，就要进行相关计算了。此时，岩土参数如何取值显得尤为重要，通常的做法一般参考地质勘察报告推荐的参数建议值，对于感觉建议值不太合理的参数，就要结合报告中关于地层的地质描述情况、揭露的标贯击数以及土工试验的结果等综合确定，以做到去伪存真。当然，对勘察报告岩土参数建议值是否合理的判断，需要一定的实践经验，这也需要我们的岩土设计者在这方面进行一定的实践积累。

3. 计算和验算

前面根据经验综合确定了初步的支护结构形式，接下来就要通过计算的方式来确定支护结构的准确参数，比如桩的嵌固长度、锚索长度、土钉长度及设计拉力值等，当然此时应根据需要满足规范的相应安全系数进行设计验算调整，如果有条件采用软件计算(如理正深基坑、同济启明星等软件)则将会大大减小相应计算工作量。

通过计算确定好支护结构的形式后，紧接着就要进行相应的结构构件计算。根据前面计算得到相应的支护结构承受的弯矩值、剪力值等进行结构构件的配筋计算，此时要求设计值有一定的结构设计计算方面的力学知识。笔者就曾看到过很多岩土设计值设计的基坑支护桩的配筋与计算的弯矩完全不匹配的现象，对于很多学工程地质出身而从事岩土设计工作的人来说，平时更要加强这方面知识的学习和积累。平时有时间的话可仔细学习下《混凝土规范》以及一些结构设计计算手册等，有条件的话对于一些计算量不大的项目可尝试着自己手算，然后与软件计算的结果进行比较，慢慢的就会让自己积累一些经验，比如多大的弯矩大概配多大的钢筋量就会有一些感性认识。

尤其近年来随着基坑深度的加大，越来越多的支护形式采用内支撑结构形式，更是要求设计人员对于混凝土结构构件的设计计算内容非常熟悉。

三、施工图设计

当完成的前面的支护形式确定及相应的计算工作后，主要的任务就是如何用图纸详细、准确的表达出来设计者的设计思想，换句话说此时的设计图纸要能指导施工，施工单位按照图纸就能生产出产品。此时要求设计者不仅仅对总体方案了然于胸，还要求设计者对实现总体方案的细部有着清楚的认识。除了一些较常用、通用的大样图(比如土钉大样图、排水沟大样图等)外，还应针对具体项目的一些特殊部位画出不同的大样图，另外对施工工序有特殊要求的，还应通过图纸表达出来。

总之，要做好基坑工程的设计，就要有求知的欲望，只有不断地发现问题、解决问题，我们的设计水平才能不断提高。平时看规范、工具书、专业手册(书)、专业论坛以及其它单位的设计图纸等都是提高我们设计水平的重要手段；平时勤跑工地，多了解现场施工的工艺、施工的实际情况等，多与施工技术人员交流，倾听他们从施工角度提出的专业意见，可以积累自己的实践经验。有条件的话，也可与当地的同行、专家进行咨询、请教，不断开阔自己的专业视野。

第八章 深基坑工程风险现场识别及管控

第一节 深基坑工程风险现场识别

基坑工程项目风险管理发展的一个主要标志是建立了风险管理的系统过程，从系统的角度来认识和理解项目风险，从系统过程的角度来管理风险。基坑工程项目风险管理过程，一般由若干主要阶段组成，这些阶段不仅其间相互作用，而且与项目管理其他管理区域也相互影响，每个风险管理阶段的完成都可能需要项目风险管理人员的努力。根据我国项目管理的情况，特别是结合大型高风险项目管理的实践，基坑工程项目风险管理过程大致可分为风险识别、风险估计、风险评价、风险应对四个阶段和环节，如下所述。

(1) 风险识别是风险管理的第一步，是在风险发生之前，通过分析、归纳和管理各种统计资料，对风险的类型及风险的生成原因、可能的影响后果做定性估计、感性认识和经验判断。

(2) 风险估计是在风险识别的基础上，通过对所收集的大量资料的分析，利用概率统计理论，估计和预测风险发生的可能性和相应损失的大小。风险估计是对风险的定量化分析。

(3) 风险评价是在风险识别和风险估计的基础上，对风险发生的概率、损失程度和其他因素进行综合考虑，得到描述风险的综合指标——风险度，以便对工程的单个风险因素进行重要性排序和评价工程项目的总体风险。

(4) 风险应对风险评价之后，风险管理者对项目存在的种种风险和潜在损失有了一定的把握。在此基础上，在众多的风险应对策略中，选择行之有效的策略，并寻求与之相对应的既符合实际，又会有明显效果的具体应对措施，力图使风险转化为机会或使风险所造成的负面效应降低到最低的程度。风险管理贯穿于项目管理的各个阶段和各个层次而具有极其重要的作用。人们在工程项目管理中提出了全面风险管理的概念。全面风险管理使用系统的、动态的方法进行风险控制，以减少工程项目的不确定性。传统观点认为风险管理是一个直线的过程，全面风险管理理论则强调，风险的识别、估计、评价、应对发生于项目的全过程，整个风险管理过程是一个循环系统，随着风险应对计划的实施，风险会出现许多变化，这些变化的信息应及时反馈，风险管理者才能及时地对新情况进行风险估计和评价，从而调整风险应对计划并实施新的风险应对计划，这样循环往复，保持风险管理过程的动态性才能达到风险管理的预期目的。

1. 基坑工程项目风险识别的目的

基坑工程项目风险识别是风险管理的基础，基坑工程项目风险管理人员在收集资料和调查研究之后，运用各种方法对潜在的及存在的各种风险进行系统的归类和识别，其中最重要也是最困难的工作就是去了解并寻找基坑工程所可能遭受损失的来源，也就是基坑工程的风险因素。风险识别的目的包括三个方面：

(1) 识别出可能对基坑工程进展有影响的风险因素、性质以及风险产生的条件，并据此衡量风险的大小。

(2) 记录具体风险的各方面特征，并提供最适当的风险管理对策。

(3) 识别风险可能引起的后果。

基坑工程项目风险识别直接影响风险管理的决策，进而影响整个风险管理的最终结果。只有全面、正确地识别项目所面临的风险，衡量风险和选择对付风险的方法才具有实际意义。任何一种风险因素在识别阶段被忽略，尤其是重大风险因素被忽略，都可能导致整个风险管理的失败，从而造成不可估量的经济损失。增强风险意识、认真识别风险，是衡量风险程度、采取有效的风险控制措施以及进行风险管理正确决策的前提条件。

2. 基坑工程项目风险识别的依据

风险识别直接影响风险管理的决策质量进而影响整个风险管理的最终结果。只有全面、正确地识别项目所面临的风险，衡量风险和选择对付风险的方法才具有实际意义。任何一种风险因素在识别阶段被忽略，都可能导致整个风险管理的失败，从而造成不可估量的经济损失。要正确地识别基坑工程项目的风险因素，首先要具备全面真实的基坑工程项目相关资料，并认真、细致地对这些资料进行分析研究。一般来说，基坑工程项目风险识别的依据包括以下内容。

(1) 基坑工程项目风险管理计划

基坑工程项目风险管理计划是规划和设计如何进行基坑工程项目风险管理的活动过程。该过程包括界定基坑工程项目组织及成员风险管理的行动方案，并且觉得适当的风险管理方法，风险管理计划一般是通过召开计划编制会议来制定的。应该对整个项目周期内的风险识别、风险分析与评估及风险应对等方面进行详细的描述。

(2) 基坑工程项目计划

基坑工程项目目标、任务、范围、进度、质量、造价、资源等涉及项目进行过程的计划和方案都是进行风险识别的依据，特别是这些计划中的各种假设条件和约束条件，项目不同参与者的相关利益，以及对基坑工程项目目标的期望值等。

(3) 基坑工程项目分类

明确合理的风险分类可以避免在风险识别时的误判和遗漏，有利于突出重要的因素，发现那些对基坑工程项目目标实现有严重影响的风险源。

(4) 基坑工程项目历史资料

以往相关项目或相近项目的历史资料（如项目的风险应对计划、风险因素或评估资料等）、其他的统计及出版资料（如商业数据库、学术研究成果、行业标准以及书籍、报刊等）

都是风险识别的重要信息和依据；同时，项目风险管理人员的知识和经验也是进行风险识别的重要依据。

3. 基坑工程项目风险识别过程

风险识别就是从系统的观点出发，横观工程项目所涉及的各个方面，纵观项目建设的发展过程，将引起风险的极为复杂的事物分解为比较简单的、容易被识别的基本单元，从错综复杂的关系中找出因素之间本质的联系，在众多的影响因素中抓住主要因素，并且分析它们引起投入产出变化的严重程度。风险识别是风险管理的基础，没有风险识别的风险管理是自目的，通过风险识别，才能使理论联系实际，把风险管理的注意力集中到具体的项目上来。基坑工程风险识别包括确定风险事件和描述风险事件的特征。主要包括收集资料、确定风险事件、编制风险识别报告等过程。

（1）基坑工程风险识别的资料收集

收集资料主要应包括：①工程项目的计划。②自然和社会环境方面的资料。③类似工程的有关资料。④工程的设计文件。根据工程项目的项目章程、项目管理计划和风险管理计划，可采用核查表法、分解分析法、图解法(因果分析图、流程图)等识别基坑工程的风险。

（2）确定风险事件

基坑工程可根据不同方案按采购(发包)、施工、拆除二阶段对进度、费用、质量(对正式工程施工的满足程度和安全)等目标进行不确定性查找和分析。在此基础上，确定风险事件。

（3）基坑工程风险识别报告

风险识别报告包括深基坑工程的分类风险表、风险征兆、对其它方面的进一步需求等。风险可按项目目标风险、项目管理风险、组织风险、外部风险等分类，也可按风险的不同承受体如建设方、勘察、设计、施工、监理等分类。

4. 基坑工程项目风险识别的工作目标

基坑工程项目风险可按项目目标风险、项目管理风险、组织风险、外部风险等分类，也可按基坑工程建设的各个阶段，如勘察阶段，设计阶段，施工阶段，监测阶段进行分类。本节采用后者分类。在基坑工程建设的各个不同的阶段，作为风险管理者首先根据基坑工程不同阶段确定不同的风险管理工作目标。根据工作目标来分析各个不同阶段影响工作目标实现的风险因素。

1）勘察阶段风险管理

（1）勘察阶段的风险管理的工作目标：

基坑工程勘察的主要任务是进行工程测量、地形测绘、工程地质和水文地质勘察，为设计提供必要和主要的基础资料，因此其对项目建设的进度、质量和效益影响都十分巨大。风险管理项目部从方案评审结束后介入工程，因此其主要管理对象为岩土工程的详细勘察。基坑工程勘察风险管理的总目标是保证整个勘察工作的质量，提高勘察成果的准确性及建议的可行性。从内容上讲，实现这个总目标的前提是要实现如下几个子目标：

① 保证勘察工作符合国家法律、法规，并遵守科学的工作程序；

② 保证勘察的工作质量符合规范规定和设计需要；

③ 保证勘察成果能正确反映客观地形和地质情况，确保勘察原始资料的准确性；

④ 提出正确的评议、结论和建议；

⑤ 避免在勘察过程中产生安全事故。

(2) 基坑工程勘察阶段风险识别：

根据基坑工程勘察阶段确定的风险管理的工作目标，识别出基坑工程勘察阶段的风险因素，如下所示：

① 套用以往勘测资料；

② 未按照规范要求确定勘察范围；

③ 勘察测量资料不完全、不详细；

④ 勘察资料的参数不准确；

⑤ 忽视水文地质勘察；

⑥ 其他风险因素。

2) 设计阶段风险管理

(1) 设计阶段风险管理的工作目标：

基坑工程设计风险管理的总目标是确保工程设计质量，形成满足国家法律、法规要求、切合实际、安全适用的设计文件，从而减少由于设计不足、错误或可施工性不强引起的使用功能缺陷、结构损伤及工程事故。这一目标在技术上不仅表现为结构的可靠度(结构的安全性、适用性和耐久性)、建筑物的舒适度、对环境的影响程度指标要达到国家标准要求，而且设计思路要切合实际，满足施工要求。

风险管理实施过程中需要达到子目标分解如下：

① 保证设计工作符合国家法律、法规，并遵守科学的工作程序；

② 建设面积符合批准范围之内，并能满足用户的合理使用要求；

③ 保证工程结构的安全性、适用性和耐久性；

④ 设计文件满足可施工性要求；

⑤ 能取得良好的环境效益。

(2) 基坑工程设计阶段风险识别：

根据基坑工程设计阶段确定的风险管理的工作目标，识别出基坑工程设计阶段的风险因素，如下所示：

① 设计依据按照分类是否符合国家标准，行业标准，地方标准；

② 支护方案，支撑结构，锚杆系统，地下水控制方案的选型和布置是否合理；

③ 基坑支护计算软件是否获得管理部门许可，计算模型是否符合工程实际，计算参数选择是否合理；

④ 基坑支撑与锚杆体系构件是否具备足够的承载力，结构连接节点承载力是否满足规范规程的要求；

⑤ 设计变更是否合理，沟通是否及时；

⑥ 其他风险因素。

3) 施工阶段风险管理

施工阶段是工程项目全过程质量安全风险管理的关键环节，工程质量优劣很大程度上取决于施工阶段的风险管理。施工阶段质量安全风险管理，实际上是风险管理方组织参加施工的各承包单位按合同标准进行建设，并对影响质量安全的诸风险因素进行预测、控制、检查，对差异提出调整、纠正措施的监督管理过程。

(1) 施工阶段质量风险管理

① 工作目标：

工程施工质量风险管理是一个系统过程。对施工全过程的质量风险管理，包括对投入生产要素的管理、施工及安装过程的管理和最终产品质量验收管理。施工质量风险管理的工作总目标是保证施工任务顺利完成，达到验收、交工的质量条件。其子目标可以分解为：

a. 保证工程原材料构配件的质量达到工程要求的水平；

b. 保证所使用施工接卸设备质量达到工程要求的水平；

c. 保证按图施工和按批准的施工组织设计方案施工；

d. 保证施工过程对周边环境的影响限制在一个可接受范围之内；

e. 保证质量检查验收工作按风险管理规章制度开展；

f. 保证所形成的技术文件和质量文件可以满足用户对工程项目运行、维修、改扩建的要求。

② 基坑工程施工阶段质量风险识别：

根据基坑工程施工阶段确定的质量风险管理的工作目标，识别出基坑工程施工阶段质量管理的风险因素，如下所示：

a. 供应商的选择，材料、设备进场验收管理和使用管理是否合理；

b. 施工机械设备的选择是否适用、先进和合理；

c. 施工方法是否选择得当；

d. 成品质量保护措施是否妥当；

e. 其他风险因素。

(2) 施工阶段安全风险管理

① 工作目标：

基坑工程施工阶段的安全风险管理有两个方面的含义：一是防止各种事故和灾害所导致的施工人身伤害和周围第三者人员伤亡或财产受损；二是防止事故和灾害引起存放在施工现场的资产(材料、设备、机械、临时设施等)受损。这两个“防止”即为施工阶段安全风险管理的目标。

② 基坑工程施工阶段安全风险识别：

根据基坑工程施工阶段确定的安全风险管理的工作目标，识别出基坑工程施工阶段安全管理的风险因素，如下所示：

a. 安全风险管理制度建设是否完善；

b. 有无进行安全教育与培训；

c. 有无对机械设备及特种作业人员的资格审查；

d. 事故隐患的处理是否即时；

e. 其他风险因素。

4) 监测阶段风险管理

基坑工程施工前，应由建设方委托具备相应资质的第三方监测单位对基坑工程实施现场监测。监测单位应编制监测方案，监测方案须经建设方、设计方、监理方等认可，必要时还需与基坑周边环境涉及的有关管理单位协商一致后方可实施。

（1）基坑工程监测的主要目的是：

① 使参建各方能够完全客观真实地把握工程质量，掌握工程各部分的关键性指标，确保工程安全；

② 在施工过程中通过实测数据检验工程设计所采取的各种假设和参数的正确性，及时改进施工技术或调整设计参数以取得良好的工程效果；

③ 对可能发生危及基坑工程本体和周围环境安全的隐患进行及时、准确的预报，确保基坑结构和相邻环境的安全；

④ 积累工程经验，为提高基坑工程的设计和施工整体水平提供基础数据支持。

（2）基坑工程施工阶段安全风险识别

根据基坑工程监测阶段确定的风险管理的工作目标，识别出基坑工程监测阶段的风险因素，如下所示：

① 现场数据分析水平有待提高；

② 现场监测数据的可靠性和真实性是否有保障；

③ 现场监测设备和测试元件是否满足实际工程监测的精度、稳定性和耐久性要求；

④ 现场数据采集和处理过程是否满足监测技术要求；

⑤ 监测数据警戒值标准的问题；

第二节　深基坑工程的风险管理与控制

随着高层、超高层建筑的日益增多，基坑开挖的深度也越来越大。高层建筑深基坑工程是在城市密集的建筑群中建造，场地狭窄和施工技术难度大是前所未有的。深基坑工程除了保证基坑自身及所支撑工程的稳定外，还必须保证邻近建筑物的安全。

一、深基坑工程的风险管理分析

近年来，建筑风险管理的研究在国内外获得了很大发展，但对深基坑工程进行风险管理的研究很少。另一方面，深基坑工程由于工期长，技术要求高，施工难度大，现场施工条件与环境复杂，和对环境控制要求较高等特点，施工过程中不可避免地会受到各种不确定因素的干扰，并引发对其质量、安全、费用和进度等控制目标的风险，因此深基坑工程中风险管理是十分重要的，它是减少工程事故，确保工程安全的关键。

1. 勘察风险

准确的工程地质、水文地质以及地下管线资料是确保深基坑工程成功的基础。由于勘察工作疏忽而导致的深基坑工程风险表现在以下方面。

（1）勘察资料反映的岩土层构成、厚度以及岩土体的物理力学性能指标不符合实际情况，或勘察单位对地质勘察数据的处理出现偏差，导致深基坑支护结构安全性设计不足；

（2）部分项目的勘察资料不够详细，专业的水文地质勘察工作被忽视，从而导致深基坑开挖后坑内外产生较大的水头差，引起深基坑侧壁的渗水、涌水、流砂等问题，最后引起深基坑边坡坍塌；

（3）深基坑工程勘察中没有查明土层的膨胀性，导致在设计参数取值、施工处理等方面都没有考虑土体的膨胀性，使深基坑开挖过程中，下部土体浸水后膨胀崩塌，引起边坡开裂滑塌；

（4）在详细勘察中，布点过少，没有查明场地中某一地段的软弱土层，使设计中没能采取特别的处理措施，造成施工中的险情。

2. 设计风险

（1）合理的深基坑支护设计方案是确保深基坑工程质量的关键。设计方案不合理而导致的深基坑风险主要体现在以下两方面，即深基坑的支护设计方案没有考虑项目的实际情况，而是套用其它深基坑工程的支护形式；在深基坑支护结构计算时荷载取值不当，对某些活荷载或施工荷载的考虑不足或漏算，导致采用了不适当的支护形式，进而使支护结构产生过大变形，危害深基坑工程安全。

（2）支撑与锚固体系是确保深基坑稳定性的重要措施。由于支撑与锚固结构的设计失误而导致的深基坑风险主要有以下几方面：当深基坑平面尺寸较大时，宜采用钢支撑体系，但钢支撑杆件的弯曲变形可能导致支护结构的较大位移；第一道支撑位置过低可能导致支护结构顶部产生较大的位移；由于支撑系统的连接设计考虑不周而引起整个支撑系统的失稳；深基坑采用喷锚支护时，锚杆设计的位置过低，引起设计承载力不足，导致支护结构的抗力不足；锚杆设计长度不符合要求，不能有效抵抗深基坑的整体滑移，或者锚杆竖向间距过大造成支护桩抗弯能力的不足；锚固体的长度不足，或锚固体未安设在良好的土层中，从而使锚杆的抗拔力低于设计拉力值，引起深基坑开挖后锚固体被拔出，深基坑倒塌。

（3）地下水因素的影响在深基坑工程中是不可忽视的。由于地下水的处理不当而导致深基坑工程支护失败的工程案例时有发生，主要表现在以下几个方面：在软土条件下，深基坑未做止水帷幕就进行了土方开挖，地下水的运动携带着砂土颗粒从支护结构之间的空隙流入深基坑造成其周围地基土流失；在地下水的高水位地区，由于深基坑开挖，基坑内大量的深层降水引起结构外侧一定范围内的地基土失水固结，进而产生不均匀沉降，导致深基坑周边建筑物的倾斜，以及地面、道路和地下管线等市政基础设施的下沉、开裂、甚至破坏。

3. 施工风险

（1）施工质量是确保深基坑工程安全的重要方面。由于施工质量存在问题而导致深基坑工程的风险包括以下几个方面：当止水帷幕存在缺陷时，由于地下水的作用，将导致深基坑周围的水土流失，进而造成相邻建筑物的开裂、倾斜，以及邻近道路的开裂、塌陷；如果钢筋混凝土支护桩的桩体强度严重不足，或不符合规范要求，出现严重缩颈、断桩，或纵筋布置错误，将造成支护桩的变形超过允许范围，甚至发生倒塌；采用地下连续墙时，钢筋不连续，墙体存在蜂窝、漏筋等现象，甚至出现空洞，造成重大工程隐患；在钢筋混凝土支撑中，因混凝土质量差或不符合要求造成杆件被压坏；在钢支撑中，由于未按要求施加预应力或预应力偏小，造成支护桩变形过大。

（2）严格遵守施工规程是质量和安全的重要保证。由于在深基坑施工中没有严格遵守施工规程而导致支护失败的情形主要包括以下方面：挖土机械停在深基坑支护结构附近进行反铲挖土，使支护结构承受的荷载大大增加，导致支护结构产生过大的变形；开挖时挖土机械未按规定线路走行，随意碰撞支撑系统；深基坑开挖时放坡的坡角过陡使得深基坑边坡处于失稳状态；为了施工方便，深基坑挖土达到一定深度时未及时施加支撑，造成支护结构的过大变形；深基坑开挖到设计标高后，清底措施不力引发事故。

（3）规范现场管理是不可忽视的内容。在深基坑施工期间，有些施工单位随意在深基坑边缘堆放大量的材料，或者一方面进行深基坑排水，另一方面又将生活用水及施工废水倾倒在深基坑边缘，或对附近的市政给排水管线保护不力使得水管泄漏，导致支护结构产生过大的变形；施工单位为了土方运输的方便，随意在深基坑一侧挖开一个缺口，从而破坏了原有的支护结构和止水帷幕造成地下水流入基坑，导致坑壁滑塌。

(4) 降水、排水与防水是地下工程施工的重要部分。降水、排水和防水措施不力是导致深基坑工程失败的一个主要原因，具体包括：没有采取有效的隔水、排水措施，使深基坑的临空面附近浸泡，导致深基坑稳定性大大降低；由于天气降雨或止水帷幕漏水使深基坑进水，施工单位在没有采取任何保护措施的情况下用最快的速度将水抽干，深基坑坑内的高水位突然下降，导致支护结构两侧形成很大的水位差，结构失去平衡引起深基坑倒塌；对深基坑附近的排水管道、泄洪管道管理检查不力，会造成因管道破裂，冲垮深基坑。

(5) 信息化施工是地下工程施工的重要手段。对于深基坑工程施工的监测是信息化管理的主要方面。有的施工单位不重视深基坑工程的信息化施工，影响了深基坑工程的质量，主要有以下几个方面：施工单位为了节约施工成本，深基坑施工没有安排施工监测，或不合理地削减监测内容，监测数据不全面，导致综合判断的依据不足，从而造成事故；工程技术人员对监测数据的分析不够，只考虑了支护结构位移的大小，而忽视了位移变化的速率导致事故。

二、深基坑工程风险控制对策

深基坑工程是一个极其复杂的系统，风险因素很多，影响关系复杂，若风险管理不当，很容易引起各种事故。因此，必须根据深基坑工程项目风险的具体情况，采用合适的风险应对策略，及时防范风险，确保深基坑工程项目的质量。

(1) 防范勘察风险

业主或者施工单位要高度重视地质勘察工作，防范由于勘察工作不到位而导致的深基坑工程事故。特别要重视对深基坑开挖所在地的地形、地貌、水文和工程地质特点的勘查，对深基坑场地土质的稳定性或膨胀性进行准确评述。分析可能导致深基坑土体滑坡的各种因素，高度关注对支护结构的稳定性和安全性易造成威胁的重要地段、重点地层和重要土质指标，通过认真研究，确保勘察数据的可靠性。

(2) 采用安全可靠的深基坑支护方案

深基坑工程支护方案是工程设计的一个主要内容。由于深基坑工程具有系统性、复杂性和高危险性，这就要求设计工程师在了解本地区或类似条件下深基坑工程支护的成功经验与失败教训的基础上，根据工程的具体要求和条件，综合考虑技术、经济、安全和环境等方面的因素，做出一个安全可靠、经济适用的整体设计方案。

(3) 选择有资质的施工和监理单位

对从事深基坑工程的施工单位和监理单位，必须对其资质条件和工程业绩进行严格审核，尤其是对施工单位的技术负责人的资质进行严格审查，确保无资质者不得承接施工任务；同时要求有专业资格的监理工程师对深基坑工程施工方案的安全性、可靠性进行审查，尽量避免因监理对施工管理程序掌控不当引起的危险。

三、结论

随着我国城市化的建设，城市地下空间开发步伐加快，基坑工程越来越多，越来越大，越来越深。本文根据深基坑工程大量的施工素材，深入分析了深基坑工程潜在的危险源，从项目计划、勘察、设计、施工和管理各阶段、各方面总结了深基坑工程的风险所在，强调深基坑工程各环节风险管理的重要性，并提出深基坑工程风险管理的对策。

第九章 工程的过程控制及调整

软土地基深基坑施工具有技术要求高、施工难度大等特点，其施工质量优劣将严重影响整个工程的施工质量、安全及建筑物的使用寿命，这就对建筑施工企业提出了更高的要求。因此，作为新时期背景下的建筑施工企业必须充分认识到软土地基深基坑施工质量的重要性，选择科学合理的施工技术，熟悉掌握具体施工流程，做好相关质量控制工作，同时还应不断提高自身综合素质与业务水平，从而为软土地基深基坑施工质量奠定坚实的基础。

随着科学技术的不断发展，土建工程施工技术也得到了长足的发展。地基是土建工程的重要组成部分，其施工质量对整个土建工程质量有着举足轻重的影响。地基施工中，尤其是软土地基深基坑施工方案选择的合理与否非常重要。

1. 软土地基深基坑施工流程

熟悉和掌握软土地基深基坑施工流程是建筑施工企业进行软土地基深基坑施工的必要条件。软土地基深基坑施工流程主要包括：钻孔灌注桩施工作业，高压旋喷桩施工作业，确定冠梁底标高并按要求进行开挖，合理设置出土口、集水井、地表排水明沟，进行第一道环梁与支撑结构施工并采取分层施工方式，设置第二道环梁与支撑结构，继续分层开挖，开挖到基底标高；打设基坑底板垫层，合理进行电梯井、地梁、承台消防集水井的加深工作，打设垫层和砖胎模，严格按照施工要求进行基础钢筋绑扎工作，进行基础混凝土浇筑，按照要求进行第二道支撑拆除施工，合理进行第二道钢管支撑与钢筋混凝土换撑，接着进行第一道支撑拆除工作，进行地下室结构施工，进行土料回填，最后进行上部结构施工。

2. 软土地基深基坑施工质量控制要点

本章主要从软土地基深基坑开挖施工质量控制进行说明：一是软土地基深基坑开挖施工应分为四阶段，二次中心岛设置及一次卸土平台。在深基坑开挖施工的第一、二阶段应对二次中心岛的标高进行合理设置，结合开挖地基地质、土性的不同合理设计挖土剖面，并对开挖地基开挖的层厚、台阶宽度、坡度等进行准确测算，且通常开挖坡度不应超过软土层1.0。二是进行软土地基深基坑开挖施工时，必须严格遵循相关原则，且在开挖至设计标高时，应采取边挖、边凿、边浇、边砌、边铺等五边法进行施工；在进行软土地基深基坑开挖时，应确保土坡坡度符合施工要求，不得过大或过小，并严格控制开挖深度，确保其不大于1.5m。三是软土地基深基坑挖土过程中，应合理控制地下水位，确保其位于开挖面下方1m以上。四是严格控制基坑底标高，严禁出现超挖情况，通常进行基坑底挖土时为了防止出现超挖，应预留30cm厚的基土采用人工方式进行铲挖。五是在开挖至基坑最底层土方时，应对其垫层采取边挖、边浇筑、振捣的方式，最后严格控制坑底土裸露时间，确保其不超过

2h。六是基坑土开挖过程中应做好工程桩、塔吊桩、围护支撑体系的保护工作。

3. 软土地基深基坑施工监测

施工企业在进行软土地基深基坑施工中，必须做好监测工作，对施工围护结构、土体变形情况进行密切监测，并根据监测结果及时调整施工工艺，做到信息化管理。软土地基深基坑施工监测的重要性不言而喻，只有做好监测工作，才能确保施工质量安全。

软土地基深基坑施工监测主要有以下几方面：

一是对基坑深层土体位移进行监测。施工监测人员应在进行深层土体开挖前十天左右在基坑中合理设置多个深层土体位移检测点，且检测点埋设深度应为20~28m左右，这样有助于更准确、及时地了解深层土体位移情况。

二是对基坑地下水位进行监测。在基坑地下水位中合理设置4个观测孔，且应位于基坑四周。三是对基坑沉降及环梁顶水平位移进行监测。四是对基坑支撑轴力进行监测。第一、二道支撑的重要部分上分别合理设置10个监测点，并采用振弦式钢筋计对支撑轴力进行监测。

按照基坑土方开挖进度和基坑土体变形情况确定软土地基深基坑监测频率；在基坑开挖至设计标高之前应每两天进行1次监测，在挖至设计标高后每天1次；若是监测值超出警戒值，则监测次数应增加至每天3次；在砖模与垫层成型后，若是情况稳定则应改为3天1次。此外，还应加强拆撑期间的监测频率。警戒值：基坑深层土体位移累计为60mm，连续三天每天位移速率达7mm；地下水位变化每天大于50cm；环梁顶位移累计为30mm，连续三天每天位移速率达3mm；立柱沉降累计为20mm，连续三天每天位移速率达3mm；周边道路沉降累计为20mm，连续三天每天位移速率达3mm。

软土地基深基坑施工之前，业主和建筑施工企业应委托具备相应资质的监测部门对施工现场进行监测。监测部门接受委托后应指派专业监测人员对施工现场进行监测，并每天及时汇报监测结果，若是发现异常状况，必须立即同设计单位和工程相关部门共同协商解决，从而及时有效的排除隐患。在基坑开挖施工过程中，工程各参与方应指派专业人员组成一个应急小组，对基坑进行全天候监测，并及时有效的对监测数据和施工中的异常情况等信息进行反馈。监测人员应每天对施工现场的围墙、支护结构、周边道路、临时设施等进行巡查，一旦发现例如地面下沉、围护桩漏水、支护结构有裂缝等异常情况，必须根据现场监测结果立即作出反应，并采取有效的应急措施。具体异常情况及应急措施如下：第一，基坑顶水平和深层土体位移过大、速率较过快时，若是一些部位条件允许则应采取坑外卸土的措施，对于没有放坡条件的部位，应采取加设钢管斜撑并使用土钉进行加固的措施，此外，还应综合考虑坑底回填土或是在围护桩与底板胎模之间打设砼板带。第二，如果出现的异常情况是环梁顶水平位移过大、速率过快，则应采取对该部位进行加设钢管撑的措施。第三，出现放坡坡面沉陷或是滑移情况，应采用松木桩加固坡脚或是采用土钉对坡面进行加固的措施。第四，若是出现水泥搅拌桩渗水情况，则应采用高压注浆或是坑外截流止渗的措施。第五，若是发生严重桩间漏土情况，则应采取在基坑内喷射混凝土挡土的措施。

第五篇　软土地区深基坑的开挖变形特性研究

一、研究的背景及意义

19世纪我们国家主要是建桥铺路，20世纪开始建筑高层、超高层大楼，21世纪开始往地下空间发展。“向地下索取空间”是城市持续发展的必经之路。如今，许多一线城市的地上可用面积已经饱和（如北京、上海、深圳等），而人们对空间的需求还在增加，这就要求城市的建设往地下发展。众所周知，我国是人口大国，而随着经济的发展，越来越多的农村人口涌入城市，这给城市的生活空间带来了很大的压力。如今城市的道路非常拥挤，很多城市都在地下修建了地铁，郑州、洛阳等这样的二线城市都在规划和修建地铁来缓解地面道路的压力，由此可见地下空间的发展是城市发展的一个标记。我国已成为世界上隧道、基坑、地铁等地下工程最复杂、数量最多、发展速度最快的国家。

随着我国经济的高速发展，大量的高层超高层建筑拔地而起，如深圳地王大厦高383.9m，共81层；上海金茂大厦高420.5m，共88层；台北101，高508m，共101层，占地面积为30278m^2；广州的广州塔高600m；“上海中心”高达632m。每一座高楼的下面都有一个又大又深的基坑作支撑，而这个深基坑可能还要处在一个环境相当复杂的情况下，如基坑的建筑红线距基坑边缘很近，基坑的工程地质与水文地质条件不良，基坑附近地面超载严重等等。总之，我国的基坑向深度大、面积大、难度大的方向发展已成为必然趋势。

我国城市的地下空间发展较晚，一般都是地面建筑饱和后，才开始地下工程的规划与修建（如地铁、市政管道、大型共同沟等），在这种地下空间开发滞后的情况下，地铁、市政隧道的选线和后期建设都有很多困难问题，很多地铁与城市道路平行近接，有的是下穿已有建筑物，这增加了地下空间开发利用的难度，也给工程施工提出了严峻的挑战。一些发展较快的国家，在很多年前已经经历了这种发展地下空间滞后的问题。由于日本国土面积较少，使得他们对地下空间进行较早的深度开发，建造了很多的地铁与城市道路平行近接或者是下穿已有建筑物的工程，如今已积累了不少成功的经验，有的甚至已经上升成了指南或规范。基坑工程是一个相当复杂的工程，是当今土木工程最为复杂的技术之一，是一个系统的工程，融多种学科知识于一体的综合性科学。它不像地面以上的建筑工程理论那么完备，地下的情况是什么没有人敢给出肯定的回答。如今的设计都是半理论半经验的，在一个地方开挖基坑工程，首先要对当地的地质、水文、天气和以前的基坑开挖案例做分析了解。若没有充分的调查分析就贸然做设计，这样的基坑多半是要出事故的。近年来深基坑发生事故的概率非常大，占到了基坑总数的20%~30%，因此，加快深基坑计算理论的完善与数值模拟方法的研究，提高对深基坑工程建设规范、科学指导极为重要。

Clough采用有限元方法分析基坑开挖问题已有30年了，通过这30多年来有限元理论的发展，该方法已经成为研究复杂基坑的最常用的方法之一。近 20 年来，计算机大量的生产和计算机性能、计算技术的飞速发展，为基坑开挖数值模拟计算方法奠定了基础。有限元作为数值计算方法中应用最广泛的一种方法，日益显示出其强大的生命力，使基坑开挖理论的研究得到了进一步的发展。随着计算机的发展，计算软件层出不穷，有一些软件对基坑的开挖模拟有很好的效果，例如：FLAC-3D、ANSYS、ABAQUS、PLAXIS3D、MIDAS/GTS 等。通过大型数值软件 ABAQUS 模拟基坑的开挖过程，并将模拟数据与监测数据进行对比，得到的结论对今后类似基坑工程的开挖与支护有指导意义。

二、基坑工程的发展与研究现状

1. 基坑工程发展现状

基坑工程的综合性很强，它包含了支护结构的设计和土方开挖工程，属于岩土工程领域。随着社会经济的发展，土木工程也得到了快速发展，特别是我国的土木工程。21 世纪后，我国出现了很多高层、超高层建筑，随之出现了大量的基坑工程，地铁、人防工程、地下商场等。基坑工程的快速发展对于我国的岩土工程师来说，既是机遇又是挑战，这使很多新的理论与方法出现，并促进了经验向理论发展。

第二次世界大战以后，国外开始注重发展基坑工程。在 20 世纪 40 年代时，Terzaghi 和 Peck 等对简单基坑做了研究，并提出预估挖方稳定程度和支撑荷载大小的总应力法，现在一些小型基坑还在用这种方法。随着工程实践的发展，该方法得到了修正与改进；20 世纪 50 年代，Bjerrum 和 Eide 给出了计算基坑坑底隆起的方法；20 世纪 60 年代在奥斯陆(Oslo)和墨西哥城(MexicoCity)的软黏土深基坑中，第一次使用仪器进行监测，然后对监测资料做了分析，这种模式对有利于工程安全的预测。再后来，土力学的理论得到了发展，出现了很多新型的支护模式、土体本构模型、计算方法、计算模型、仿真软件。

在美国、日本、法国、俄国等国家，基坑设计在地下空间利用中得到了快速发展和广泛应用。著名的工程有：全球上最大的地下商业街在日本(70000m^2)，全球上最深的地下街在俄国(深 100m)，最大的地下娱乐中心在芬兰(可存 1100 人)，最大的地下体育场在挪威，德国有地下 6 层综合体。1999 年我国才颁布深基坑工程强制性标准。

1999 年以前我国的基坑工程大部分都是小基坑，大深基坑没有规范，只能靠借鉴外国的成功经验。随着我国城市的发展，城市用地满足不了需求，深基坑才开始出现和发展。起初深基坑只是在一些发达城市出现，如北京、上海、广州等，他们最先出现深基坑工程规范，1999 年全国性的深基坑工程规范出现。如今，在我国各类用途的地下空间工程已在我国各大中城市得到修筑和利用，如建筑群的连通层地下室、地铁、地下停车场、地下通道、地下商业街、地下人防工程等。同时，地下工程建设项目的数量和规模也迅速增大，超高层建筑物深基坑、大型管道的深沟槽、市政工程中的地下共同沟、越江越海隧道、跨国跨海铁路隧道及多条地铁交叉工程中的大型车站深基坑等。

2. 基坑工程研究现状

基坑工程的研究历久弥新，已有的研究有经验估算法、理论计算法、模型试验法和数值仿真法等。Long 分析了世界范围内大量基坑工程设计和监测资料，对土体进行分类研究基坑支护结构和土体的变形特性。还研究了基坑开挖深度、支护结构刚度、基坑底部抗隆起稳定系数等因素对基坑开挖变形的影响。Zdravkovic 用有限元方法研究了一个 40.7m 的深基坑，发现用二维模型和三维实体模型建模，得到的结果差距不大。

Zhaorui S 等基于有限元理论，利用 FLAC3D 软件模拟了深基坑的变形特性，得出砂层土体在开挖和降水时出现了较大的沉降。Carrato J 以曼哈顿新第二大道地铁工程为背景，研究了基坑开挖过程中，邻近高层建筑基础的沉降和稳定问题，并依据该工程的地质条件，提出了几种适用的加固方案。

W. D Wang 等以上海某深基坑为工程背景，该基坑离附近隧道最小水平间距仅 5.45m，采用盆式开挖，且支撑形式为钢管斜撑，邻近隧道侧土体采用水泥土加固，变形控制措施采用分布开挖，并利用时空效应设计开挖步。在此基础上，利用有限元软件建立三维分析模型，用修正剑桥的本构模型，计算分析了基坑开挖时环境效应。

Y. M Hou 等基于数值模拟技术，建立了地铁附近大面积深基坑施工过程的三维模型，计算分析了基坑围护结构的变形和地表沉降，并同时考虑了土体的各项异性和各项同性两种情况，将二者计算结果对比后得出当土体考虑为各项异性时与实测数据更加接近，符合实际情况。Helmut F. Schweiger 等利用有限元软件对深基坑开挖过程中，隧道与基坑之间区域土体的变形特性进行了研究分析，得出当土体离基坑边缘越远时，其沉降曲线越平缓，沉降量越小。

Hsii-Sheng Hsieh 等利用数值模拟软件模拟了地下连续墙变形对周围土体及邻近建筑物的影响，发现当地下连续墙变形过大时，周围土体也会出现较大变形，对邻近建筑的危害较大。同时设置了开挖前加固基底土体和开挖前不加固基底两种工况，计算结果表明当开挖前对基地土体进行加固时，能够大幅度的降低连续墙的变形量，进而有效改善近建筑的损坏情况。Cording 经过考察多例已发生危险的深基坑工程，发现这些工程多数都在开挖施工过程中不符合施工规范且存在较大的安全隐患，另外，这些工程多数都对周边建筑产生危害，造成建筑沉降过大，且墙体出现裂缝。

简艳春对软土地区的基坑工程做了大量研究，通过有限元软件计算结果和监测资料的对比，提出了软土地区基坑周边地表沉降的概率分布曲线。徐中华研究了上海地区大量的支护结构与主体地下结构相结合的深基坑，并应用有限元软件 ABAQUS 中的修正剑桥模型对一些基坑做了模拟分析。对方形基坑和圆形基坑做了大量研究，通过对支护结构的水平位移对比发现，圆形基坑的侧向变形比方形小。谢小松通对上海的仲盛商业中心基坑工程做了深入研究，利用有限元模拟方法对该工程做了全过程模拟，从各个角度分析对比后，得出逆作法对于软土深基坑有较好的适用性。

丁勇春运用 FLAC3D 有限元软件，对软土地区深基坑支护结构的变形做了深入研究，并提出了控制基坑变形的方法。马威应用有限元软件 ABAQUS 对基坑开挖的变形性状做了三维数值模拟。研究了基坑开挖过程中，各种施工因素对基坑施工的影响。把基坑周围的各种对基坑有影响的因素都考虑在三维建模内，把模拟结果与实测结果进行了对比，得出基坑的空间效应对基坑支护结构影响较大的结论。周玲通过室内模型试验和 ABAQUS 有限元方法对地下连续墙+内支撑的深基坑做了模拟与结果对比，得出支护结构主动区土压力大于朗肯土压力。

章洁采用现场实测和数值模拟相结合的方法对软土地区深基坑内撑式排桩支护的变形规律进行分析，运用有限元软件 ABAQUS 对方家塘村综合楼基坑支护体系进行有限元三维数值模拟，得出围护结构变形存在空间效应，桩径、桩长、支撑刚度、基坑周边超载、坑内被动区土体加固等对围护结构变形都有影响。李东敏利用 ABAQUS 软件对沈阳某地铁深基坑的支护设计进行了数值模拟，并与实测数据进行对比，验证了有限元模型的正确性。张海等运用 ABAQUS 三维有限元技术，考虑了围护结构与土体的相互协同作用，分别对土体、钢筋水泥土搅拌桩墙、围护结构与土体的接触进行了仿真模拟，并结合生死单元功能对天津塘沽地区某一超大直径非闭合椭圆环形支撑体系的基坑工程进行了模拟分析，将得到的数值与实际测量值进行对比。

李振宇以太原市某采用环形支护体系的深基坑工程为研究对象，利用有限元软件 ABAQUS 建立仿真模型，得到基坑整体的变形规律。卜佳通过数值模拟的方法，对基坑开挖引起邻近既有隧道的变形问题做了分析，得出：随着两者相对距离的减小，隧道的水平变形和竖向变形均逐渐增大，且水平变形小于竖向变形；隧道位于基坑正下方时，由于土体隆起导致隧道的竖向变形较大。姚顺雨、林立祥主要研究了基坑支护中内支撑的轴力计算，在进行支撑轴力计算时，以具体工程为背景，考虑了温度的影响，计算的轴力与监测结果很接近。毕庆涛等通过有限元方法，在静压桩桩顶施加位移边界条件，研究了有限元计算的网格重新剖分和数据传递，得出任意拉格朗日-欧拉有限元(ALE)技术和接触力学方法可以较好地解决静压桩贯入的大变形和接触问题。

三、基坑工程存在的问题

我国早期的基坑工程挖深度较浅，支护简单，环境条件宽松，设计时主要考虑的是支护结构的强度及稳定性。随着城市化进程的发展，尤其是近年来，因地面用地越来越紧张，城市地下空间发展迅速，基坑工程数量与日俱增，开挖越来越深，规模越来越大，支护形式越来越复杂，深基坑事故防治问题成为城市建设工程中的热点问题和难点问题。在城市用地日益严重的今天，仅满足一个基坑的安全和稳定已经不能满足基坑的支护标准了。在基坑开挖过程中我们还要考虑周围建筑物、道路、市政管线等周围环境的变化。我国深基坑设计理念已经由传统的强度控制走向变形控制时代。然而，对基坑变形的控制的理论指导和技术还不够成熟，基坑的设计方法和支护技术都是建立在一定的假设作为基础的前提下的。而实际工程应用中，由于复杂的周边环境和地质情况导致这些理论和技术在实际应用中存在许多不便和问题。目前基坑开挖过程中土体和支护结构的变形计算理论还不完善，工程实践中采用的弹性支点法仅是一种近似，它是假定作用在结构上的土压力为主动土压力，同时将坑底土体视为弹性体。

第一章　设计阶段变形研究及变形预测

基坑在开挖前的预测对基坑的开挖作参考非常重要，本章介绍基坑在开挖过程中的变形理论，以及变形计算采用的 ABAQUS 有限元软件和修正剑桥模型、模型参数，最后利用基坑设计的一个二维剖面做一数值模拟。在模拟中，没有施加内支撑，按悬臂桩形式模拟的。

一、基坑开挖变形的形式和计算理论

1. 围护墙水平变形

Clough 和 O'Rourke(1990)通过对基坑支护过程中，采用内支撑+围护挡墙或拉锚+围护

挡墙的支护体系的研究，认为随着基坑的开挖，围护墙的水平变形有三种形式，分别是悬臂式位移、抛物线型位移、前两种组合位移。

内支撑支护基坑变形形态见图 5-1-1。

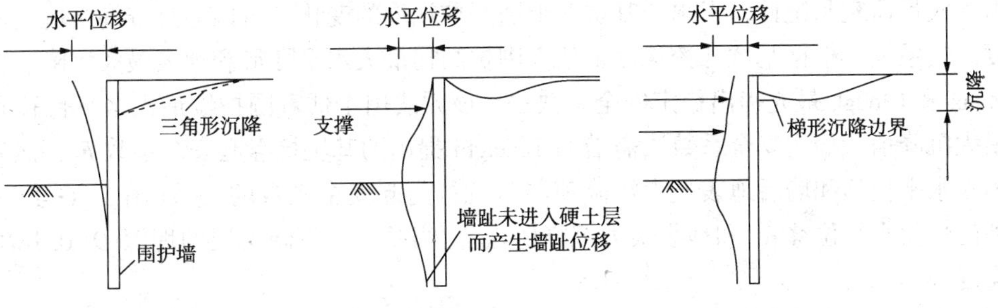

(a)悬臂式位移　(b)抛物线型位移　(c)组合位移

图 5-1-1　内支撑支护基坑变形形态

2. 基坑周围地表沉降

当基坑支护采用悬臂梁式支护或围护墙变形较大时，地表沉降呈“三角形”；当围护墙有较大的入土深度或基坑底部土的强度较大或围护墙的侧向变形有其他支撑限制时，地表沉降呈“凹槽形”。

墙后地面沉降形状见图 5-1-2。

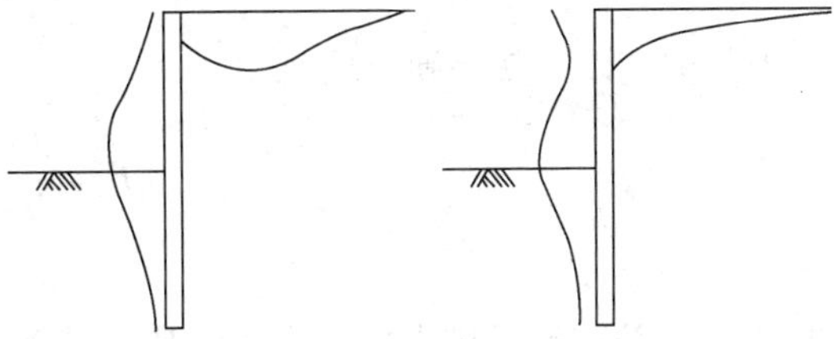

(a)凹槽形沉降　(b)三角形沉降

图 5-1-2　墙后地面沉降形状

3. 地表沉降影响范围

Peck 和 Goldberg 在对以钢板桩为主的基坑进行分析发现，砂土和硬黏土的沉降影响范围一般在 2 倍开挖深度内，而软土地区基坑开挖的影响范围达到 2.5~4 倍的基坑开挖深度。Heieh 和 Qu 结合地面沉降实测结果的回归分析，提出了主影响区和次影响区的概念，如图 5-1-3 所示，两种类型的地面沉降均包含主影响区和次影响区，主影响区范围为 2 倍基坑最终开挖深度，次影响区范围为坑外 2~4 倍基坑最终开挖深度。

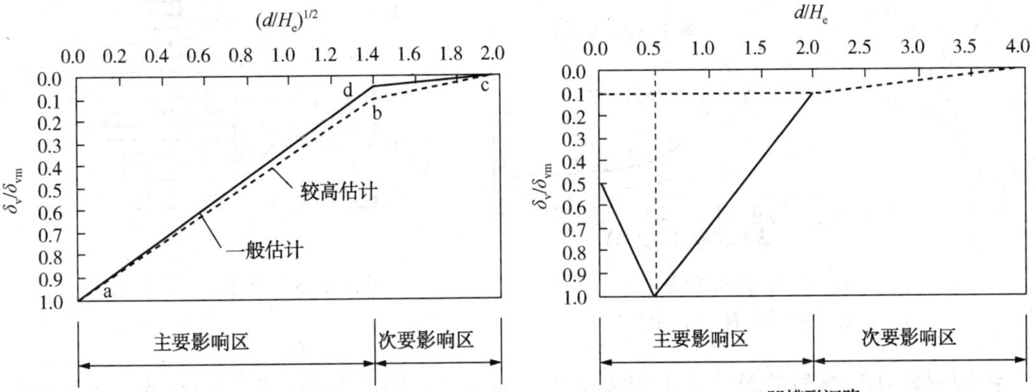

(a)三角形沉降　(b)凹槽形沉降

图 5-1-3　三角形与凹槽形地面沉降预测方法

4. 基坑受力变形估算与经验方法

Clough 和 O' Rourke (1990)、Wong (1997)、Leung (2007)、Qu (1993)、Long (2001)、Moormann、徐中华等，分别对不同地质条件下、不同支护形式下、不同施工手段下的基坑工程做了大量研究和统计，得出了基坑变形随开挖深度的变化。可以通过查询基坑变形与开挖深度的关系表，根据基坑开挖深度来估算围护结构最大水平变形和地表最大沉降。

Mana 和 Clough 最先提出稳定安全系数法，该方法用于估算围护墙最大水平位移和墙后地表最大沉降值。稳定安全系数法需借助 Terzaghi 提出的基坑抗隆起安全系数 F_s，然后根据墙体最大水平位移和墙后地表最大沉降值与基坑抗隆起安全系数的关系(图 5-1-4)估计出围护墙的最大水平位移 δ_{hm} 和地表最大沉降值 δ_{Vm}。当基底以下硬土层的埋深 $D>0.78B$(B 为基坑宽度)时：

$$F_s=\frac{1}{H}\times\frac{S_u N_c}{\gamma-\dfrac{S_u}{0.7B}}$$

当基坑底以下就是硬土层时：

$$F_s=\frac{1}{H}\times\frac{S_u N_c}{\gamma-\dfrac{S_u}{D}}$$

式中，S_u 是基坑的不排水抗剪强度，H 是基坑的开挖深度，N_c 是稳定系数，γ 是土的重度。

5. 基坑受力变形理论计算方法

基坑受力变形的理论计算方法有：极限平衡法、竖向弹性地基梁法、弹性杆系有限元法、连续介质有限元法。

弹性地基深分析见图 5-1-5。

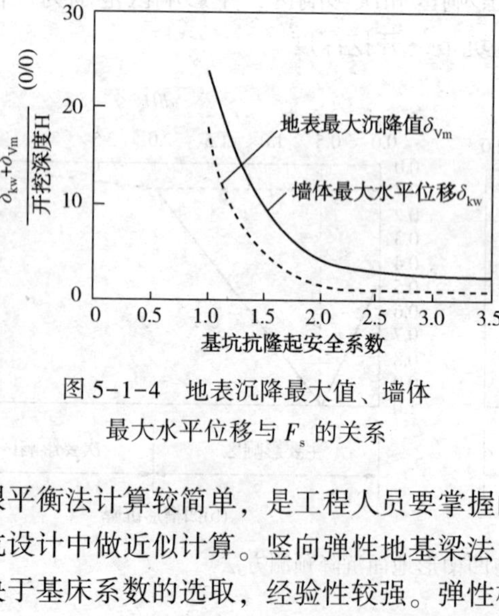

图 5-1-4　地表沉降最大值、墙体最大水平位移与 F_s 的关系

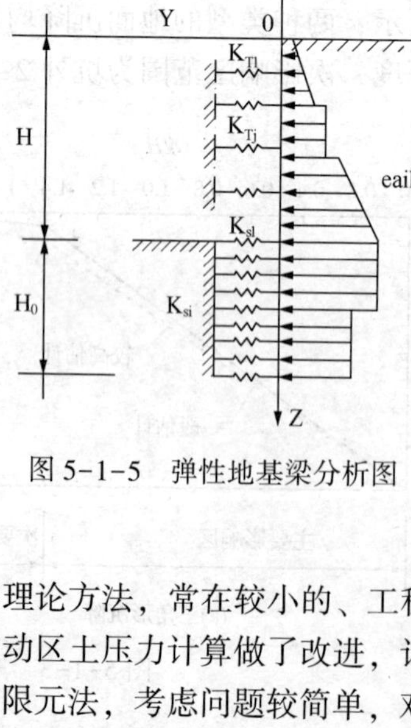

图 5-1-5　弹性地基梁分析图

极限平衡法计算较简单，是工程人员要掌握的基础理论方法，常在较小的、工程地质较好的基坑设计中做近似计算。竖向弹性地基梁法，对被动区土压力计算做了改进，计算是否准确取决于基床系数的选取，经验性较强。弹性杆系有限元法，考虑问题较简单，对变形预测不连续，应用范围有限。连续介质有限元法比竖向弹性地基梁法考虑问题更全面，对基坑

变形的预算结果相对准确，应用较广泛。

二、ABAQUS 有限元软件介绍

ABAQUS 由达索(SIMULIA)公司于 1978 年推出的，并根据用户需要不断发展到了今天。ABAQUS 是在计算机硬件和软件高速发展的背景下产生的，它不仅能分析静力学问题，也能分析动力学、弹塑性力学、爆炸力学、疲劳力学、热力学和流体力学等问题。ABAQUS 应用范围非常广泛，它可以用于机械、材料、土木、水利、航空航天、船舶、电器、汽车等各个领域。

ABAQUS 主要由三个分析模块组成：ABAQUS/Standard(通用分析模块)，ABAQUS/Explict(显示分析求解器)和 ABAQUS/CFD(流体仿真模块)。

ABAQUS/CAE 功能模块主要有：

(1) 几何建模模块(Part)；

(2) 材料特性模块(Property)；

(3) 建立装配体模块(Assembly)；

(4) 定义分析步模块(Step)；

(5) 相互作用模块(Interaction)；

(6) 载荷边界模块(Load)；

(7) 划分网格模块(Mesh)；

(8) 优化处理模块(Optimization)；

(9) 提交运算模块(Job)；

(10) 可视化模块(Visulization)；

(11) 草图模块(Sketch)。

ABAQUS 有丰富的单元库，实体单元、壳单元、薄膜单元、梁单元、杆单元、刚体单元、连接元、无线元等，这使它可以模拟各种复杂的几何形状。ABAQUS 也有丰富的材料库，它可以模拟绝大多数工程材料，如：土壤、混凝土、钢铁、塑料和各种地质材料。ABAQUS 使用非常方便，使用者只需要提供模型的几何形状、边界条件、材料性质、荷载情况等数据，就可以得到模型的计算结果。

三、修正剑桥模型介绍

数值模拟软件 ABAQUS 里面可用的土体模型有很多种，常见的有线弹性模型、摩尔-库仑(Mohr-Coulomb)模型、德洛克-普拉格(Drucker-Prager)模型、修正剑桥(MCC Model)模型等。土的应力应变关系有很多种，弹性、塑性、黏性、弹塑性、黏弹性、黏弹塑性、非线性、流变性、剪涨性、各向异性、结构性等。已有的研究大部分都是一种本构模型适用于一种或几种土，目前还没有一种模型适用于所有土体。有些模型很简单，但参数获取很容易，模拟能收到较好的效果；有些模型对某几种土特别合适，但参数获取困难或者参数精度不高，计算结果有时偏差较大。所以选取土体的本构模型时，要注意模型的精度和参数的精度之间，找一个平衡点。修正剑桥模型又叫临界状态塑性模型(Critical state plasticitymodel)，是由英国剑桥大学罗斯科(Roscoe)和伯兰特(Burland)于 1968 年对剑桥模型(Cam-Claymodel)修改后提出的一个有代表性的土的弹塑性模型。该模型以塑性体应变为硬化参数，应用椭圆屈服面和相关联的流动准则相结合，在国际岩土工程上已被接受和应用。经过岩土工程界的大量研究，确定修正剑桥模型对于软土地下工程非常适用。

四、软土的特点

软土一般是第四纪后期于沿海地区，或者内陆、山区的湖沼区在静水和缓慢流水环境中以细颗粒为主的近代沉积物，大部分可能夹有数量不等的薄(甚至极薄)的粉土层或细砂层。天然孔隙比 e 大于 1.5 时称为淤泥，天然孔隙比 e 小于 1.5 而大于 1.0 时称为淤泥质土，工程上把淤泥和淤泥质土都称为软土。修建于软土地基上的建筑物(结构物)通常会出现比较大的沉降量，如上部结构荷载差异以及建筑物体型复杂、土层不均匀、建筑物旁存在大面积地面堆载，或者受到周边相邻建筑物的影响等，都会引起明显的不均匀沉降。除了固结沉降较大且需要较长的时间，软土的次固结沉降亦十分显著且稳定时间也较长。

软土地区的深基坑工程历来受到岩土工程界的关注。因为我国有很长的海岸线和江河湖泊，要在临海临江的城市建筑高楼大厦，避免不了要和软土打交道。像上海、广州、武汉这样的城市，建筑海拔平均偏高，而地下水位也偏高，土层中又存在淤泥及淤泥质土，在这样的城市修筑基坑工程，解决地基承载力、支护结构侧向变形、地下水影响、周围道路管线及建筑物沉降等等一系列问题变得必不可少。

第二章　软土地区深基坑开挖及变形监测

一、监测理论

随着我国城市建设高峰的到来，高层建筑、市政道路、立交桥地铁工程、市政污水排放工程、地下商业街、人防工程等越来越多，这些工程建设均要开挖深基坑，基坑的面积和深度向大而深方向发展。在以往深基坑施工过程中，曾发生过不少质量事故和事故隐患，致使支护系统破坏，基坑滑坡坍塌，邻近建筑物开裂破坏，基坑周围道路开裂坍塌，地下管线严重变形，止水帷幕破裂造成严重渗漏，甚至工程报废或发生重大人身伤亡事故。鉴于基坑事故造成的严重后果，在深基坑工程中监测技术和动态信息化施工技术已得到推广。

1. 深基坑工程监测内容

深基坑工程的监测包括支护结构监测和周围环境监测两个方面内容。支护结构需监测挡土墙墙顶的位移、倾斜、主钢筋应力、土压力、孔隙水压力、压顶梁、腰梁及内支撑轴力、应变、立柱的沉降与隆起、锚杆的锚固力等。周围环境需监测开挖影响范围内的建筑物、地下管线和土体的沉降、倾斜、水平位移，以及土体内的水位等。在深基坑工程监测项目中，支护结构水平位移、邻近建筑物及地下管线的沉降是必不可少的内容，其余项目可根据基坑工程安全等级、场地地质条件及周围环境状况作出合理的选择。

2. 支护结构监测

根据前期开挖中监测到各类支护结构的应力、变形数据，与设计中支护结构受力和变形进行比较，对原设计进行评价，判断基坑在目前开挖工况下的安全状况，并通过分析，预测下一步工况下支护结构变形和稳定状况，为优化设计提供可靠的信息，并对后续开挖及支护方案提出建议，对施工过程中可能发生的险情报警，确保基坑工程的安全。

（1）墙顶位移监测

挡土墙桩墙顶位移常用经纬仪和全站仪监测。其原理为：应用水平角全圆方向观测法，测出各点水平角度，然后计算出各点水平位移。其特点为测试简单，费用低，数据量适用。

在桩墙顶冠梁上布置测点，其位置和数量根据基坑侧壁安全等级及周围建筑物和地下管线可能受影响的程度而定。对于重要基坑，一般沿地下连续墙或桩顶每隔 10~15m 布置一个测点。在现场建立的半永久性测站要求妥善保护，基准点设在便于观测，不受施工影响的场地，基准点宜做成深埋式。基坑开挖期间，每隔 2~3d 监测一次，位移速率达到 5~10mm/d 时，每天监测 1~2 次。

（2）倾斜监测

支护结构沿基坑深度方向倾斜常用测斜仪监测，也可采用全站仪观测。在桩身或地下连续墙中埋设测斜管，测斜管底端插入桩墙底以下，使用测斜仪由底到顶逐段测量管的斜率，从而得到整个桩身水平位移曲线。固定式测斜仪是将测头固定埋设在结构物内部的固定点上；活动式测斜仪先埋设带导槽的测斜管，间隔一定时间将测头放入管内沿导槽滑动测定斜度变化，计算水平位移。

（3）支护结构应力监测

用钢筋应力计或混凝土应变计沿桩身钢筋、冠梁和腰梁中较大应力断面处监测主钢筋应力或混凝土应变，对监测应力和设计值进行比较，判断桩身、冠梁、腰梁内应力是否超过设计值。

（4）支撑结构应力监测

对于钢支撑，在支撑施加预应力前，将钢筋应力计焊接在钢管外壁。对于混凝土支撑，在钢筋笼绑扎时，将钢筋计焊接在主钢筋上，随基坑开挖，量测支撑轴力的变化。

（5）锚杆锚固力监测

为保证锚杆张拉时达到设计的预应力值，必须进行超张拉，通过在锚头位置安装锚固力传感器，测定锚杆锁定时的锚固力及开挖过程中锚固力的变化，从而确定锚杆是否处于正常工作状态、是否达到极限破坏状态。测力计有电阻应变计式，也有钢弦式，一般采用钢弦式测力计。

（6）土压力测试

挡土桩侧土压力采用沿挡土桩侧壁土体中埋设土压力传感器进行测试。采用钢弦式或电阻应变式压力盒。在埋设主动侧土压力盒时，其敏感膜应对准桩后，应施加较大的初压力，否则可能测不到主动土压力变化的全过程，甚至测不到数据。在埋设被动侧土压力盒时，其敏感膜面应对准桩前，不宜施加较大的初压力，否则后期土压力值超量程。

（7）土体孔隙水压力测试

孔隙水压力计，是监测地下土体应力和水压力变化的手段。土体孔隙水压力采用振弦式孔隙水压力计测试，用数字式钢弦频率接收仪测读数据。

3. 周围环境监测

基坑开挖过程中，可能对邻近建筑物、邻近道路和地下管线造成一定影响，导致下沉或失稳。需要通过监测来判断和分析，以便采取相应对策。通过监测基坑周围土体边坡的水平、垂直位移变化、地下水位变化以及裂缝观察等手段，分析判断基坑是否稳定安全，防范各类风险和事故发生。

（1）邻近建筑物的沉降观测

在深基坑开挖过程中，为了掌握邻近建筑物的沉降情况，应进行沉降观测。在被观测建筑物的首层柱上设置测点，在开挖影响范围外的建筑物柱上埋设基准点或通过钻孔至基岩内设置深埋式基准点。采用精密水准仪，测出观测点的高程，再计算沉降量。

（2）邻近道路和地下管线的沉降观测

邻近道路和地下管线的沉降观测方法也是采用精密水准仪观测。测点布置应根据管线的材料、管节的长度、接头的方式而定。

（3）边坡土体的位移和沉降观测

边坡土体位移采用测斜仪监测。在土体中埋设测斜管，在土体深层部分埋设分层沉降标。通过对土体位移和沉降监测，可及时掌握基坑边坡的稳定性，当边坡潜在滑裂面出现险情预兆时应及时作出报警。

（4）地下水位测试

基坑在开挖前必须降低地下水位，但在降低地下水位后有可能引起坑外地下水位向坑内渗漏，地下水的流动是引起塌方的主要因素，所以地下水位的监测是保证基坑安全的重要内容。

（5）裂缝观察

经验表明，每天进行肉眼巡视观察是非常重要的，巡视内容包括支护桩墙、支撑梁、冠梁、腰梁结构及邻近地面、道路、建筑物的裂缝、沉陷发生和发展情况，裂缝的快速增多和纵深发展往往是事故发生的预兆。一旦发生裂缝，应在裂缝两侧作出标记，定期量测裂缝的宽度。

4. 基坑监测工作要求

根据多年的基坑监测工程实践，为确保基坑监测的真实性、数据的合理性、分析的科学性、结论的有效性，对基坑监测工作实施提出以下几点工作要求：

（1）基坑监测工作测量精度要求高，测量人员必须对相关规范熟练掌握，正确使用仪器进行熟练测量操作。

（2）基坑围护设计单位及相关单位应在作业前提出监测技术要求，指导基坑监测单位开展工作。

（3）监测单位监测前应在现场踏勘和收集相关资料基础上，依据委托方和相关单位提出的监测要求和规范编制基坑监测方案，监测方案须上报委托方及相关单位批准后方可实施。

（4）基坑工程在开挖和支撑施工过程中的力学效应是从各个侧面同时展现出来的，因此监测方案设计时应充分考虑各项监测内容、间监测结果的互相印证、互相检验，从而对监测结果有全面正确的把握。

（5）监测点布设应合理，能埋的测点应在工程开工前埋设完成，应尽量减少对结构的正常受力的影响，在工程正式开工前，各项静态初始值应测取完毕。

（6）监测数据的可靠性取决于测试元件安装或埋设的可靠性、监测仪器的精度以及监测人员的素质。监测数据真实性要求所有数据必须以原始记录为依据，原始记录任何人不得更改、删除。

(7) 监测数据需在现场及时计算处理，计算有问题可及时复测，尽量做到当天报表当天出。因为基坑开挖是一个动态的施工过程，只有保证及时监测，才能有利于及时发现隐患，及时采取措施。

(8) 对重要监测项目，应按照工程具体情况预先设定预警值和报警制度，预警值应包括变形或内力量值及其变化速率。

(9) 监测数据必须填写在为该项目专门设计的表格上。工程结束后，应对监测数据，尤其是对报警值的出现进行分析，绘制曲线图，并编写工作报告。

在深基坑的施工过程中，为了对基坑工程的安全性和对周围环境的影响有全面的了解，需要对基坑开挖到下一个施工工况时的受力和变形的数值和趋势进行预测，确保基坑支护结构和相邻建筑物的安全。在出现异常情况时及时反馈，并采取必要的工程应急措施，甚至调整施工工艺或修改设计参数，同时积累工作经验，为提高基坑工程设计和施工的整体水平提供依据。因此，在施工过程中对基坑支护结构、基坑周围土体和相邻建筑物进行全面、系统的监测，是非常重要的。

二、基坑工程监测分析

1. 相关概念分析

伴随城市建设的不断发展，城市建筑用地日趋紧张，城市中心商业区地价日益昂贵。为追求更多的经济利益，开发商不断追求建筑的地下和地上空间。特别是在一些大城市，这种趋势更是普遍。为满足这样的需求，各类大型综合性建筑应运而生。例如城市的高层建筑、大型公共建筑和地铁工程等。这类工程在建设过程中，从施工方便和工程安全的角度考虑，深基坑工程被广泛应用于工程建设中。我国把深基坑工程列为较大危险性工程之一。

基坑工程本身技术要求高，施工环境复杂。设计中采用的一些计算模型，尚不能完全反应施工过程的实际情况。特别是对于一些地质条件、荷载情况和施工环境较为复杂的状况，仅仅依据地质勘察资料和室内试验确定的设计方案，往往包含较多的不确定性因素。实际施工过程中，由于偶然因素的存在，很容易会发生土体和支护结构的受力、变形和位移，稍有不慎，就可能发生一系列安全事故，带来严重的后果。2008 年国内某地铁站深基坑施工过程中，发生大面积坍塌事故，附近河流决堤，倒灌基坑内部，深度达到 6m。行驶车辆也深陷基坑，事故共造成 21 人死亡，附近学校和民房出现局部垮塌现象，直接经济损失达 4961 万元，造成重大的社会不良影响。事故结果鉴定：施工过程中安全责任生产不落实到位；对于隐患不能及时排除；施工人员技术培训流于形式；现场管理混乱；监管不到位等。多个环节的工作疏忽，最终酿成惨剧。

因此，在基坑施工过程中，对于各类相关信息，应进行及时有效地监测。特别是复杂的大型建筑工程，对于施工过程中土体变化、邻近建筑变化情况等，不仅要有效监测，还要能够及时分析。把监测和分析的数据信息及时反馈给相关单位，判断基坑和周围建筑的安全状况，指导施工单位合理科学的施工。以应对可能出现的各种紧急情况，进而采取及时有效的措施，以保证工程各项工作能够顺利正常进行。

2. 基坑理论研究现状

根据以往的基坑事故分析，围护结构和支撑体系的受力不均，导致基坑局部变形过大，进而导致基坑破坏，是基坑事故发生的主要原因。由土体强度引起的基坑事故较少，所占比例在事故中的分量有限。对围护结构的受力分析方法较多，常见的有：极限平衡法、有限单元法、地基反力法。极限平衡法是基坑设计早期提出，并广泛应用的方法。也是设计人员较为熟悉和采用的基坑支护设计方法之一。该方法原理简单、计算方便。常常应用于空间效应不明显、周围环境相对稳定、地层均匀的支护结构。极限平衡法的关键点在于土压力的计算，有很多学者对此进行了深入研究。魏汝龙对基坑的开挖、卸载和被动土压力的计算进行了相关研究；杨晓军考虑地下水压力对作用于基坑的围护结构上的土压力影响，提出了有地下水时，土压力的计算方法；李广信对作用于支护结构上的土压力的分算与合算，进行了分析。并研究了渗透作用和土压力之间的相互影响。

围护结构受力分析方法中的地基反力法，可以分析支撑轴力和土压力等。以及这些力在基坑开挖过程的变化情况。地基反力法分析中，以典型的 m 法应用较多。王建华等建立了空间三维的 m 法分析理论，并将其应用于常见的深基坑支护分析中。围护结构受力分析方法中的有限单元法，能够针对复杂性的深基坑工程进行分析，在分析的过程中，可以考虑一些其他方法难以考虑的因素。常见的例如土体的弹塑性、土体的摩擦效应等。Ou 等根据三维有限元技术理论，分析了基坑施工过程中的边角效应，以及这种效应对围护体系产生的影响；俞建霖等利用三维空间的有限元分析法，研究了基坑在实际开挖过程中，土压力的空间分布、围护结构的变形和基坑的几何效应之间存在的联系；R. J. Finno 利用三维有限元技术理论，分析了围护墙刚度、基坑的尺寸、周边土体位移和基坑支护结构的影响。

基坑的坑底隆起现象，是基坑破坏的另外一种重要形式。坑底的受力分析，对保证基坑稳定和基坑监测技术研究同样具有重要意义。基坑抗隆起研究，主要利用极限平衡法的思想，实际分析时分两类：基于地基承载力的基本概念分析法和圆弧滑动分析法。相关学者在进行研究时，例如 Terzaghi、Bjerrum 和 Eide 的研究较为相似。他们在对黏土基坑的稳定性进行分析时，假设基坑的稳定是由土体的不排水抗剪强度值进行控制。基于常见的地基承载力分析模式，对黏土基坑坑底的抗隆起稳定性进行分析。但是，这种方法存在局限性，仅仅适用于柔性挡土墙分析。目前，基坑工程施工中多采用刚性的围护结构，此方法分析时，难以适用。国内外很多学着在此基础上，进行了更深一步的研究。张耀东等根据 Bjerrum-Eide 分析方法，在此基础上进行了方法的相关改进工作。提出了实用性更强的抗隆起稳定计算方法的修正公式。此方法不仅考虑支护墙体的埋入土中的深度，还考虑了坑底以下的软土层深度问题。王成华等基于 Terzaghi 承载力分析理论，提出基坑抗隆起分析的另外一种方法即临界宽度法。该方法的特点是根据基坑坑底隆起破坏情况，分析最可能发生基坑抗隆破坏的临界情况，给出了临界宽度的定义。在我国基坑工程分析实践中，对于基坑的坑底抗隆稳定分析方法，也常采用基于圆弧滑动破坏模式的分析方法。新修订的《基坑工程设计规范》中，对分层地基分析的圆弧滑动模式，给出了相应的计算公式。

极限平衡法是假设一个极限破坏面，并在这个假定的极限破坏面上进行平衡分析和验算，与真实情况的发生存在较大的偏差，理论上存在不精确性，关系存在不确定性。相比极限平衡法，极限分析法由于分析的过程更接近实际，在理论上要严格一些。Su 等根据实际情况，考虑土体的强度各向异性、非均质性特点、根据破坏的上限公式解析方法，对深基坑的抗隆起稳定性进行了分析；Chang 等根据地基承载力的常见破坏模式，进行上限理论分析。不仅对基坑抗隆起稳定性进行了解析公式的推导，还结合工程实例，进行了数据的计算分析和对比；姜洪伟等根据 Sekiguchi-Ohta 的各向异性本构方程，对方程计算的各向异性不排水剪强度值，进行了应用分析。结果表明：土体的各向异性特点，对基坑抗隆起稳定安全系数能够产生显著影响，忽略这部分影响，对于基坑的分析将会尝试不合理的结果；邹广电基于 Prandtl 基坑破坏模式，总结了基坑坑底稳定的上限分析公式。但是，在具体分析时，使用了简化方法来确定速度场。因此，此方法计算的结果和实际的值存在差异；黄茂松等基于基坑的 Prandtl 破坏模式，在分析过程中，考虑了土体应力主轴旋转的软黏土强度公式。在推导非均质土层中，深基坑开挖的抗隆起稳定公式中，运用了塑性极限分析上限定理。同时，研究基坑开挖过程中的支护墙体入土深度、土体强度的各向异性和坑底软土层厚度对坑底稳定安全的影响；黄茂松等推导了更为精确的分析基坑抗隆起稳定方法，利用该方法求得的上限解析解较一般方法更合理。B. Ukritchon 等采用极限分析的有限元法，计算基坑坑底稳定系数的上限和下限。该方法假定土体不排水和各向异性。得到的既有有限元适用性强的特点，又有极限分析法理论上的严格性；秦会来等提出了基坑在墙体刚性条件下，使用饱和黏土基坑坑底稳定分析方法，分析基坑的破坏模式，同时，讨论基坑的平面宽度、围护结构的埋入深度、土体的非均质和各向异性、坑底软土层厚度和支护墙体与土体间的摩阻之间的相互影响。

弹塑性有限单元法分析基坑坑底的稳定性，主要采用的是强度折减有限单元法进行分析。Goh 等运用 SSRFEM 分析方法，分析软土中深基坑的坑底稳定性，给出计算基坑抗隆起稳定性的经验公式。Cai 等在 Goh 的分析方法的基础上，分析了圆形基坑的稳定性。同时，给出了圆形基坑坑底稳定性参数值的设计参考表；H. Faheem 等针对矩形基坑的三维分析表明：基坑的抗隆起稳定性，和基坑长宽比的存在相互影响。

3. 基坑监测技术的现状

理论的分析研究，往往能够促进实践技术的应用和发展。基于以上理论基础的监测技术和监测方法，在实践中不断进步。目前，基坑监测工作的主要内容是对地下土体性质、施工环境和荷载条件进行分析。同时，及时的关注施工过程中引发的环境变化，例如邻近建筑物、土体形和环境变化等。并对相应的变化进行监测。根据目前基坑工程的现场监测经验，监测工作的常用方法是：仪器监测和巡视检查相结合。基坑仪器监测的内容包括：支护结构；周围的自然环境；施工工况；地下水情况；基坑底部及周围土体；周围建筑物；周围地下管线及地下设施；周围重要的道路等。

基坑工程最初规模一般较小，开挖面积少，真正意义的监测技术应用尚不成熟。进入 20 世纪，国外出现很多高层和超高层建筑，基坑工程越来越大，相应的监测技术和监测仪器开始出现。KarlTerzaghi 等早在 20 世纪 30 年代开始研究岩土问题，提出挖方稳定和支撑荷载平衡理论，后来的一段时间里，不断有优秀学者投入这一领域研究，并取得一系列成果。20 世纪 60 年代在奥斯陆市和墨西哥城的软土深基坑开挖过程中，使用仪器对施工过程进行了全程监测。经过几十年发展，计算机技术的不断应用，使监测技术基本实现自动化。特别是在自动化监控系统研究方面，取得一系列成功。比如，在深基坑边坡监测中，研发出一套能够自动收集数据、进行实时传输的系统，并且能够根据边坡土体的变化情况，进行预警值核对。同时，能够借助系统激光扫描技术，建立施工现场的模型。真正实现了数据的自动采集、及时分析、预警预测和有效反馈，显示了未来基坑监测工作的发展趋势。

国内关于基坑监测的理论研究，目前已取得较多成果，提出了一些较新的理论观点，并应用于工程实践，取得了很好的效果。何鹏介绍了在基坑施工安全监测过程中，借助仪器测量的一些特点，简单介绍国内外基坑监测的基本现状，总结未来仪器发展的方向。张维正以实际工程为例，介绍深基坑施工中的支护和降水工程情况，阐述了相应的基坑工程监测方法，通过结果分析，提出了一些基坑开挖的施工和监测经验。钟正雄对基坑监控数据库管理系统的建立进行了研究，该系统能够对基坑监测信息进行全面监控和输入，同时进行较为客观的稳态评价和设置报警。在监测仪器方面，制作出较多精度高、实用的测量仪器，并朝着自动化方向不断发展。如 Geokon 公司生产的一些监测仪器，可用于隧道、边坡的工业和民用建筑的施工监测。广东科利达公司更是熟练掌握绝对编码技术、双轴补偿、免棱镜测距、Windows 全站仪、数字水准测量等国际主流测绘仪器高精技术的公司。

自 20 世纪 90 年代，我国基坑开挖施工过程出现信息化监测系统。由于计算机技术和相应的理论研究不足，导致监测水平发展缓慢。进入 21 世纪，伴随科学技术的不断进步和相应监测技术的不断提升，基坑监测技术已经开始扮演越来越重要的角色。同时，为规范建筑基坑工程监测工作，保证监测质量，确保监测过程技术先进、经济合理、科学高效的目标，国家陆续出台一系列相关的工程技术规范。如《建筑基坑工程监测技术规范》(GB50497)、《建筑深基坑工程施工安全技术规范》(JGJ311)、《建筑基坑支护技术规程》(JGJ120)，和一些地方性技术规范。但是，真正的基坑监测工作还比较滞后，人工操作较多，一般借助监测人员现场采集数据，然后进行内业处理，数据量比较大，导致施工与监测出现时间差。而且，现在很多检测单位比较重视监测仪器的埋设和采集工作，仅满足于数据资料的搜集和提交，分析较为简单。不能够根据施工现场的实际情况，对监测成果进行深入分析和有效反馈，导致企业在监测工作方面花费较多精力，却不能够达到真正有效指导施工的目的。同时，目前监测工作受到监测人员的理论和技术水平限制，存在编造测量数据和报告的行为，为安全工作更是埋下很大隐患。为此，国内不少工作者在自动化监测方面不断尝试，取得了很多成功。王婷婷借助于计算机 C++语言平台，利用多种数据采集和传输设备，开发出一套自动化数据收集系统。该系统可以实现数据的及时采集、处理和监测分析。伍毅敏通过研究激光的工作特性，研发出一套位移实时监测系统，为有效监测基坑的位移提供了技术支持。徐洪钟通过对光纤光栅传感器在监测方面的应用研究，提出借助于光纤光栅，实现基坑监测的新理论。王华强借助于某公司的 OCS 控制器，研发出一套基坑数据监测和收集的系统。该系统借助于快速的运算功能和通讯能力，可实现数据的自动采集和传送。

4. 基坑变形与监测技术分析

1) 基坑变形分析

在基坑施工过程中，随着基坑内土体被挖出，基坑内部上层土体应力损失，下层土体就会产生一种向上为主的应力和位移，周围土体则会产生一种向内为主的应力和位移。伴随坑底隆起和周围土体的向内移动，基坑周围地表可能产生向下的沉降趋势。这种基坑所在位置土体的原有平衡遭到破坏，导致其内部支撑系统受力出现不平衡，土体产生位移的现象既是基坑的变形。基坑变形的原因比较多，主要包括自然条件、围护结构的刚度和强度、基坑几何尺寸和土体开挖深度等。

(1) 基坑变形的影响因素

有关基坑变形的影响因素研究较多，关注的角度也不一样，既有工程地质条件对其影响，也有不少学者根据基坑工程的不同时期，对影响因素进行研究。下面就影响基坑稳定的因素进行分析。

自然条件的影响因素：无论基坑设计，还是施工环节，均应该考虑自然条件对基坑的影响。设计基坑的初期，必须对基坑所在地工程地质、水温和气候条件等做深入调查，对不同地质条件的影响，要做出科学的分析。例如，在硬质黏性图层中渗流情况引发管涌问题的可能性较小，在较软质的黏性土层中，需注意基坑开挖过程中的地层位移情况，特别是饱和软黏土层中，若墙体有较深的埋入深度，此时，坑底可能产生较大隆起，地层水平位移也会较明显。

设计环节的影响因素：在基坑设计方面，可能影响基坑变形的因素较多，例如基坑设计的平面尺寸和开挖深度、围护结构设计刚度和强度、支撑结构设计等。据不完全统计，由于基坑设计不合理引发的工程事故占到基坑事故总量的40%~50%。由于各个因素对基坑的影响区别较大，下面就这一问题做简要介绍：

① 墙体结构的影响：在基坑开挖过程中，变形有时不可避免，合理的设计围护结构刚度和强度、稳定性，对于减少基坑变形和围护结构变形会十分有利。一般都会采取提高围护结构刚度和加固支撑的方法。研究结果表明，围护结构墙体刚度一般取决于墙体的厚度，在有限范围内，通过提高墙体的厚度，可有效减小墙体变形和位移。但是，随着厚度增加到一定程度，其效果已不是非常明显。而且，对成本和基地承载力等，提出了更高的要求。同时，围护墙体的土中埋入深度也会影响基坑稳定性。部分基坑事故，就和围护墙体土中埋入深度不足有关。适当增加墙体埋入土深度，可有效提高基坑整体稳定性，且能减少坑底的隆起量。

② 支撑系统的影响：支撑系统能够对基坑产生影响的因素，主要是支撑点的位置、数量和施加预应力。在基坑深度确定的情况下，支撑点位置的选择很重要，特别是底层支撑的设置。一般情况下，在能够满足挖土作业和底板浇筑等要求时，底层位置越往下，对基坑的稳定性也越有利。同时，支撑设置的层数也会产生很大影响，它能够直接影响基坑稳定性。过多的支撑不仅增加成本，还会影响土方开挖，进而影响工程进度。在设置内支撑时，为减小开挖和设置支撑不同步，所产生的基坑变形和周围地表沉降问题，会采用施加预应力的方法，可有效减小围护墙体的位移和墙厚土体土压力，进而减小基坑变形，提高其稳定性。

③ 基坑几何尺寸和形状的影响：主要体现在基坑由于几何形状所产生的空间效应问题，例如长条形基坑和一些不规则基坑的阳角问题。国内的学者针对这一问题的影响，做了很多工作。研究表明：对于设置地下连续墙的基坑工程，根据阳角所处位置，阳角的影响可分为以下几种情况：阳角位于基坑中心时，两臂较长，阳角位置量位移较小。距离阳角较远处，空间效应影响减小，位移类似于平面应变的性质，见图5-2-1。

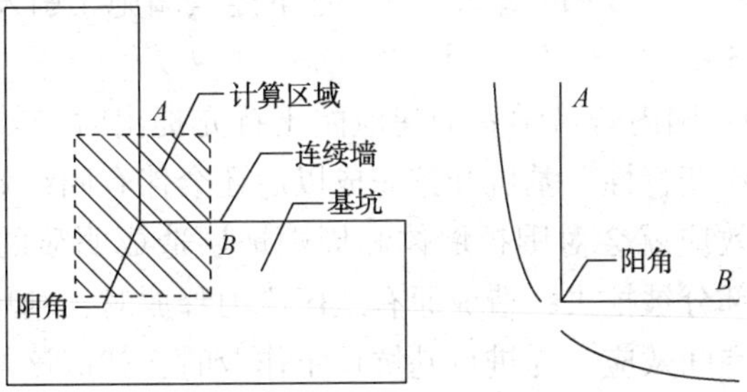

图5-2-1　阳角位于基坑中部位置和位移关系

阳角位于基坑角部时，两臂较短。此时，阳角和阴角共同作用明显，存在地下连续墙的支护系统，水平位移局部类似阳角形状，具体见图 5-2-2。

阳角位于基坑中间时，阳角臂一长一短。基坑边形的整体趋势影响较大，两角内倾的趋势明显，由于两角的存在，也会对这种趋势产生一定的限制，具体见图 5-2-3。

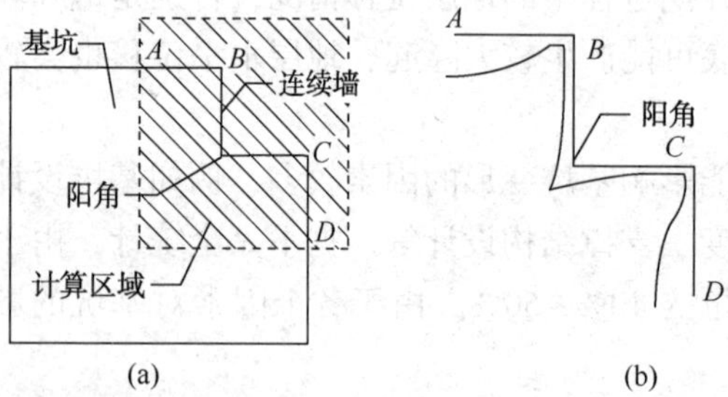

图 5-2-2　阳角位于角部位置和位移关系

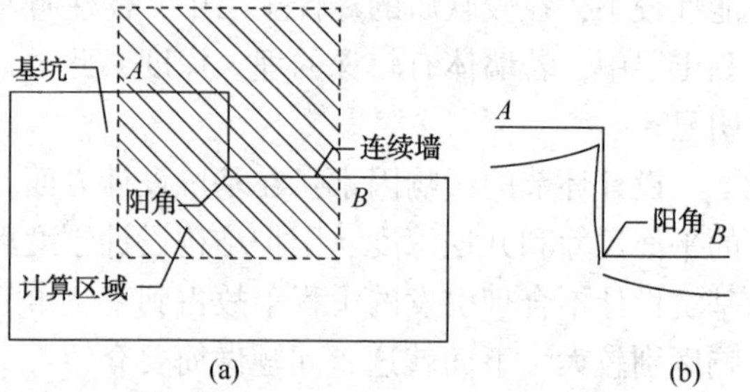

图 5-2-3　阳角位于中间位置和位移关系

基坑设计开挖深度的大小，将会直接影响原有土体的应力变化。当基坑开挖面积比较大时，几何尺寸的变形影响会比较明显。

施工环节的影响因素：基坑施工过程中，由于各种因素的相互作用，会对基坑安全产生较大影响。很多基坑事故的发生与施工有着较为直接的关系，特别是施工时，部分施工企业私自操作，不严格按照设计要求进行施工，对施工质量把关不严。目前，施工环节对基坑变形影响较大的因素主要是基坑围护墙施工、开挖的时空效应问题和开挖后的土体蠕变效应等。

① 围护墙施工的影响：在基坑开挖设计和施工时，一般会选择钢板桩、混凝土预制桩等作为围护结构，保证施工正常进行。在深基坑施工时，一般会选择地下连续墙作为围护结构。研究表明：地下连续墙施工对基坑周围土体的影响，主要与开挖沟槽的深度、宽度、长度和护壁泥浆等有关。一般情况下，地下连续墙施工引发的土体位移占基坑总变形量的比例较小。但是，有时地质条件复杂的工程，成槽开挖产生的变形会达到总变形的 40%～50%之间。部分研究表明，成槽开挖引发的水平位移及沉降范围为槽深的 1.5～2.0 倍，最大水平位移一般小于 0.07%倍槽深，最大沉降值为 0.05%～0.15%的槽深。有关地下连续墙施工引发的地表沉降关系，有学者做过专门研究，见图 5-2-4。

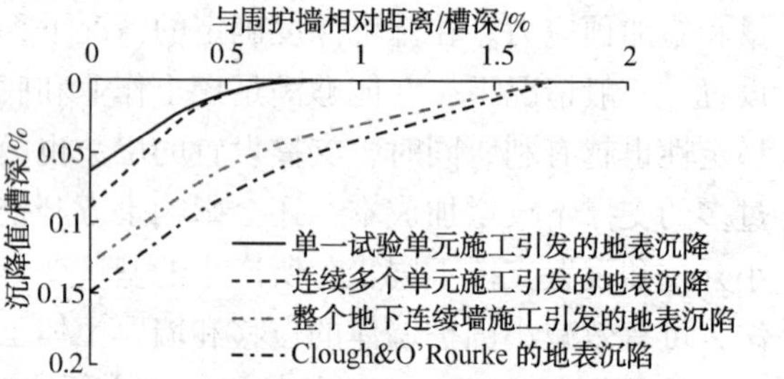

图 5-2-4　地下连续墙施工引发地表沉降包络图

② 时空效应的影响：国内著名学者刘建航院士首先提出时空效应这一概念。在软土地区，土体一般会表现出流变特性，基坑开挖完成以后还会伴有固结效应，随着无支撑围护结构暴露时间累积，这种效应就会对围护墙体和周围地层造成明显的影响，即所谓的时间效应。同时，当土体中一部分被挖去，造成原有地区应力释放时，基坑变形会受到相邻未破坏土体的干扰，即所谓的空间效应。在进行基坑挖土作业时，就应该考虑这种时空效应，土方开挖到一定高度，就应该及时设置支撑，减少无支撑墙体暴露的时间，缩短围护结构的时间

效应。同时，采用分层开挖和分区开挖的方法，缩小内部开挖的相对空间，利用空间效应，减小基坑变形。

③ 土体蠕变效应的影响：在深基坑开挖过程中，由于工程量比较大，耗费时间长，坑底地基在不断地加载卸载过程中会发生蠕变效应。随着基坑开挖完成以后，坑底进行混凝土封底作业前，伴随地下结构施工和相关支撑设备拆除，基坑底部及周围土体会产生一定量的回弹变形。变形量的大小一般和地质条件、土的类别、基坑深度、开挖几何尺寸、暴露时间等因素有关。一般情况下，这种变形会随时间推移而趋于稳定，如果回弹变形量比较大，建筑物完工之后可能产生较大的后期沉降。

(2) 基坑变形的破坏形式

基坑施工过程中，变形量既要满足基坑本身的安全和稳定要求，还要控制基坑周围地层的移动情况。在一些城市的基坑工程，如果地质条件比较差，施工过程往往会引发基坑较大变形，进而会影响周围的建筑、道路和公共设施的正常使用，甚至严重破坏。以往的工程实践中，由于基坑变形导致的破坏很多，例如周围地面沉降，周围房屋倾斜和燃气泄漏等。总结基坑变形导致的破坏形式，主要有三种：基坑底部的隆起、支护结构的变形破坏和周围地层的位移破坏。

① 基坑底部的隆起

《地下工程设计施工手册》中，关于基坑底部的隆起作出如下解释：基坑坑底的隆起破坏是指，基坑坑底存在的不透水层和水压力之间的相互作用关系。如果不透水层下面水压力较大，不透水层又比较薄。不透水层上面覆盖的土重，难以以抵抗下面的水压力作用时，基地就会向上翻起，产生破坏，具体见图 5-2-5。

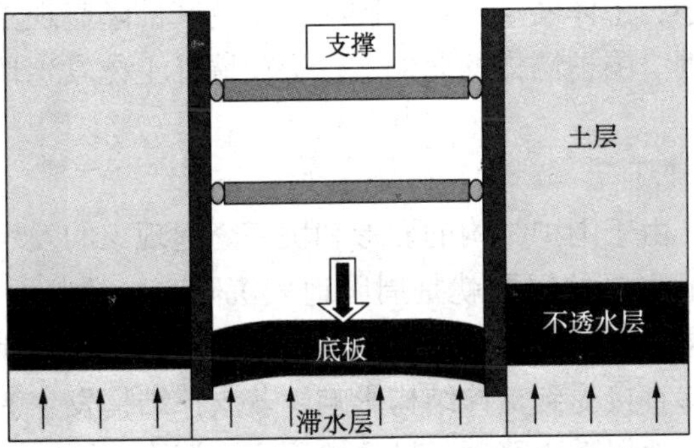

图 5-2-5　基坑底部受力隆起

基坑开挖过程实际就是土体的一个卸荷载过程，随着施工的进行，上层土体被清理，荷载消失，下层土体就会产生向上的位移，导致基坑底部的微微隆起。隆起的过程一般包含两部分：弹性变形过程和塑性变形过程。最开始基坑隆起量较小，处于弹性变形范围，基坑支护的同时也会对坑底进行加固，使其能够抵抗一部分隆起；由于基坑开挖深度不大，围护结构会伴随坑底隆起而升高，最大的位移变形发生在基坑的中心位置。但是，随着基坑开挖深度的增加，隆起量逐渐增多。同时，伴随基坑支护结构在周围土压力作用下内收，周围土体会产生向坑内移动的趋势，基坑周围土体也会产生相应的沉降。此时，基坑隆起处于塑性变形的范围，危害较为明显。例如，2011 年南京地铁 2 号线在运营过程中，因为暴雨导致 20 多米隧道混凝土隧道床隆起，列车触发故障造成停运，大量旅客滞留隧道。

基坑底部的隆起量有时可作为判断基坑稳定性和建筑物沉降的重要指标。影响基坑回弹量的因素主要包括基坑自身几何尺寸、支撑加固情况、坑底加固情况和坑底土体残余应力等。研究表明，在同样的开挖条件下，圆形基坑较方形基坑变形量小，主要和基坑阳角效应有关。有关基坑回弹的计算方法，国内不少学者也做过较多研究，理论和实践结合的方法应用较多。

② 支护结构的变形破坏

支护结构的变形破坏因素较多，除了自身结构的强度、刚度、制作工艺和施工管理等因素外，还与施工过程中周围环境条件的变化有着密切关系，如基坑周围的堆料、行车和降水等，都有可能导致支护结构出现问题。支护结构变形引发的事故见图 5–2–6。

图 5–2–6　支护结构变形引发的事故

深基坑工程围护形式较多，地下连续墙作围护结构是一个比较普遍的做法。基坑开挖以前，墙体两侧土压力处于平衡状态，随着基坑施工过程的进行，坑内土体被清理，对应土压力减小，墙外土压力相对增大。此时，在被动土压力作用下，围护结构将会产生一个向坑内的位移。开挖过程中，一般采用上层混凝土梁、下层钢管支撑的形式。而且，支撑的设置一般会和土体开挖过程有一个时间间隔，此时墙体将会有一个相应的位移量，随着基坑深度的增加，位移量也会不断累积。围护结构墙后被动土压力减小，土体发生位移。同时，基坑底部隆起现象也会加剧，坑底和周围土体都进入塑性变形范围。围护墙体的变形不仅会使墙外土体发生地层移动，还会扩大塑性区域。

③ 周围地层的位移破坏

在基坑施工过程中，由于围护结构的变形和坑底隆起现象的发生，往往会伴随周围地层的位移，甚至破坏。其最主要的问题就是周围地表沉降，包括路面沉降、周围燃气管线沉降、建筑物沉降等，如果处理不好，可能发生建筑物的倾斜、燃气泄漏和路面开裂等工程问题。基坑周围的地层位移直接受到支撑结构影响，若支撑结构发生变形，围护墙在外侧土压力作用下发生变位，周围地层随之移动，导致地面产生沉降。同时，基坑施工时的降水和止水作业，也会对周围地面的沉降产生较大的影响。日本有关学者，对基坑施工引起的周围建筑沉降影响范围做了很多工作。基坑导致的沉降影响范围见图 5–2–7。

目前，国内很多城市热衷于修建地铁，这些工程多位于城市繁华地段，交通拥挤，建筑物多，工程多采用深基坑。此时对于基坑工程的变形监测和周围环境监测，显得非常重要。

2）监测技术分析

有关基坑的监测要求，在《建筑基坑工程监测技术规范》中有较为明确的规定：基坑开挖深度超过 5m；或是开挖的深度未超过 5m，但是的现场地质情况和周围环境较复杂，此种情况的基坑均应实施监测。特别是在一些复杂的大中型基坑工程中，施工条件复杂，相关要求严格，理论的分析和计算作用有限，为提高工程的安全性和可靠性，需要对施工过程进行全面监测，为设计优化和指导施工，提供可靠依据。为保证监测工作的质量，需考虑基坑工

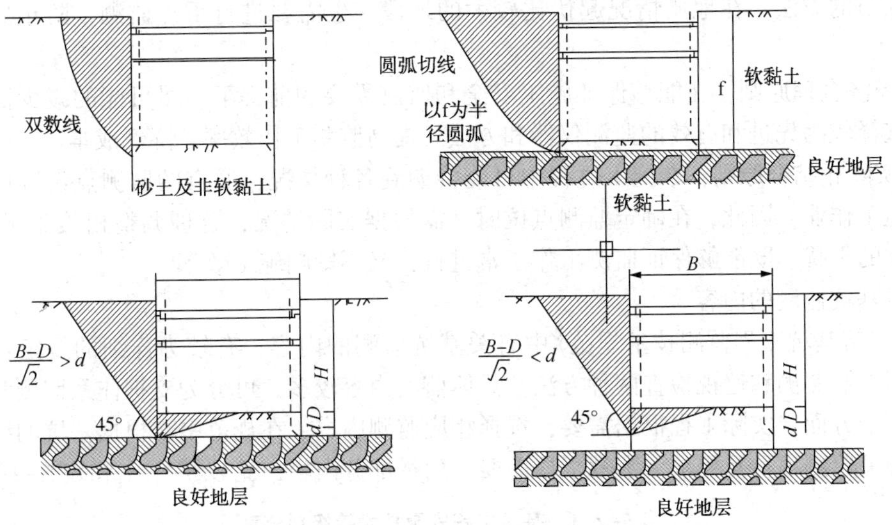

图 5-2-7　基坑导致的沉降影响范围

程的设计方案、场地情况、周围环境和施工方案等，制定合理、科学和严格的监测控制方案。一般在基坑设计阶段，由设计方提出监测的技术要求，包括监测项目、测点位置、监测频率和监测报警值等。而且，在基坑开挖以前，由建设单位聘请相关资质的第三方进行现场监测，并编制监测方案。方案经设计、建设和监理单位认可，必要时和相关部门协商一致以后，才能实施。

(1) 基坑监测的目的和意义

基坑监测工作应能够保证达到以下目的：

① 监测及时、有效，能够较快发现问题，及时纠正。

② 根据实际监测成果，对照设计方案进行验证。鉴于目前理论研究水平限制，以及实际的实验条件可能无法满足要求等，设计方案在有些时候会出现与实际情况不符合的现象，需在监测时进行深入研究。

③ 指导施工顺利进行。施工单位在施工作业时，一般会按照设计方案进行，不能发现施工中可能出现的问题。作为监测单位，应及时对监测数据进行处理和分析，并通知施工单位，保证工程顺利进行。

④ 保障周围环境的安全。在基坑施工作业的同时，对周围可能受到影响的建筑和公共设施进行监测，对相关数据进行分析，提前采取措施，保证周围群众活动的正常进行。

(2) 基坑监测的基本原则

在确定基坑监测方案时，作为一项系统工程，方案的合理性和科学性对监测成果影响很大。因此，需遵循以下原则：

① 系统性原则：全面考虑工程项目，坐到监测项目的整体性，使各项监测内容能够有效联系起来，检验和分析。确保数据监测的连续性和准确及时，保证监测过程不中断。通过合理的系统规划，节约监测成本。

② 可靠性原则：监测数据必须准确、可靠，能够尽可能的反应真实情况。

为此，需选用较精密仪器和成熟的监测手段，对监测点进行有效保护。

③ 重点监控原则：在整个工程的关键区域，需进行重点监测，一般需通过加密监测点

和监测项目的方法。在地质情况起伏比较大的地段，也需要进行重点监测，防止局部险情发生。

④ 经济合理原则：在能够保证施工安全和监测需要的前提下，尽可能的减少监测点的数量，选择较为先进和有效的监测仪器和方法。提高监测工作效率，降低成本。

⑤ 实际相结合原则：在施工过程中可能会遇到各种情况，原有的监测点设置可能影响正常的施工作业。因此，在确定监测点位时，需根据实际情况，合理调整相关监测点位置，减少彼此的干扰。既能够保证监测工作正常进行，又不影响施工效率。

(3) 基坑监测的内容

在《建筑基坑工程监测技术规范》中有关基坑监测的内容，有较为详细的规定：现场监测应采用仪器监测和巡视检查两种方法。具体监测内容较多，可分为支护体系监测和周围环境监测两个方面，实际工程根据需要，选择相应监测内容。在规范中，根据基坑的级别，详细列举相关监测项目及要求。本章根据需要，列举部分内容，见表5-2-1和表5-2-2。

表 5-2-1　基坑工程安全技术等级划分表

	周围环境条件	破坏后果	工程地质	基坑深度 H/m	地下水条件
一级	很复杂	很严重	复杂	$H>12$	水位很高、条件复杂对施工影响严重
二级	较复杂	很严重	较复杂	$6<H\leqslant 12$	水位较高、条件较复杂对施工影响较严重
三级	简单	不严重	一般	$H\leqslant 6$	地下水位低、条件简单对施工影响轻微

表 5-2-2　建筑基坑工程仪器监测项目表

		一级	二级	三级
墙(坡)顶水平位移		应测	应测	应测
墙(坡)顶竖向位移		应测	应测	应测
围护墙深层水平位移		应测	应测	宜测
土体深层水平位移		应测	应测	宜测
墙(桩)体内力		宜测	可测	可测
支撑内力		应测	宜测	可测
土压力		宜测	可测	可测
地下水位		应测	应测	宜测
周围建(构)筑物变形	水平位移	宜测	可测	可测
	竖向位移	应测	应测	应测
	倾斜	应测	宜测	可测
	裂缝	应测	应测	应测
周围地下管线变形		应测	应测	应测

有关巡视检查的要求，规范中也有明确规定：在基坑工程整个施工期内，每天均应有专人进行巡视检查。其内容包括以下几个方面：

① 支护结构：支护结构成型时的质量、冠梁和支撑有无裂缝、支撑和立柱有无较大变形、止水帷幕有无开裂和渗漏、墙后土体有无沉陷和裂缝、基坑有无管涌和流砂现象等。

② 施工工况：开挖后的土质情况和岩土勘察报告中内容是否有差异、基坑的开挖深度

和长度时候和设计要求一致、场地的地表水和地下水排放是否正常、基坑周围地面有无堆载情况等。

③ 基坑周边环境：地下管道有无破损和泄露、周边建筑有无裂缝、周边道路有无裂缝和沉陷、邻近建筑和基坑的施工情况等。

④ 监测设施：基准点和测点是否完好、是否存在影响观测的障碍物、监测元件是否完好等。巡视检查内容由于各地区实际情况可能不一样。因此，在制定监测任务时，需根据相关规定和当地经验，制定合理的巡视检查内容，做好详细的记录，及时整理，发现问题，及时通知委托方和相关单位，采取相应整改措施。

（4）基坑监测的控制要求

基坑监测时所选择的监测方法，应根据基坑等级、精度要求、场地条件和地区经验等，合理选择。监测基准点每个基坑不少于3个，且稳固可靠，监测点根据需要和相关规定，综合选取。相关监测仪器和设备需定期养护，保证观测的精度和可靠性。同一观测项目观测过程中，不宜更改观测线路和方法，仪器设备和观测人员需固定。对于不同的观测项目，精度要求也不一样。在《建筑基坑工程监测技术规范》中，对相关监测项目精度做了详细要求，由于文章限制，只列举部分相关内容。在监测项目中，需对基坑、围护结构和周围环境做水平位移和竖向位移监测，一般采用水准测量的方法。目前，市场该类测量仪器较多，选用何种等级水准仪器，需要满足表5-2-3的规定：

表 5-2-3　几何水准观测的技术要求

基坑类别	使用仪器、观测方法及要求
一级基坑	DS05级别水准仪，因瓦合金标尺，按光学测微法观测，宜按国家二等水准测量的技术要求施测
二级基坑	DS1级别及以上水准仪，因瓦合金标尺，按光学测微法观测，按国家二等水准测量的技术要求施测
三级基坑	DS3或更高级别及以上的水准仪，宜按国家二等水准测量的技术要求施测

在监测过程中，为了能够较好的把握监测对象的变化过程，需对整个工程进行全过程监测，从基坑开始施工，直至整个地下工程竣工。如有特殊要求的，还需按照规定，持续监测，直至变形趋于稳定。具体的监测频率需根据基坑等级和周围环境、自然条件变化等，综合确定，在正常情况下，仪器监测频率应按照表5-2-4规定执行。

表 5-2-4　现场仪器监测的监测频率

基坑类别	施工进程		基坑设计开挖深度			
			≤5m	5~10m	10~15m	>15m
一级	开挖深度/m	≤5	1次/1d	1次/2d	1次/2d	1次/2d
		5~10		1次/1d	1次/1d	1次/1d
		>10			1次/1d	1次/1d
	底板浇筑后时间/d	≤7	1次/1d	1次/1d	1次/1d	1次/1d
		7~14	1次/3d	1次/2d	1次/1d	1次/1d
		14~28	1次/5d	1次/3d	1次/2d	1次/1d
		>28	1次/7d	1次/5d	1次/3d	1次/3d

续表

基坑类别	施工进程		基坑设计开挖深度			
			≤5m	5~10m	10~15m	>15m
二级	开挖深度/m	≤5	1次/2d	1次/2d		
		5~10		1次/1d		
	底板浇筑后时间/d	≤7	1次/2d	1次/2d		
		7~14	1次/3d	1次/3d		
		14~28	1次/7d	1次/5d		
		>28	1次/10d	1次/10d		

在基坑监测作业时，监测人员要严格按照设计的监测预警值，出现问题，及时反馈。监测报警值一般采用监测项目的累计变化量和变化速率两个指标进行控制。实际作业环境下，情况可能会有变化，需加注意。一般情况下，监测报警值根据监测项目和基坑、支护结构特点，需满足表5-2-5要求。

表5-2-5　基坑及支护结构监测报警值

监测项目	支护结构类型	基坑类别					
		一级			二级		
		累计值		变化速率/mm/d	累计值		变化速率/(mm/d)
		绝对值/mm	相对基坑深度(h)控制值		绝对值/mm	相对基坑深度(h)控制值	
墙(坡)顶水平位移	放坡、喷锚支护	30~35	0.3%~0.4%	5~10	50~60	0.8%~1.0%	
	钢板桩、地下连续墙	25~30	0.2%~0.3%	2~3	40~50	0.6%~0.8%	8~10
墙(坡)顶竖向位移	放坡、喷锚支护	20~40	0.3%~0.4%	3~5	50~60	0.8%~1.0%	8~10
	钢板桩、地下连续墙	10~20	0.1%~0.2%	2~3	25~30	0.5%~0.6%	4~5
围护墙深层水平位移	水泥土墙	30~35	0.3%~0.4%	5~10	50~60	0.8%~1.0%	
	钢板桩	50~60	0.6%~0.7%	2~3	80~85	0.9%~1.0%	8~10
	灌注桩	45~55	0.5%~0.6%	2~3	75~80	0.9%~1.0%	8~10
	地下连续墙	40~50	0.4%~0.5%	2~3	70~75	0.9%~1.0%	8~10
周边地表竖向位移		25~35		2~3	50~60		8~10
坑底回弹		25~35		2~3	50~60		8~10

在基坑周边环境监测作业时，相应的监测预警应该结合周围的建筑物变形情况，综合考虑。当监测数据达到预警值、支撑结构出现较大的变形、周围土体出现异常位移和隆起、周边建筑物出现突发裂缝等情况时，需立即报警，情况严重时，应停工，针对情况，采取相应的措施。有关周边环境监测预警值，在《建筑基坑工程监测技术规范》中做了详细规定，见表5-2-6。

表 5-2-6　建筑基坑工程周边环境监测报警值

<table>
<tr><td colspan="3" rowspan="2"></td><td colspan="2">累计值</td><td rowspan="2">变化速率 mm/d</td></tr>
<tr><td>绝对值/mm</td><td>倾斜</td></tr>
<tr><td colspan="3">地下水位变化</td><td>1000</td><td>—</td><td>500</td></tr>
<tr><td rowspan="3">管线位移</td><td rowspan="2">刚性管道</td><td>压力</td><td>10~30</td><td>—</td><td>1~3</td></tr>
<tr><td>非压力</td><td>10~40</td><td>—</td><td>3~5</td></tr>
<tr><td colspan="2">柔性管线</td><td>10~40</td><td>—</td><td>3~5</td></tr>
<tr><td colspan="2" rowspan="2">邻近建(构)筑物</td><td>最大沉降</td><td>10~60</td><td>—</td><td>—</td></tr>
<tr><td>差异沉降</td><td>—</td><td>2/1000</td><td>0.1H/1000</td></tr>
</table>

深入分析基坑变形和监测技术理论研究，不仅能够较好的把握基坑变形规律，对于从事监测工作的人员也有着重要的意义。作为监测人员，在从事实践工作时，要对测量数据的真实性负责，原始数据准确记录准确，不涂改、不伪造。分析监测数据人员往往需有较多的工作经验，既能分析数据，还能准确描述，提供高质量的监测分析报告。因此，只有对基坑变形和监测的理论有较多的了解，才能够更科学的从事工作，依据专业的理论分析数据，发现问题，提高业绩，同时，促进理论水平的发展。

5. 工程案例分析 1

施工监控测量是深基坑施工过程中一道关键的工序，通过该工序，可及时了解施工过程中，围护结构及周边环境的变化情况，指导施工，优化设计参数，保证工程自身和周边环境安全。目前，在城市大型工程施工中，深基坑工程较多。而这些大型基坑周边环境往往较为复杂，且多位于城市中心区域，商业、办公和公共设施较多。复杂的城市交通状况和城市环保的需要，对于工程的施工，也提出较高要求。下面就国内某城市地铁车站基坑工程施工为例，就监测技术的实际应用情况进行分析和研究。

1）工程概况和地质情况

该车站属某线路待建枢纽工程。位于两条城市主干道交叉口，东西走向，布置在北半幅路下面。周围建筑较多，环境复杂。例如东北方向有办公楼、高档住宅小区；西北方向为大型体育建筑设施、学校等；西南方向为商业聚居区、高层建筑较多；东南方向为存在部分生活小区。车站红线范围内的电力、燃气和给排水等管线较多，施工条件非常复杂。车站结构为地下两层 10.4m 宽岛式车站，站前设有单停车线，停车线与车站接口段设有轨排基地。车站标准段为地下两层双跨结构，局部为地下一层结构，停车线为地下一层结构。车站有效站台中心里程 YDK9+427.000，车站右线线路中心线长度 516.2m；车站左线线路中心线长度 262.7m；标准段间距约 13.6m；车站顶板覆土厚度约为 2.5~3.5m，局部地段约 5.0m 左右。施工基坑深 16.5~18.50m，部分基坑深为 20.34m。基坑标准段宽度 19.5m，轨排井段基坑最大宽度 26m，东端基坑最大宽度 23.2m。该基坑工程主体围护结构整体采用 80cm 厚地下连续墙形式。围护结构采用地下连续墙方案，内部设置横向支撑。基坑施工方法采用的是明挖顺作。施工区由于位于交叉路口，交通流量大，施工组织复杂。整个工程分为三个区间段进行施工。一区距建筑物较远，施工开始较早，对周围建筑物监测较少。二区周围建筑物较多，存在学校和高层建筑，监测任务较重。三区较短，周围建筑较多，交通密集，监测点稠密。车站平面红线如图 5-2-8 所示。

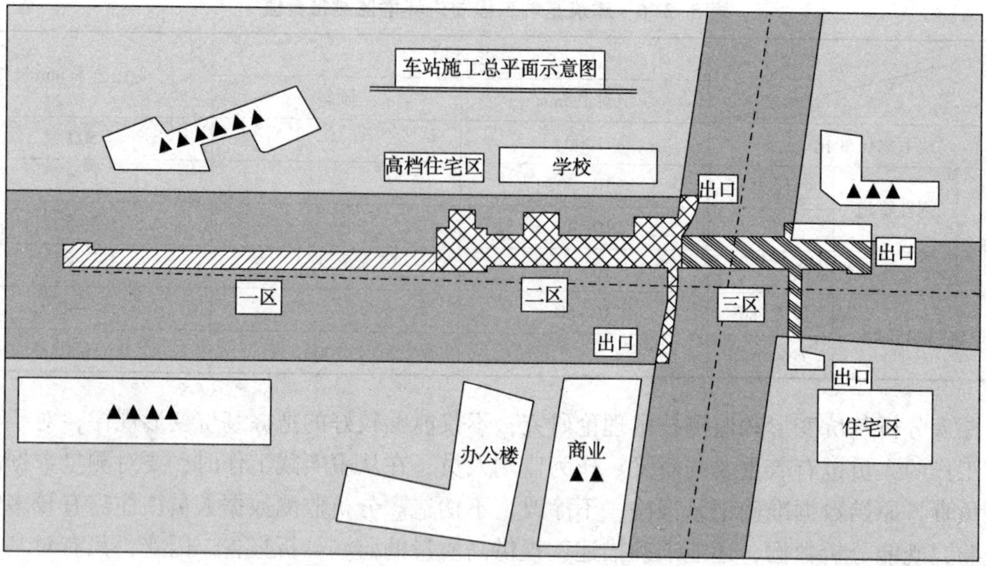

图 5-2-8　车站平面红线图

该工程所在地区全年雨量较大，每年 5~9 月为雨季。连续降雨情况较多，降水和气温的年季变化情况较大。常见的台风暴雨等灾害性天气较多。根据施工设计，车站地面高程为 23m。顶板覆土厚度 2~3m。地质情况较为复杂，从地表向下依次为素土、黏性土、硬塑状残积砾质黏性土等；车站所在区域地质以风化岩和花岗岩为主。残积土颗粒级配不良，当动水压力过大时，存在管涌、流土等渗透现象。底板主要位于硬塑状砾质粘性土上。车站内局部存在淤泥质土层和 2~4m 厚砂层。

2）施工监测技术方案

（1）监测目的

深基坑开挖过程中，由于地质条件、施工条件和外界其他因素的干扰，理论的分析有时并不能完全保证工程的安全。为保证及时掌握施工过程中的各项变化，需对有关项目做实时观测，采集数据，深入分析。特别是一些较为复杂的大型工程。本项工程实时监测的目的，主要有以下几点：

① 通过实施工程监测，把监测数据同预测值进行比较，判断相关的参数是否满足设计要求，为下一步工作提供依据。

② 通过及时监测施工过程中基坑、围护结构和周围环境的变化情况，掌握变形趋势，达到有效控制的目的。

③ 通过监测结果的分析，形成监测报告，反馈给相关单位，为下一步优化施工方案，合理控制施工进度，提供依据。

④ 确保工程能够安全，顺利的进行。

（2）监测相关规范

①《工程测量规范》GB50026；

②《基坑工程技术规范》DB42/59；

③《建筑基坑支护技术规程》JGJ120；

④《建筑地基基础设计规范》GB50007；

⑤《城市地下水动态观测规程》CJJ76；

⑥《建筑变形测量规范》JGJ8；

⑦《地下铁道工程施工与验收规范》GB50299；

⑧《地下铁道、轻轨交通工程测量规范》GB50308；

⑨ 有关施工设计图纸和资料。

（3）监测内容

该项目所处地理位置环境复杂，建筑物和公共设施较多。根据工程实际要求、周围环境情况和以往工程实践经验，在满足工程监测基本原则的前提下，制定车站监测内容见表 5-2-7。

表 5-2-7　监测内容及数量

序号	项目	编号	图例	数量	备注
1	墙顶水平位移、沉降	ZQS	▲	47 个	必测
2	地表/管线沉降	DB/R	Φ	144 个	必测
3	建筑物沉降	J	▼	37 个	必测
4	土体测斜	TT	⊕	28 孔	必测
5	墙体测斜	ZQT	⊕	41 孔	选测
6	支撑轴力	ZL	⊖	26 个	必测
7	墙内土压力	ZQL	⊘	34 组	必测
8	水位观测孔	SW	⊙	28 孔	必测
9	支撑立柱沉降	LZC	▢	3 个	必测

（4）测点设置及平面布置

该工程监测任务繁重，需要提前做好很多准备工作。同时，为保证施工过程中能够顺利监测，还需要注意监测点保护工作。为保证监测工作的效率和质量，依据设计文件和相关规定，监测单位制定了详细的监测计划方案。下面就方案中有关监测的内容，以表格的形式详细列出，见表 5-2-8。基坑测点的平面布置情况见图 5-2-9，支护结构断面图见图 5-2-10。

表 5-2-8　车站测点的位置和要求

<table>
<tr><th>监测项目</th><th>监测对象</th><th>监测工具</th><th>测点布置</th><th colspan="2">设计预警值</th></tr>
<tr><td>地表沉降</td><td>基坑外 40m 范围</td><td>水准仪</td><td>间隔 30m</td><td colspan="2">30mm 或变化速率大于 3mm/d</td></tr>
<tr><td>墙顶水平位移</td><td>围护结构顶</td><td>经纬仪</td><td>间隔 15m</td><td colspan="2">30mm 或变化速率大于 3mm/d</td></tr>
<tr><td>墙顶沉降</td><td>围护结构顶</td><td>水准仪</td><td>间隔 15m</td><td colspan="2">30mm 或变化速率大于 3mm/d</td></tr>
<tr><td>墙体测斜</td><td>围护结构内</td><td>测斜管和测斜仪</td><td>间隔 15m</td><td colspan="2">0.4%～0.5%h 变化速率大于 3mm/d</td></tr>
<tr><td>墙内土压力</td><td>靠近围护结构周边土体</td><td>土压力盒</td><td>间隔 15m</td><td colspan="2">0.4%～0.5%h 变化速率大于 3mm/d</td></tr>
<tr><td rowspan="3">支撑轴力</td><td rowspan="3">钢支撑端部，
砼支撑 1/3 处</td><td rowspan="3">轴力计</td><td rowspan="3">钢支撑的 30%</td><td rowspan="3">70%的设计
极限值</td><td>第一道支撑 3900kN</td></tr>
<tr><td>第二道支撑 2359kN</td></tr>
<tr><td>第三道支撑 2045kN</td></tr>
</table>

续表

监测项目	监测对象	监测工具	测点布置	设计预警值
支撑立柱沉降	支撑立柱顶	水准仪	交叉口处设置 3 根	25mm 或变化速率大于 3mm/d
地下水位	基坑周边	水位管和水位计	间隔 15m	2000mm 或变化速率大于 500mm/d
管线沉降	基坑周边地下管线	水准仪	沿管线间隔 10m	30mm 或变化速率大于 3mm/d
建筑物倾斜	基坑周边需保护的建筑物	水准仪和经纬仪	间隔 20m，不小于 3 个测点	2/1000 或变化速率大于 0.1H/1000
建筑物沉降	基坑周边需保护的建筑物	水准仪	建筑物四周	30mm

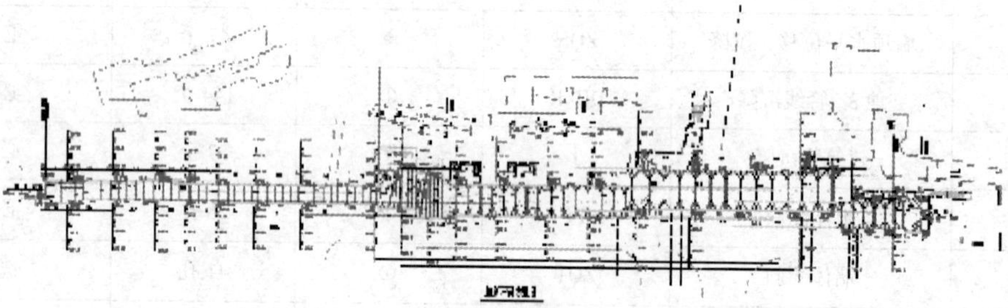

图 5-2-9　基坑测点平面布置图

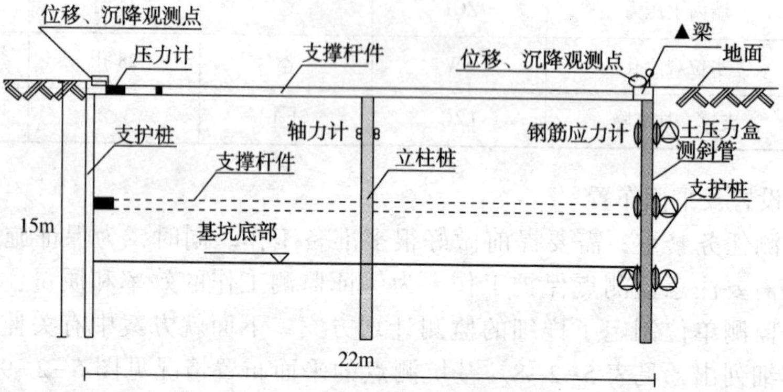

图 5-2-10　基坑支护结构断面图

为保证能够及时准确的掌握施工过程中，基坑工程的变化情况，监测单位依据设计书和相关规范的规定，在参考以往施工经验的基础上，制定了较为详细的施工监测频率方案，有关内容见表 5-2-9。

表 5-2-9　监测频率的有关要求

序号	监测项目	监测频率要求
1	地表沉降	围护结构施工及土方开挖过程中 1 次/2 天； 主体结构施工过程中 2 次/周
2	墙顶水平位移	开挖及回填过程中 2 次/天
3	墙顶沉降	开挖及回填过程中 2 次/天
4	墙体测斜	开挖及回填过程中 2 次/天

续表

序号	监测项目	监测频率要求
5	墙内土压力	围护结构施工及土方开挖过程中 1 次/2 天； 主体结构施工过程中 2 次/周
6	支撑轴力	开挖及回填过程中 2 次/天
7	支撑立柱沉降	施工过程中 1 次/2 天
8	地下水位	围护结构施工及土方开挖过程中 1 次/2 天； 主体结构施工过程中 1 次/2 天
9	管线沉降	1 次/2 天，直到盾构井完工为止
10	建筑物倾斜	开挖及回填过程中 2 次/天
11	建筑物沉降	开挖及回填过程中 2 次/天

3）监测结果及分析

该项目工程施工工期长，监测数据量大，中间还存在放假停工和紧急情况预警，限于文章篇幅限制，选取施工期内较为特殊的几个时间段的数据进行分析。一区施工较早，环境条件不算复杂，监测任务相对简单。下面主要对二区和三区数据进行统计分析。

（1）混凝土支撑轴力监测

混凝土支撑轴力监测数据统计，从 2013 年 11 月 1 日截至 12 月 22 日。时间接近两个月，主要对基坑中的支撑轴力进行累计变形量和变形速率的统计。限于文章篇幅限制，选取施工二区轴力累计变形量最大的 ZL13-01，监测结果见图 5-2-11。

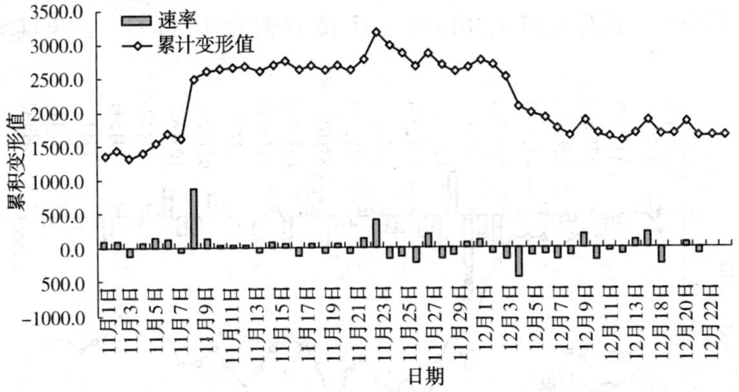

图 5-2-11　混凝土支撑轴力 ZL13-01 变形历时曲线图

根据曲线图统计结果可以看出：累计变形量最大值出现在 11 月 25 日，最大变形速率出现在 11 月 9 日，该时间段内累计变形值比较大，主要原因是该时间段基坑土方进行开挖，下层支护设置和开挖存在时间间隔，变形量都在控制范围以内。进入 12 月份累计变形量开始回收，变形速率趋于稳定。从 12 月 5 日开始，截止到 22 日，该时间段施工过程中，支撑设备整体处于安全状态。

（2）地表沉降监测

地表沉降观测选取累计变形量最大的三区 DB18-03 测点，该测点位于三区东端头，处于进出场地路口附近。三区施工开始较晚，观测时间统计从 2013 年 11 月 19 日到 12 月 22 日。地表沉降观测主要对道路上预埋地表点，进行累计变形值和变形速率的观测，结果见

图 5-2-12。

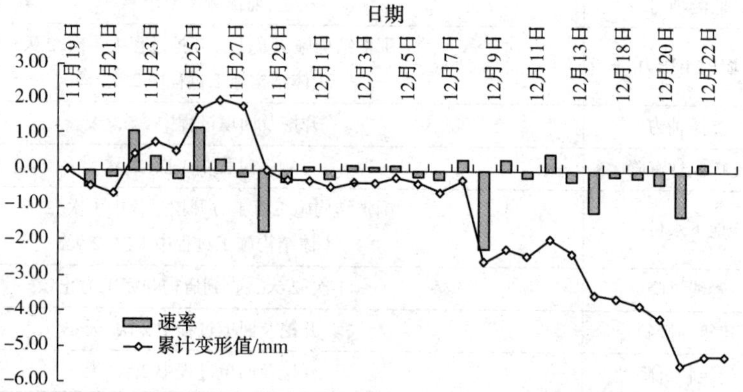

图 5-2-12 地表点 DB 18-03 变形历时曲线

根据该地表点统计结果可以看出：该地表点整体时间段累计变形量区域合理范围。从 12 月 15 日，截至 22 日，累计变形值均已超过累计控制值 30mm，最大变形值达到-85.11mm。后期对三区地表点 DB18-01 和 DB18-02 进行分析，数据正常。经过现场巡视判断测点值出现异常原因，是由于该段时间由于重载碾压，导致地表点沉降值超过控制值。进而判断，基坑整体处于安全状况。

（3）建筑物沉降监测

基坑周围监测建筑物主要位于基坑北侧，由于二区和三区相离较远，因此分别选取二区和三区建筑物进行分析。二区北侧主要是学校建筑，对沉降监测要求较高。下面选取沉降累计最大值 J22 测点进行分析，统计时间从 2013 年 2 月 16 日到 12 月 14 日，结果见图 5-2-13。

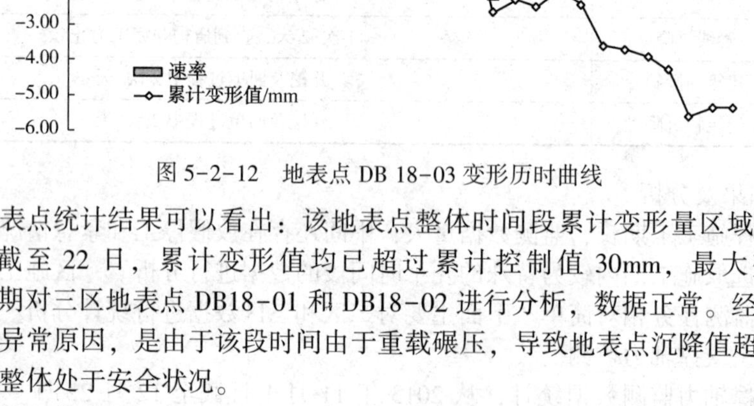

图 5-2-13 建筑物 J22 测点变形历时曲线

根据该建筑测点统计结果可以看出：从 6 月份开始，二区基坑北侧建筑物该测点沉降量维持在-5mm 左右，截至到 12 月份，最大沉降累计值为-4. 96mm，没有超过控制值 30mm。最大变形速率出现在 6 月 7 日，最大速率为 2. 12mm/d，在可控范围 3mm/d 范围内。因此，判断该时间段内，二区北侧建筑物处于安全状态，基坑变形稳定。三区基坑北侧建筑物较多，存在高层建筑和生活小区，对监测任务要求较高。下面选取三区建筑物沉降累计最大的测点 J30 进行分析。三区施工较二区稍晚，统计时间从 2013 年 12 月 1 日到 12 月 22 日，结果见图 5-2-14。

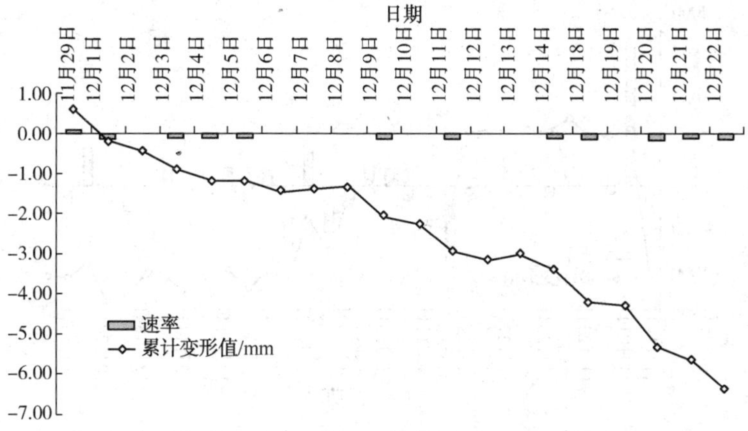

图 5-2-14　建筑物 J30 测点变形历时曲线

根据该建筑测点统计结果可以看出：在该统计时间段内，三区该建筑测点沉降累计变化量不断增加，截至 12 月 22 日，最大值为-6. 36mm，在控制范围以内。变形量不断增加的主要原因是，该时间段内，三区进行土方开挖，上层混凝土支撑尚未稳定，下层支撑尚未设置。根据实际巡视结果，基坑开挖尚浅，变形整体可控。该时间段内，建筑物该测点未出现较大变形速率。因此，判断三区建筑物整体变形稳定，基坑出于安全状态。

（4）管线沉降监测

燃气管线主要位于三区基坑北侧，建筑物周围人行道下面，监测任务相对轻松，安全性要求高。下面选取管线监测点中累计沉降值最大的测点 *R* 进行分析，统计时间从 2013 年 11 月 26 日到 12 月 22 日。主要对管线沉降累计值和沉降速率进行统计，结果见图 5-2-15。

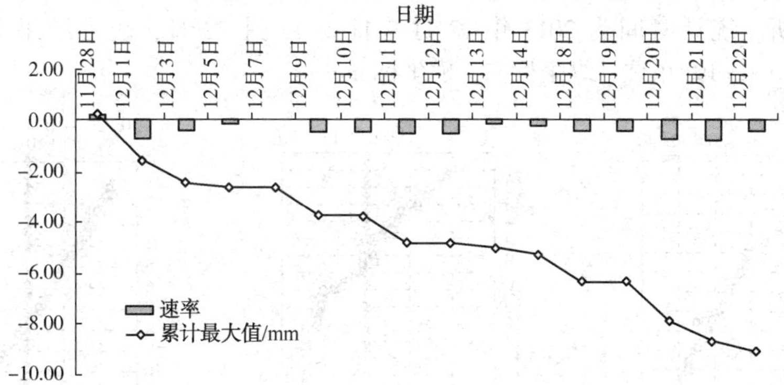

图 5-2-15　管线 R4 测点变形历时曲线

根据该管线测点统计结果可以看出：从 12 月份开始，管线沉降累计值在不断增加，最大值出现在 12 月 22 日，为-9. 07mm。变形速率均在控制范围以内，且比较小。管线沉降量不断增加的原因和三区进行土方开挖有很大关系，通过巡视观察，地表未出现明显裂缝和沉降，综合分析管线其他测点，判断管线沉降变形在控制范围以内，管线整体安全，基坑变形稳定。

（5）地下水位监测

水位监测主要统计 2013 年 11 月份和 12 月份，由于二区正在进行主体结构施工，水位相对稳定。水位监测分析选取三区基坑北侧 SW-24 测点，水位累计变形值和变形速率结果，见图 5-2-16。

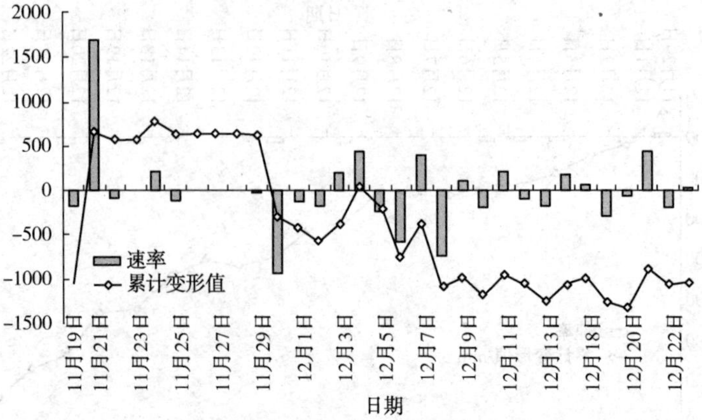

图 5-2-16　地下水位 SW-24 测点变形历时曲线

根据地下水位 SW-24 测点统计结果可以看出：从 2013 年 11 月份三区基坑土方施工开始，地下水位变化情况较为复杂。11 月 21 日变化速率出现最大值 1645mm/d，截至 11 月 29 日，变化速率均在控制范围以内。分析原因可能是水位监测时数据出现问题。11 月 30 日同样出现异常值，变化速率为-968mm/d，经过分析，对仪器进行了精度校正。截至 12 月 22 日，变化速率均为超过控制值 500mm/d。累计变形量最大值出现在 12 月 20 日，为-1020mm，没有超过控制值 2000mm/d，变化基本稳定。因此判断，从 2 月份开始，三区水位变化处于稳定状态，基坑安全。

（6）墙体倾斜监测

围护结构采用地下连续墙和内支撑形式，监测主要对地下连续墙深层水平位移进行研究。由于测斜孔较多，数据量比较大，限于文章篇幅限制，选取基坑二区的三个累计变形量较大的测斜孔进行分析。统计时间为 2013 年 12 月 9 日到 12 月 22 日，统计结果见图 5-2-17、图 5-2-18和图 5-2-19(单位：纵坐标 m，横坐标 mm)。

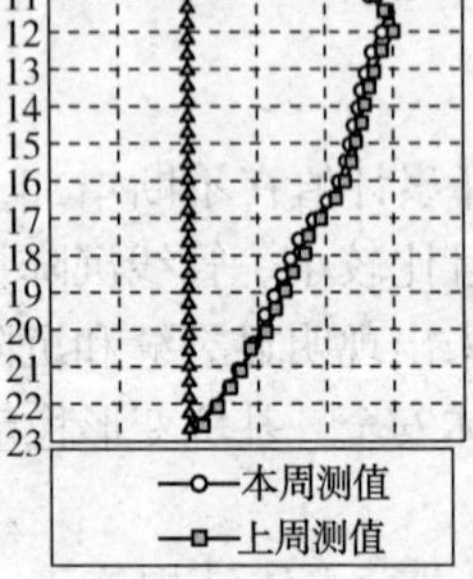

图 5-2-17　ZQT-38 测孔不同深度处水平位移曲线

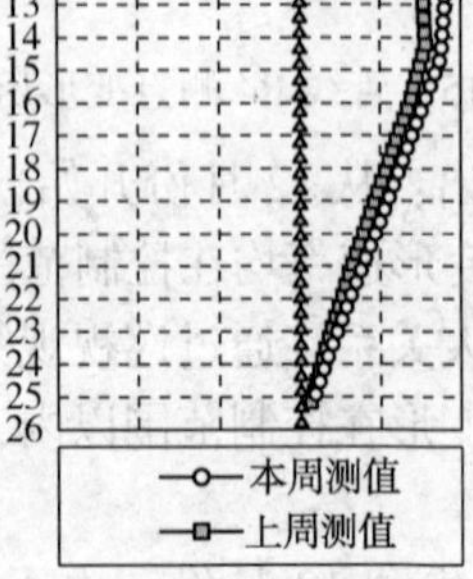

图 5-2-18　ZQT-39 测孔不同深度处水平位移曲线

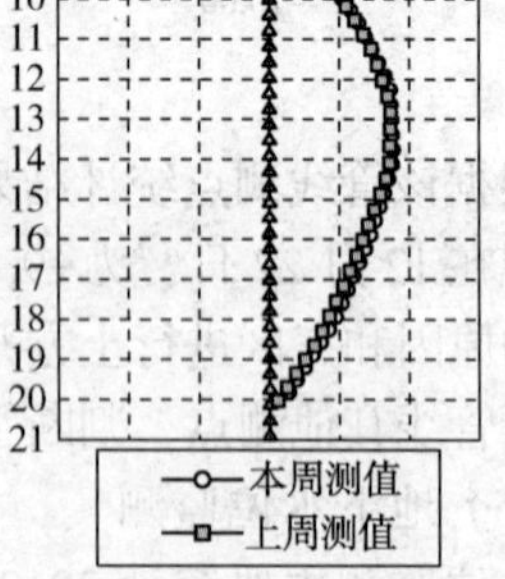

图 5-2-19　ZQT-41 测孔不同深度处水平位移曲线

根据测斜孔 ZQT-38 统计结果可以看出：在两周的监测统计过程中，该测孔累计位移量最大值出现在深度为 12m 处，最大值为 28.71mm，超过监测报警值 24mm，未达到监测控制值 30mm。两周统计位移变化最大值为 0.42mm，深度 1m。通过现场分析，水平位移较大的主要原因和基坑主体结构施工过程中，支护结构的拆除有很大关系。由于该点进出口位置，根据位移变化情况，判断该点尚处于安全状态。同时，对该点监测工作提高了重视程度。根据测斜孔 ZQT-39 统计结果可以看出：在两周的监测统计过程中，该测孔累计位移量最大值为 26.65mm，深度 14m，超过监测报警值 24mm，未达到监测控制值 30mm。两周统计位移变化最大值为 0.49mm，深度 7m。据现场巡视结果，该测孔和 ZQT-38 测孔情况较为相似，判断此处尚处于安全状态。根据测斜孔 ZQT-41 统计结果可以看出：在两周的监测统计过程中，该测孔累计位移量最大值出现在深度为 13m 处，最大值为 18.40mm，未超过监测报警值 24mm。两周统计水平位移变化最大值为-0.40mm，深度 1m。据现场巡视结果，ZQT-38 测孔和 ZQT-39 测孔处于盾构机井处，围护结构拆除早，基坑平面尺寸较大此，水平位移量大。该测点距盾构机井较远，受到基坑尺寸影响相对较小。根据三个测孔水平位移情况，可以判断，盾构机井处基坑整体出于安全状态。

（7）土体倾斜监测

根据上面三个测控的监测结果和现场巡视，尚不足以完全说明盾构机井的安全状况。因此，此处选取盾构机井周围的土体测斜孔监测结果，通过同一时间段内，土体测斜孔的位移变化情况，进一步判断基坑状况（单位：纵坐标 m，横坐标 mm）。具体见图 5-2-20~图 5-2-25。

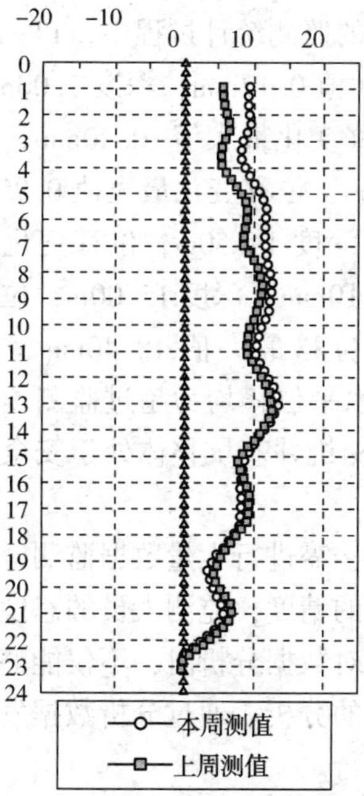

图 5-2-20　TT-14 测孔不同深度处水平位移曲线

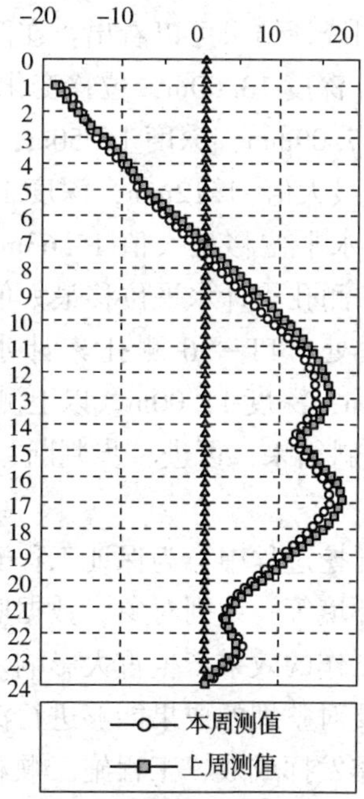

图 5-2-21　TT-15 测孔不同深度处水平位移曲线

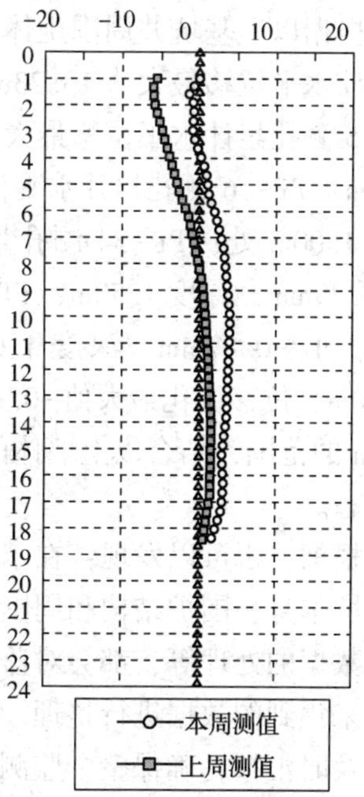

图 5-2-22　TT-16 测孔不同深度处水平位移曲线

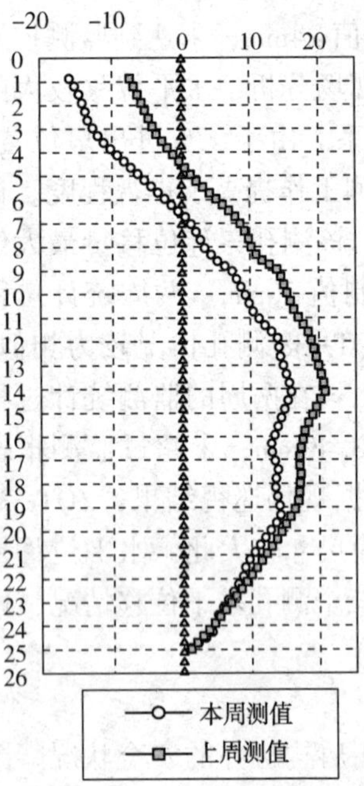

图 5-2-23　TT-34 测孔不同深度处水平位移曲线

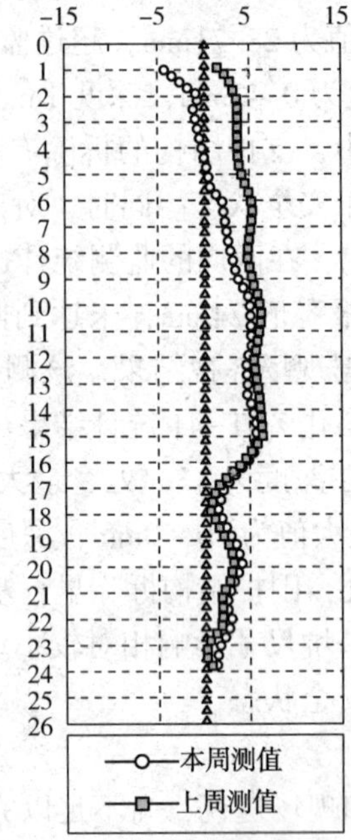

图 5-2-24　TT-35 测孔不同深度处水平位移曲线

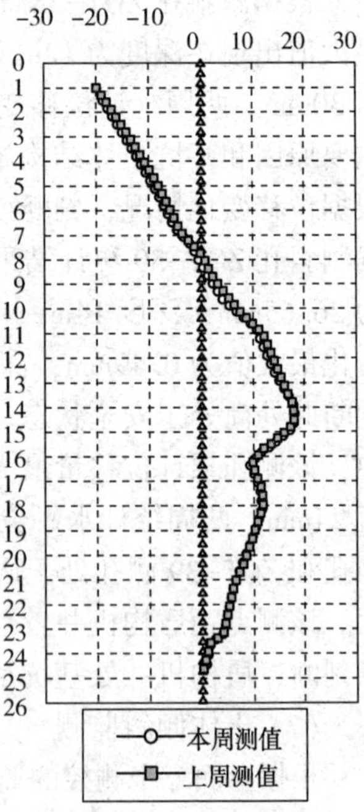

图 5-2-25　TT-35 测孔不同深度处水平位移曲线

根据以上基坑井周围土体监测统计结果可以看出：在两周的监测统计过程中，TT-14 测孔累计水平位移最大值 13.23mm，深度 13.00m，位移变化最大值 0.17mm，深度 1.00m 处；TT-15 测孔累计水平位移最大值 17.09mm，深度 16.50m，位移变化最大值-0.20mm，深度 9.50m；TT-16 测孔累计水平位移最大值-1.12mm，深度 1.50m，位移变化最大值 0.95mm，深度 1.00m 处；TT-34 测孔累计水平位移最大值 15.63mm，深度 14.50m，位移变化最大值-1.29mm，深度 1.50m；TT-35 测孔累计水平位移最大值 6.10mm，深度 15.00m，位移变化最大值-0.87mm，深度 1.00m 处；TT-36 测孔累计水平位移最大值 18.40mm，深度 14.50m，位移变化最大值-0.10mm，深度 11.00m。以上测孔水平位移均为超过监测预警值 24mm 的范围，结合以上墙体的测斜结果，可进一步判断，盾构机井基坑整体处于安全稳定的状态。

根据分析可以发现：在基坑开挖过程中，为保证工程安全，需进行大量数据监测，包括了基坑本身、围护结构和周围的环境等一系列对象。数据监测的精度，监测人员的态度，以及对数据的处理等，都会对监测工作的效果产生重大影响。在对数据分析时，不仅能够依据仪器采集到的数据进行整理，更要对整理的成果能够进行深入的分析。通过分析数据发现问题，及时汇报，确保整个监测工作发挥成效，工程施工顺利进行。

6. 工程特殊问题处理

工程施工过程中，由于一些客观条件的原因，经常会出现一些特殊的工程问题。对于常见的深基坑工程问题主要是恶劣天气条件、特殊地质条件、施工预警发生和停工等，正确的处理工程特殊问题，对于保障工程安全至关重要。香梅站在施工过程中，出现两个特殊问题：其一是放假停工；其二是出现监测橙色预警。下面就如何解决这些问题的监测工作进行简要分析。

1）停工问题的监测处理

从2013年12月22日开始，由于春节放假的原因，该车站施工相继停止，监测工作也开始适时调整，监测的频率相对减少。进入2014年1月份以后，工程相继开工，基坑监测工作提前开始。为验证前期数据分析的准确性，确保后续工程安全，须在施工开始以前，对相关监测数据进行研究。下面选取了部分1月份数据结果进行分析。

（1）地表沉降监测

根据上面分析结果，结合停工期间的巡视情况，下面对地表点DB-18进行分析。该点处于三区路口，工程开工以后会有较多车辆经过。其余测点沉降值相对较小，且都在控制范围以内。具体见图5-2-26、图5-2-27。

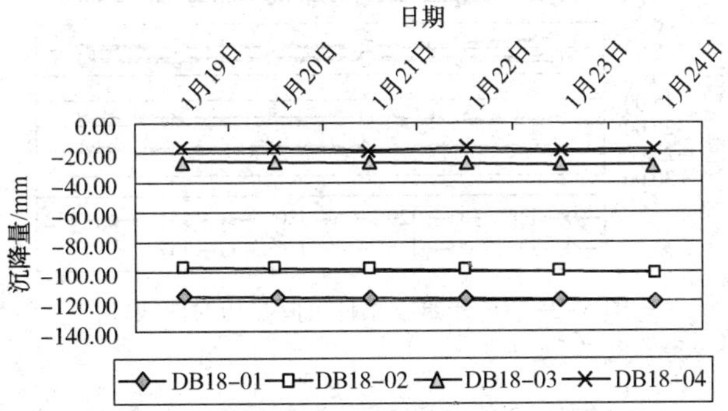

图5-2-26　地表点累计沉降量历时曲线图

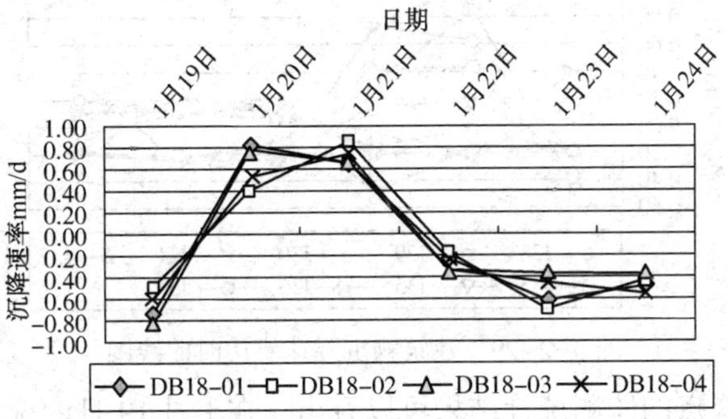

图5-2-27　地表点沉降速率历时曲线图

根据以上四个地表点的监测统计结果可以看出：在1月19日的统计结果中，DB18-01累计沉降量为-117.09mm，沉降速率为-0.73mm/d，DB18-02累计沉降量为-97.79mm，沉降速率为-0.50mm/d。在1月22日的统计结果中，DB18-01累计沉降量为-118.07mm，沉降速率为-0.34mm/d，DB18-02累计沉降量为-98.71mm，沉降速率为-0.16mm/d；在1月23日的统计结果中，DB18-01累计沉降量为-118.93mm，沉降速率值为-0.62mm/d，DB18-02累计沉降量值为-99.58mm，沉降速率为-0.70mm/d；在1月24日的统计结果中，DB18-01累计沉降量为-119.43mm，沉降速率为-0.50mm/d，DB18-02累计沉降量为-100.00mm，沉降速率为-0.42mm/d。几天的累计沉降量均远远超过监测预警值24mm，沉降速率均在控制范围以内。经过现场巡视发现，该处地表点经重载碾压。DB18-03累计沉降量分别为-26.10mm、-27.23mm、-27.60mm和-27.98mm，虽然超过预警值，但是沉降速率在预警值范围内。地表点 DB18-04 的连续统计结果都在预警值范围内，结合前面提供的数据分析，可以得出结论：目前基坑处于安全状态，可进行正常施工。

(2) 建筑物沉降监测

春节开工以后主要进行二区主主体结构施工，相应的支撑结构会被拆除，墙体和周围环境可能会有较大变形。因此，选择二区基坑北侧建筑物作为分析对象，进行研究。该区域建筑主要是市政大厦和居民楼，建筑密度大，安全等级要求高。为保障工程安全，实际监测过程中，还布置了较多加密点，此处不再详细列举。具体见图 5-2-28，图 5-2-29。

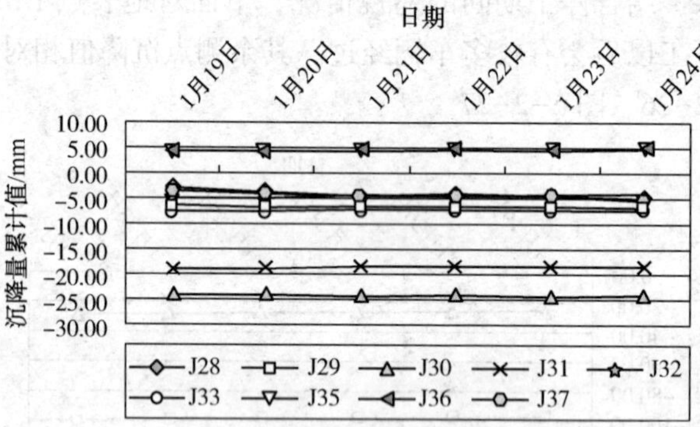

图 5-2-28　建筑物累计沉降量历时曲线图

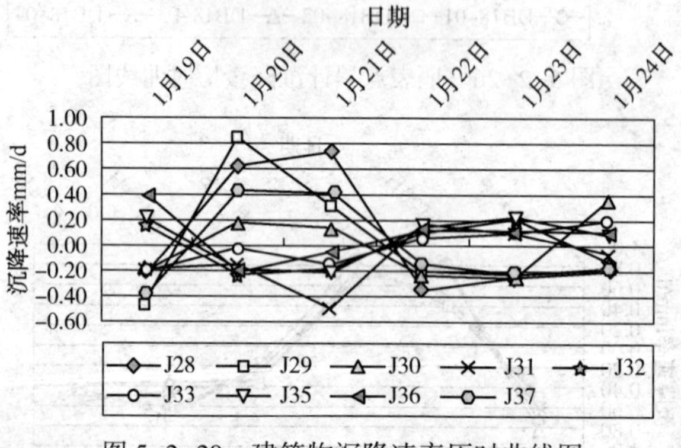

图 5-2-29　建筑物沉降速率历时曲线图

根据以上建筑沉降点的监测统计结果可以看出：在 1 月 19 日的统计结果中，监测点 J30 累计沉降量最大，位移量为-23. 93mm，在预警值 24mm 范围内。沉降速率为-0. 20mm/d，处于可控阶段。最大沉降速率为 J29 测点，位移速率-0. 52mm/d，未超过预警值；在 1 月 22 日的统计结果中，监测点 J30 累计沉降量最大，位移量为-24. 03mm，超过预警值 24mm 范围。沉降速率为-0. 23mm/d，处于可控阶段。最大沉降速率为 J29 测点，位移速率-0. 50mm/d，未超过预警值；在 1 月 23 日的统计结果中，监测点 J30 累计沉降量最大，位移量为-24. 28mm，超过预警值 24mm 范围。沉降速率为-0. 25mm/d，处于可控阶段。最大沉降速率为 J29 测点，位移速率为-0. 38mm/d，未超过预警值；在 1 月 24 日的统计结果中，监测点 J30 累计沉降量最大，位移量为-23. 92mm，超过预警值 24mm 范内。沉降速率为 0. 36mm/d，处于可控阶段。最大沉降速率为 J30 监测点，位移速率为 0. 36mm/d，未超过预警值。连续几天的累计沉降量均接近甚至超过监测预警值为 24mm，沉降速率均在控制范围以内。其余建筑测点累计沉降量和沉降速率均为超过预警值，根据现场巡视的情况，结合前面提供的数据分析，可以得出结论：出现较大沉降的原因和基坑降水有关，相关数据均在控制范围内，可正常施工。

(3) 管线沉降监测

由于二区建筑物沉降量比较大，可能会影响地下管线安全。因此，对管线的沉降，也做了全面的监测，见图 5-2-30，图 5-2-31。下面主要对二区基坑北侧地下管线的监测数据进行分析。

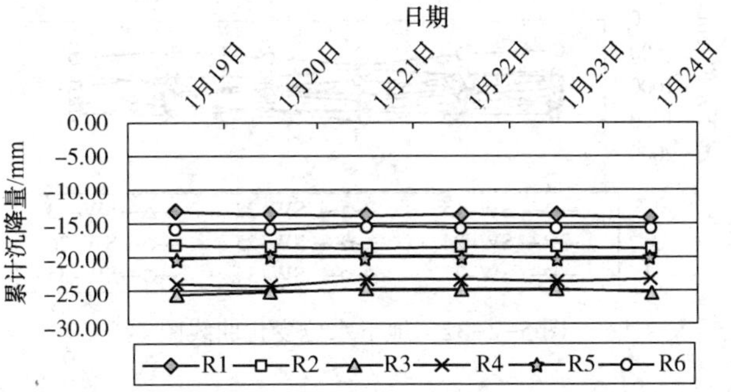

图 5-2-30　地下管线累计沉降量历时曲线图

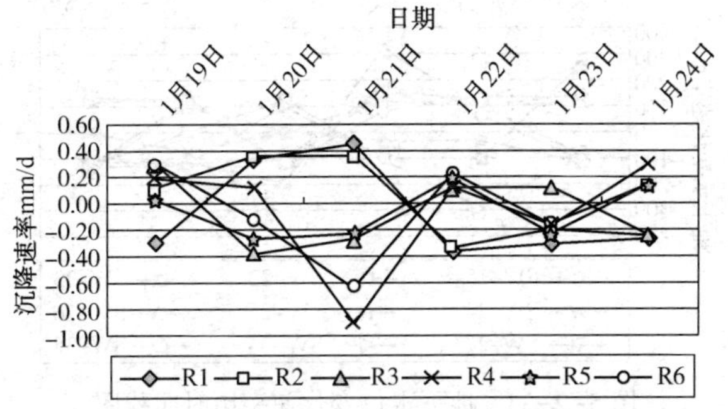

图 5-2-31　地下管线沉降速率历时曲线图

根据以上管线监测点的统计结果可以看出：在 1 月 19 日的统计结果中，监测点 R3 累计沉降量最大，位移量为-25. 60mm，超过预警值 24mm 范围，沉降速率为-0. 20mm/d，处于可控阶段。监测点 R4 累计沉降量达到-24. 10mm，同样超过预警值。最大沉降速率为 R3 测点，位移速率 0. 32mm/d，未超过预警值；在 1 月 22 日的统计结果中，监测点 R3 累计沉降量最大，位移量为-25. 05mm，超过预警值 24mm 范围。沉降速率为 0. 11mm/d，处于可控阶段。最大沉降速率为 R1 测点，位移速率-0. 37mm/d，未超过预警值；在 1 月 23 日的统计结果中，监测点 R3 累计沉降量最大，位移量为-24. 93mm，超过预警值 24mm 范围。沉降速率为 0. 12mm/d，处于可控阶段。最大沉降速率为 R1 测点，位移速率为-0. 30mm/d，未超过预警值；在 1 月 24 日的统计结果中，监测点 R3 累计沉降量最大，位移量为-25. 16mm，超过预警值 24mm 范内。沉降速率为-0. 23mm/d，处于可控阶段。最大沉降速率为 R4 测点，位移速率 0. 30mm/d，未超过预警值。其余地下管线监测测点累计沉降量和沉降速率均为超过预警值，根据现场巡视的情况，结合前面提供的数据分析，可以得出结论：管线 R3 出现较大沉降的原因，和基坑降水、建筑物沉降有关，基坑整体安全。

(4) 地下水位监测

停工期间，该地区气候良好，未出现较大雨水天气，基坑周围地下水位受外界影响比较下。由于停工时间较长，三区土方开挖时进行降水，为保证整体工程安全，对一区盾构机井和二区、三区搭接的地段进行地下水位监测分析。统计结果见图 5-2-32 和图 5-2-33。

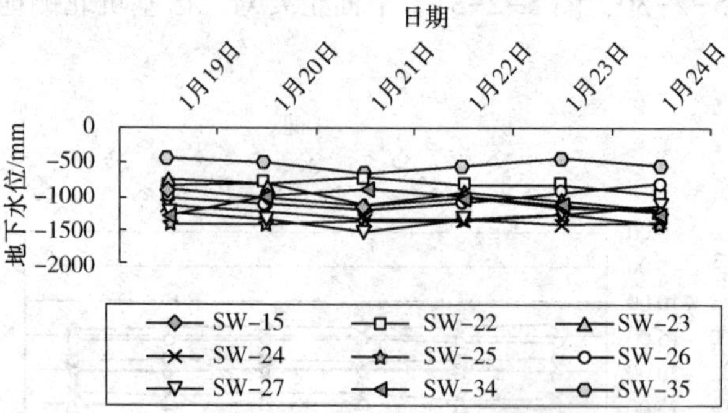

图 5-2-32　地下水位变化曲线图

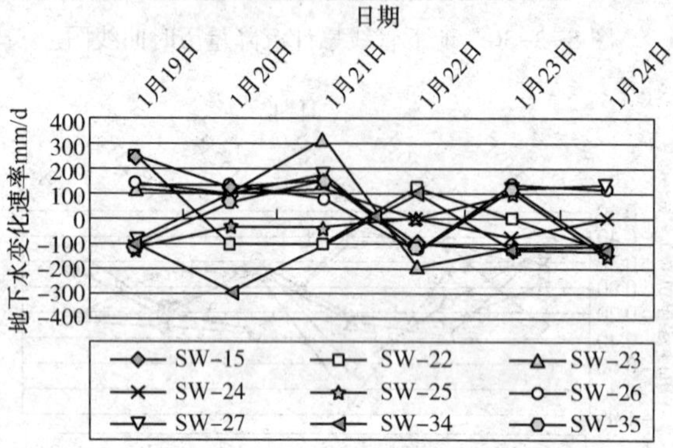

图 5-2-33　地下水位变化速率历时曲线图

根据以上地下水位监测点的统计结果可以看出：在 1 月 19 日的统计结果中，监测点 SW-25 累计变化最大，变化值为-1430mm，未超过预警值 1600mm 范围，变化速率为-110mm/d，处于可控阶段。最大变化速率为 SW-25 和 SW-34 测点，变化速率-110mm/d，未超过预警值；在 1 月 22 日的统计结果中，监测点 SW-27 累计变化量最大，变化值为-1390mm，未超过预警值 1600mm 范围。变化速率为-130mm/d，处于可控阶段。最大变化速率为 SW-23 测点，变化速率值为-180mm/d，未超过预警值；在 1 月 23 日的统计结果中，监测点 SW-24 累计变化量最大，变化值为-1400mm，未超过预警值 1600mm 范围。变化速率为-120mm/d，处于可控阶段。最大变化速率为 SW-26 测点，位移速率为 140mm/d，未超过预警值；在 1 月 24 日的统计结果中，监测点 SW-25 累计变化量最大，变化值为-1420mm，未超过预警值 1600mm 范。变化速率为-150mm/d，处于可控阶段。最大变化速率为 SW-25 测点，变化速率为-150mm/d，未超过预警值。其余地下水位监测点累计变化量和变化速率也均为超过预警值。根据现场巡视的情况，结合前面提供的数据分析，可以得出结论：虽然三区基坑进行降水，没有过多影响到上述测点的地下水，因此，判断盾构机井和相应地段均出于安全状态。

2）预警问题的监测处理

2013 年 9 月份监测过程中，车站深基坑工程出现橙色预警。为此，相关建设单位、监理单位和设计单位共同组织，实地巡视，召开橙色预警专题专家会议，总结工程监测概况，分析事故出现原因，最终提出针对此次事故的专题解决方案。

（1）监控测量状况

截至 9 月 18 日，车站局部桩体出现较大变形。一区停车线 5 断面处，地下连续墙测斜数据显示，测点 ZQT-09 测点累计位移量达到 34.47mm，二区车站主体 11 断面处，地下连续墙测斜 ZQT-19 测点累计位移量达到 35.17mm，二区地下连续墙 ZQT-20 测点累计位移量达到 30.83mm。同时，9 月 14 日和 9 月 15 日变形速率均达到 5.23mm/d 和 4.02mm/d。上述累计值和变形速率均超过预警值 30mm 和 3mm/d。施工方面，对应 ZQT-09 处底板工程施工已经完成，ZQT-09 处垫层施工已经完工，ZQT-20 处正在进行土方开挖。

（2）原因分析和安全评价

经过会议研究，总结基坑监测超限主要原因如下：

① 9 月份，该地区台风暴雨天气多，土方未能及时外运，影响到主体结构的施工进度。同时，基地未能及时封闭，导致基地位置墙体变形逐步加大，累计值超限。

② 在工序转换时，底板施工完成，拆除最后一道支撑，侧墙施工时间较长，导致工期耽搁，地下连续墙变形量增加

③ 相应测点处钢支撑架设不及时，围护结构测斜在支撑架设前变形量较大。

（3）结论

经过研究，最终得出针对此次预警问题的专项解决方案。根据车站目前状况，提出相应改进建议。

① 加密相应监测点和监测频率，及时反馈监测信息，做到科学信息化指导基坑开挖施工。

② 加强施工组织，加快主体结构施工进度，及时封闭底板。

③ 严格按照基坑开挖方案进行开挖作业，及时架设支撑和预加轴力，严禁超挖，适当加大支撑预加支撑轴力。

④ 严控变形和水位变化，必要时采取灌浆措施。

⑤ 注意做好监测点保护工作，及时有效沟通，确保监测成果及时有效。

根据前面分析的 2013 年 11 月份和 12 月份数据，相关监测点变形值在合理范围内，没有超过监测预警值，验证了预警方案的科学性和有效性。

3）本章小结

大型和超大型工程施工复杂，工期长，监测任务中，突发事件难以预料。特别是特殊天气和地质条件下，还会出现各种工程问题。面对问题，必须采用科学的方法，有效的手段。目前，监测技术应用正在不断推广，技术水平虽有进步，尚待提高，特别是通过监测技术解决工程问题方面，还需要进行较多的理论和实践研究。

本节以车站基坑工程为例，通过基坑变形理论和监测技术理论的研究，对基坑施工过程中的变形理论和相应的监测技术、数据处理、数据分析进行研究。得出以下结论：

（1）基坑工程在施工过程中，由于工程本身较为复杂，地质条件和天气状况对其影响较大。基坑工程经常地处城市内部用地拥挤地段，周围建筑物较多。因此，施工不仅要照顾工

程自身安全状况，还要考虑工程施工对周围环境的影响，必须采取相应措施，确保整体工程能够安全顺利的完工。

（2）为保证工程的安全，作为施工人员和监测人员，需提高自身的理论知识，深入理解常见的基坑变形现象的影响因素。对于基坑坑底隆起，围护结构变形和周围的地层移动，不仅能够及时发现，还需能够从理论上进行分析。做到及时发现，及时整改。

（3）目前，监测技术水平不断提高，相应的仪器设备精度和可靠性大幅提升，为做到科学施工，需提高监测技术在施工过程中的应用。真正做到科学指导工程实践。

（4）监测技术理论研究成果不断，设计单位在制定监测任务时，不仅能够依据规范要求制定监测目的、监测目的和监测原则。还需多察工地实际情况，制定科学合理的监测方案，合理布设监测系统，选用合适的监测方法和仪器。

（5）监测人员在收集数据时，工作态度非常重要，必须科学监测，不涂改、不编纂数据。同时，通过自己理论知识的提升，对相关的数据能够正确处理，科学分析，及时反馈，保证监测技术能够有效指导施工。

（6）加强沟通，提高施工人员和监测人员之间信息能够及时有效的沟通，注意保护布设的监测点，防止人为因素损害，降低监测质量。

7. 工程实例 2 及监测成果

1）工程概况

（1）工程简介

郑州轨道交通 1 号线二期河工大站位于长椿路与莲花街十字路口处，沿长椿路布置。地下两层岛式车站，有效站台长 120m；车站标准段外包宽度为 19.5m，外包总长度为 382.6m，共设置 6 个出入口和 3 个风亭组。车站主体结构采用明挖顺做法施工；标准段基坑深度约 16.5m，基坑支护采用钻孔灌注桩+内支撑+桩间喷射混凝土支护方式。河工大站的西北方向为大谢新村；西南方向为郑州大学；东南方向为丁楼新村；东北方向为河南工业大学。周边用地规划以大中专学校用地和居住用地为主，但周边建筑物距离车站基坑较远，对基坑开挖支护施工无影响。

（2）工程地质与水文条件

① 工程地质条件：

根据地貌形态及成因，郑州市区地貌类型划分为黄土地貌和流水地貌二大类型。本场地主要为山前冲洪积缓倾斜平原，场地较平整。根据岩土的时代成因、地层岩性及工程特性，本场地勘探揭露深度范围内地层主要为杂填土、粉土、粉质黏土。根据野外钻探编录资料及原位测试资料，结合室内土工试验成果，本场地 45m 以上地基土属第四系（Q）沉积地层，按其成因类型、岩性和工程性能可划分 16 个工程地质层。各层土的特征自上而下分述如下：第（1）层（$Q4^{mL}$）杂填土：杂色，成分差别大，主要包括沥青路面、碎石、垃圾等。层底标高 102.92～104.71m，层底埋深 0.5～2.10m，层厚 0.50～2.10m，平均厚度 0.98m。第（6）层（$Q4^{al}$）粉质黏土：褐黄色，可塑，干强度中等。层底标高 99.78～104.67m，层底埋深 0～2.1m，层厚 0.40～3.90m，平均厚度 2.05m。静力触探试验 *Ps* 值 1.53MPa。第（19）层（$Q3^{al}$）粉土（黄土状粉土）：黄褐色，稍湿，中密干强度低。层底标高 93.88～99.67m，层底埋深 5.70～10.70m，层厚 1.50～8.20m，平均厚度 5.26m。静力触探试验 Ps 值 4.89MPa。第（20）层（$Q3^{al}$）粉土：黄褐～灰褐色，稍湿，中密～密实，干强度和韧性低。层底标高

91.01~96.17m，层底埋深 8.80~14.80m，层厚 1.00~7.80m，平均厚度 3.81m。静力触探试验 *Ps* 值 4.96MPa。第(25)层($Q3^{al+pl}$)粉土：褐黄色，稍湿，中密，干强度和韧性低，局部含粉质黏土。层底标高 88.54~92.58m，层底埋深 12.40~16.00m，层厚 1.30~5.90m，平均厚度 2.80m。第(25)-1层($Q3^{al+pl}$)粉质黏土：褐黄色~灰色，可塑，干强度中等，韧性中等。层底标高 87.01~91.37m，层底埋深 13.10~17.90m，层厚 1.70~5.50m，平均厚度 2.69m。第(26)层($Q3^{al+pl}$)粉土：褐黄色，湿，中密，干强度低，韧性低。层底标高 84.06~89.74m，层底埋深 15.30~20.60m，层厚 0.80~4.40m，平均厚度 2.29m。第(27)层($Q3^{al+pl}$)粉土：褐黄色，湿，中密，干强度低，韧性低，局部含粉质黏土。层底标高 81.89~88.80m，层底埋深 16.10~23.30m，层厚 0.70~5.20m，平均厚度 2.26m。第(29)层($Q3^{al+pl}$)粉土：褐黄色，湿，密实，干强度和韧性低。层底标高 79.64~86.42m，层底埋深 18.30~25.40m，层厚 0.70~7.30m，平均厚度 2.95m。静力触探试验 Ps 值 4.20MPa。第(35)层($Q2^{al+pl}$)粉质黏土：褐黄~褐红色，可塑~可塑，干强度中等，韧性中等。层底标高 75.7~81.40m，层底埋深 23.50~29.50m，层厚 1.50~9.00m，平均厚度 5.91m。第(36)层($Q2^{al+pl}$)粉质黏土：红褐色，可塑，韧性中等。层底标高 68.88~75.52m，层底埋深 29.30~37.50m，层厚 2.50~10.50m，平均厚度 6.09m。第(36)-1层($Q2^{al+pl}$)粉土：褐红色，湿，密实，干强度中等，韧性中等。层底标高 70.33~73.64m，层底埋深 31.00~34.60m，层厚 1.50~3.10m，平均厚度 2.16m。第(37)层($Q2^{al+pl}$)粉质黏土：红褐色，可塑，韧性中等。层底标高 61.64~71.90m，层底埋深 35.00~43.10m，层厚 1.90~10.20m，平均厚度 4.33m。第(38)层($Q2^{al+pl}$)粉质黏土：褐红色，可塑，干强度中等。层底标高 59.03~69.73m，层底埋深 37.00~45.50m，层厚 0.40~6.00m，平均厚度 3.81m。第(38)-1层($Q2^{al+pl}$)粉土：褐红色，湿，密实，干强度中等，韧性中等。层底标高 59.43~64.93m，层底埋深 39.8~44.60m，层厚 1.80~7.60m，平均厚度 5.03m。第(41)层($Q2^{al+pl}$)粉土：褐红色，湿，密实，干强度中等，韧性中等。最大揭露深度 45.50m，最大揭露厚度 8.0m。

② 水文地质条件

车站所在地区浅层含水层以粉土、粉质黏土为主，属松散岩类孔隙潜水，地下水的类型为潜水。在勘察期间(2013 年 10 月到 12 月)地下水位深度 21.0m 左右(高程 83.0m)。考虑到目前本区间地下水受郑州市开采影响，地下水位变化受人为控制，建议百年最高地下水位埋深为 13.0m(标高 91.2m)，抗浮设防水位可按 13.0m(标高 91.2m)考虑。结合本项目场地的水质试验结果，按照《岩土工程勘察规范》GB50021 进行分析，本项目地下水对混凝土结构和混凝土结构中钢筋具微腐蚀性。依据各土层的土工试验和原位试验的结果，结合本地区工程经验，提出各土层的物理参数建议值。

2）基坑支护设计

地铁车站标准段基坑开挖深度约 16.5m，围护结构采用钻孔灌注桩+内支撑+桩间喷射混凝土的支护形式；基坑标准段围护桩采用 ϕ1000@1500mm 钻孔灌注桩，排桩之间采用 C25 混凝土网喷层挂 ϕ6@150×150mm 钢筋网片，喷射混凝土厚度 100mm；基坑竖向设置三道钢管支撑，第一道支撑水平间距 6.0m，第二、三道支撑水平间距 3.0m，钢支撑竖向间距分别为 5.7m、5.5m，第三道支撑距基底竖向间距为 3.66m。钢支撑两端支于冠梁或钢围檩上，三道支撑预加轴力分别为 200kN、500kN 和 400kN。围护结构采用材料如下：

（1）钻孔灌注桩、冠梁采用 C35 混凝土；

（2）桩间网喷采用 C25 混凝土；

（3）基坑垫层采用 C20 混凝土；

（4）钢筋为 HRB400 和 HPB300；

（5）钢支撑为壁厚 16mm、ϕ609mm、Q235-b 钢管撑；

（6）钢围檩为双拼 45c 工字钢。

3）现场监测

（1）监测目的

根据基坑所处位置的特点，为保证施工中不影响周围建筑物的安全以及施工本身安全，应进行施工监控量测，以信息反馈指导施工生产，其目的如下：

① 将监测结果与设计结果进行对比，验证支护结构设计，指导后续基坑开挖和支护结构的施工。

② 在支护结构破坏前进行预警，采取应对措施，避免破坏发生或减轻破坏的后果，保证施工安全。

③ 掌握地层及基坑围护结构的变形动态，确保施工期间基坑侧壁及结构稳定。

④ 通过监控量测取得原始量测数据，进行回归分析，及时反馈指导施工，调整施工方法及支护参数。

⑤ 积累施工技术资料，对施工过程中的关键技术问题进行分析，为今后类似工程提供技术参数；

⑥ 总结工程经验，为完善信息化施工提供依据。

（2）监测项目

监测项目和布设原则根据 GB50308《城市轨道交通工程测量规范》、GB50497《建筑基坑工程监测技术规范》、GB50911《城市轨道交通工程监测技术规范》等规定，结合本工程基坑的具体条件，确定车站基坑工程自身风险等级为二级，车站周边环境风险等级为二级。因此本工程基坑安全监测项目和监测精度控制等级设为二级。根据基坑支护设计文件及现行有关规范要求，确定车站基坑安全监测项目。由于本基坑最大开挖深度端头井约为 18. 2m，标准段约为 16. 5m，且地下水位埋深 21. 0m，施工时不考虑降水措施，建议取消水位监测项目。

（3）监测方法

本工程监测项目包括桩顶水平位移和沉降、桩身水平位移和钢筋应力、支撑轴力、地面沉降、周边管线沉降。由于其他监测项目与本文研究无关，其监测方法和成果略去，仅列出钢支撑轴力和排桩内力、变形等相关内容。

钢支撑轴力采用振弦式轴力计测量。将轴力计安装在钢支撑靠近活络头一端，为保证轴力计轴心受力，需将轴力计支架焊在活络头中央；轴力计安装在同一个竖向监测截面上。振弦式轴力计的测量采用频率计采集，输出数据为频率模数；

本试验采用 CA-CX-901F 型测斜仪进行桩身水平位移测量。测斜仪由测斜管、测斜探头和读数仪组成。仪器综合精度为±2mm/30m，测量范围±15°，探头测量精度为±0. 02mm/500mm；测读器显示读数至±0. 01mm。测斜管是内部四条十字凹槽的 PVC 管，排桩成桩前将测斜管连接绑扎的钢筋笼内，下笼时确保其中一条凹槽朝向基坑外侧。在施工过程中，破桩头时一般会将测斜管破坏，需要用套管重新连接测斜管，并保证十字凹槽对应，以免测量时跑槽。测量时把探头通过导线与探头连接，把探头沿着测斜管凹槽放入至桩底部。从下至上每隔 0.5m 记录一次读数并保存，到顶部时完成称为正测；然后水平反转 180°再次从下至上每隔 0.5m 依次测量至顶部称为反测，此时测量全部完成，可将读数仪连接至电脑读取测量结果。

① 钢筋计的布置与原理：

桩身钢筋内力采用 XB-120 型振弦式钢筋应力计测量，接收仪采用频率仪。在排桩钢筋笼制作阶段将钢筋计焊接在钢筋笼主筋上，成桩后采用频率仪采集数据。在试验桩选取 5 个截面设置测点，在每个截面的迎土侧(即基坑外侧 W)和背土侧(即基坑内侧 N)通长主筋各安装 1 个钢筋应力计，每根试验桩共安装 10 个钢筋应力计。振弦式钢筋计的工作原理是在钢筋计受轴力时，可使钢筋计内部弹性钢弦发生变形，从而引起钢弦振动频率的改变。采用频率仪测得钢筋计的频率值大小，通过公式计算钢筋所受轴力值，进而换算可得排桩内力。在基坑开挖前读取钢筋应力计频率值，取前三次稳定数据的平均值作为初始值。基坑开挖后测量 1 次/d，直至结构封顶。

② 钢筋计的安装方法：

a. 组装编号。钢筋计出厂配有连接杆，将连接杆与钢筋计连接。按照布置图将钢筋计进行编号贴在导线与钢筋计上，并记录每个编号对应的出厂编号。

b. 接线。根据不同位置编号的钢筋计到桩顶的距离，计算导线的长度。截取相应长度导线把钢筋计导线接长，用频率仪采集钢筋计读数，与出厂读数对比校验。如读数与出厂读数一致，说明钢筋计接线成功；如读数不一致，则需检查问题所在或废弃钢筋计。

c. 切割主筋。考虑钢筋计和连接杆自身长度，计算钢筋计在主筋上的位置区间。在加工完成的钢筋笼上选取一对主筋，在主筋相应区间位置划线并切掉该段钢筋。

d. 焊接钢筋计。先通过对接焊接把钢筋计固定在主筋上，然后采用帮条焊焊接牢固。焊接过程中用湿毛巾裹住钢筋计进行降温冷却，避免热传导使钢筋计零漂增加。待钢筋计焊接完成后，再次采集钢筋计读数，与出厂读数对比校验，如果出现问题，及时更换。

e. 排布导线。为了保护钢筋计导线在浇筑混凝土的过程中不受破坏，需将导线沿主筋汇聚，用扎丝把导线绑扎在主筋上。破桩头时通常要使用风镐和挖掘机等大型机械，很容易破坏桩头位置的导线，所以在钢筋笼桩头位置将导线套入一节 2m 的 PVC 管，然后把 PVC 管固定在主筋上，两端密封。

f. 下笼。钢筋计焊接完成后，待吊装至钻孔吊入钻孔。吊入过程中注意使一侧钢筋计朝向基坑外侧，即使钢筋计连线与基坑边线垂)。钢筋计安装过程中需特别注意以下四点：

a. 为确保钢筋应力计轴心受力，试验中钢筋应力计应采用帮条焊与桩身钢筋链接。

b. 为避免热传导使钢筋应力计零漂增加，需要采取冷却措施，本项目采用湿毛巾的冷却方法。

c. 为避免钢筋应力计导线折断，每侧的导线沿主筋汇聚，沿钢筋笼绑扎。并在钢筋笼顶部套入 PVC 管保护。

d. 在放置钢筋笼，混凝土浇筑，以及破桩等过程中注意对导线的保护。

4）监测结果及分析

基坑工程的现场监测是对基坑施工过程的全程监控，是信息化施工的重要环节。监测结果是判断基坑变形和结构内力是否安全的重要标准，在为下一步施工提供重要依据的同时，也丰富了该地区的经验。通过监测支护结构在实际施工中的变形和内力，与理论计算结果对比分析，对优化支护结构设计有重要的意义。本项目监测贯穿整个施工周期，监测项目繁多，采集数据量较大，限于篇幅，本书仅列出桩身变形和内力、支撑轴力的监测成果进行分析。

（1）桩身钢筋内力分析

选择基坑标准段三根排桩作为试验桩，分别为101#、153#和459#桩。试验桩长均为22.26m（嵌固深度7m），排桩为采用C35级混凝土的钻孔灌注桩。在实际施工过程中，101#桩钢筋应力计大部分损坏，无试验结果。下面以153#桩和459#桩实测数据进行分析，图5-2-34为153#桩和459#桩的所在工段的基坑开挖进度。

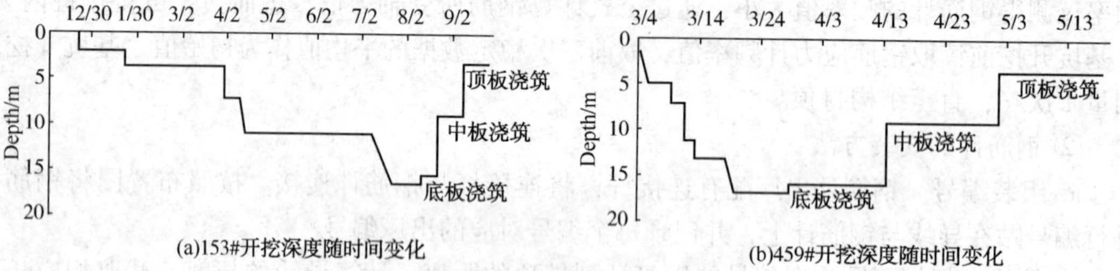

图 5-2-34 基坑开挖深度-时间曲线

① 开挖期间桩身钢筋应力随时间变化：

153#桩所在施工区域存在较长时间停工，基坑开挖不连续，为了便于研究，选取2015年3月25日~4月17日基坑从4m开挖至11m以及2015年7月5日~8月2日基坑从11m开挖至16.56m桩身钢筋应力进行分析，如图5-2-35（a）和（b）。459#桩所在施工区域正常施工，选取3月4日~3月22日桩身钢筋应力进行分析，如图5-2-35（c）所示。在基坑开挖前读取钢筋应力计频率值，取三次稳定数据的平均值作为初始值。基坑开挖后测量1次/d，直至结构封顶，由于采集数据量较大，为方便分析，选取3~7d的采集频率进行分析。

由图5-2-35可知：

在基坑开挖过程中，153#桩桩身钢筋最大正应力值和最大负应力值分别达到34.04MPa和-28.68MPa；459#桩桩身钢筋最大正应力值和最大负应力值分别达到22.54MPa和-14.00MPa。这一结果比HRB400钢筋强度设计值360MPa小很多，这是场地土层条件较好和支护设计安全储备较高的综合作用造成的。

在基坑分别开挖至10m和14m左右时，153#桩和459#桩都出现了相应截面2和截面3钢筋应力发生正负号改变的现象。这说明桩撑支护结构中桩身内力在基坑开挖面附近为零，桩身内力零点会随着基坑的开挖下降。

② 截面钢筋应力随开挖深度的变化

在基坑开挖至10m左右时，153#桩和459#桩均出现了在W2和N2钢筋应力发生正负号改变的现象；当基坑开挖至14m左右时，153#桩和459#桩均出现了在W3和N3钢筋应力发生正负号改变的现象。下面以459#桩W3和N3在基坑开挖过程的变化为例进行分析，如图35-2-36所示：在基坑开挖过程中W3与N3截面应力呈相反的变化趋势：W3呈拉-压变

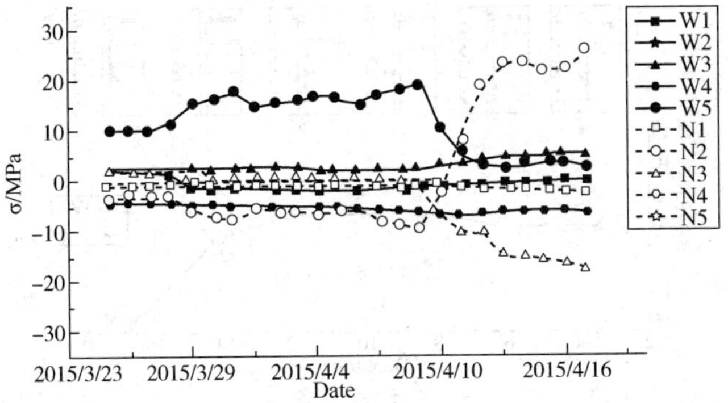

(a)153#桩基坑从4m开挖至11m

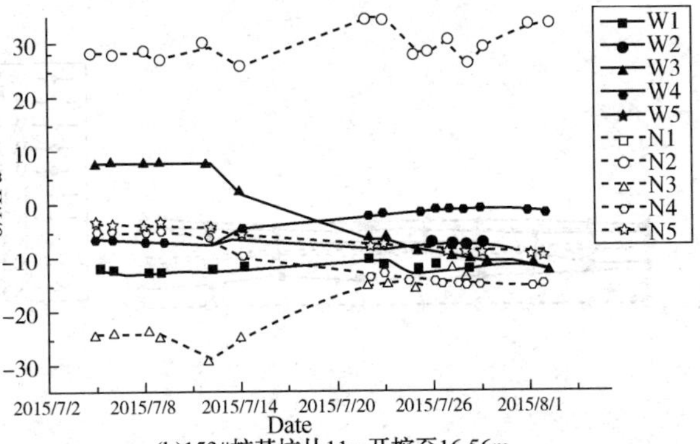

(b)153#桩基坑从11m开挖至16.56m

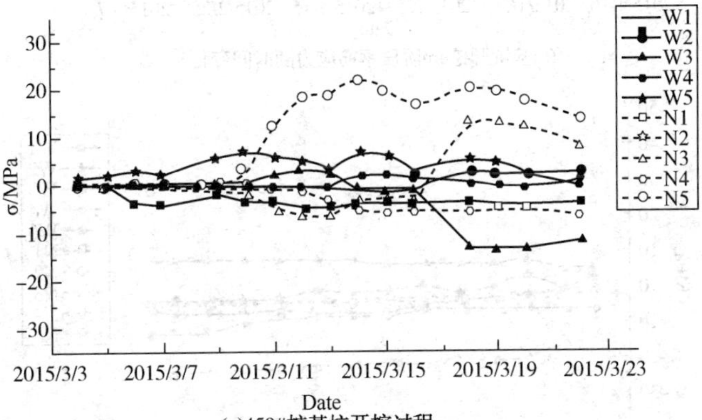

(c)459#桩基坑开挖过程

图 5-2-35　开挖期间桩身钢筋应力随时间变化曲线

化，N3 呈压-拉变化。正负拐点出现在 14.5m，即 W3/N3 钢筋应力计所在位置。这说明桩身内力在基坑开挖面附近为零，且桩身内力零点会随着基坑的开挖下降。

③ 停工对排桩内力的影响

153#试桩所在施工区域有两次长时间停工，导致基坑长时间暴露。分别在 1 月 22 日～3 月 8 日基坑开挖 4m 阶段停工 48d；4 月 14 日～7 月 9 日基坑开挖 11m 阶段停工 81d。为确保基坑在停工期间的安全，在此期间持续对基坑进行监测。图 5-2-37 为这两个阶段排桩内力随时间变化曲线。由于施工干扰，应力计 W5 和 N1 破坏。

由图 5-2-37 可知：

在两次停工阶段，桩身钢筋应力随着时间的曲线表现平直，变化幅度不明显。说明桩撑

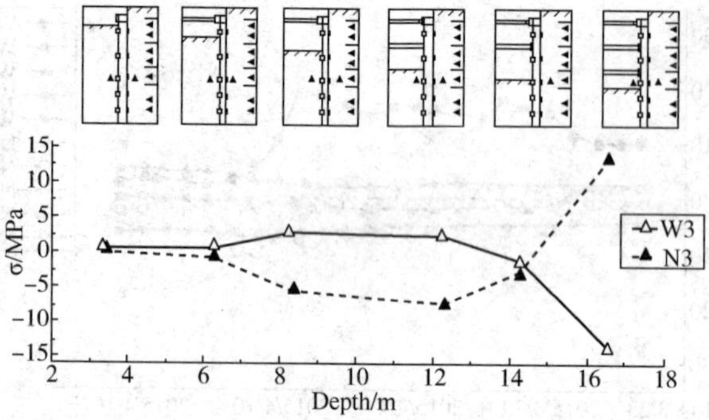

图 5-2-36　W3/N3 在开挖期间应力随开挖深度变化曲线

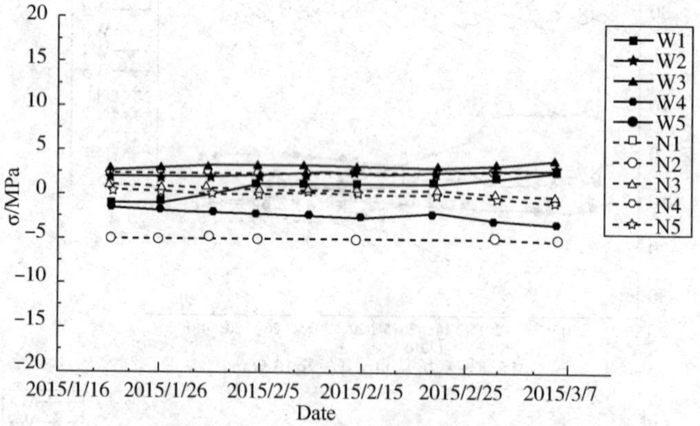

(a)基坑开挖4m阶段钢筋应力随时间变化

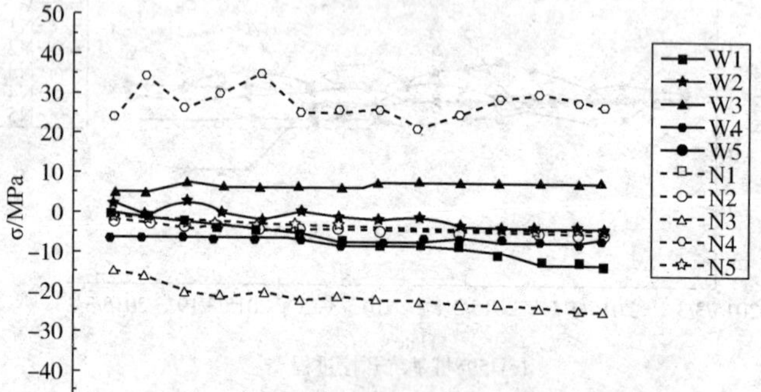

(b)基坑开挖11m阶段钢筋应力随时间变化

图 5-2-37　停工阶段桩身钢筋应力随时间变化曲线

支护结构的内力只与开挖工况有关，当开挖工况不变时，支护结构内力不随时间变化。

钢筋应力值平直的趋势间接说明本试验方案监测系统有效，监测结果可靠。为后续研究成果提供了一个验证平台。

④ 主体结构施工期间桩身应力变化：

图 3.4-5 为地铁车站主体结构施工和拆除钢支撑期间桩身钢筋应力随时间变化曲线。结合图 5-2-35 和图 5-2-38 可知：

在浇筑底板、中板和顶板期间，支护桩桩身钢筋应力均发生较明显变化；其中在浇筑中

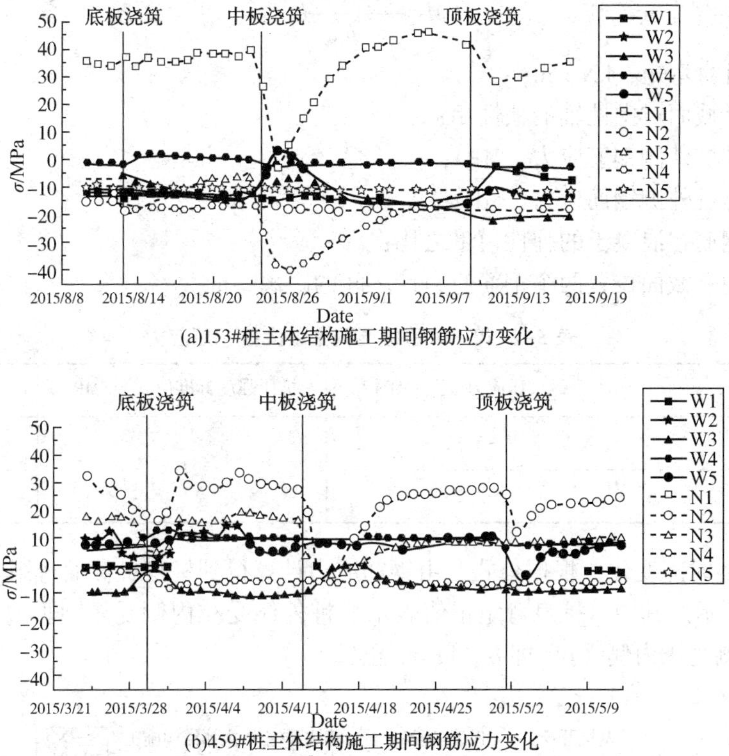

(a)153#桩主体结构施工期间钢筋应力变化

(b)459#桩主体结构施工期间钢筋应力变化

图 5-2-38　主体结构施工期间桩身钢筋应力随时间变化曲线

板期间变化最大，测点 N2 和 N3 呈现断崖式发展。对施工现场进行考察发现，地铁车站主体结构的梁板和侧墙的混凝土直接与支护结构排桩浇筑在一起。因此这种变化可能是由于混凝土在浇筑过程中产生的侧压力引起的，说明主体结构施工过程对支护排桩影响作用显著。

153#桩最大应力出现在主体结构施工的 N2 截面，应力变化幅度为 45.75MPa；459#桩最大应力出现在 N2 截面，应力变化幅度为 26.73MPa。综合施工全程钢筋应力的变化过程发现，钢筋应力变化幅度最大值出现在主体结构施工期间。

桩身弯矩分析：钢筋混凝土结构中，在混凝土开裂前，可视为钢筋与混凝土应变量相同。根据此假设，可以根据支护桩钢筋的应力推算桩身弯矩。在计算中遵循以下假定：

① 认为支护桩在弹性状态下工作，冠梁和桩身自重以及桩侧摩阻力影响忽略不计；

② 平截面假定：桩的截面在变形后仍保持平面，钢筋应力 σs 和混凝土应力 σc 在截面上均为线性分布；

③ 截面弯矩 $M=M_s+M_c$，其中 M_s 和 M_c 分别为钢筋应力和混凝土应力对截面转轴的力矩。在混凝土开裂前钢筋与混凝土的应变相同，可以推导得到钢筋应力 σ_s 和混凝土应力 σ_c 的关系。利用实测的钢筋应力 σ_s，计算得到试验桩混凝土的最大应力值如表 5-2-10，很容易可知试验桩混凝土均未达到开裂应力，即试验桩处在弹性工作阶段。

根据混凝土结构原理，计算桩身截面弯矩。

$$\sigma_c=\sigma_s/n$$

$$M=\frac{I_c(\sigma_w-\sigma_N)}{nd_s}$$

式中　M——桩身弯矩，kN · m；

I_c——全截面对中性轴的惯性矩；

σ_W——排桩外侧钢筋应力，MPa；

σ_N——排桩外侧钢筋应力，MPa；

n——钢筋与混凝土的弹性模量之比；

d_s——同一截面位置两个钢筋应力计之间的距离，m。

表 5-2-10　试验桩混凝土最大拉、压应力

支护桩	最大压应力 σ_{max}/MPa	抗压强度标准值 σ_{max}/MPa	弹塑性
153#	-5. 32	24. 3	弹性
459#	-2. 20		弹性

桩身弯矩随时间变化：根据公式，由钢筋应力计算得到桩身各截面弯矩随时间变化曲线如图 5-2-39 所示。其中，桩身弯矩正值表示排桩外侧受拉内侧受压(即 σ_W 正 σ_N 负)，负值表示排桩外侧受压内侧受拉(即 σ_W 负 σ_N 正)。

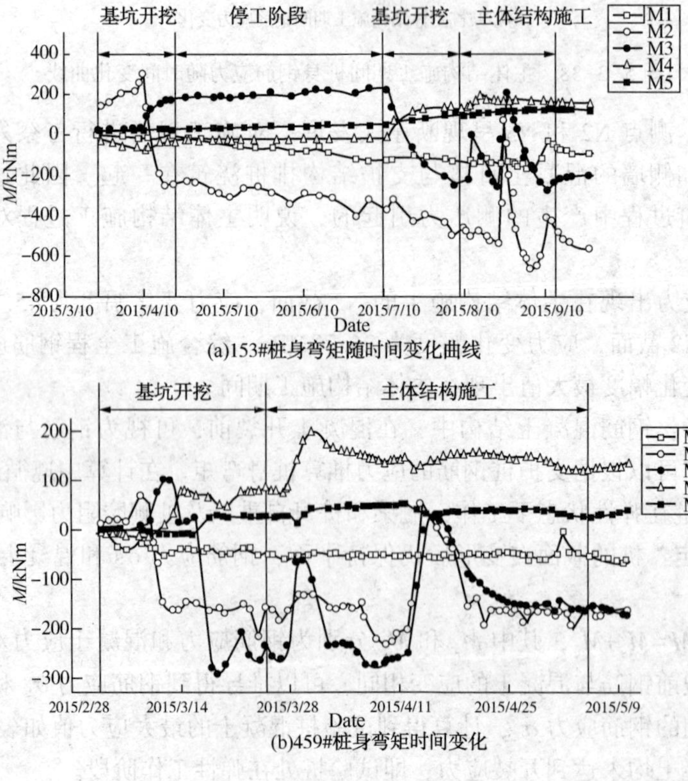

(b)459#桩身弯矩时间变化

图 5-2-39

从图 5-2-39 中可以看出：

在施工全过程中，153#桩正弯矩和负弯矩的最大值分别是 299.06kN·m 和-658.31kN·m，459#桩的最大值分别是 202.28kN·m 和-282.68kN·m。弯矩绝对值最大都出现在基坑开挖面以上。

在基坑开挖阶段，弯矩 M_2(9.75m)在基坑开挖深度 10m 以前阶段为正弯矩(即钢筋应力内负外正)，在开挖 10m 左右的时候弯矩开始变为负弯矩(应力内正外负)，并迅速发展至最大值。弯矩 M_3(14.3m)在基坑在开挖至 14.5m 时有迅速上升的趋势，开挖至 15m 以前为正值，在开挖 14.5m 左右时候弯矩开始变为负值，并迅速发展至最大值。弯矩零点出现位置随着基坑开挖而下降，与钢筋应力测量结果一致。

结合图 5-2-37 与图 5-2-39 发现，在主体结构施工过程中，在底板、中板、顶板浇筑和拆撑时，弯矩和应力会有一次断崖式变化。其中弯矩变化趋势为由负变正，然后再变为负。这一变化可能与底板、中板、顶板的浇筑改变支护排桩的支撑条件，以及拆撑等因素有关。

结合表 5-2-35 可以发现，支护排桩弯矩在主体结构施工期间三次断崖式变化，持续时间约为 7~12d，在此期间逐渐变回原来的状态，甚至比原来有所发展，如图 5-2-37(a)、图 5-2-39(b)。每次主体结构施工影响到的截面主要为其相邻截面，印证了上述底板、中板和顶板的浇筑改变了支护排桩的支撑条件。

主体结构施工影响时间和截面见表 5-2-11。

表 5-2-11 主体结构施工影响时间和截面

支护桩	主体施工位置	发展日期	持续时间/d	影响截面
153#	底板	8.11~8.21	11	M3、M4
	中板	8.23~9.5	12	M2、M3
	顶板	9.9~9.21	12	M1、M2
459#	底板	3.27~4.2	7	M2、M3、M4
	中板	4.12~4.22	11	M2、M3
	顶板	4.30~5.7	8	M1、M2

桩身弯矩演化规律：分别选取 153#桩和 459#桩在基坑开挖至 2.5m、8m、13.5m 和 16.5m 时的桩身弯矩，得到在基坑开挖阶段桩身弯矩的演化过程，如图 5-2-40 所示。根据图 5-2-40 可知：

桩身弯矩最大值和桩身弯矩零点(反弯点)随着基坑开挖而不断下降。

基坑开挖面以上以负弯矩为主，基坑开挖面以下以正弯矩为主，负弯矩的绝对值大于正弯矩。

主体结构施工期间，在主体结构的底板、中板、顶板分别和拆除钢支撑后，弯矩均发生一定程度的重新分布，并且 153#在拆除第二道支撑后，M2 位置弯矩有明显变大。这说明在实际施工过程中，桩身最大弯矩并非出现在基坑开挖至基底位置，在基坑支护结构设计时应考虑全过程对支护结构内力进行计算和分析。

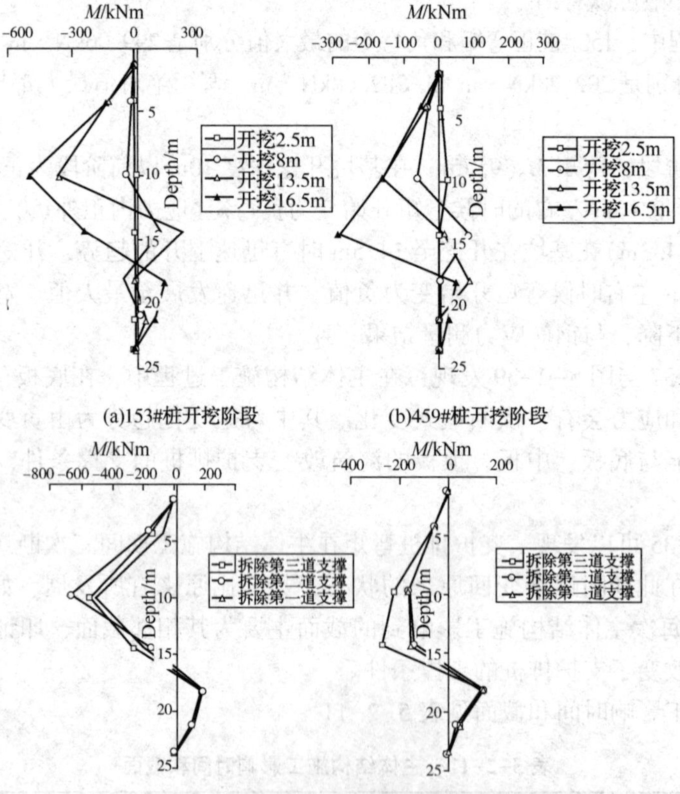

(a)153#桩开挖阶段　(b)459#桩开挖阶段

(c)153#桩主体结构施工阶段　(d)459#桩主体结构施工阶段

图 5-2-40　基坑开挖阶段桩身弯矩的演化过程

根据图 5-2-39 发现排桩在主体结构浇筑、支撑拆除阶段有明显的负弯矩向正弯矩转化而后又返回原状的趋势。这里选取 153#桩和 459#桩分别绘制中板浇筑和第二道钢支撑拆除过程中弯矩的演化过程，如图 5-2-41 所示。由图 5-2-41 可知中板浇筑和拆撑主要影响到桩身 M_2 和 M_3 截面，对基坑开挖面以下位置影响很小，说明主体结构施工存在一个影响范围，在这个影响范围内的桩身弯矩会发生重新分布。

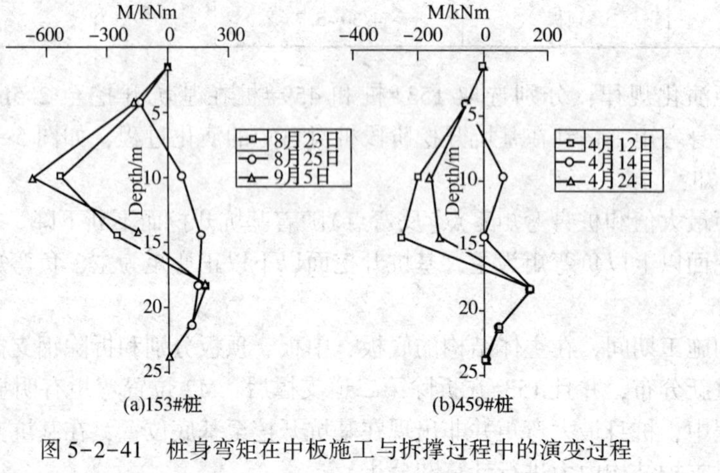

(a)153#桩　(b)459#桩

图 5-2-41　桩身弯矩在中板施工与拆撑过程中的演变过程

如图 5-2-42 所示，选取 153#桩和 459#桩所处施工段开挖至基坑底时，桩身弯矩实测值与计算值进行对比，可知：

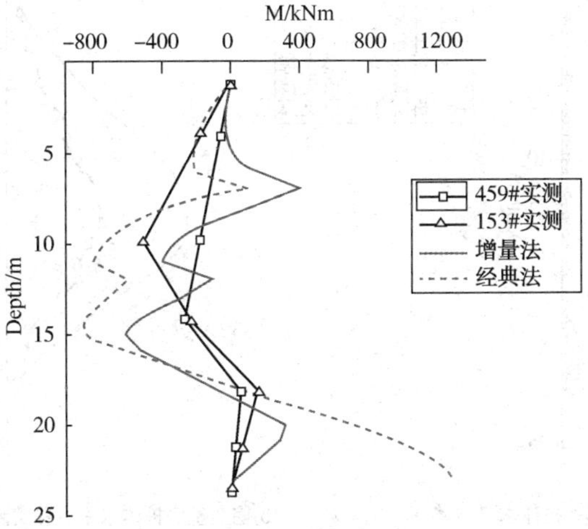

图 5-2-42　桩身弯矩实测值与计算值对比

在基坑开挖面以上，增量法计算结果偏大；在计算基坑开挖面以下嵌固段时，结果甚至大于基坑开挖面以上负弯矩的绝对值，与实测值有重大差异。实际弯矩与增量法计算结果更为接近，且略小于增量法，因此对于桩撑支护结构增量法计算结果更为经济合理。

增量法和经典法计算的桩身反弯点的在桩身 18. 5m 附近；而根据实测桩身内力零点(即反弯点)在基坑开挖面附近，且随着基坑开挖而下降，可以得知基坑在开挖至基坑底时，桩身的反弯点位置在 16. 5m。说明实测桩身反弯点位置比理论计算位置高约 2m。

实测结果显示，基坑开挖面以上最大弯矩的绝对值约为基坑开挖面以下嵌固段的 1. 5~2 倍，桩身弯矩的反弯点也出现在基坑开挖面附近，因此出于经济考虑，排桩嵌固段配筋可做变截面处理。

(4) 桩体水平位移分析

桩体水平位移可以反映支护排桩不同深度位置的侧向变形，其监测结果形象直观，是控制基坑变形的重要指标。同时通过桩体水平位移的监测得到的结果与理论计算结果的对比，可对理论计算方法进行验证，也是对桩身内力分布的验证。试验中对桩体水平位移与桩身内力的监测，应选择相同的试验桩，即为 101#、153#和 459#桩，限于篇幅仅对 459#桩进行分析，如图 5-2-43 所示。

由图 5-2-43(a)可以看出，排桩桩体水平位移在开挖阶段发展较快，在主体结构施工阶段位移略有增加。在基坑开挖至 2. 5m 时，桩体位移非常小，可以忽略不计；在随后的开挖过程中，桩身最大位移位置随着开挖面的下移而向下移动，大体处在开挖面附近。在主体结构施工和支撑拆除阶段，基坑开挖面以下的嵌固段水平位移不变；开挖面以上部分随着支撑的拆除，桩体水平位移略有发展，最大值达到 6. 23mm。由图 5-2-43(b)可知，根据增量法计算得到开挖至基底(16. 5m)时的位移曲线趋势与实测结果较为一致；其中计算位移最大值为 9. 78mm，实测位移最大值为 5. 39mm，说明增量法计算位移有一定的安全储备。

(5) 钢支撑轴力分析

选取与 459#排桩相对应截面的钢支撑作为研究对象，该截面的三个钢支撑监测点位从

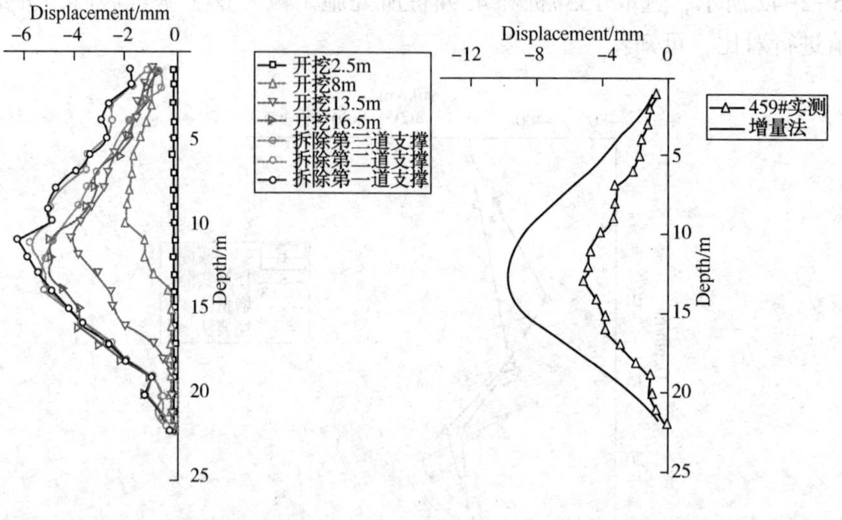

(a)实测各工况下459#桩体水平位移　　(b)挖至基底桩体水平位移实测值和理论值对比

图 5-2-43　459#桩体水平位移

上到下分别为 ZL9-1、ZL9-2 和 ZL9-3，试验监测结果如图 5-2-44 所示。

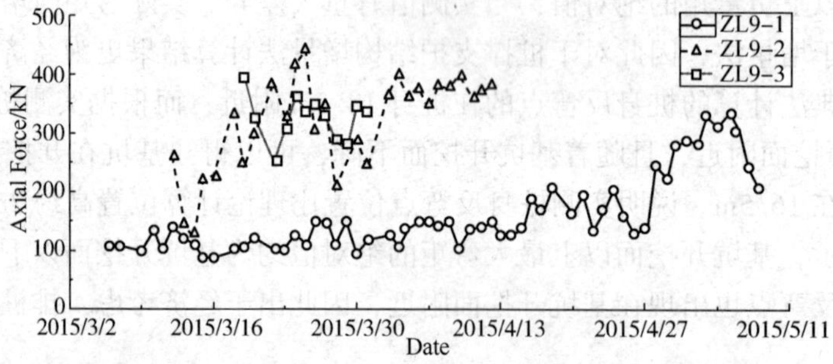

图 5-2-44　ZL9 截面钢支撑轴力随时间变化

根据图 5-2-44 钢支撑轴力随时间变化曲线可知：

① 钢支撑预加轴力均有一定程度的预应力损失。其中 ZL9-2 和 ZL9-3 在支撑安装完成的 2~3d 轴力持续变小，预应力损失明显。钢支撑设计预加轴力、安装之后实测预加轴力和预应力损失后轴力如图 5-2-45 所示。结合图 5-2-45 和图 5-2-45 可知，钢支撑预加轴力的损失可分为两部分——安装时的损失和安装后 2~3d 的损失。由于现场条件和技术的限制，钢支撑在安装完成时的预加轴力值往往小于设计预加轴力值；由于施工间歇，在钢支撑安装完成后的 2~3d 内，基坑没有进一步开挖，这是钢支撑与排桩共同作用，排桩后土体变形，导致钢支撑轴力进一步损失。

② 三道钢支撑的最大轴力分别为 333. 80kN、441. 85kN 和 398. 88kN，而增量法计算结果 539. 75kN、1952. 06kN 和 1526. 46kN。实测值分别仅达到设计值的 61. 84%、22. 64%、26. 13%，如图 5-2-46 所示。其中第二道和第三道钢支撑实测值与设计相差较大，说明增量法计算支撑轴力方法有待改进。

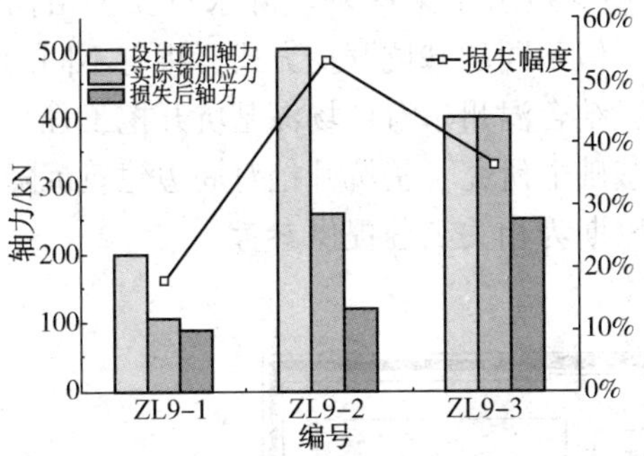

图 5-2-45　钢支撑轴力损失对比

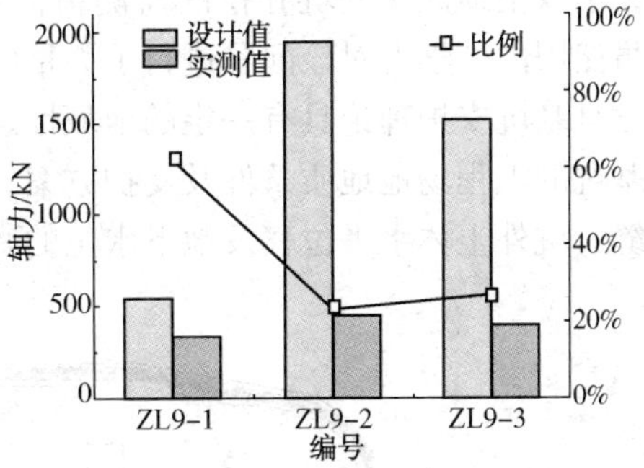

图 5-2-46　钢支撑轴力设计与实测对比

③ 第三道钢支撑在 3 月 19 日安装时，第二道钢支撑轴力有明显减小的趋势，并且在其后 2d 内随着第三道钢支撑预应力的损失，第二道钢支撑轴力开始增大；在第三道支撑拆除后第二道支撑轴力又有明显的增大。

④ 第一道支撑轴力在基坑开挖和主体结构施工前期比较稳定，在第二道支撑拆除后有所增加，并在其后缓慢增加。根据陈成等研究成果显示，钢支撑轴力随温度升高而增加，可以解释这一现象。

三、软土地区深基坑开挖及变形监测

基坑开挖将不可避免的改变原有土层的力学性质。结合温州东海广场深基坑开挖工程，介绍了该工程的场地地质条件及支护方式。在此基础上，分析了基坑开挖对周边建筑物沉降、道路裂缝、土体深层水平位移、内支撑轴力及地下水位的影响，得出以下规律：基坑开挖将引起周边建筑物的沉降，该沉降值与周边建筑物的基础形式有关；开挖对桩基础影响不大，对条形基础则产生较大影响；随着开挖的进行，道路裂缝宽度缓慢增大，并趋于稳定；基坑开挖完毕时，坑外土体深层水平位移呈现两边小，中间大的趋势，但内支撑轴力变化不大；在整个基坑开挖过程中，地表水位变化不太明显；测斜管应紧贴基坑维护结构。可以为类似工程提供参考。

随着经济建设的快速发展，我国城市化的步伐不断加快，由于土地资源的限制，城市中的建筑物高度逐渐加大，与此相应的建筑物基坑开挖深度也逐步加深，如苏州东方之门基坑开挖深度达 22m，天津津塔基坑开挖深度达 23. 5m，而上海世博 500kV 地下变电站开挖深度达 34m。由于基坑开挖将改变土层原有的应力场，因此，基坑开挖将不可避免地对周边建筑，地下管线及道路产生一定影响。国内外学者对该问题进行了深入的研究，通过对某深基坑开挖施工监测，分析了深基坑开挖对周边建筑物的沉降，以及该值与场地地质条件、基坑开挖施工方案、支护结构及周边建筑物的基础形式的关系；郑刚等结合有限元软件研究了坑角效应对基坑周边建筑物的影响；张陈蓉等通过位移控制理论探讨了基坑开挖引起周边土层位移场改变规律，在此基础上，基于地下管线的自身承受能力，提出了基坑开挖对管线保护的变形控制标准；李大勇等考虑了土体、围护结构与地下管线三者的耦合作用，采用三维有限元法分析了内撑式基坑工程开挖对地下管线的影响规律；Attewell 等研究了基坑开挖对周边建筑物的影响，在此基础上，通过试验给出了基坑变形的极限值；Peck 统计了大量的基坑开挖监测数据，结合数学归纳法，提出了基坑开挖深度与土质之间的关系表达式；徐中华等总结了软土地区深基坑开挖的监测指标；朱彦鹏等报道了某深基坑降水对支护结构的影响。虽然国内外学者对该问题进行了大量的研究，但不同的基坑开挖方式，将有不同的支护方案，且基坑支护理论具有一定的地域性。因此，结合温州东海广场深基坑开挖工程，先介绍该基坑的工程场地地质条件及支护方案，在此基础上研究了基坑开挖对周边建筑沉降、道路裂缝、坑外土体水平位移及地下水位的影响，以期为相关工程提供参考。

。

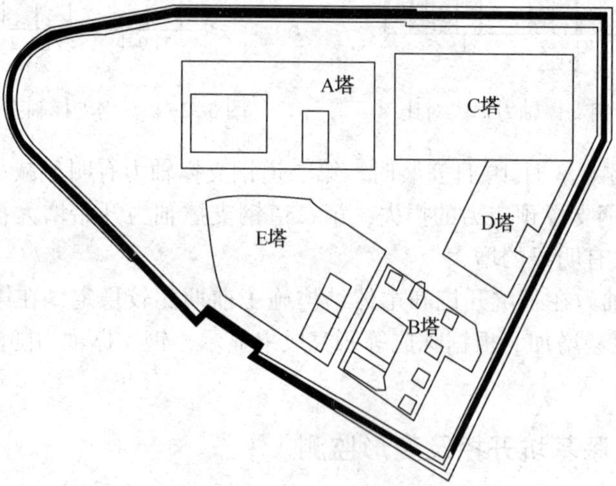

图 5-2-47　东海广场基坑平面图

表 5-2-12　地层物理力学性质表

层号	土层	平均厚度/m	含水量 w/%	重度 γ/(kN · m^{-3})	黏聚力 c/kPa	内摩擦角 φ/(°)	承载力标准值 f_{ak}/kPa
①	杂填土	1.2	—	17.0	—	—	—
②	黏土	1.4	38.9	17.9	25.3	11.4	90
③-1	淤泥	17.9	68.0	15.6	16.3	5.6	45
③-2	淤泥	13.9	55.5	16.7	18.0	7.3	55
④	黏土	4.3	34.2	15.67	29.3	13.6	150

1. 工程概况及场地地质条件

(1) 工程概况

东海广场是温州第三个超高层建筑，主楼 44 层，地下室 3 层，楼层总高 180m。该工程地处温州市城市中心区西南部，北靠市府大道，东南为划龙河，西南连接站东路，如图 5-2-47 所示。该地块市府大道北侧规划为以低层为主的城市中心商业区，划龙河东南为高层住宅锦江花苑，站东路以西为多层住宅区，市府大道和站东路均有桥梁跨过划龙河。

(2) 地质条件

由地质勘察报告可知，拟建场地位于温州海滨平原内，地貌属滨海相沉积地貌单元，其物理力学性质如表 5-2-12 所示。地形平坦，场地原为居民区，地面高程约 4.80～3.80m，高差约 1.0m。区域构造隶属新华夏系第二隆起带南段东侧，NNE 向构造为其主要构造线，主要断裂构造有 NNE 向镇海-温州断裂带和象山乐清弯断裂带，NW 向丽水-温州断裂带和古市-平阳断裂带；全新时期沉积作用明显，未发现岩浆活动，断裂构造活动极其微弱。本场地勘探深度内赋存有潜水、承压水，属松散岩类孔隙水类型。地下水主要受邻近地表水体及大气降水补给，以蒸发排泄为主。勘察期间测得勘探孔混合稳定地下水位高程为 3.58 ~ 3.00m。根据区域水文地质资料，地下水位变幅较小，地下水年变幅在 1~2m。由本地区建筑经验可知，地下水对桩基设计和施工影响较小。

2. 基坑支护方案及开挖方案

(1) 基坑支护方案

由于基坑开挖深度大、周围环境复杂等原因，本工程的主体围护结构为直径 1m 的钻孔灌注桩，其间距为 1.2m；围护桩外侧采用直径 0.6m 的水泥搅拌桩作为止水帷幕，其间距为 0.4m，其中，局部(靠近市府大道及 6~7 层居民住宅区) 采用 2 排水泥搅拌桩，而其余部位采用 1 排水泥搅拌桩作为止水帷幕；而坑中坑则采用 H 型钢进行支护。由于本工程基坑开挖深度大，为了控制围护桩桩顶位移，本工程设置了 3 道内支撑，其中第一道内支撑截面尺寸为 800mm×800mm，而其余两道内支撑截面尺寸为 900mm×900mm，如图 5-2-48 所示。

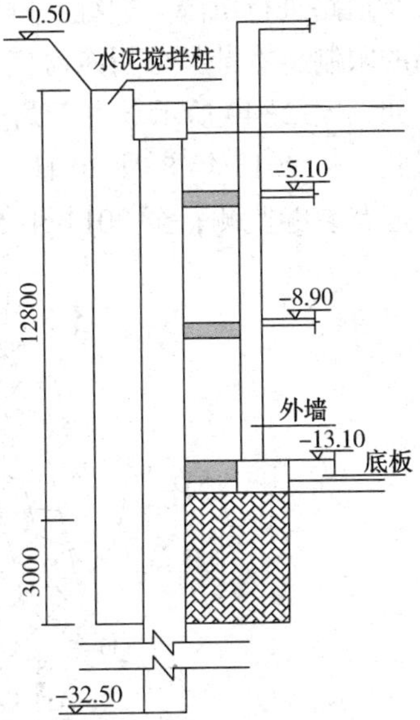

图 5-2-48　基坑支护示意图

(2) 土方开挖方案

土方开挖前应根据工程地质与水文地质资料、结构及支护方式、环保要求、施工条件、开挖深度等，遵循“分层、分段、分块、对称、平衡、限时”及“先撑后挖、限时支撑、严禁超挖”的原则编制土方开挖方案。因此，本工程的土方开挖方案为：

① 平整场地，放样。

② 施工水泥搅拌桩与围护桩，砌筑排水沟。

③ 桩后土体根据不同现场开挖标高和压顶梁顶面高度相对高差进行开挖或回填。

④ 开挖到第一道支撑顶部(标高-2.6m) 处，施工围护桩顶部的压顶梁及支撑。

⑤ 待第一道支撑和压顶梁强度达到设计的 90%后，开挖至第二道支撑顶部(标高-6.8m) 处，施工第二道支撑。

⑥ 待第二道支撑强度达到设计强度的 90%后，开挖至第三道内支撑顶部(标高-11.0m) 处，施工第三道内支撑。

⑦ 待第三道支撑强度达到设计强度 90%后，方可开挖至地下室承台以及底板底部，同时跟进承台砖模及垫层。

⑧ 施工电梯井等局部开挖的板桩支护，浇筑承台与电梯井底板，待混凝土强度达到设计要求的 80%后才能拔出钢板桩。

⑨ 浇筑地下室底板及承台，底板与围护结构之间采用 C30 素混凝土进行回填，并按照图纸要求设置钢筋混凝土短撑。

⑩ 待回填的混凝土及钢筋混凝土短撑强度达到 80%以上，方可拆除支撑。在拆除支撑和回填时，应配合防水工艺做好防水措施。

3. 施工监测

为确保该基坑工程及其四周居民住宅地下管线和周边交通干线的安全对该基坑工程进行了监测工作，其监测点布置如图 3 所示。其监测内容包括：①邻近建筑物沉降及道路裂缝监测；②坑外土体深层水平位移及内支撑轴力监测；③水位监测。

（1）邻近建筑物沉降及道路裂缝监测

深基坑的开挖将不可避免地引起周边建筑物的沉降，因此，本节对龙沈住宅区的 3 栋楼房及道路进行沉降、裂缝及倾斜监测，其沉降观测点采用建筑物原有的沉降观测点。由于篇幅的限制，本节只分析东海广场基坑开挖对周边建筑物沉降及道路裂缝的影响，其监测布置点如图 5-2-49 所示。由于龙沈住宅区居民反映基坑开挖使住宅区道路产生了大量的裂缝。因此，从 2013 年 8 月 30 日，基坑即将开挖完毕之时起，开始对龙沈住宅区进行沉降监测及道路裂缝监测，至 2014 年 5 月 9 日停止监测。

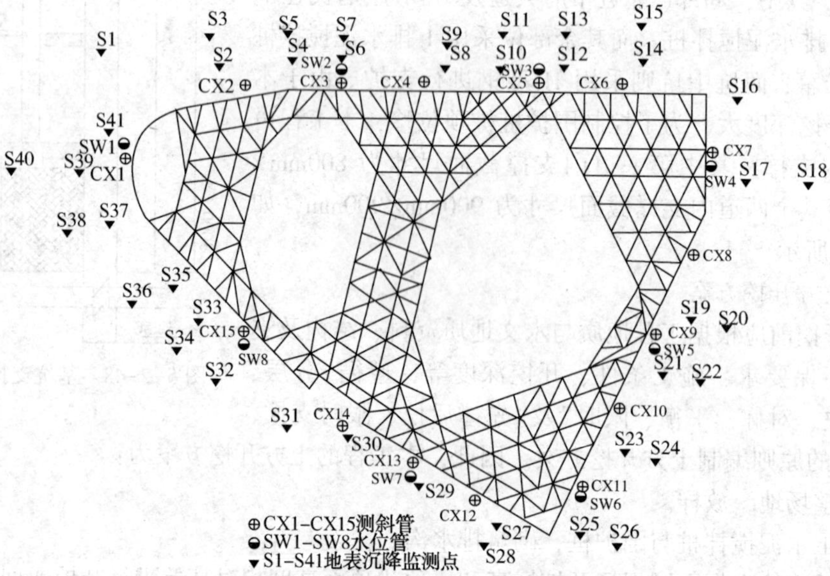

图 5-2-49　基坑监测示意图

由图 5-2-50 可知，随着时间的推移，3 栋建筑物的沉降值都在缓慢增大，最终逐渐收敛，其原因是东海广场基坑开挖结束；基坑开挖对 A、B 及 C 等 3 栋建筑造成的影响不同，B 栋沉降值最大，A、C 两栋相差不大。结合龙沈住宅区的设计图纸可知，A、C 两栋建筑采用了桩基础，且桩端嵌入在稳定的基岩上，而 B 栋建筑采用的条形基础，从而使得基坑开挖对 B 栋建筑造成的影响最大。由图 5-2-50 可知，本基坑工程与龙沈住宅区相隔一条站东路，其间距约为 12m。图 5-2-52 为住宅区道路裂缝监测示意图，由图可知，随着时间的推移，道路裂缝宽度缓慢增大，并趋于稳定。对比图 5-2-51 及图 5-2-52 可知，住宅区道路裂缝最大达 123mm，而住宅区房屋沉降最大值为 35mm。通过分析可知，住宅区房屋采用桩基础，且嵌入坚硬的岩层之中，因此，住宅区房屋沉降较小；而住宅区道路为柔性结构，且未对其进行地基处理，由于本基坑工程场地局部夹有粉砂层，且淤泥层在车辆荷载作用下发生了排水固结，从而使得住宅区道路产生了裂缝。

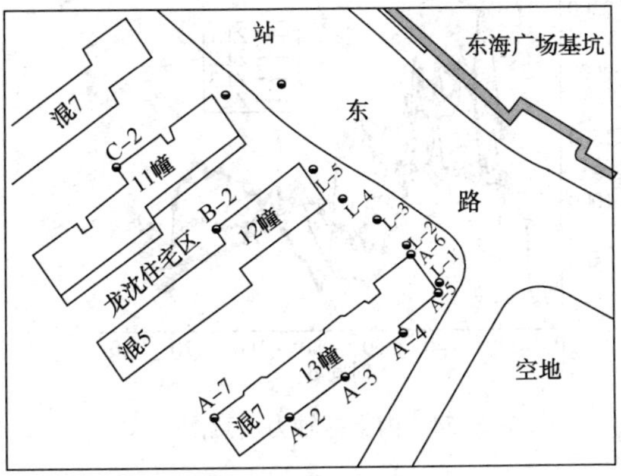

图 5-2-50　龙沈住宅区沉降裂缝监测点布置图

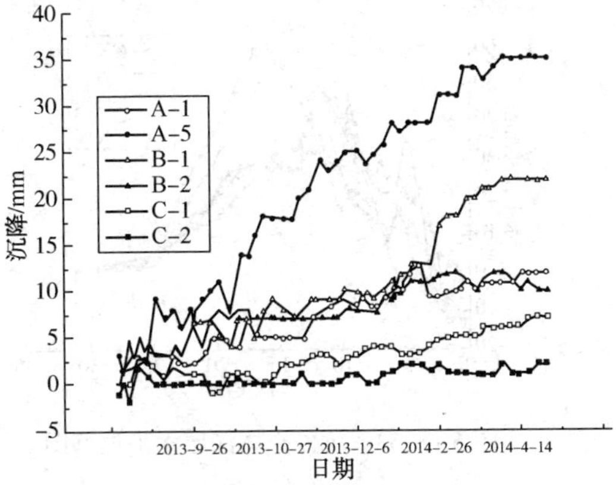

图 5-2-51　邻近建筑物沉降监测图

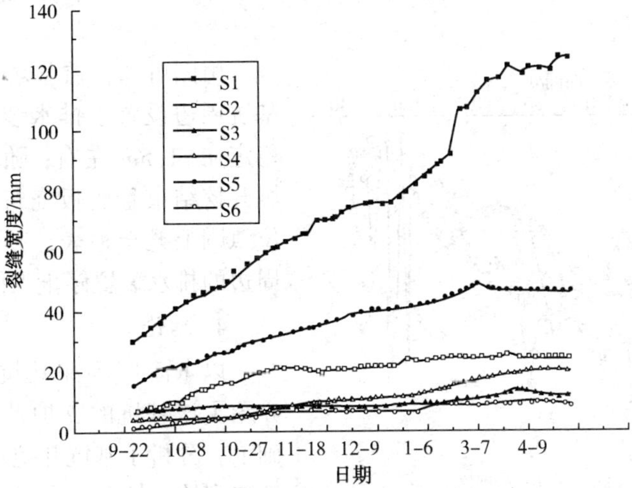

图 5-2-52　邻近道路裂缝监测图

(2) 坑外土体深层水平位移及内支撑轴力监测

通过对坑外土体水平位移的监测可以确定基坑围护体系受力及变形，因此，坑外土体水平位移是基坑监测的一个关键项目。图 5-2-53 为基坑开挖完毕时，不同观测点得出的坑外土体水平位移值。由图可知，坑外土体水平位移呈中间大、两边小，当深度达到 16.5m 时，该值达到最大值，为 61.01mm，远远超过规范规定的预警值。而图 5-2-54 显示在基坑开挖结束时，基坑轴力变化不大。其原因在于本工程的测斜管与支护桩之间存在一定距离，且该工程场地为淤泥，再加上基坑周边存在车辆荷载，土体发生固结，因此，随着基坑开挖的进行，坑外土体推动测斜管往围护桩方向移动，而围护桩并没有向基坑内部移动，因此支撑轴力尚未发生变化。

综上所述，基坑测斜管应紧贴围护结构，且本基坑支护方案是安全的。

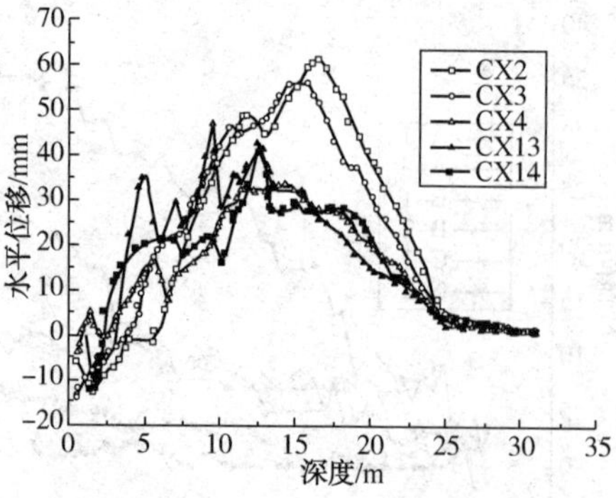

图 5-2-53　坑外土体深层水平位移图

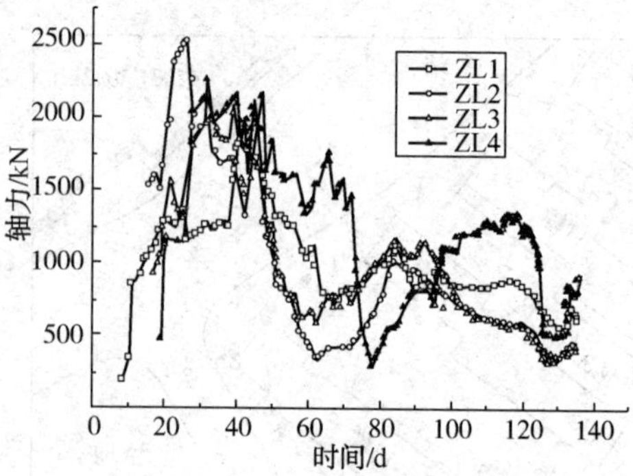

图 5-2-54　内支撑轴力示意图

（3）水位监测

由于本工程紧邻划龙河，且基坑开挖深度大，因此需对本工程的地下水位进行观测。本工程设置了 8 个水位观测点，限于篇幅的要求，只分析其中 4 个水位观测点，如图 5-2-55 所示。

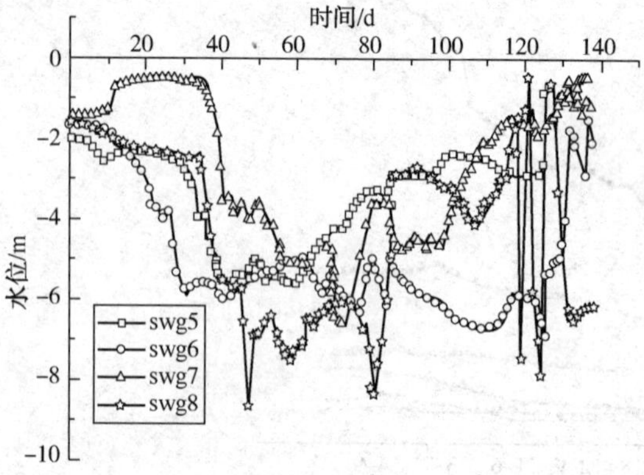

图 5-2-55　水位监测图

由图可知，在基坑开挖过程中，由于基坑周边设置了排水装置，因此地下水位稳定在-1.5m 左右；随着时间的推移，基坑开挖结束且底板浇筑完成之后，地下水位急剧上升至地表，其原因是本基坑工程周边的排水装置停止工作。

4. 结论

以东海广场深基坑开挖工程为背景，介绍了该基坑的支护及开挖方案，在此基础上，分析了基坑开挖对周边建筑物沉降、道路裂缝、坑外土体水平位移、内支撑轴力及地下水位的影响，得出以下结论：

（1）基坑开挖将引起周边建筑物沉降及道路裂缝的发展，该沉降值与原有建筑物的基础形式有关，对桩基础影响不大，而条形基础则产生较大影响；当基坑开挖完毕之后，建筑物的沉降将不再发生变化，此时道路裂缝也趋于稳定。

（2）基坑开挖过程中，由于基坑周边土层发生排水固结，测斜管与围护结构存在一定的距离，故坑外土体推动测斜管往围护桩方向移动，而围护桩尚未向基坑内部移动，因此，基坑内支撑轴力变化不大。为了监测围护桩的实际位移，测斜管应紧贴基坑围护结构。

（3）在整个基坑开挖过程中，地表水位变化不太明显；基坑开挖完毕之后，由于本工程的排水设置停止工作，因此地下水位急剧上升至地表。

（4）结合以上分析，得出本工程的基坑支护方案是安全可靠的。

第三章　软土地区深基坑有限元模拟分析

一、Midas GTS 软件介绍

Midas GTS 是韩国 mIDAS IT 公司的系列产品之一，它是一款用于岩土工程与隧道结构研究的专业型有限元软件。通过多年的开发，目前最新版本为 midas GTS 4.2 和 midasGTS NX。软件功能十分强大，有大量的本构模型供使用者选择，可以有效的模拟大多数岩土工程问题，因此在基坑工程的模拟中得到广泛运用。Midas GTS 中提供了七种分析功能：

（1）静力分析(Static Analysis)：①线弹性分析；②非线性弹性分析；③弹塑性分析。

（2）渗流分析(Seepage analysis)：主要用于大坝、基坑及隧道的稳定流或非稳定流分析。

（3）应力—渗流耦合分析(Stress-seepage coupled analysis)：适用于考虑渗流分析中地下水流动与土颗粒之间摩擦产生的渗透力，在砂土类地基的稳定性分析中应用较多。

（4）固结分析(Consolidation analysis)：主要用于软土地基中，孔隙水压随着时间而减小，有效应力增大时，固结的沉降及非固结排水分析。

（5）施工阶段分析(Construction staged analysis)：用于模拟施工不同阶段的分析，按施工顺序进行模拟，对深基坑及隧道的开挖分析。

（6）动力分析(Dynamic analysis)：用于任意动力荷载下的分析。

（7）边坡稳定性分析(Slope stability analysis)：主要用于填方边坡、挖方边坡的稳定分析。

二、基坑有限元模型建立

1. 模型尺寸及网格划分

对于圆形、组合型等形状的基坑，采用三维的模型可以更好地体现出基坑中阳角等特殊部位的变形和内力。前文有提到，长条形的基坑最大水平位移通常发生在基坑剖面的中部附近，当基坑的长边远远大于基坑的宽度和深度时，对基坑的水平变形进行分析时，采用二维模型模拟出来的结果也是具有可行性和合理性的。事实上，二维基坑模型和三维基坑模型在土压力的分布形式上是一致的。研究表明，二维模型在转角处的计算结果比三维模型大约15%，其他部位的结果基本一致。因此，使用二维模型分析基坑侧向变形既能减少计算时间也不失实用性。本章仅研究基坑的侧向变形，为方便建立建模，提高计算速度，使用二维平面应变模型进行分析研究。由于 CX01 号孔位于基坑中部位置，且与对撑位置相邻，取该孔号剖面建立平面模型，可以很好地模拟出基坑实际变化。模型如图 5-3-1 所示，基坑宽度为 60m，开挖深度为 15.6m，共分为 6 层土层，相关土层参数及厚度详见表 5-5-1，基坑的开挖会对周边环境产生影响，一般而言，水平方向的影响范围为 5 倍基坑开挖深度，垂直方向的影响范围为 2 倍基坑开挖深度，软土地区会略微加大。最终确定模型尺寸为长 220m，高为 70m。该基坑的网格划分使用三角形类型网格划分，为了能够提高计算的精确度，在地下连续墙及支撑处使用“播种”功能进行网格加密，加密网格边长为 1m。坑底±5m 处加密网格边长为 0. 1m，其他部位网格边长为 4m。

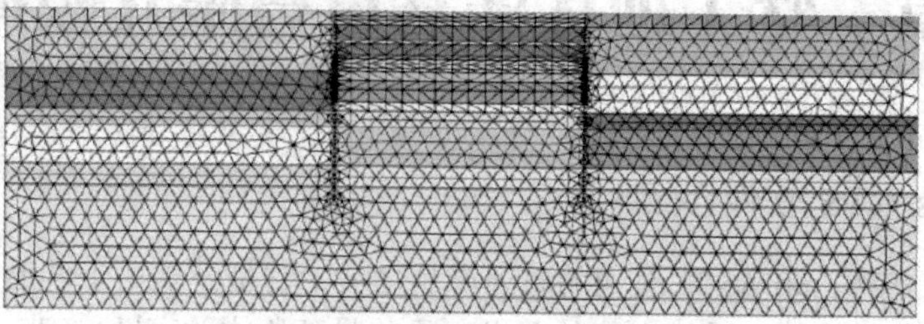

图 5-3-1　模型网格划分图

2. 模型建立步骤

（1）新建一个项目文件，输入项目名称，模型类型选择 2D，选择合适的单位后，点击确定。

（2）导入预先绘制好的 CAD 线框，点击确定并使用交叉分割功能将直线分割成独立线段。

（3）设定材料属性、结构特性及接触单元的资料。

（4）对地下连续墙及支撑结构使用“播种”功能进行加密，再使用“自动划分平面网格”功能对二维平面进行网格划分。

（5）修改各土层的单元参数。

（6）使用析取单元的功能将地下连续墙和支撑体系建立起来，并建立接触单元。

（7）建立边界条件和荷载，使用边界条件使用地面支撑，荷载选择自重荷载，y 轴方向设定值为-1。

（8）设定施工阶段，按照施工顺序激活或钝化单元，模拟施工过程。

（9）分析计算并后处理数据。

3. 参数设定

本章取 ZK01 的土层信息作为模型的土层分布，假设水平方向的土质均匀分布，结合地质勘查报告选取所需要的土层参数，具体参数见表 5-3-1。

表 5-3-1　土层参数取值表

土层号	土层名称	厚度/m	重度/(kN/m^3)	内摩擦角/°	黏聚力/kPa	弹性模量/MPa
1	黏性素填土	3. 2	19. 3	13	17	15
2	粉砂	10. 6	19	25	2	24
3	淤泥质土	10. 0	17. 5	9	10	12
4	粉砂	4. 3	19	26	2	30
5	淤泥质土	8. 7	17. 5	9	11	11
6	粉砂	5. 3	18. 5	28	2	54
7	砂岩	4. 5	22	40	0	200

围护结构的参数设定也与基坑变形息息相关，正确的围护结构参数也决定着模拟的结果正确与否。围护结构的参数包括地下连续墙、冠梁、腰梁、钢筋混凝土内支撑、立柱，其中地下连续墙采用板单元模拟，冠梁、腰梁及钢筋混凝土内支撑使用梁单元模拟，立柱使用 y 方向的约束替代。具体见表 5-3-2。

由于围护结构有钢筋和砼组成，其弹性模量是由钢筋和砼组成的复合弹性模量，其计算方法为：

$$E_A = \frac{E_1A_1 + E_2A_2}{A_1 + A_2}$$

式中 E_1——钢筋弹性模量；

E_2——混凝土弹性模量；

A_1——钢筋截面面积；

A_2——混凝土截面面积；

表 5-3-2　支护结构参数取值表

名称	厚度(m)/截面面积(m×m)	重度/(kN/m³)	弹性模量/MPa
地下连续墙	0.8	25	$2.4×10^7$
第一道支撑	1.0×0.8	25	$2.4×10^7$
第二道支撑	1.0×1.0	25	$3.0×10^7$
第三道支撑	1.0×1.0	25	$3.0×10^7$
第四道支撑	1.0×1.0	25	$3.0×10^7$

4. 施工过程模拟

施工过程分为 9 个工况，通过激活和钝化的功能来实现基坑的开挖过程模拟。当某一工况需要的单元参与计算中时，可以使用激活功能来实现，反之，当单元不需要参与计算时，可以使用钝化功能。在施工过程中，由于采取边开挖边排水的方法，地下水位的变化不大，因此在模拟过程中不考虑地下水位的变化。场地的土体一律采用 mohr-Conlomb 模型，支撑和地下连续墙的连接方式采用两端固接中间铰接的方式连接。由于对撑的跨度较大，宽为 60m，因此在对撑处有 4 道立柱支撑，在模型中采用 y 轴方向的约束模拟立柱的作用。施工工况划分越详细，基坑开挖的模拟就越精确，因此本基坑的开挖分为 9 个工况进行模拟，具体分为：

(1)初始应力阶段；该阶段激活所有土体单元和连接单元，计算结果位移清零。

(2)地下连续墙施工阶段；该阶段激活地下连续墙单元和接触单元，钝化连接单元，计算结果位移清零。

(3)第一次开挖阶段；第一次开挖深度为 2m，钝化坑内 2m 土层。

(4)第一道内支撑施工阶段；激活第一道内支撑单元，第一道支撑布置在坑内-1m 处并激活第一道内支撑约束边界(模拟立柱)。

(5)第二次开挖阶段；第二次开挖至坑内-8m 处，钝化-8m 以上的土体单元。

(6)第二道内支撑施工阶段；激活第二道内支撑单元，第二道支撑布置在坑内-7m 处并激活第二道内支撑约束边界(模拟立柱)。

(7)第三次开挖阶段；第三次开挖至坑内-11m 处，钝化-11m 以上的土体单元。

(8)第三道内支撑施工阶段；激活第三道内支撑单元，第三道支撑布置在坑内-10m 处并激活第三道内支撑约束边界(模拟立柱)。

(9)第四次开挖阶段；第四次开挖至坑内-15. 6m 处，钝化-15. 6m 以上的土体单元，激活底板单元。

三、模拟结果分析

本基坑的开挖模拟共有 9 个工况，由于工况一和工况二是初始应力计算及施加地下连续墙计算，计算结果位移清零，因此这里不展示这 2 个工况的云图。以下是工况 3 至工况 9 的水平位移云图，具体见图 5-3-2～图 5-3-8。

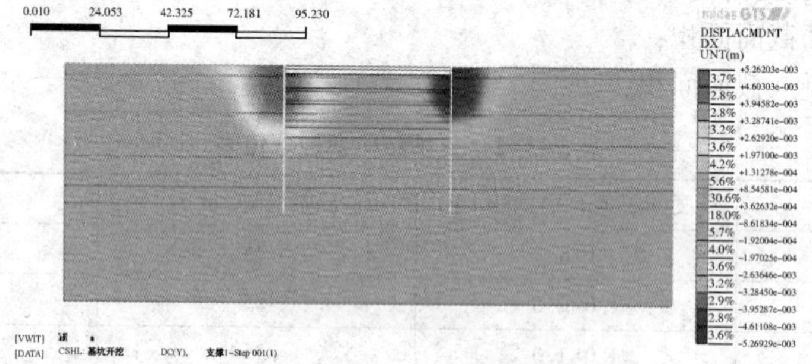

图 5-3-2 第一步开挖水平位移云图

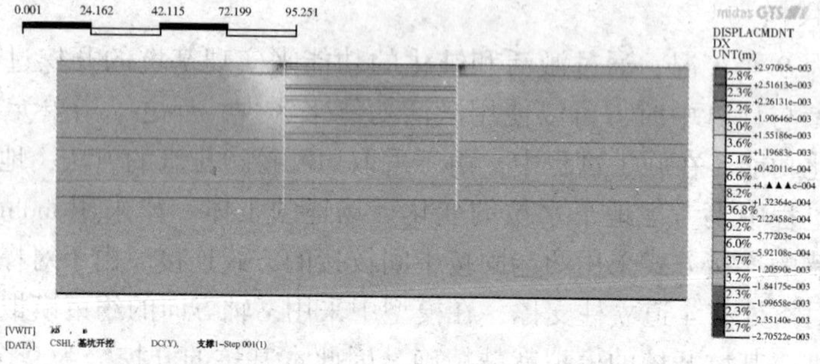

图 5-3-3 施加第一道内支撑后水平位移云图

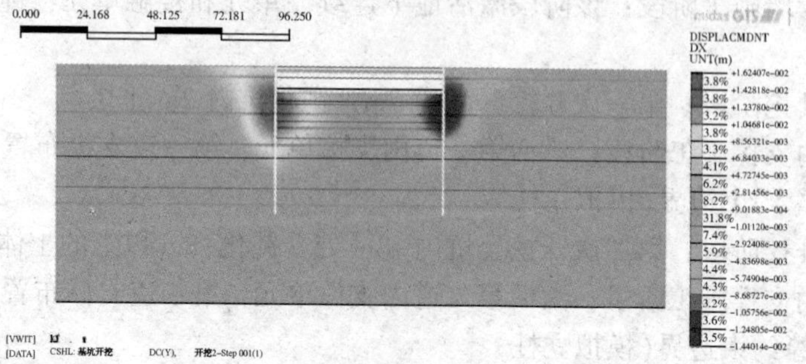

图 5-3-4 第二步开挖水平位移云图

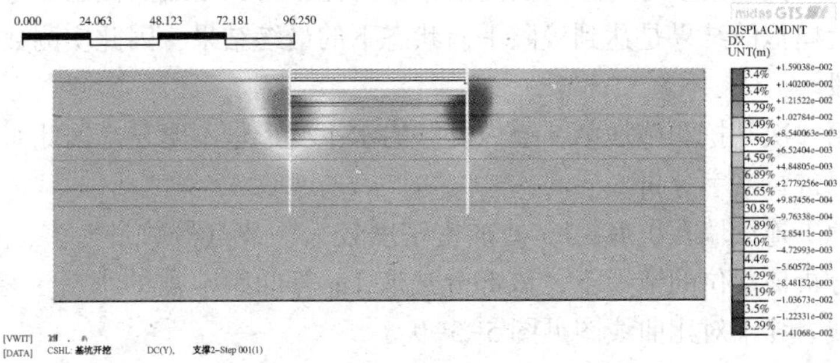

图 5-3-5 施加第二道内支撑后水平位移云图

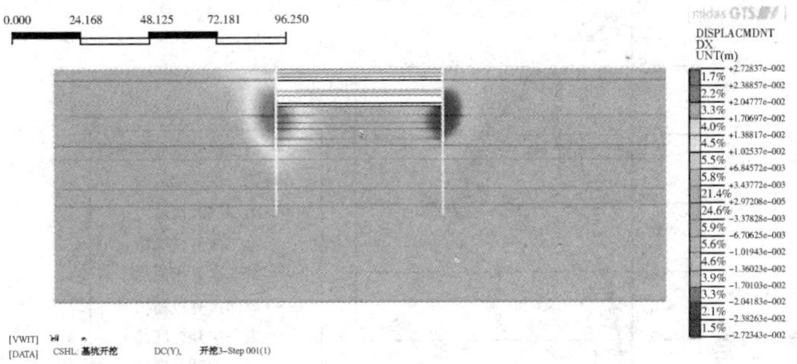

图 5-3-6 第三步开挖水平位移云图

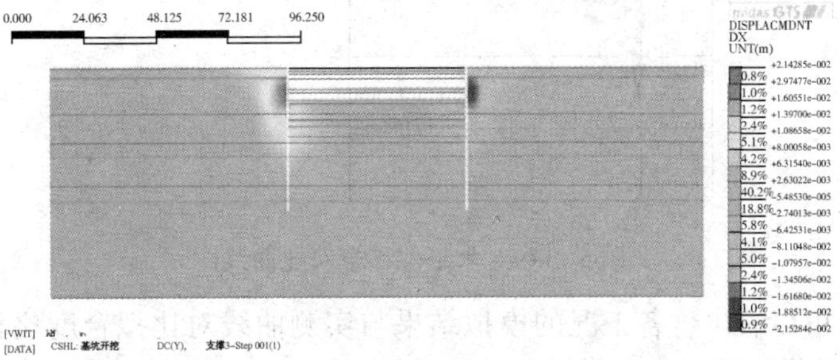

图 5-3-7 施加第三道内支撑后水平位移云图

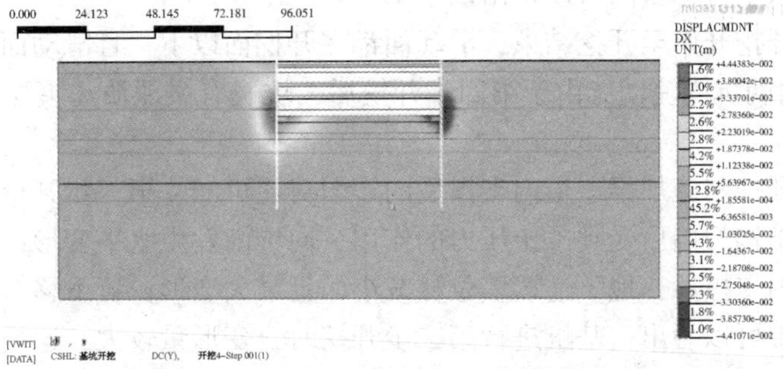

图 5-3-8 第四步开挖并施工底板后水平位移云图

将每一工况的模拟结果与对应的实测数据做对比，对比曲线图做以下考虑：

(1) 有限元模拟的结果是达到极限平衡状态下的最终结果，因此实测数据选取各工况刚好结束的时间段。

(2) 由于第一次开挖和施加第一道内支撑的水平变形量不明显。因此对比曲线图不考虑这两种工况，只进行文字分析。

(3) 由于地下连续墙在坑底±5m 处加密密度较大，节点号数量太多，不易进行数据处理，在非详细分析该部位的情形下，该部分选取 1m 等间距节点的水平位移量做参考节点，模拟出变形曲线。详细对比曲线图见图 5-3-9：

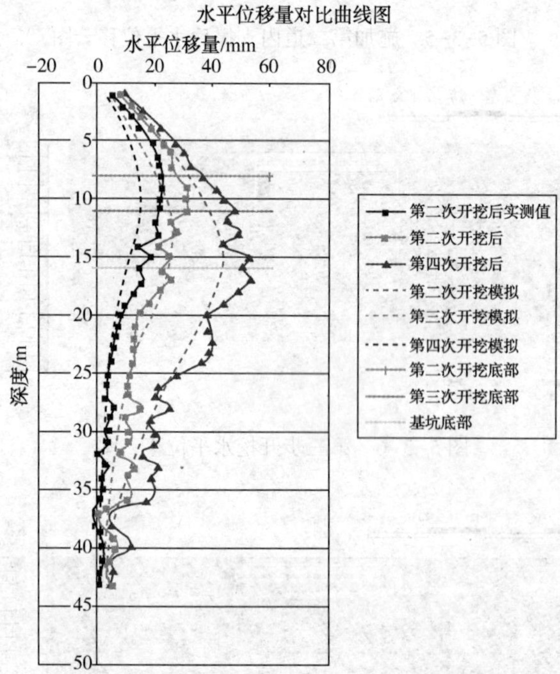

图 5-3-9　水平位移量对比曲线图

从图 5-3-9 可以看出，各工况的模拟结果与实测曲线对比拟合度比较高，基坑变形规律也符合实际，说明该模型可以很好地模拟该基坑的开挖，利用该模型对基坑进行分析是具有可行性和合理性的。

从上面各工况水平位移云图可以得出以下结论：

(1) 从第一步开挖开始至开挖结束，滑动面都在开挖面以下，且滑动面成弧状，土体大致是由坑外成 45°角朝坑内流动，由于第四步开挖后，坑底有淤泥质土夹层，因此云图显示的滑动面不够光滑。

(2) 由第一步开挖与施加第一道内支撑后的云图对比可知，第一步开挖后，地下连续墙相当于是一个悬挑结构，墙后受到了土压力的作用，向坑内发生水平变形，墙顶变形位移最大，当施加第一道内支撑后，地下连续墙位移减小，且最大变形位置下移。

(3) 位移曲线中可以看出，基坑进行第二步开挖时，变形量较大，这是因为基坑刚刚开挖时，土压力释放较快，使得基坑的变形速率变快。随后的开挖，开挖深度基本与第二次开挖相同，但可以看出变形的变化量减小。

(4) 从施加第三道内支撑和最后一步开挖的云图对比可以看出，最后一步开挖的侧向变形变化量约为24mm，占到变形总量的50%左右，这是因为基坑开挖到15.6m时，基坑底部处于淤泥质土中，且第四层土方的开挖深度为5m，占基坑深度的1/3，导致了最后一步开挖后基坑的水平位移变化量大。

(5) 从云图中可以看出，施加内支撑能使一部分水平变形“回弹”，但从云图数据上来看，对上一工况的变形影响很小，在下一个工况开挖前，其作用主要是抑制下一个工况开挖引起的变形，因此，内支撑的影响主要还是对于下一工况的开挖，下一步开挖的时候，支撑轴力增大，说明其在下一步开挖时，可以有效的抑制住因继续卸载而产生的基坑变形。

四、最大侧向变形位置的影响因素分析

基坑工程是一个综合性的岩土工程问题，其变形的影响因素有很多。基坑开始开挖时，围护结构因为基坑内侧卸载使得初始应力变化而产生变形。基坑的外侧受到主动土压力，使得围护结构朝着坑内变形，最大变形的位置发生在围护结构的顶端。在开挖到一定深度后，通过架设内支撑来约束围护结构的变形发展，对于柔性围护结构而言，施加内支撑后，顶端的位移会回复至原来的位置或向坑外移动，而最大水平变形的位置会随着基坑的开挖而向下移动，最终出现在开挖面附近，形成“弓”形。基坑最大侧向变形及其出现的位置至今尚未有明确的方法进行判断，这是因为基坑的变形本身是一个综合性的问题，它的影响因素也是各种各样的，本文基于实测数据和理论分析，在力学、数学和有限元的方法下分析基坑变形的影响因素，并对基坑的变形及其最大变形位置做出简单的预测。

1. 深厚软土所处位置的影响

基于本模型的土层分布，可以发现2号土层、3号土层和4号、5号土层的厚度相近，且都位于基坑底面附近，因此对模型的土层参数进行修改来替代软土层的位置。由于实际工程中，基坑的坑底位置就在软土层中，因此原模型的基坑变形曲线代表基坑坑底处于深厚软土层。现对其他土层参数做以下修改：将基坑原本的土层分布定为情况①；情况②将2号土层(粉砂)的参数改为3号土层(淤泥质土)的参数，3号土层的参数修改为2号土层的参数，其他土层参数不变；情况③将3号土层(淤泥质土)的参数修改为2号土层(粉砂)的参数，将4号土层(粉砂)和5号土层(淤泥质土)的参数修改为3号土层(淤泥质土)的参数。图5-3-10至图5-3-13展示的是情况②各阶段的水平位移云图。

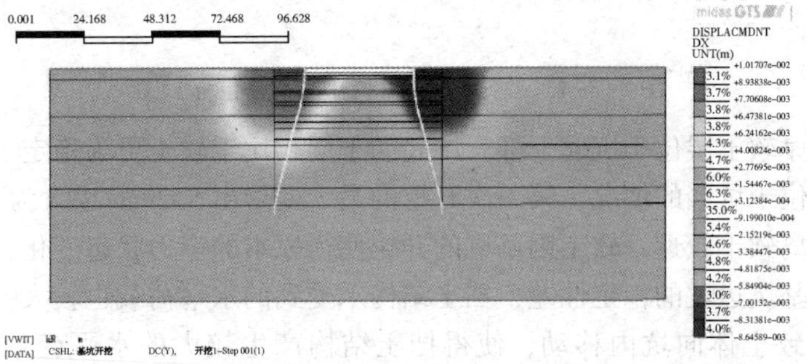

图5-3-10 情况②第一次开挖水平位移云图

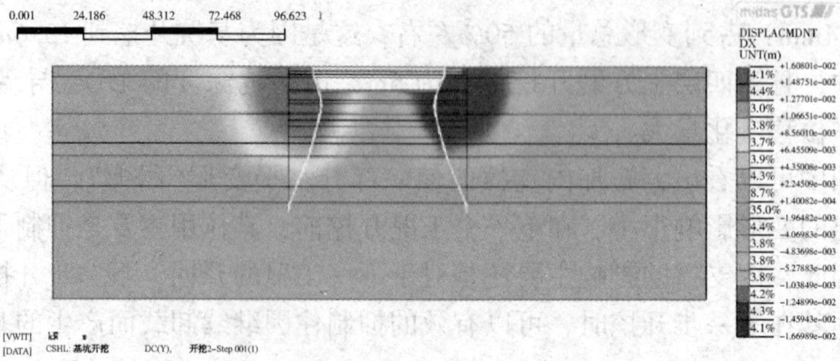

图 5-3-11　情况②第二次开挖水平位移云图

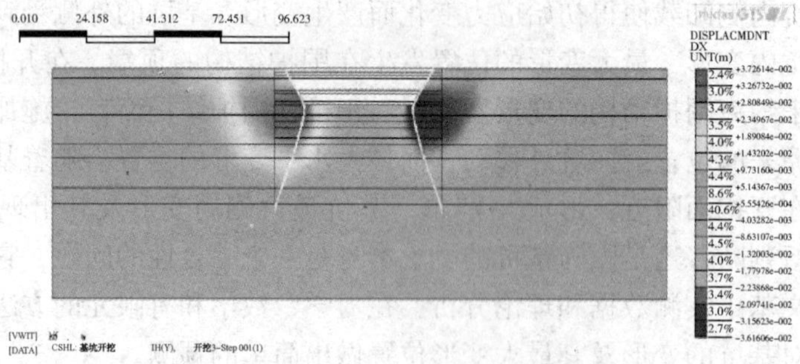

图 5-3-12　情况②第三次开挖水平位移云图

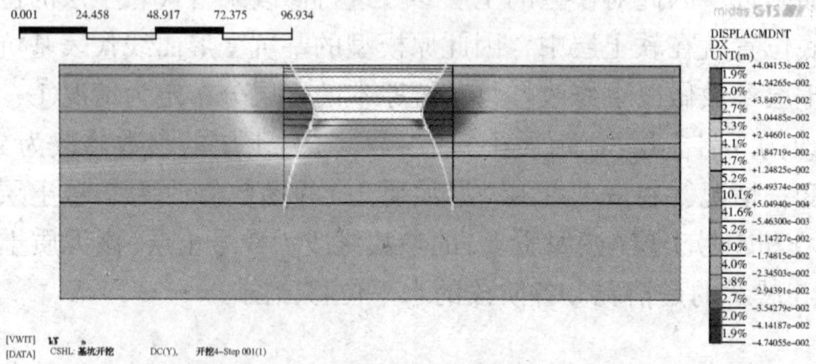

图 5-3-13　情况②第四次开挖水平位移云图

情况②是深厚软土层位于坑底上部，坑底的土层相比于软土更为稳定。从云图中可以看出，相较于软土位于坑底的情况，第一次开挖的最大变形由 5.2mm 增大为 10.2mm，这是因为此时开挖面距离软土较近，软土因基坑的开挖使得原本的应力状态变化，而软土的本身抗剪强度低，使得基坑边坡的稳定性差，挡土结构承受到的水平荷载也较大，并且软土具有很强的流动性，导致土体向坑内移动，使得挡土结构产生较大的水平变形。第二次开挖由 12.0mm 增大为 16.9mm，第三次开挖由 27.3mm 增大为 37.2mm，这一部分的基坑开挖是在软土层进行的，对比可以发现，变形增加了 20.3mm，占总变形大小的 42%，也远远大于情况①的变化量。第四次开挖由 44.4mm 增大为 48.4mm，情况②的变形量增加了 11.2mm，而情况①的变形量增加了 17.1mm，而此时情况①的开挖面位于软土层。说明当基坑开挖至软土层时，基坑的侧向变形会有明显的增大。可见，当深厚的软土层位于坑底的上部时，对于基坑先期的水平变形起到了促进的作用。CX01 的水平位移数据见表 5-3-3：

表 5-3-3　情况②结果统计表

工况	最大水平位移量/mm	最大水平位移量深度 h_δ/m	开挖深度 H/m	$h_\delta-H$
第一次开挖	10.2	0	2	-2
第二次开挖	16.9	11.5	8	3.5
第三次开挖	37.2	13.3	11	2.3
第四次开挖	48.4	14.2	15.6	-1.4

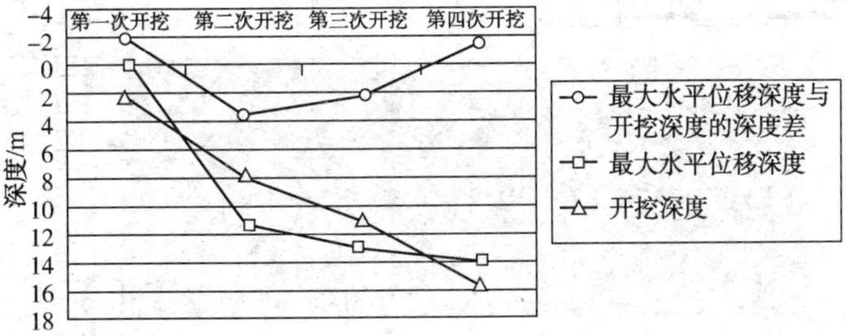

图 5-3-14　情况②最大侧向位移变化关系图

从最大水平位移的位置深度来看，第一次开挖因未架设支撑，最大变形出现在基坑顶部。第二次开挖后，第一道内支撑架设完毕，，最大水平变形的位置位于开挖面以下 3.5m 处。第三次开挖后，最大水平位移位于开挖面以下 2.3m 处，最后一次开挖后，最大水平位移位于开挖面以上 1.4m 处。从图 5-3-14 可见，代表开挖深度的线段近似于一条直线，表明每次的开挖深度差别并不大，但最大水平变形深度曲线随着开挖深度加大而减缓，最后出现在基坑开挖面以上的地方。这是因为开挖的过程中，基坑已经产生了一定的先期变形，尤其是基坑开挖至软土区域时，侧向变形表现更为显著。然而基坑的侧向变形其实是一种叠加形式，即是某一工况的变形是其与上一个工况变形叠加的结果，由于深厚软土层位于开挖面以上，基坑的先期变形较大，使得基坑侧向变形的最大位置出现在坑底以上。图 5-3-15 至图 5-3-18 展示的是情况③各阶段的水平位移云图：

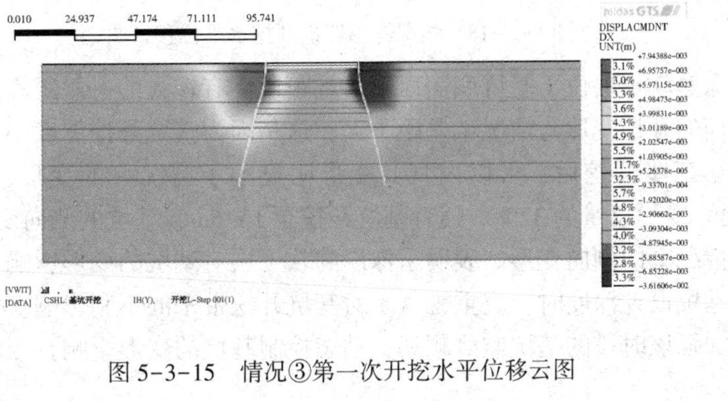

图 5-3-15　情况③第一次开挖水平位移云图

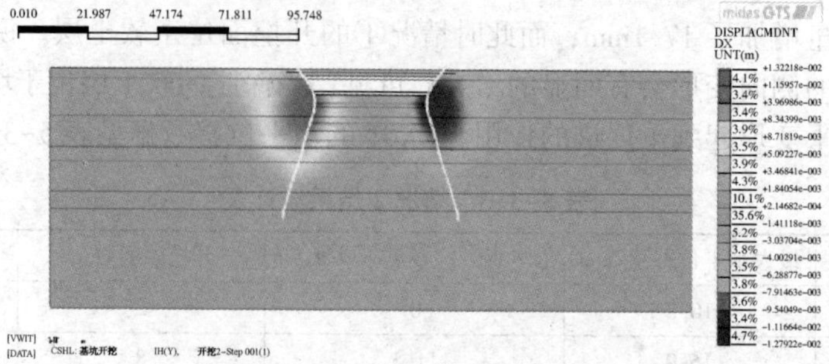

图 5-3-16　情况③第二次开挖水平位移云图

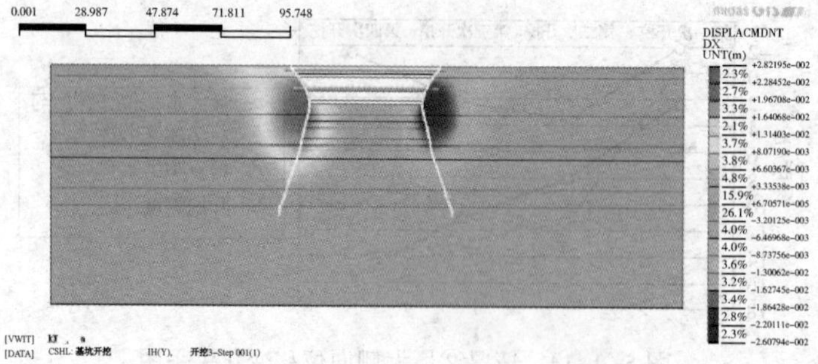

图 5-3-17　情况③第三次开挖水平位移云图

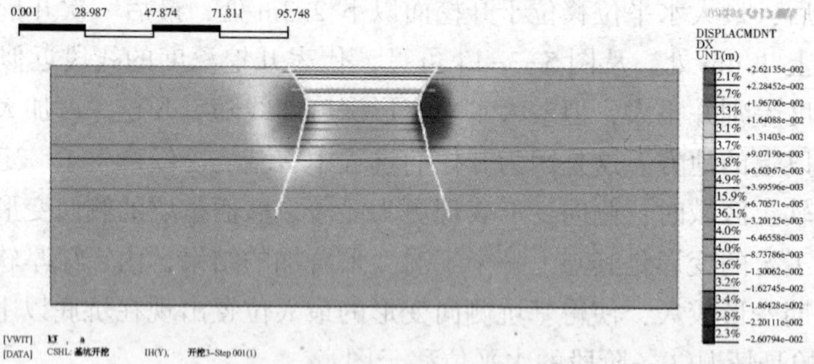

图 5-3-18　情况③第四次开挖水平位移云图

情况③是深厚软土层位于基坑底面以下，且距坑底有较大的一段距离。可以发现，与情况①相比，前期的开挖变形与情况①差距不大，这是因为基坑开挖深度小，尚未影响到下面的软土区域。第三步开挖后，可以发现其变形明显小于情况一的变形，二者变形差距为11mm，占情况③变形总量的32%。随着基坑开挖至15.6m，基坑的侧向变形为33.9mm，远小于情况①和情况②的侧向变形。表明了深厚的软土层对基坑的变形影响不可忽视，当深厚的软土层位于基坑设计深度时，应重视软土对基坑开挖带来的不利影响。尤其是基坑开挖至软土层时，应加强该时段的基坑监测频率，动态控制基坑的变形影响。当软土层位于距设计深度以下较大的深度时，其对基坑变形的影响有限。CX01 的水平位移数据见表 5-3-4：

表 5-3-4　情况③结果统计表

工况	最大水平位移量/mm	最大水平位移量深度 h_{δ}/m	开挖深度 H/m	$h_{\delta}-H$
第一次开挖	7.9	0	2	-2
第二次开挖	13.2	9.5	8	1.5
第三次开挖	26.2	11.8	11	0.8
第四次开挖	33.8	14.9	15.6	-0.7

从图 5-3-19 所示，情况③最大侧向位移深度的变化规律与深厚软土在开挖面以上相似，随着基坑开挖深度的增加，最大侧向位移的位置相对于开挖面逐渐向上移动。与情况②有区别的是，情况③的开挖区域并没有软土层，软土层位于距基坑坑底以下较大的位置。对比表 5-3-3 和表 5-3-4，情况③最大侧向位移的位置更趋近于开挖面，最后一步开挖结束后，虽然最大侧向变形的位置也位移开挖面以上，但是深度更大。原因是，基坑开挖区域的土质较好，先期变形相较于情况③而言比较小，下一步基坑开挖时，变形向下发展得更多。对比图 5-3-18 和图 5-3-19，可以发现无论软土层位于何处，基坑开挖前期的最大侧向变形都位于开挖面以下。随着基坑的开挖深度加大，最大侧向变形向上移动，当基坑的开挖达到一定深度时，其最大侧向变形的位置才会出现在开挖面以上。因此可以判断，浅基坑的最大侧向变形一般位于开挖面以下，随着开挖深度的增加，最大侧向变形会出现在开挖面以上。

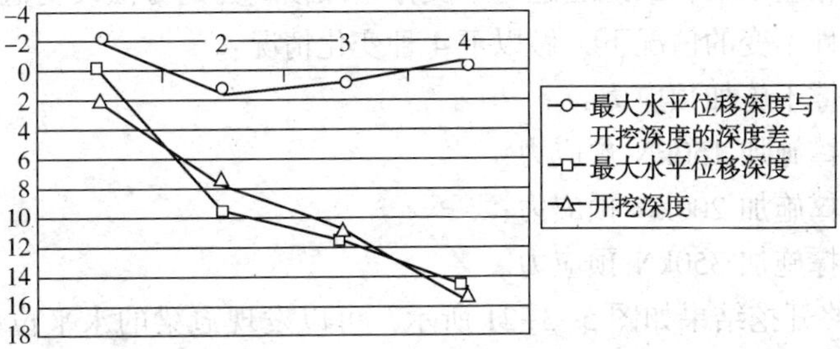

图 5-3-19　情况③最大侧向位移变化关系图

将三种情况的模拟结果对比如图 5-3-20 所示，可以发现地质条件对于基坑变形有着较大的影响，这是因为土压力是导致基坑变形的根本原因，根据朗肯土压力的表达式也可以知道，差异较大的土质会使得墙后土体的土压力差异十分大。土体的弹性模量、黏聚力和内摩擦角越大，围护结构后方的主动土压力就越小，围护结构的水平变形也就越小；土的重度越大，其变形也会越大。一些特殊土质也会对基坑的变形产生重大的影响，比如沿海地区的软土、西北地区的湿陷性黄土、西部地区的冻土和广西的膨胀土。因此，在对基坑侧向变形进行预测时，应考虑到这些特殊土质的影响。根据上述的条件，对于基坑变形影响最大的土质应属于软土，第一章中有详细介绍过软土的特点，它的弹性模量、黏聚力和内摩擦角都很小，这就导致了其作用在围护结构上的主动土压力相较于其他土层更大。其次，软土具有较明显的流动性能，它对基坑变形的影响不仅仅在水平方向上，也存在竖直方向上的影响。从图 5-3-20 中可以看出，当深厚软土在基坑坑底上部时，基坑的前期变形比较大，而当基坑开挖深度较大时，基坑的最大侧向变形位置最终位于开挖面以上。当基坑底面位于深厚软土

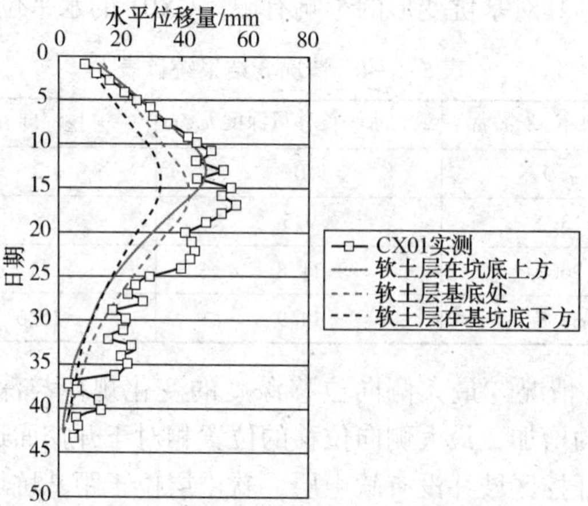

图 5-3-20　不同深厚软土位置围护结构侧向位移对比图

层时，基坑最大侧向变形位置位于开挖面以下。当深厚软土层位于基坑底面以下较深的位置时，基坑的前期变形与软土位于基坑底面基坑一致，当开挖深度较深时，最大侧向变形位于开挖面以上。

2. 冠梁变形大小的影响

将模型的第一道内支撑更改为钢支撑，即使用桁架单元替代原先的梁单元，计算结果和钢筋混凝土内支撑相差不大，因此通过对钢支撑施加预应力的方法改变冠梁的变形大小。

在保持其他条件不变的情况下，做以下 4 种变化情况：

(1) 第一道支撑不施加预应力；

(2) 第一道支撑施加 150kN 预应力；

(3) 第一道支撑施加 200kN 预应力；

(4) 第一道支撑施加 350kN 预应力。

4 种情况的最终开挖结果如图 5-3-21 所示，可以发现冠梁的水平位移对基坑的最大水平位移量有影响，冠梁变形越小，最大水平位移量越小。因此第一道支撑的架设对于控制基坑变形有着重要的意义。

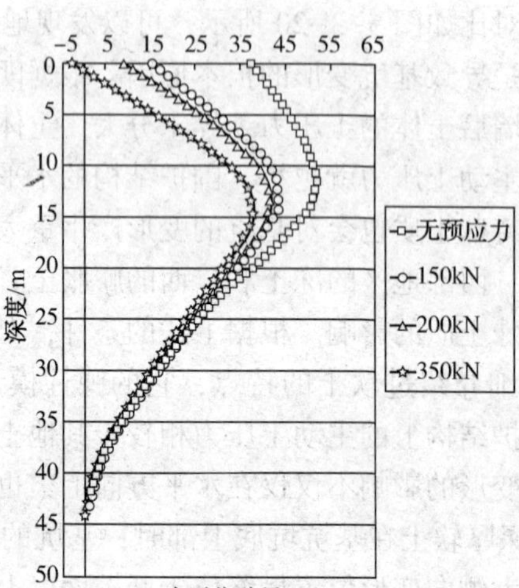

图 5-3-21　冠梁变形与水平变形关系图

表 5-3-5　冠梁变形模拟结果统计表

情况编号	最大侧向位移深度/m	位移量/mm	冠梁位移量/mm	h_δ/H
①	13.5	51.65	37.37	0.87
②	13.9	43.83	15.25	0.89
③	14	42.56	10.04	0.90
④	14.3	38.55	-1.78	0.92

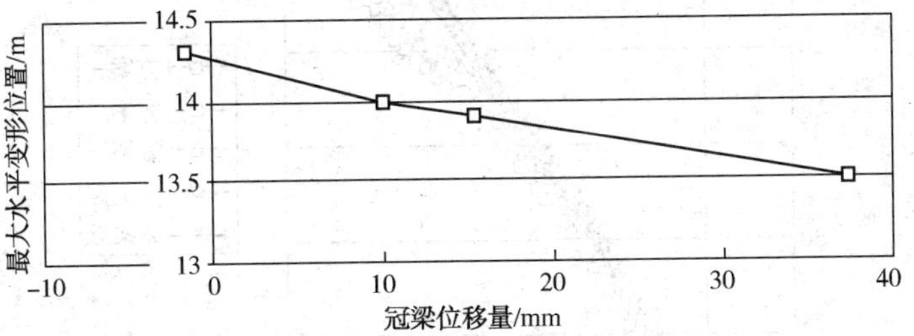

图 5-3-22　冠梁变形与最大水平变形位置关系图

但是也可以发现，冠梁的变形大小对于最大水平变形位置的影响十分有限，冠梁位移量变化了将近 40mm，但是模型中最大侧向变形的位置仅变化了 80mm，原因是因为多道支撑的围护结构对于坑底部位变形的约束作用主要依靠下方的支撑起作用。

3. 第二、三道支撑刚度的影响

从图可以看出本基坑的对撑轴力变化，第二道支撑的支撑轴力远大于第一道，而第三道支撑的轴力略小于第一道支撑，这是因为第二道支撑和第三道支撑相距较近。然而，支撑的轴力越大，说明基坑围护结构的变形也越大。因此，本文通过同时改变第二、三道支撑的截面面积，设置以下 5 种方案，以求得第二、三道支撑的刚度对基坑侧向变形的影响。

表 5-3-6　5 种方案支撑截面面积分配

方案序号	第一道支撑截面面积	第二、三道支撑截面面积
方案一	A_1	A_2
方案二	A_1	$1.5A_2$
方案三	A_1	$2A_2$
方案四	A_1	$3A_2$
方案五	A_1	$4A_2$

从图 5-3-23 中可以看出，第二、三道支撑的刚度大小对基坑的侧向变形是有影响的，然而可以发现，随着刚度增大，在基坑-10m 的附近开始出现明显的凹点，说明其对围护结构的水平位移起到了明显的约束作用。随着第二、三道支撑的刚度增大，围护结构的变形量逐渐减小。表明当预应力增加到一定量时，其约束效果会明显减小，因此适当增大基坑下面支撑的刚度可以有效的控制围护结构的变形。第二、三道支撑刚度影响模拟结果统计见表 5-3-7。

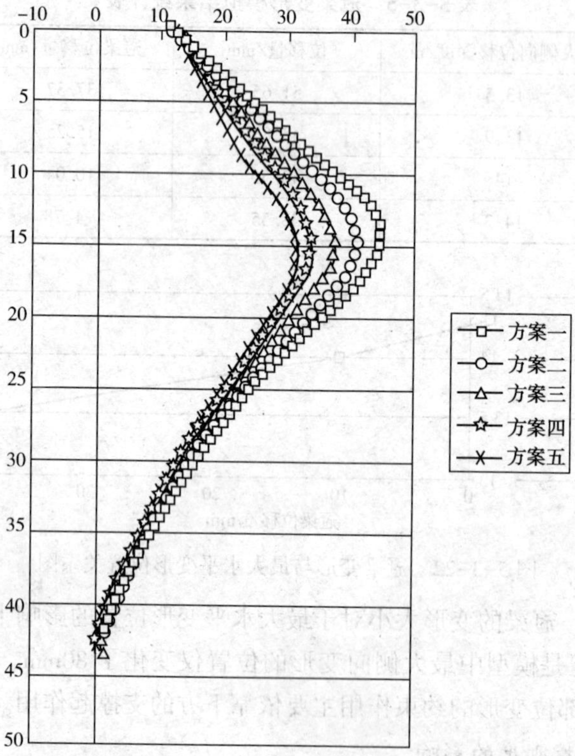

图 5-3-23　第二、三道支撑刚度与水平变形关系图

表 5-3-7　第二、三道支撑刚度影响模拟结果统计表

情况编号	最大侧向变形量/mm	最大侧向变形深度/m	与前一情况深度差/m
①	45.0	13.3	—
②	41.1	14.7	1.4
③	37.6	15.0	0.3
④	34.3	15.3	0.3
⑤	31.9	15.4	0.1

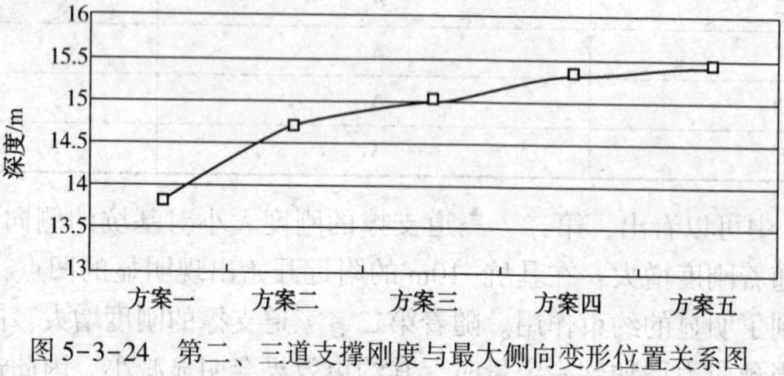

图 5-3-24　第二、三道支撑刚度与最大侧向变形位置关系图

图 5-3-24 所示曲线表明了 5 种情况下，基坑最大侧向变形深度的变化曲线，最后一道支撑的变形量约为 25mm，最大水平位移深度变化约 2.1m。从曲线图变化规律还可以发现，其最大侧向变形位置的变化速率由快变缓。原因分析为增加第二、三道支撑的刚度，有效的

抑制了支撑周围的水平变形，由于先期水平变形受到约束，变形更多的往竖直方向发展，然而这种影响也是有上限的。其次，由于围护结构的侧向变形减小，墙后的土体相对于更为紧实，土体更容易达到极限平衡状态，也是通过改变最后一道支撑的变形控制侧向变形和最大侧向变形位置效果逐渐减小的原因之一。

4. 最后一道支撑与坑底距离的影响

最后一道支撑作为距坑底最近的支撑，对于围护结构的变形起到重要的作用。在保持其他条件不变的前提下，对最后一道支撑的位置按照以下 3 种情况进行分析：(1)最后一道支撑上升 1m；(2)最后一道支撑在原设计位置；(3)最后一道支撑下降 1m。

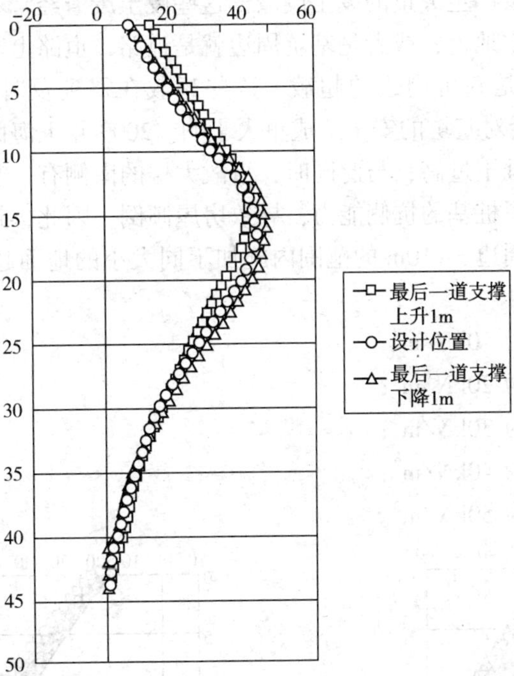

图 5-3-25　最后一道支撑位置与水平变形关系图

表 5-3-8　最后一道支撑位置模拟结果统计表

支撑位置	最大侧向位移/mm	最大侧向位移位置/m
最后一道支撑上升 1m	42.14	14.7
设计位置	43.42	15.8
最后一道支撑下降 1m	47.63	16.5

从图 5-3-25 可以看出，最后一道支撑向下移动，围护结构的变形也随之加大，最后一道支撑向上移动时，围护结构的变形随着减小，当最后一道支撑的位置上升 1m 后，基坑的最大侧向变形减小了 1.28mm，而最后一道支撑下降 1m 后，基坑变形增加了 4.21mm，按一级基坑侧向位移不宜超过 30mm 来看，略微调整最后一道支撑的位置对变形的影响有限，一般钢筋混凝土内支撑的位置在设计时应该参考地下室楼板的位置，在条件允许的情况，可以适当控制最后一道支撑的位置控制基坑变形。从有限元模拟结果可以看出，当最后支撑向上

移动 1m 后，与上一道支撑间隔 2m，但侧向变形量变化不大，因此，支撑之间的距离不应太近。从表 5-3-8 可以看出 3 种情况下最大水平变形位置的变化情况，随着最后一道支撑向下移动，围护结构的最大水平变形位置也在下移。从数值上看，最后一道支撑向上或者向下移动 1m 的距离，基坑的最大侧向位移位置变化均为 1m 左右，可见，最后一道支撑的位置对基坑的最大侧向变形位置有着很大的影响。由于支撑的布置位置有很多局限，因此这里不做太多分析，在软土地区，可以通过合理的设置最后一道支撑，避免最大侧向位移出现在不利于控制变形区域，合理控制变形。

5. 地面超载大小的影响

深基坑的开挖通常会产生大量的废土废渣，这些废土废渣经常不能及时的运送出去，通常会堆放在基坑周围的空地上，或者是基坑周边就是道路，道路上车辆来往，施工机械及材料运输和堆放等等，都是基坑周边的超载。这些超载在得到及时的控制时，一般为 20~30kN/m^2。超载过大，会对基坑的安全造成重大影响。2009 年上海闵行区倒楼事故的主要原因之一便是基坑周边的堆土过高，与此同时，事故大楼的南侧有一基坑正在开挖，周边堆土产生过大的水平力超过了桩基的抗侧能力，导致房屋倾倒。因此，超载的大小会影响到基坑水平方向变形，对基坑周边 3~10m 的范围内施加不同大小的地面超载，下面分以下几种情况进行分析：

超载一：地面超载为 10kN/m^2；

超载二：地面超载为 20kN/m^2；

超载三：地面超载为 30kN/m^2；

超载四：地面超载为 40kN/m^2；

超载五：地面超载为 50kN/m^2。

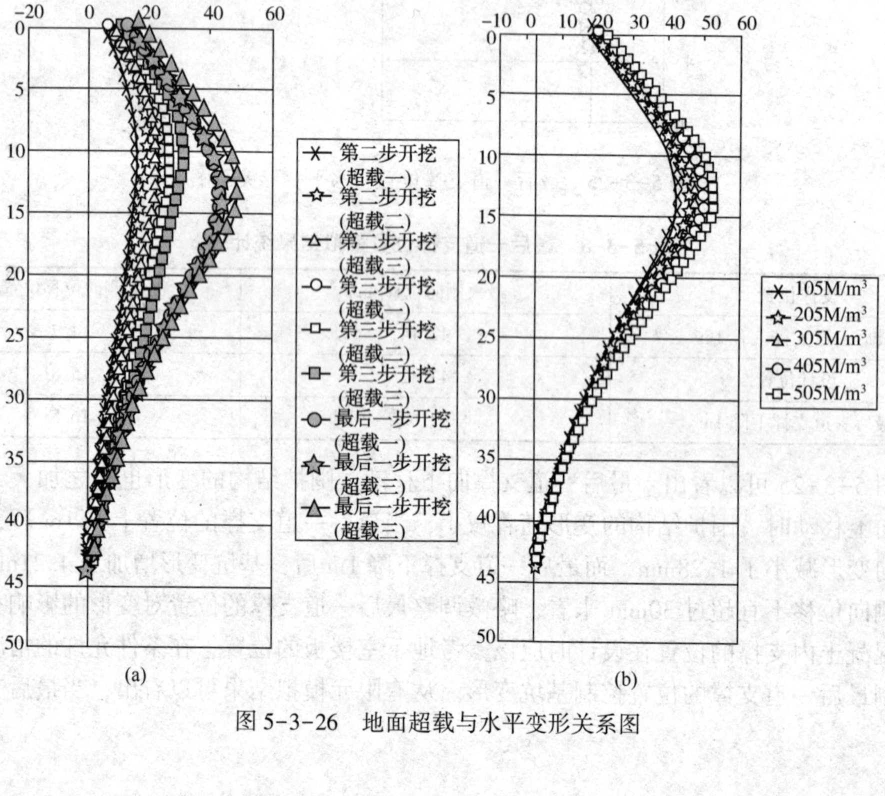

图 5-3-26　地面超载与水平变形关系图

由图 5-3-26(b)可以看出，随着地面超载的加大，地下连续墙的水平位移也在加大，基坑的超载从 10kPa 增大至 50kPa，其最大侧向变形从 40.672mm 增大至 54.531mm，坑顶位移也增加了约 8mm，可见超载过大会对基坑的变形带来不利影响。这是因为基坑开挖使坑内的土压力被卸去，若超载过大，围护结构在水平方向受到较大的压力差，围护结构在此压力的作用下向坑内变形。若该压力差大于围护结构的抗剪强度时，围护结构就会遭到破坏。从图 5-3-26(a)可以看出，地面超载的增加对每一个工况的影响大致相同，但是第二步开挖阶段的变形差值分别为 3.33mm、4.37mm，第三步开挖阶段的变形差值分别为 2.48mm、2.73mm，第四步开挖阶段的变形差值分别为 1.38mm、2.03mm。可以发现随着基坑开挖深度的加深，超载对基坑侧向变形的影响越来越小。

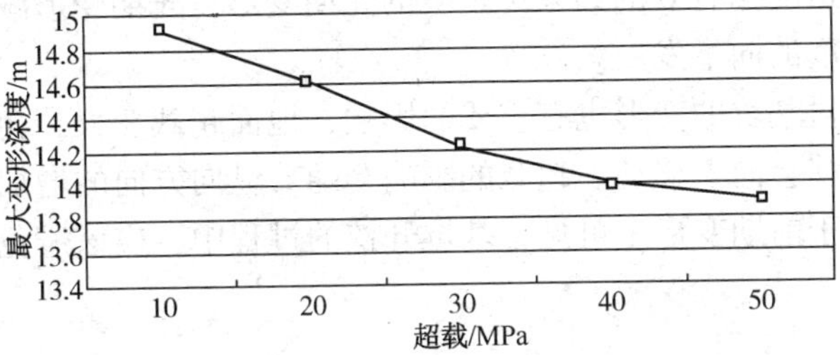

图 5-3-27　地面超载与最大水平变形位置关系图

假设地面超载的作用位置是固定的，所以这里不考虑超载的施加位置对基坑侧向变形的影响。从图 5-3-27 的最大水平变形位置曲线可以看出，随着地面超载的增大，基坑的前期变形也增大，地下连续墙的最大水平位移的位置会逐渐往上移动。基坑水平变形曲线可以看出，等值加大地面超载，其最大水平变形位置的上移速率是随着地面超载加大而逐渐减缓的。分析原因可能是因为超载作用于地表面，它的影响范围随着土层的深度增加而减小，超载越大，距离地表越近的土层影响就越大，因此最大水平位移的位置会随着超载加大而上移。

五、小结

本章在开头介绍了 midas GTS 软件的主要功能，分析了本文使用二维模型模拟基坑开挖过程的可行性，讲述了自己建模的过程，并使用 midas GTS 对佛山德莱尔大厦基坑工程进行数值模拟，结论如下：

(1) 建立基坑模型，模拟其施工过程，确定其边界条件、接触单元及荷载等信息，得到有限元的计算结果。提取基坑围护结构的侧向变形数据与本基坑工程的实测数据作对比，模拟结果的变形性状与实际工程一致，在侧向位移数值上有一定的差距，但也在合理的误差范围内。说明，该模型可以很好的反应出德莱尔大厦基坑工程的变形情况，运用其进行分析具有合理性和可行性。

(2) 基坑的最大侧向变形随着基坑开挖深度增加而增大，并出现在开挖面附近。但是开挖深度增加，基坑顶部的位移变化很小。

(3) 冠梁的变形对基坑的变形有着重要影响，给第一道支撑施加预应力可以有效的减小冠梁变形，冠梁变形越大，围护结构的变形也越大。最大侧向变形位置会随着冠梁的变形量增大而向上移动。

(4) 软土地区深基坑的侧向变形与深厚软土所在的位置密切相关。当基坑开挖至深厚软土层时，基坑产生较大的侧向变形。若深厚软土层位于深基坑开挖面以上，其最大侧向位移出现在开挖面以上；若深厚软土层位于深基坑开挖面时，其最大侧向变形出现在开挖面以下；若深厚软土层出现在开挖面以下，且距离开挖面较远时，其最大侧向变形出现开挖面附近。可见，软土深基坑的变形，软弱土层是不可忽视的重要因素。

(5) 相比于第一道支撑，最后一道支撑对基坑的侧向变形影响更为明显。最后一道支撑的变形越大，基坑的最大侧向变形也越大，最后一道支撑的变形减小时，也随之减小，但是减小的幅度是逐渐减小的，可见，合理的加快第一道支撑的施工速度，提高施工质量可以有效的减小基坑的变形。其最大侧向变形的位置会随着最后一道支撑的变形减小而向下移动，原因分析为，最后一道支撑有效的约束了基坑的先期变形，先期变形减小，侧向的变形也减小，变形会有一定程度的向下发展。

(6) 基坑的超载对基坑的变形也有重要的影响，地面超载变大，会导致基坑的侧向变形增大，而最大侧向位移会向上移动。超载的影响会随着纵向方向的增加而减小，因此对深基坑的最终变形影响小于前期变形。可见，基坑开挖的过程中，应该避免地面超载过大。

第四章　软土地区深基坑侧向变形预估方法

一、引言

由于地下连续墙属于弹性结构，在弹性体系的所有几何可能位移状态中，其真实的位移状态使总势能为驻值。基于该理论与前文的影响因素分析，本文对基坑的变形进行分析，考虑软土流变引起的土压力变化，从而求解出地下连续墙侧向变形的解析式。

二、地下连续墙最大侧向变形位置计算

有工程数据和研究表明有撑(锚)式围护结构的最大水平变形位置通常与最后一道支撑至反弯点之间的最大弯矩有一定关系。可以发现这种支护形式的围护结构的最大水平位移位置一般出现在围护结构弯矩最大的地方附近本章研究对象基坑工程的弯矩计算结果也出现在侧向位移最大处附近，因此这里运用假想铰法对基坑在坑底处的弯矩进行分析，从而预估基坑最大变形的部位。对于有支撑的挡土结构，在变形曲线中存在一个令主动土压力和被动土压力为零点的平衡点，称为反弯点。运用等值梁法进行计算时，首先要确定反弯点的位置，在深基坑中，反弯点的位置一般位于基坑底面以下，现取最后一道支撑到反弯点以下一段距离的位置进行分析，计算简图如图 5-4-1 所示。

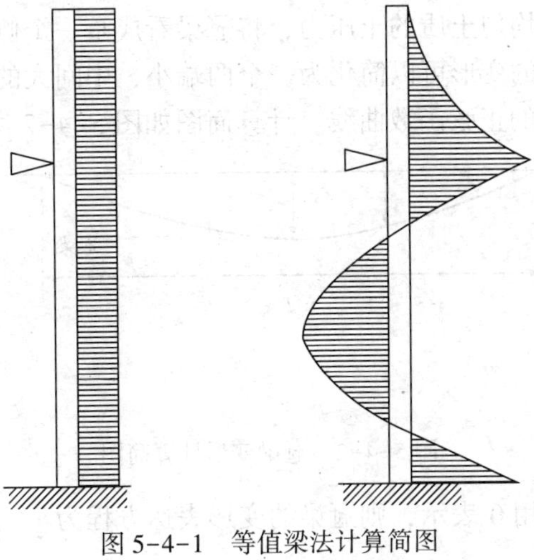

图 5-4-1　等值梁法计算简图

首先确定反弯点的位置，因为该点为土压力零点处，假设反弯点在基坑底部以下 y 处，因此可以建立土压力平衡关系式：

$$y = \frac{e_{ak} + qK_a}{\gamma(K_p - K_a)}$$

式中　e_{ak}——当前基坑深度 H 开挖面处的主动土压力强度(kN/m)；

q——地面超载(kPa)；

K_a、K_p——主动土压力系数和被动土压力系数；

γ——土的重度(kN/m²)。

使用分段等值梁法计算出每道支撑的支撑轴力，由反弯点处弯矩为零建立力矩平衡方程 $\Sigma Me = 0$ 可求得支撑轴力的大小，同样的方法可求得每一道支撑的支撑轴力。众所周知，弯矩最大的地方是剪力 Q 为零点处，因此可以通过建立受力平衡方程来计算弯矩最大的位置。假设剪力为零处位于最后一道支撑和坑底之间，位于距基坑顶 d 处，则支撑轴力=主动土压力，可建立以下公式：

$$\Sigma T_n = \Sigma \int_0^d \left[\sigma_0 + \sin\left(\frac{\pi\omega}{2\omega_{acr}}\right)(\sigma_{acr} - \sigma_0) \right] ds$$

计算出 d 大于基坑的开挖深度，说明剪力 Q 为零的位置位于开挖面以下，则支撑轴力=主动土压力-被动土压力，可建立以下公式：

$$\Sigma T_n = \Sigma \int_0^H \left[\sigma_0 + \sin\left(\frac{\pi\omega}{2\omega_{acr}}\right)(\sigma_{acr} - \sigma_0) \right] ds - \Sigma \int_n^d \left[\sigma_0 + \sin\left(\frac{\pi\omega}{2\omega_{pcr}}\right)(\sigma_{acr} - \sigma_0) \right] ds$$

假设支撑轴力的总和不变可知，若深厚软土层位于开挖面以上时，围护结构受到的主动土压力较大，则计算出来的 d 较小，则最大侧向变形的位置位于开挖面以上。深厚软土层位于开挖面附近时，开挖面以上的主动土压力较小，因此计算出来的 d 较大，则最大侧向变形的位置位于开挖面以下。当深厚软土层位于开挖面以下时，d 的位置需依情况而定。

三、地下连续墙空间变形计算

假设冠梁处受到的是均匀土质的土压力，将冠梁看成是一个侧向的简支梁，梁上受到均布荷载的作用，因此冠梁的变形可以简化为一个两端小，中间大的圆弧曲线，将冠梁的变形曲线看成是一条[π, 2π]的正弦函数曲线。计算简图如图 5-4-2 所示。

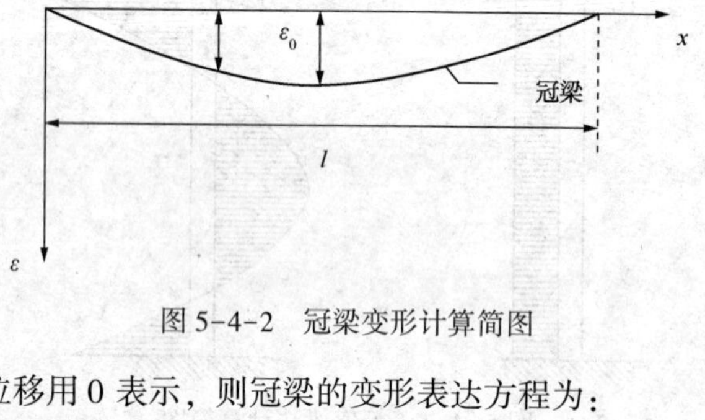

图 5-4-2　冠梁变形计算简图

假定冠梁的最大位移用 0 表示，则冠梁的变形表达方程为：

$$\varepsilon = \varepsilon_0 \sin \frac{\pi x}{l}$$

其中　ε_0——冠梁的变形最大值

l——冠梁的跨度

Clough 认为，实际工程中围护结构的位移形式往往为组合式位移，如图 5-4-3 所示。

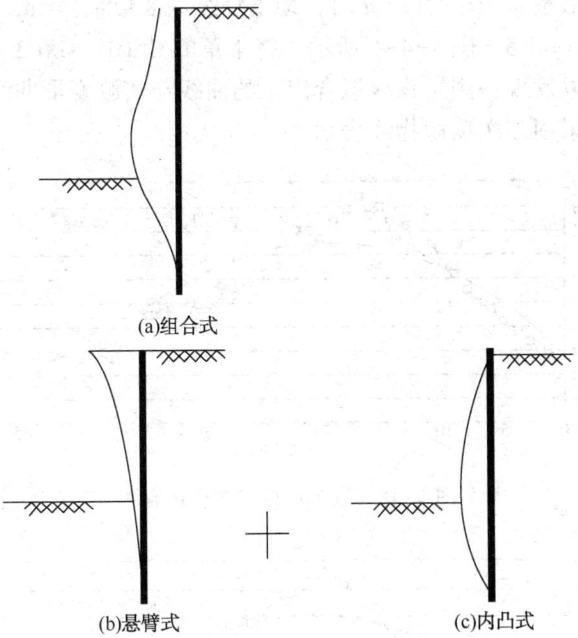

图 5-4-3　Clough 基坑围护变形模式

实际上，可以将这种变形形式可以由以下两个部分叠加组成，悬臂式变形的最大位移在墙顶处，变形成一个上边大下边小的三角形形状，其位移随着开挖深度的加深而变大，其变形曲线可由下面公式表达：

$$\upsilon = \varepsilon_0 \sin\frac{\pi x}{l}(1 + \cos\frac{z\pi}{H})$$

式中　H——地下连续墙的长度(h)；

z——基坑竖直方向的变化量。

内凸式是由于第一道支撑架设及时，墙顶位移回复到原来的位置，随着开挖深度的加深，最大变形位置逐渐下移，一般出现在坑底附近，它的变形可以近似成抛物线。

$$\delta = n_1 z^2 + n_2 \qquad z \in [0,\ 2h]$$

式中　n_1、n_2——待定系数。

则组合式方程可以用上式相加得：

$$\omega = \varepsilon_o \sin\frac{\pi x}{l}(1 + \cos\frac{z\pi}{H}) + n_1 z^2 + n_2 z \qquad z \in [0,\ 2h]$$

根据工程实例表明，在有支撑的情况下，基坑的最大水平位移变形在 $0.1\%H \sim 0.5\%H$ (其中 H 为基坑的开挖深度)，即是本文计算出的 d 值。

为了简化计算模型，将组合式的变形曲线方程假设为抛物线，令最大侧向位移 $\omega_0 = \alpha\varepsilon$ 开挖深度 $h = \lambda H$ 且地下连续墙底部不发生水平移动，仅可以发生扭转，则其变形方程可以表示为：

$$\omega = \varepsilon_0 \sin\frac{\pi x}{l}(az^2 + bz + 1)$$

式中 a、b 为待定系数，当 $z = 0$ 时，地下连续墙的变形量等于冠梁的变形量；当 $z = H$

时，地下连续墙的变形量 $\omega=0$；当 $z=d$ 时，地下连续墙变形量 $\omega=\alpha\varepsilon$。

如图 5-4-4、图 5-4-5、图 5-4-6 所示，将本章的 CX01、CX02 和 CX05 测斜数据用二次项抛物线拟合，可以发现，用抛物线拟合出来的曲线与实测变形曲线比较吻合。说明，基坑的变形表达式可以采用二次项抛物线表示。

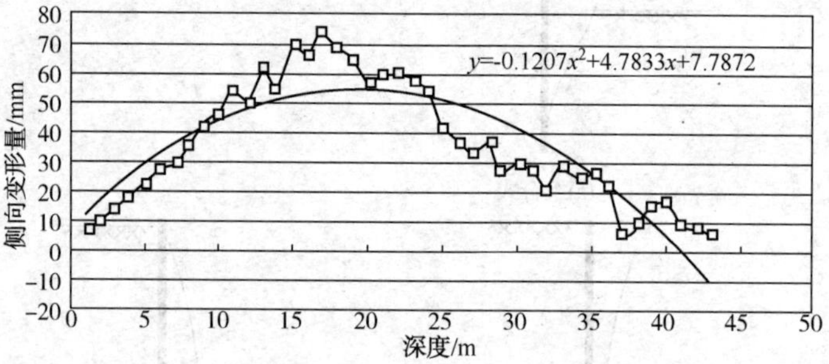

图 5-4-4 CX01 变形拟合示意图

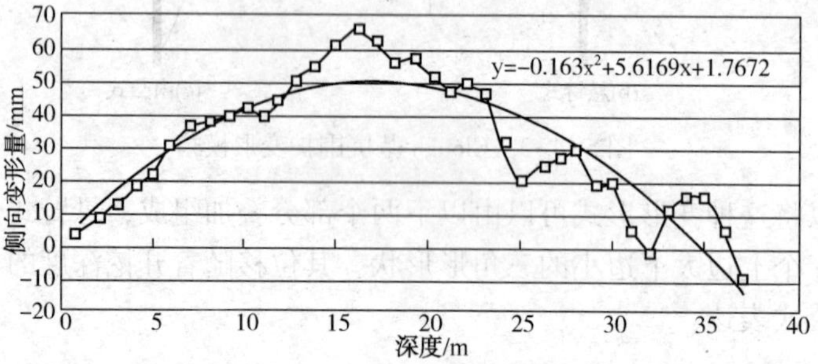

图 5-4-5 CX02 变形拟合示意图

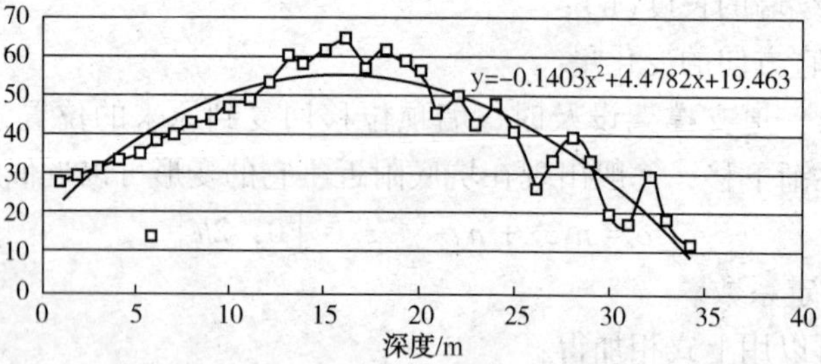

图 5-4-6 CX05 变形拟合示意图

按照工程实际经验，基坑的最大位移应当在基坑底部 $h\pm5m$ 处，因此这里采用前文介绍的方法判定地下连续墙的最大侧向变形位置。

四、本章小结

本章探讨了考虑围护结构变形的土压力变化，基于前文讨论的基坑变形的影响因素及前人的研究结果，用力学的方法和数学的方法提出新的基坑变形预估方法，并提出考虑软土流变的土压力计算公式，最后结合工程背景，验证了在软土地区，使用考虑软土流变的土压力公式计算出来的围护结构变形与实测变形更吻合。

第五章　地下连续墙变形理论与预测方法

一、引言

1. 研究背景及意义

随着我国加强"一带一路"的发展战略，沿江、沿海城市拥有了更大更快的发展空间。水资源，是城市发展必不可少的资源，因此这些水资源丰富的地区，经济发展快，人口聚集多。由于越来越多的人涌入沿江、沿海城市，使这些城市出现了用地紧张，交通拥堵的情况。因此，在用地情况如此紧张的情形下，向地下发展，向地下要空间成为城市发展的趋势。近年来，新建的建筑出现了高、新、密的特点，地下工程呈现出了深、大、难的特征，这些无疑会为基坑工程的建设带进新的挑战。特别是沿江、沿海地区，这些地区的地质情况复杂，因为水资源丰富，其土质含水量高，形成了大量的深厚淤泥或淤泥质土，而这种类型的土通常具有土质松软、压缩性高、承载能力和抗剪强度低的特点。因此，在软土地区进行基坑开挖，其变形的规律比硬土层复杂得多。

在基坑工程的规模越来越大的形势下，深基坑的安全问题得到人们的重视。在我国，广州白天鹅宾馆、上海金茂大厦、上海电信大楼等知名建筑，它们坐落于城市的中心，周边是喧闹的人群和密集的建筑物，地下管线错综复杂，深基坑的开挖必然对周边环境产生不利影响。这样的环境在这几年频繁的出现，若基坑的安全和稳定问题处理不妥善，其严重性可想而知。地下连续墙这种支护形式因其对周边环境影响小、防渗功能好、整体性强且墙体刚度大等特点，在软土地区，得到广泛的应用。现如今工程中对于地下连续墙的计算分析，主要还是弹性地基梁法进行计算分析的，它将墙体的内力计算简化成平面问题，在不考虑墙体的变形下，对地下连续墙进行计算分析。计算地下连续墙内力的方法最常用的有 m 法，m 是土的水平抗力系数，其取值与土的性质密切相关，可以通过判断工程中土质的类别和性质，通过个人经验判断在《公路桥涵地基与基础设计规范》中给予的 m 值范围中取值。

随着计算机技术的飞速发展，利用计算机技术来预估基坑侧向变形的方法得到越来越普遍的运用，最常用的计算机技术预估方法有人工神经网络法和数值模拟仿真技术。它们通过程序编写或者仿真模拟对基坑的开挖过程进行呈现，从而获取基坑的变形和内力等信息。随着这些技术的广泛应用，针对基坑工程的有限元软件被研发出来，MIDASGTS、PLAXIS 等有限元软件在基坑模拟分析中得到普遍的应用。佛山地处于珠三角地区，广东省的中南部，该地区分布着大量的深厚软土层，该软土层压缩性高，抗剪强度低，为建筑工程的潜在病害层，为基坑工程的安全性带来了不利的影响。近年来，佛山市因其独特的地理优势和政策优势，经济与建设得到了快速发展，针对该地区存在深厚软土的地质特点，在对其基坑工程进行设计时，应充分考虑软土所带来的不利影响，确保基坑的安全稳定。综上所述，在对地下连续墙进行内力的计算分析时，通常不考虑软土带来的不利影响，或采用经验法对其进行判断，这样的计算分析往往与实际工程测量出的数据有较大偏差，不利于基坑的安全稳定。因此基于对该地区地质有代表性的佛山市某软土深基坑进行分析，对其的变形规律及影响因素做出总结，并提出预测软土深基坑侧向变形的方法，对今后地下连续墙支护工程的设计和施工提供一定的理论支持。

2. 基坑变形研究现状

Terzaghi 和 Peck(1948)最早提出了基坑工程的计算方法，两位学者提出来的方法是可以预测估算开挖土体的稳定程度以及支护体系中支撑所承受的荷载应力大小的研究方法，并且在相关工程中得到了广泛应用。Peck(1969)在第七届国际土力学与基础工程会议上对基坑开挖的影响因素做了全面的探讨，通过收集旧金山、奥斯陆、芝加哥等地的基坑开挖工程实测数据分析，找到了能直观反映出基坑变形的影响因素，其中包括地质情况，土层形状及分布、开挖的深度、支护种类及施工质量等主要对基坑变形产生影响的因素。O′Rourke(1981)更全面的分析了基坑变形的影响因素，结合基坑工程开挖及周边因素影响，提出了基坑变形在开挖前期的影响因素有基坑的降水、支护结构的选择及施工，并对支撑刚度、超载、钢支撑预应力、预留土和基坑的开挖深度等对基坑变形的影响条件进行分析探讨。

Clough 和 O'Rourke(1990)通过对内支撑式和拉锚式的基坑侧向变形进行分析，将基坑围护结构的变形一般有三种形式：(1) 基坑开挖的初步阶段，由于尚未施工支撑，围护结构处于悬臂状态，在主动土压力的作用下呈现为倒三角形变形，称为悬臂式；(2)架设支撑后，随着开挖深度加大，基坑变形表现腹部为向基坑内凸出，称为内凸式；(3)第三种变形形式是复合式，是前两种形式的组合，并提出了砂土、硬黏土和中等硬黏土及软黏土三种土层形式的墙后地表沉降分布模式。

Ou 等(1993)统计了台北地区 10 个施工质量较高的基坑工程侧向位移数据，总结了该地区基坑最大侧向位移位置与变形量的规律。提出最大侧向位移位于 0.2%至 0.5%开挖深度的观点，并表述了墙后土体变形与沉降之间的关系，并给出了基坑剖面中部沉降曲线公式。

龚晓南等(1998)通过大量的基坑开挖实测数据，根据其变形特点总结出基坑变形的四种表现形式。

(1) “弓”型状

对于有支撑的围护结构，在基坑开挖初期，支撑架设及时，基坑顶部的位移变形不大，围护结构在腹部向坑内凸出，犹如弓形。

(2) 曲线上端正向弯曲，下端反向弯曲

基坑开挖初期的支撑架设不及时或者刚度不够的情况下，基坑顶部出现明显的位移，围护结构的入土较深，有明显的反弯点，反弯点以上为正向弯曲，以下为反向弯曲。这种形式的变形在实际工程中最常出现。

(3) 前倾型变形

当围护结构入土较深时，下端可看成是固接，而基坑为无内支撑的情况时，会出现顶端位移最大的情况。

(4) 踢脚型

当围护结构的入土深度不大时，而坑底的土质较为松软，由于围护结构上端因支撑约束位移很小，围护结构下端向坑内变形，形成类似于踢脚的现象。

俞建霖，赵荣欣，龚晓南(1998)通过有限元方法模拟上海徐家汇地铁车站基坑，分析了采用地下连续墙支护形式的软土深基坑的变形影响。总结出，开挖深度、开挖宽度、支撑刚度和下卧层土的性质等因素是影响基坑变形的主要因素，还分析了被动加固区的深度及宽度对基坑变形的影响。孙钧教授(1999)对基坑开挖过程中出现的时空效应问题做了讨论分析，对土的蠕变与固结混合问题提出共同发展共同发生的混合观点，也分析了时空效应对基坑变形发挥最大限度地调动和利用土体自身控制地层变形位移潜力的重要作用。陆晓峰等(2007)使用二维数值模拟模型模拟大型基坑的开挖，总结出在开挖深度一定的前提下，增加基坑的开挖宽度，基坑的变形会增大。但基坑开挖宽度达到某一临界值时，这种影响将变小。

袁金荣等(2000)依据神经网络计算的原来，考虑了几种对基坑变形较大的影响因子，通过 VC++编辑程序语言，对某深基坑的围护结构变形进行了预测，通过与实测数据最对比，得到较好的结果，表明了神经网络技术在基坑预测中的可行性。Long(2001)对世界各地 300 多个基坑的最大侧向位移与开挖深度的工程实测数据进行统计分析，总结出最大侧向位移与开挖深度的关系，对开挖深度内软土厚度小于 0.6$H0$ 的基坑，根据其支护形式及施工方法的不同，侧向变形在 0.13$H0$~0.16$H0$ 范围内变化。对于开挖深度内软土厚度大于 0.6$H0$ 的基坑，侧向变形在 0.21$H0$ 左右。同时认为，围护结构无论是拉锚还是内支撑的形式，其变形的形式上并无太大区别。Moormann(2004)通过收集世界各地 530 个以软土为主的基坑工程现场实测数据，对这些基坑的最大侧向变形及墙后地表沉降作分析，并对基坑的降水、地质条件以及开挖方式做了研究探讨，发现这些软土基坑有 三成左右的最大相对变形大于 1%，三成变形小于 0.5%，四成变形在 0.5%~1%之间。

汪中卫，刘国彬，王旭东等(2006)通过收集上海某软土深基坑进行现场实测，经过与同类的基坑工程监测数据作对比，发现凡是采用快挖快撑、坑内注浆和预加轴力等措施施工的基坑，墙体侧移和地表沉降都很小，且基坑开挖的空间效应不明显，同时得出了基坑施工期间的土体蠕变和固结都同时进行的结论。

刘国彬，刘登攀，刘丽雯等(2007)结合上海某地铁基坑开挖时的监测数据及不同的工况，研究发现不同坑底土体暴露时间和坑底施工阶段的变形有显著影响。另外研究发现素砼垫层对围护墙有一定的支撑作用，而且其支撑效应与其整体性和平直度等密切相关。徐中华(2008)收集了 93 个来自上海地区的基坑工程案例，这些基坑工程的均采用地下连续墙作为基坑的围护结构，通过对这些基坑工程案例的变形研究分析，发现其侧向变形一般介于 0.1%H~1%H 之间，最大侧向变形的位置一般位于 H-5m 至 H+5m 之间，随着开挖深度的增大，基坑的最大侧向变形的位置会随之上移至开挖面以上。同时还分析了软土厚度、地下连续墙入土比、FS 等因素对地下连续墙变形的影响规律。谢李钊(2009)结合某工程实例，在现场监测和数据分析的基础上，讨论了基坑工程支护体系的受力特点，分析了土方开挖对周边环境的影响，并通过数值模拟计算了各种工况下基坑体系的变形状况，将之与现场的工程实测数据进行了对比分析。华博深(2012)首先提出基坑变形预警值的确定方法，其次基于灰色理论，使用 MATLAB 对进行编程，对基坑变形进行了预测。

李方成等(2013)通过三维有限元数值模拟分析，发现采用不同的开挖方式对基坑的变形也有着重要的影响，合理的开挖方式有助于控制基坑变形。刘念武等(2014)结合杭州某地铁站的实测数据进行分析，分析了软土深基坑的变形性状及影响因素，针对分析了支撑刚度对侧向变形的影响、墙后土体沉降量与侧向变形量的关系及侧向变形的时空效应。

3. 基坑变形预估研究现状

Bowles(1988)发现基坑开挖时，坑外土体的地表沉降呈现出倒三角形分布的预测方法。Wong(1989)考虑了基坑支护结构的刚度和土体的抗剪强度等因素，对基坑的沉降进行分析，并提出了围护结构和地表沉降的预估方式。Masuda(1993)收集了日本的52个采用地下连续墙作为围护结构的基坑工程实测数据，总结出在砂土层中，地下连续墙的最大侧向位移变形量约为0.05%~0.5%的开挖深度。对坑底进行加固或者采用逆作法开挖可以有效的减小基坑的侧向变形，并依据开挖深度、施工方法等因素给出了经验变形公式。刘建航(1999)提出考虑基坑开挖的时空效应，将基坑的开挖分成正常开挖条件下的变形和非正常开挖条件下引起的变形，对比这两种情况下产生的变形并进行了深刻地探讨分析，进而提出了一种新的基坑预测方法，并用于实践，列入上海市基坑工程设计规程当中。刘兴旺等(1999)结合杭州、上海等十五个成功的基坑工程的工程监测数据，对这些基坑的最大侧向变形位移量、最大侧向变形位置及基坑变形的时间效应进行研究分析，总结出杭州、上海地区的基坑侧向变形量在0.2%H~0.9%H的范围内，取决于周边环境的影响，还提出了考虑周边邻近建筑影响的地表沉降估算方法。

孙钧、袁金荣(2000)使用神经网络技术和模糊信息理论，在已有的监测数据下，使用mATLAB对基坑的开挖过程做滚动预测，实现对基坑变形控制的智能化、动态化和实时化。时蓓玲(2000)将基坑的土体、支护结构等信息视为基坑变形的不确定因素，采用Kelvin-Voigt模型对上海地区的基坑进行反分析研究，成功对上海某基坑的开挖过程的变形做随机预测。王旭东(2002)等人利用BP神经网络技术为基础，以20个悬臂支护桩作为研究样本，考虑了开挖深度，支护桩刚度和不排水抗剪强度，桩长等影响因素，对悬臂支护桩的变形进行预估，预估值与实测值吻合较好。Osman(2006)在塑性理论的基础上，在基坑开挖的计算方法中考虑不排水抗剪强度的参数，并通过这种方法来预测基坑变形。李爱国(2006)采用灰色神经网络理论、模糊控制系统研究基坑开挖变形的动态控制，研究了几种关键的施工变形因素，基于mATLAB调整基坑施工参数后利用ANSYS模拟基坑开挖并分析其变形和应力，以动态控制基坑的变形。熊孝波(2008)等基于基坑变形受多种因素影响，提出将人工RBF免疫识别原理应用于时间的概念，更直观的反应了基坑变形的本质规律，其结果和工程实例做对比，也得到了良好的预测结果。林鹏(2008)分析了基坑开挖变形的主要影响因素，使用数值模拟与传统方法作对比，采用灰色关联度理论对南昌某基坑开挖过程变形进行预测。贺志勇(2008)采用BP神经网络技术，在基于前期工程实测数据的前提下，对后续开挖进行滚动预测。王照宇(2002)在其论文中对地表沉降范围就直接给定为1.6Ho。金晓飞(2015)通过分析基坑开挖深度、支撑轴向刚度、基坑开挖宽度等影响基坑变形的5个变量，提出用最小二乘法预估基坑变形的简易方法。

二、地下连续墙变形理论与预测方法探讨

由于地下连续墙的功能用途广，适应性强，且能够很有效的控制周边沉降的问题，在深基坑中运用越来越广泛，运用的规模也越来越大，因此，现在对于地下连续墙的变形研究也随之更加深远。然而，分析地下连续墙的变形，我们必须要从其墙体的受力进行研究，我国很多学者在地下连续墙的受力与变形关系的研究上做出了巨大的贡献。

1. 软土基坑的特点

基坑工程问题是一个综合性的岩土工程问题，它涉及到土力学、岩石力学、地质学和环境学等相关学科。不同的地区地质构造不同，土体性状的差异都会使各个地区的基坑变形规律不一样。我国珠三角地区、长三角地区属于典型的软土地区，这些地区分布着大量的深厚软土，软土所具有的特性，使得软土地区的深基坑变形与硬土层有很大的差别。本文总结了以下几个软土深基坑的特点：

(1) 软土基坑的变形大；软土因为具有高压缩性、抗剪强度低的特点，基坑在开挖过程中比较容易产生较大的变形。在软土基坑的设计中，相比于对围护结构强度控制，更着重于对围护结构变形控制。在软土地区，基坑的侧向变形往往比其他地区要大几十毫米。

(2) 基坑降水要求更高；软土中含有大量的孔隙水，并且软土地区的地下水位往往较高。众所周知，地下水对土质的影响很大，首先它与土体结合产生的物理、化学作用会改变土的粘聚力和内摩擦角。其次，在孔隙静水压力的作用下，土的有效应力受到改变，会降低土体的强度。水土结合使得土体的流动性增强，从而降低其抗剪强度。因此，地下水对基坑变形的影响一直受到技术人员的重视，尤其是软土基坑的施工更要做好降水与基坑开挖的配合。

(3) 软土深基坑的开挖对周边影响大；软土深基坑的侧向变形很大，坑外的土体很大一部分填充到因围护结构侧向变形而产生的空间，便使得墙后地表沉降也很大。地表沉降会对周边建筑物、地下管线及地铁隧道产生重大的影响，严重的会危害到他人的生命和财产安全。

(4)软土深基坑的变形具有明显时间效应；任何基坑的变形都具有时间效应，但是在软土地区，基坑的时间效应更为明显，这是由软土的特性决定的。因为软土中含有大量的水，使得软土具有较强的粘滞性，这就导致了土颗粒在转移到达平衡状态时所需的时间更长。因此，软土基坑在开挖结束后，基坑的变形还会随着时间继续扩大。

2. 地下连续墙的变形理论

刘建航等编写的《基坑工程手册》将深基坑围护结构的变形分为了三部分。其一是墙体的变形，墙体的位移主要分为墙体的水平位移和墙体的竖向位移。其二是墙后地表的沉降，由于墙体朝着基坑内变形，相当于墙后的土体有一部分“填充”到基坑内，导致墙后的地表沉降，沉降的最大值往往在距离墙体的一定位置上。其三是基坑底部的隆起，当基坑宽度不大且开挖较浅时，隆起最大值在基坑中间附件，当基坑深度与宽度都较大时，基坑的隆起为塑性隆起，成驼峰状。

(1) 地下连续墙的水平变形现象

深基坑采用地下连续墙作为围护结构时，在设计和使用方面尤其重视的是其侧向的变形控制，然而地下连续墙的变形影响因素有很多，经过世界各地的专家学者研究及工程实例的论证，地下连续墙变形的主要影响因素有入土比、墙厚、配筋率、支撑的数量、土体的参数及开挖方式等。Clough (1990)将有撑(锚)的支护系统变形形式分为三种类型，第一种为悬臂式变形，第二种为抛物线型变形，也被成为弓字变形，第三种为上述两种变形型态的组合(如图 5-5-1 所示)。

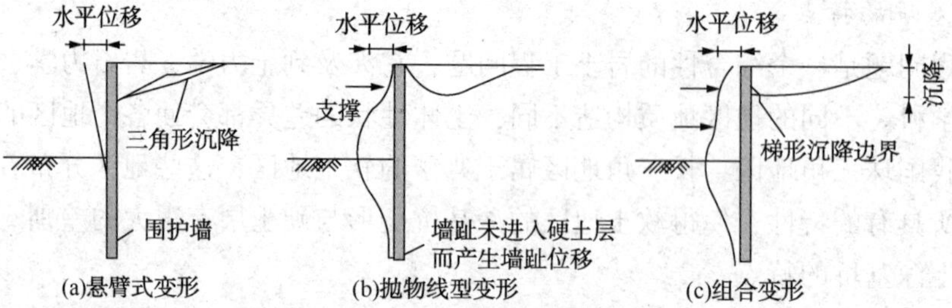

图 5-5-1　Clough 基坑围护变形模式

当基坑开挖较浅时，尚未来得及设置内支撑时，墙底嵌入深度足够深，可以将开挖面以下的墙体看成是固接的，因此围护结构变形呈现出悬臂式变形，围护结构的侧向变形表现为倒三角形分布，最大位移出现在墙顶位置。当施加第一道内支撑后，墙顶的水平位移恢复到原有的位置，随着基坑的继续开挖，基坑的侧向变形会在基坑腹部处向基坑内突出，墙顶位移不变，变形呈现出“弓”形状。

一般来说，围护结构的变形主要包括有以下四种形式(图 5-5-2)：

①弓形变形

这种形式的变形模式主要出现在深厚软土基坑中，当设有撑(锚)的围护结构插入基坑底面以下的深度较浅时较为常见，变形曲线呈现为向基坑内拱出，基坑底部以下存在有明显的弯点。

②深埋式变形

围护结构上段发生弯曲并向坑内拱出，下段为反向弯曲，设有内支撑的围护结构入土深度较深时变形大多呈此形式。

③前倾型变形

当围护结构为不架设支撑时，处于悬臂状态，变形曲线呈现为向坑内前倾，顶部位移为最大，或者是当第一层支撑尚未及时架设时，也经常会出现这种前倾式变形形式。

④踢脚型变形

在深厚淤泥质土层中，由于地层软弱，而上部分结构有撑(锚)约束变形，当围护结构插入深度不大时，底部会出现较大的水平位移，出现类似于踢脚的现象。

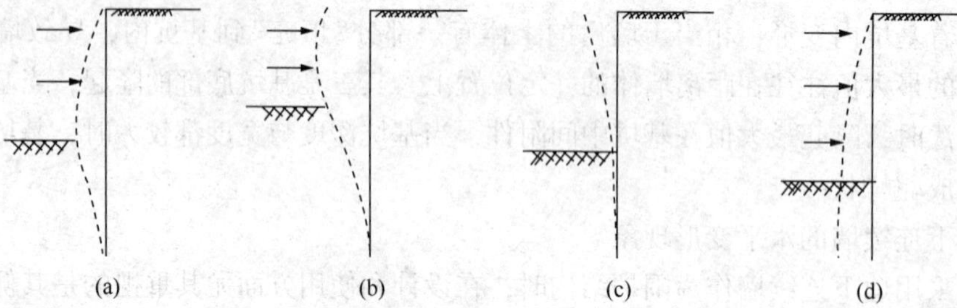

图 5-5-2　龚晓南基坑围护变形模式

由于基坑的开挖，改变了周边土体的初始应力状态，使得围护结构产生变形，虽然在开挖后会设置支撑抑制其变形的发展，但是由于先期的变形已经产生，基坑在开挖的过程中，其最大变形的位置仍然会随着开挖深度的加大而向下发展。在徐中华等对于上海地区基坑变形的研究和 0u 对台北地区基坑变形的统计上看，最大变形的位置大概在 H±5.00m 的范围内，本工程的实测数据也验证了这个观点。

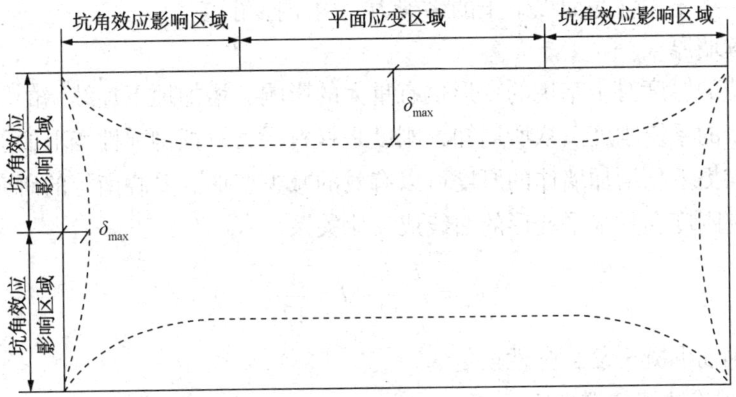

图 5-5-3　长条形基坑变形性状

从基坑剖面上看，长条形基坑的变形形状如图 5-5-3 所示，表现为“中间大，坑角小”的特点，这是因为基坑开挖的过程中，长边中间位置受到的主动土压力较大，无撑暴露的时间相比于两边也较长，其次是边角地区支撑较密，有相邻的围护结构也起到了一定的支撑作用，因此在设计时应该着重考虑基坑中部的水平变形。

（2）地下连续墙的变形影响

地下连续墙的变形影响因素有很多，在对围护结构设计时，不可能考虑完所有的因素，下面对以下几个主要的因素进行分析探讨：

①入土比：

入土比指的是地下连续墙嵌入基坑底部以下的深度与基坑开挖深度的比值。围护结构设计时要考虑到合理的入土深度，若入土深度设计太浅，墙后土体沉降时，会使得围护结构变形过大，从而影响基坑的施工，甚至会产生围护结构的“踢脚”现象，进而导致围护结构失稳，造成巨大的危害。高夕良引入“破坏概率”来分析入土深度对基坑的侧向变形影响时得到以下结论：通过增大地下连续墙的入土深度在一定范围内可以得到减小基坑侧向水平变形的目的，随着入土深度的增加，其作用越来越小，达到一定值后，其对水平位移的影响效果趋近于零。入土深度的确定首先要考虑其抗滑移、抗隆起和抗管涌的能力，在抗隆起的验算中可按下列公式进行计算：

$$K_b < \frac{\gamma_2 D N_q + c N_c}{\gamma_1 (H + D) + q};$$

$$N_q = \tan^2\left(45^\circ + \frac{\varphi}{2}\right) e\tan^{\varphi};$$

$$N_c = \frac{N_q - 1}{\tan\varphi}$$

式中　K_b——抗隆起安全系数；

γ_1——基坑外挡土构件底面以上土的重度；

γ_2——基坑内挡土构件底面以上土的重度；

D——基坑底面至挡土构件底面的土层厚度；

H——基坑开挖深度；lq——底面均布荷载；

N_c、N_q——承载力系数；

c、φ——挡土构件底面以下土的黏聚力、内摩擦角。

②地下连续墙厚度：

地下连续墙的厚度对于基坑的变形也有重大的影响，增加地下连续墙的厚度实际上是增加了地下连续墙的系统刚度。众所周知，刚度是材料受力时抵御弹性变形的能力，在其他设计满足要求的前提下，增加墙体的厚度可以有效的减少变形。龚晓南等的研究成果也得出了地下连续墙系统刚度和其水平变形的曲线成反比关系。

$$K_s = \frac{E_w I}{\gamma_w h^4};\ I = \frac{1}{12}t_w^3$$

式中　E_w——钢筋混凝土复合弹性模量

I——地下连续墙的惯性矩；

t_w——地下连续墙的墙厚；

γ_w——水的重度；

h——支撑水平平均间距。

③土体参数：

土体作为直接与围护结构接触的单元，土体的参数大小对于它的变形影响有着直接的关系。有研究表明，当土层的弹性模量减小 60%时，挡土墙水平位移增大 47.3%。当土层的黏聚力减小 60%时，挡土墙的水平位移增加 63.5%。当土层的内摩擦角减小 60%时，挡土墙的位移增大 119%。这是因为上述这些土体参数越小，其土层表现的稳定性就越差，当基坑开挖卸载的过程中，墙后的土体发生沉降，作用在墙体的土压力增大。使墙体的变形增大。随后墙后土体经过沉降压缩后，其弹性模量、黏聚力等参数增大，墙体的变形约束也会增大，这也是后期开挖墙体变形减缓的原因之一。四支撑道数支撑的道数对于挡土结构的影响在理论上是道数越多越好，因为支撑好比是支座，分担了挡土结构的土压力，从而减小挡土结构的变形。然而实际上，支撑道数过多不仅不能减小挡土结构水平位移，反而会因为延误项目工期，而引起基坑变形增大。我国著名学者刘建航院士对上海地区的软土深基坑变形进行了总结研究，依据软土的流变性能，结合工程经验，首先提出了软土深基坑在设计时应考虑时空效应这一新概念。这是因为在基坑开挖后，土体的变化在时间和空间上有一定的滞后性，尤其是在软土地区，时空效应的影响更为明显。因此设计支撑道数时应该考虑多种情况，才能更好的控制挡土结构的变形。

3. 地下连续墙的水平变形预测方法

（1）弹性地基梁法介绍

基坑工程中，钢板桩、地下连续墙等这一类柔性围护结构因其止水效果好、抗荷载能力强、施工进度快等优点，在软土地区受到了广泛的应用。其变形的规律和受力状态与主要依靠重力和负摩阻维持平衡的刚性挡土结构是不同的，而弹性地基梁法就是主要针对柔性挡土结构变形和受力的计算方法。所谓弹性地基梁是横置在具有一定弹性变形的地基上，且与地基紧密相连的梁。而岩土材料本身就是一种弹性体，柔性围护结构可看作是竖向的梁单元。弹性地基梁法将挡土结构看作是竖向的弹性地基梁，将被动土压力区域的土体看成“土弹簧”，支撑构件根据其横截面积、设计长度和弹性模量等相关的参数简化为二力杆弹簧，墙后为水土压力已知的恒定值，如图 5-5-4 所示。

弹性地基梁法的使用有以下几点假设条件：

①平面应变假定：采用弹性地基梁法计算基坑围护结构的内力与变形时，是将围护结构看成是一个平面，采用一系列的文克尔弹簧的支撑来模拟开挖面以下的土体对围护结构支撑作用，墙后用恒定的水土压力代表主动土压力作用，当基坑的跨度较大时，这种假设是成立的。

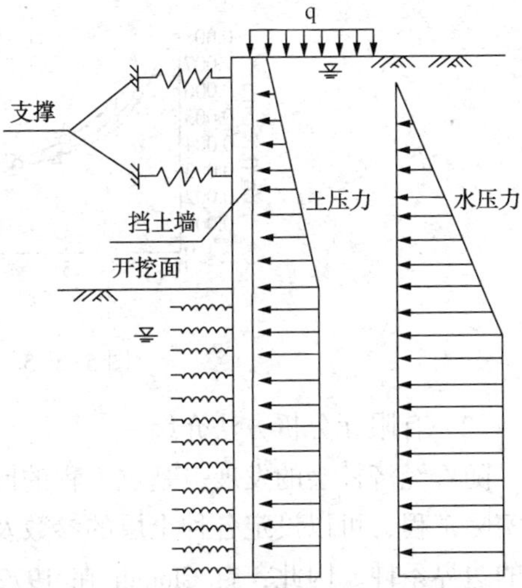

图 5-5-4　弹性地基梁法的计算简图

②土压力假定：弹性地基梁法的土压力假定一般有两种情况，一种是假定地基为半无限大的理想弹性体，认为其应力与应变的关系是线性的。另一种是文克尔假定，假定土体的变形量与土抗力的大小成正比关系，其比例系数称为基床系数。水平基床系数在土体中的变化规律，在实际工程中通常采用以下几种方法来确定：

a. 张有龄法：张有龄假定基床系数是一个常数，然而很多资料表明水平基床系数并不是一个常数。

b.“*k*”法：假定基床系数在第一挠曲变形零点以上随深度成凹形抛物线变化，以下不随深度变化，为常数值。一般适用于坚硬的土层或者岩石。

c.“*m*”法：这种方法考虑了周围土体和围护结构的变形影响，与实际情况较为吻合，准确度更高，适用于一般的土质情况，因此使用的最为广泛。它假定基床系数随着深度增加而线性增长。比例系数 m 的取值应当通过水平荷载试验来确定，当达不到做试验的条件时，《公路桥涵地基与基础设计设计规范》给予了直线型地下连续墙支护结构的经验取值，见表 5-5-1：

表 5-5-1　*m* 值建议取值表

地基土质情况	m 值（kN/m^4）	地基土质情况	m 值（kN/m^4）
$Ic \geq 1.0$ 的黏性土、淤泥	1000～2000	$Ic<0$ 的黏性土、粗砂	6000～10000
$1.0>Ic\geq 0.5$ 的黏性土、粉砂	2000～4000	砾石、砾砂、碎石、卵石	10000～20000
$0.5>Ic\geq 0$ 的黏性土、中、细砂	4000～6000		

日本的森重龙马提出共同变形理论，考虑了墙体的变形所引起的土压力变化，并且绘出 m 值与土面位移之间的变化曲线，如图 5-5-5 所示。有曲线图可以看出，墙体的埋深不同，土面位移与 m 值的变化规律基本上一致，土面位移小于 5mm 时，曲线的斜率较大，m 值变化较快。随着土面位移增大到 5mm 至 15mm 之间时，m 值的变化较为缓慢，当土面位移大于 15mm 时，m 值的变化趋势已趋于平缓，m 的临界值大概在 $0.002kN/cm^4$ 处。土面位移在很大程度上反映了墙体的变形，采用 m 法计算墙体内力时，m 的取值就尤其重要。m 取值过大，K 值的系数就越大，墙体的水平位移就小，可能会出现支撑设置不足的情况；m 取值过小，墙体的实际变形就会小于预计变形，造成材料浪费和成本提高。

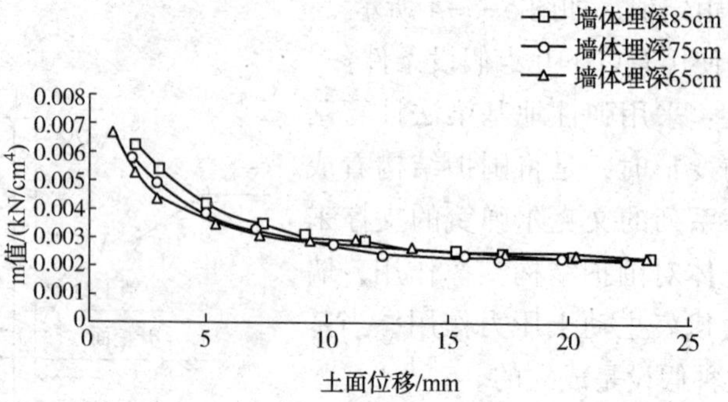

图 5-5-5　土面位移与 m 值关系图

（2）有限元分析方法介绍

随着经济社会的发展，基坑工程的问题越来越复杂，由于有限元分析方法能够很好的模拟实际工程，可以设定各种土层的参数及本构关系，处理非均质的问题，也能够设定各种复杂的边界条件。因此，自 Clough 在 1972 年首次使用有限元的方法分析基坑工程的问题以来，越来越多的大型基坑开始采用有限元对基坑进行分析。如今，基坑工程的分析中较为常用的有限元软件有 midas GTS、Abaqus、ANSYS、FLAC 3D 等，通过仿真模拟可以得到围护结构的位移、内力、轴力等相关预测结果，对处理基坑工程的问题提供一定的参考数据。

（3）经验估算法介绍

深基坑开挖最主要就是解决基坑安全与稳定的问题，有效的控制基坑变形至关重要，但是基坑工程中具有很多的复杂因素和不可控因素，在地层较好的地区，深基坑的变形较小，在软弱土地区，深基坑开挖引起的变形较大。因此当今的计算方法并不能准确的计算出基坑的变形大小。随着近年来社会的飞速发展，积累了丰富的基坑工程经验，国内外专家学者针对不同地区的地质环境、施工方法及围护结构的形式，结合大量的工程案例，总结出通过基坑的开挖深度估算基坑的最大侧向变形量。基坑侧向变形预估经验见表 5-5-2。

表 5-5-2　基坑侧向变形预估经验表

研究学者	土质及支护特点		δ_{hmax}/H(%)
Goldberg et al. (1976)[50]	软黏土	钢板桩	>1
		地连墙	0.25
	砂土、砂砾土、硬黏土		<0.35
Clough&O′Rourke(1990)[7]	软到中等硬度黏土		0.2
Ou et al. (1993)[8]	台北，黏土及砂土交替地层		0.2~0.5
Masuda(1993)[25]	日本，黏土，地连墙支护		0.05~0.5
Carder(1995)[51]	硬黏土	支撑刚度高	0.125
		支撑刚度中等	0.2
		支撑刚度低	0.4
吴佩轸等(1997)[52]	地连墙(台北地区)		0.07~0.2

续表

<table>
<tr><th>研究学者</th><th colspan="2">土质及支护特点</th><th colspan="2">$\delta_{hmax}/H(\%)$</th></tr>
<tr><td rowspan="2">Wong et al.(1997)[24]</td><td rowspan="2">下卧土层较好</td><td>开挖深度内软土层厚度<0.9<i>Ho</i></td><td colspan="2"><0.5</td></tr>
<tr><td>开挖深度内软土层厚度<0.6<i>Ho</i></td><td colspan="2"><0.35</td></tr>
<tr><td rowspan="4">Long(2001)[14]</td><td rowspan="3">开挖深度内的软土层厚度<0.6<i>Ho</i></td><td>内支撑</td><td colspan="2">0.13</td></tr>
<tr><td>锚杆</td><td colspan="2">0.14</td></tr>
<tr><td>逆作法</td><td colspan="2">0.16</td></tr>
<tr><td colspan="2">开挖深度内的软土层厚度>0.6Ho，FOS较高，基坑的开挖面为硬土层，采用内支撑支护</td><td colspan="2">0.21</td></tr>
<tr><td rowspan="2">徐中华等(2007)[18]</td><td colspan="2" rowspan="2">上海地区软土地连墙或排桩</td><td>顺作法</td><td>0.42</td></tr>
<tr><td>逆作法</td><td>0.25</td></tr>
</table>

(4) 抗隆起安全系数法介绍

抗隆起安全系数法率先由 mana 和 Clough 提出的，该系数对基坑工程有着重大的意义。基坑隆起量的大小可以作为判断基坑稳定性的重要依据之一，也可以用作基坑变形大小估算的重要依据。在大量的工程经验中，如图 5-5-6 可以表明，抗隆起安全系数的取值与围护结构的最大水平位移有一定的关系。

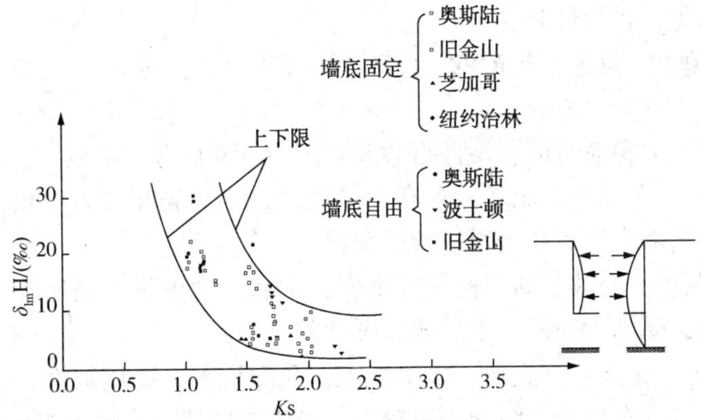

图 5-5-6　工程实测抗隆起安全系数与归一化最大墙体位移关系

第六章 软土地区深基坑地下连续墙变形监测与分析

一、工程概况

本项目工程位于佛山市顺德区乐从镇，在新桂路东侧，南侧为建设路，北侧为振华路。用地面积约为77000m^2，形状大致为矩形，其中长度约110m，宽度约为70m，现拟建酒店及商务住宅楼，建筑高度约为99m，采用框剪结构，4层裙楼，并设有地下室4层。基坑形状大致成矩形状，尺寸为108m×67m，采用3道钢筋混凝土支撑，开挖深度为15.6m。

1. 工程地质条件及水文地质条件

①填土：由杂填土、砂性素填土和黏性素填土组成，约10年前填成。

①-1 杂填土：黄色填料，中压缩性，土质不均匀，见于场地中部及南部，厚度较小。由碎砖及砂、碎石等建筑垃圾填成，粗颗粒大小一般约2~5cm，最大约10cm，本次勘探孔顶部多为混凝土路面(厚约0.2~0.3m)。

①-2 砂性素填土：黄色，局部灰黄色，松散，中压缩性，土质不太均匀，不连续，厚度不大，以中砂为主，含少量黏性土。

①-3 黏性素填土：黄色、灰黄色，松散，中压缩性，土质不太均匀，不连续，厚度不大，含少量砂土。

②冲积土：按土的颗粒组成、塑性指数及物理力学性质分为7层。

②-1 淤泥质土：深灰色，流塑，含有少量淤泥、小贝壳和较多中粗砂，具臭味，零星分布，厚度较小，局部为淤泥或夹松散粉砂薄层。

②-2 粉砂：灰色，松散，局部稍密或中密，饱和，含少量淤泥质土、小贝壳和较多中粗砂，粒度不均匀，局部为细砂、中砂或夹砾砂薄层。

②-3 淤泥质土：深灰色，流塑，含水率大，孔隙比大，高压缩性，含有少量腐木和大量小贝壳，具臭味，分布连续，厚度普遍较大，局部为软塑粉质粘土或夹松散粉砂薄层。

②-4 粉砂：灰色，稍密，局部松散或中密，饱和，含少量中粗砂，有局部夹厚层淤泥质土，局部为细砂、中砂。

②-5 淤泥质土：深灰色，流塑，含水率大，孔隙比大，高压缩性，含有少量腐木和大量小贝壳，具臭味，分布连续，厚度普遍较大，局部为淤泥质土与砂土互层出现(互层厚度约5~10mm)或以砂土为主。

②-6 粉砂：灰色，中密，局部密实，饱和，含少量小贝壳和中粗砂，局部夹淤泥质土薄层，局部为中砂或粗砂。

②-7 砾砂：灰黄色、灰色，密实，饱和，石英质，含少量圆砾、卵石。

④基岩：以砂岩为主，局部为泥质粉砂岩，浅灰色、棕红色为主，局部青灰色、灰黄

色，中风化状态，通过岩石的坚硬程度可定义为较软岩，从完整程度可判定为较破碎，岩体的基本质量等级为Ⅳ级。

土层静止水位埋深见表5-6-1，有表可知其勘测结束后，静止水位埋深的深度比较稳定，在0.4~1.8m范围内变化。钻孔数据项目见表5-6-1。

表5-6-1　钻孔数据项目表

孔号	勘探孔类型	孔口相对标高/m	孔深/m	静止水位埋深/m	孔号	勘探孔类型	孔口相对标高/m	孔深/m	静止水位埋深/m
ZK1	取样测试孔	-0.41	46.4	1.4	ZK13	标贯测试孔	-0.24	46.7	1.3
ZK2	标贯测试孔	-0.6	47.8	0.9	ZK14	取样测试孔	-0.19	43.6	1.3
ZK3	标贯测试孔	-0.64	47.5	0.9	ZK15	取样测试孔	0.02	46.4	1.6
ZK4	取样测试孔	-0.52	46.5	1	ZK16	静力触探孔	-0.18	39	1
ZK5	标贯测试孔	-0.18	47	1.7	ZK17	标贯测试孔	-0.11	47.5	1.8
ZK6	标贯测试孔	-0.37	46.2	1.6	ZK18	静力触探孔	-0.03	43	1
ZK7	取样测试孔	-0.47	48	1.3	ZK19	取样测试孔	-0.11	44.7	1.5
ZK8	标贯测试孔	-1	-49.1	0.4	ZK20	取样测试孔	-0.08	47.52	1.2
ZK9	标贯测试孔	0.36	47.5	1.8	ZK21	取样测试孔	0.02	49.3	1.2
ZK10	标贯测试孔	-0.11	45.7	1.5	ZK22	取样测试孔	0.05	49.91	1.3
ZK11	取样测试孔	-0.03	42.2	1.5	ZK23	取样测试孔	-0.1	51.48	1.4
ZK12	静力触探孔	-0.44	41.3	1	ZK24	取样测试孔	-0.07	49.6	1.3

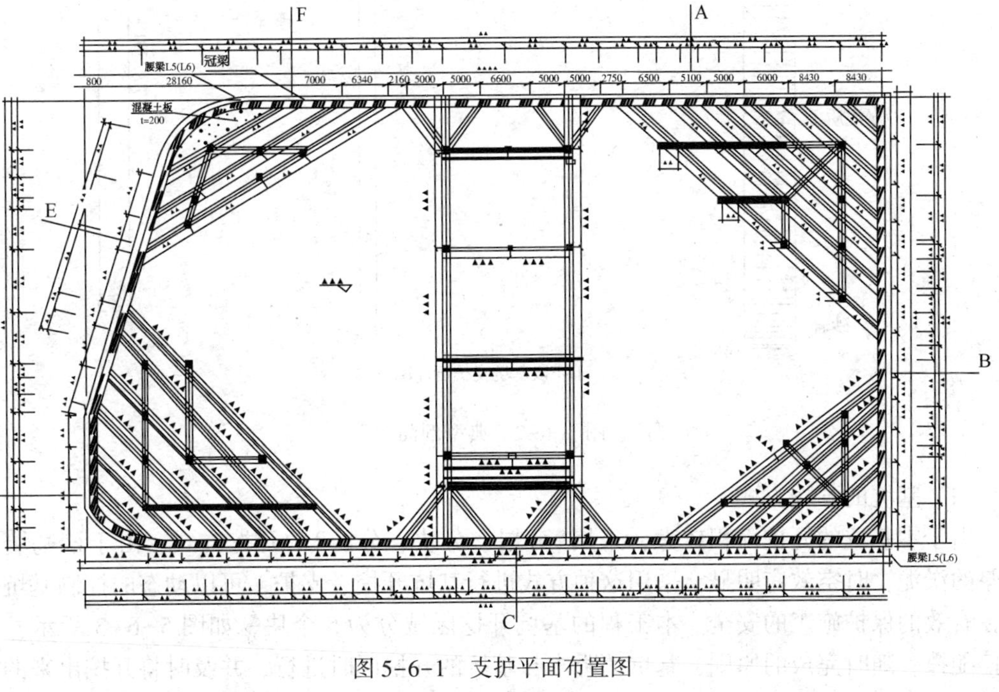

图5-6-1　支护平面布置图

2. 基坑施工措施及方法

由于该基坑的开挖深度较大，并且开挖范围内有较厚的软土层，考虑到该工程位于人流密集的地区，周边有较大的车流量和较多的建筑物，基于安全和经济方面的考虑，设计的支护形式为地下连续墙加三道钢筋混凝土内支撑，见图 5-6-1。工程采用 800mm 厚度的地下连续墙，总深度在 43~46m 之间，地下连续墙末端深入基岩 1m 处，该墙前期主要发挥挡土防渗作用，后期充当地下连续墙外墙。第一道内支撑的截面面积为 0.8 m^2，第二、三道支撑的截面面积为 1.1 m^2，均采用 C30 混凝土。具体支护平面示意图见图 5-6-2。

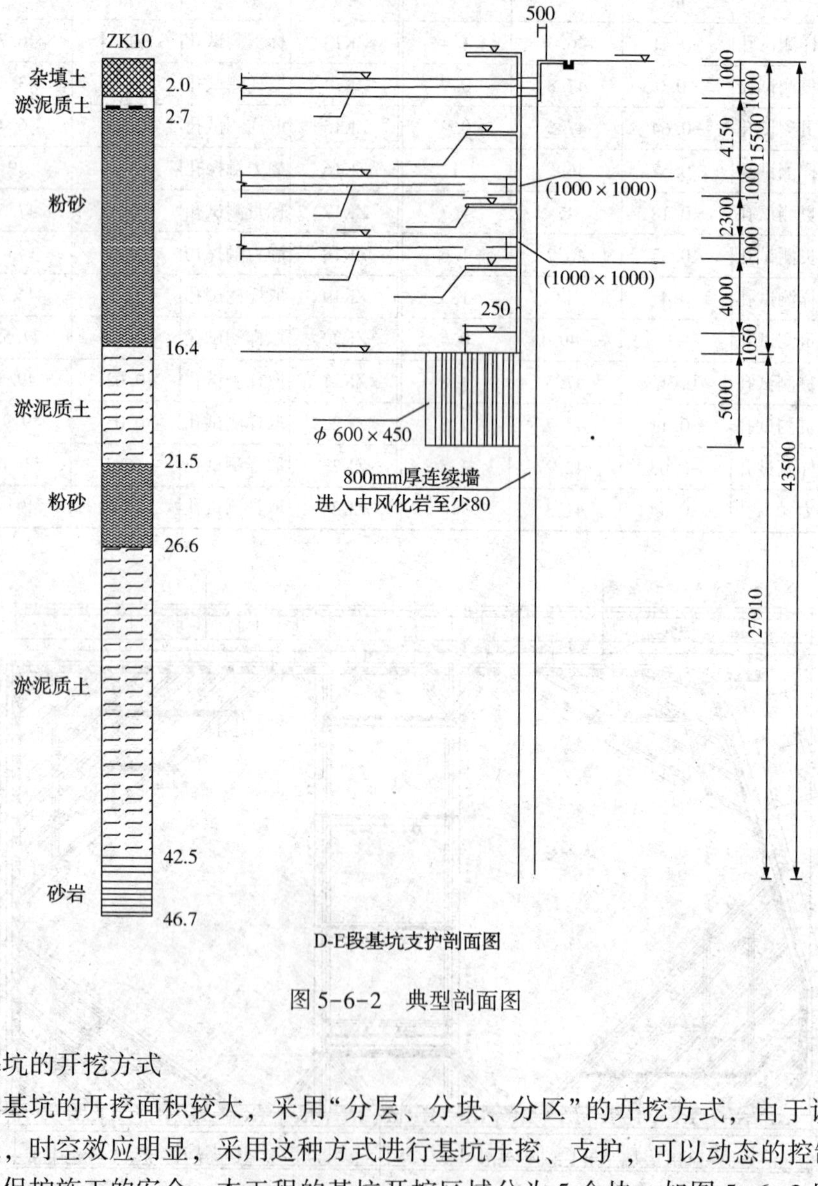

图 5-6-2　典型剖面图

(1) 基坑的开挖方式

由于本基坑的开挖面积较大，采用“分层、分块、分区”的开挖方式，由于该基坑下有深厚的淤泥，时空效应明显，采用这种方式进行基坑开挖、支护，可以动态的控制基坑的变形，有效的保护施工的安全。本工程的基坑开挖区域分为 5 个块，如图 5-6-3 所示，采用随挖随撑，随时完成的原则，基坑的降水与基坑的开挖同时进行，并及时将开挖出来的废土运送出场。

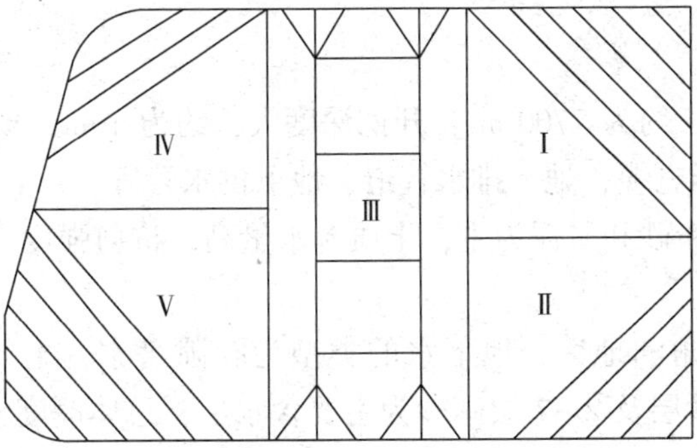

图 5-6-3　基坑分块开挖示意图

(2) 基坑的施工步骤

本基坑开挖使用明挖顺作法，由于基坑位于人流与建筑较为密集的地区，且开挖面积大，深度深。因此对于基坑的变形要求高，基坑的开挖采取了分区、分层开挖的方式，为了减少钢筋混凝土内支撑的养护时间，将内支撑的混凝土强度等级提高了一级。垂直方向具体施工步骤见表 5-6-2。

表 5-6-2　施工步骤过程表

序号	施工内容	开挖深度/m
1	场地平整	—
2	地下连续墙施工	—
3	第一层开挖	-2
4	施工冠梁及第一道支撑	-1
5	第二层开挖	-8
6	施工第一道腰梁及第二道支撑	-7
7	第三层开挖	-11
8	施工第二道腰梁及第三道支撑	-10
9	第四层开挖	-15.6
10	底板施工及地下四层顶板施工	-11.3
11	拆除第三道支撑及第二道腰梁	—
12	地下三层顶板施工	-8
13	拆除第二道支撑及第一道腰梁	—
14	地下二层顶板施工	-4.2
15	拆除第一道支撑	—
16	第一层地下室施工并回填	0

(3) 基坑降水

基坑开挖过程中，根据现场情况设置降水井和集水井排水，然而基坑开挖过程中发现降水效果达不到预期，因此在基坑开挖的过程中边开挖边排水。基坑开挖后，地下连续墙槽段间隙出现了地下水渗漏的现象，因此在地下连续墙各槽段连接处迎土侧采用两根互相咬合的二重管旋喷加强止水。

（4）工程特点

①基坑开挖面积大，约为 7700 m^2，开挖深度大，约为 16m，场地及周边地下有较多管线(包括路灯电缆、高压电缆，地下排水管道、地下供水管等)。

②地质条件差，以粉砂和淤泥为主，土质含水量高，抗剪强度小，流变性强，不利于控制基坑变形。

③项目位于珠江三角洲地区，地下水的类型为孔隙潜水，主要存在于砂层孔隙之中，②-2、②-4、②-6 粉砂层及②-7 层砾砂为主要含水层，总体厚度较大，②-2 及②-7 砂层的透水性较强，故地下水丰富，静止水位埋深在 0.4m~1.8m。

④地下连续墙在基坑中即充当挡土墙的作用，也兼顾防渗墙，由于深层土具有一定的透水性能，压缩模量较小，也不能满足地下连续墙承载要求，因此地下连续墙直接打入深度在 40m 以上的基岩中。

二、基坑监测与分析

在软弱土体中进行基坑开挖是一项高风险工程，基坑工程在设计时，虽然在理论上达到了安全性和稳定性的要求，但大量的工程经验表明。在基坑施工过程中，仍有天气因素、施工质量等不可控因素影响基坑的安全。因此必须通过实时监测，根据监测信息，全面地了解基坑工程的安全性及其变形对周围环境的影响程度。及时发现安全问题，动态调整施工方案，确保基坑及周边环境的安全，避免造成不必要的损失。

1. 监测目的

（1）检验设计时所使用的土层参数，支护结构参数是否正确，假定是否成立，动态指导基坑开挖。

（2）尽早发现异常情况，及时报警，根据监测结果了解和推断基坑开挖引起支护结构应力、应变变化的规律和发展趋势，以便能够及时建议建设、设计、施工、监理单位及时采取措施，确保基坑支护结构和相邻建、构筑物的安全和正常使用。

2. 监测内容

（1）地下连续墙的深层水平位移监测(测斜)；

（2）地下连续墙墙顶水平位移及沉降监测；

（3）基坑外地下水位监测；

（4）基坑水平支撑轴力监测；

（5）基坑周围环境监测。

本基坑的工程监测项目统计如表 5-6-3 所示：

表 5-6-3　工程监测项目统计表

序号	监测项目	量测位置	测试元件	量测精度	数量/个
1	墙顶水平、竖向位移	连续墙墙顶	全站仪、经纬仪、水准仪	1.0mm	18
2	墙身深层水平位移	连续墙墙	测斜管、测斜仪	2mm/25m	18
3	地下水位	基坑周边	水位管、水位计	10.0mm	8

续表

序号	监测项目	量测位置	测试元件	量测精度	数量/个
4	支撑轴力	支撑内	测力计、频率计	0.5%F·S	18
5	立柱沉降	立柱上	水准仪	1.0mm	11
6	周围建筑物及道路沉降	基坑周边	水准仪	1.0mm	28

3. 监测点分布

基坑周边总共布置28个沉降监测点，其中14布置在基坑周边的道路上，其余的布置在周边建筑物上。还布置了18个地下连续墙的深层水平位移监测点，8个水位监测井，分布于基坑四周。本工程基坑监测点分布见图5-6-4。

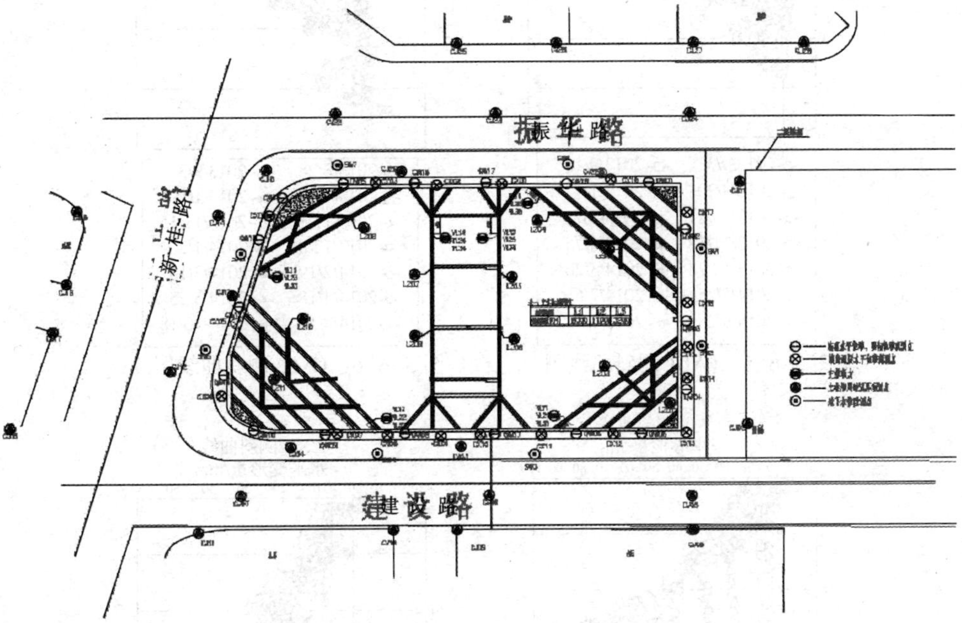

图5-6-4　基坑支护监测平面布置图

4. 基坑水平监测

本基坑的工程监测主要分为墙体水平(测斜)监测、位移与沉降监测、水位监测及支撑轴力监测4个部分，围护结构的水平位移监测(测斜)采用的仪器有：测斜仪、测斜管。监测的频率在基坑的不同开挖阶段是不同的，在基坑处于开挖阶段时，每天监测1~2次，开挖结束后次数减少为每周2~3次。当连续几天的监测数据变化较小，趋于稳定时，监测频率减少为每周1~2次。当遇到雨天，或者其他不良天气时，适当的提高监测频率。本基坑共布置了18个墙体水平位移监测孔，由于施工过程中导致部分监测孔遭到破坏，监测数据失去参考价值，本文选取具有参考价值的CX01、CX02、CX09、CX12进行分析。其中CX01、CX02、CX09位于基坑剖面中部，CX12位于坑角。采用CX-3C型基坑测斜仪对地下连续墙的水平位移继续监测，实测数据如图5-6-5~图5-6-8所示。

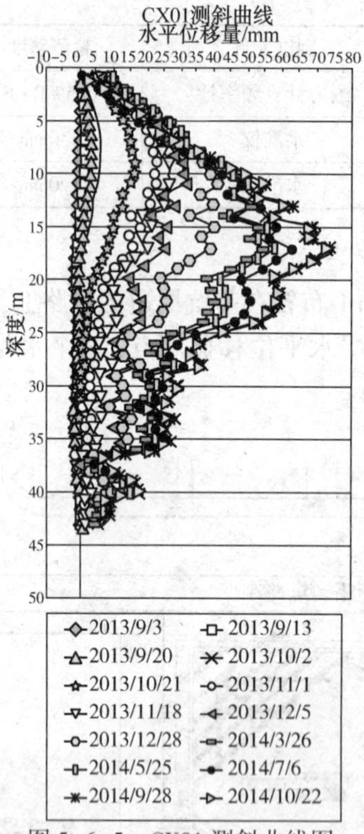

图 5-6-5　CX01 测斜曲线图

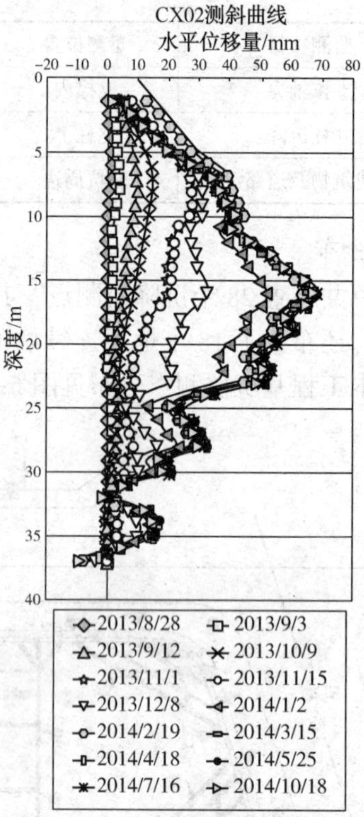

图 5-6-6　CX02 测斜曲线图

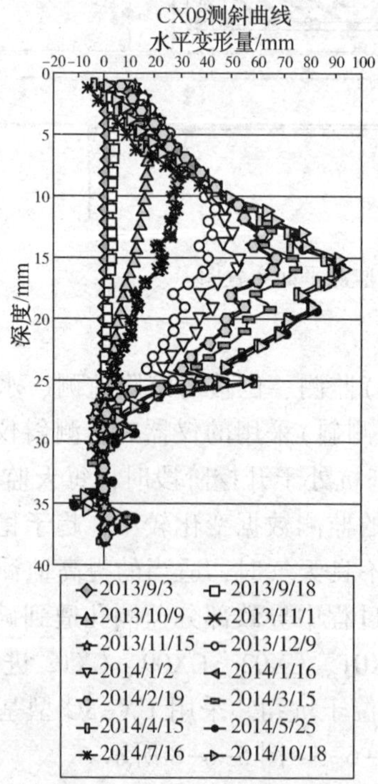

图 5-6-7　CX09 测斜曲线图

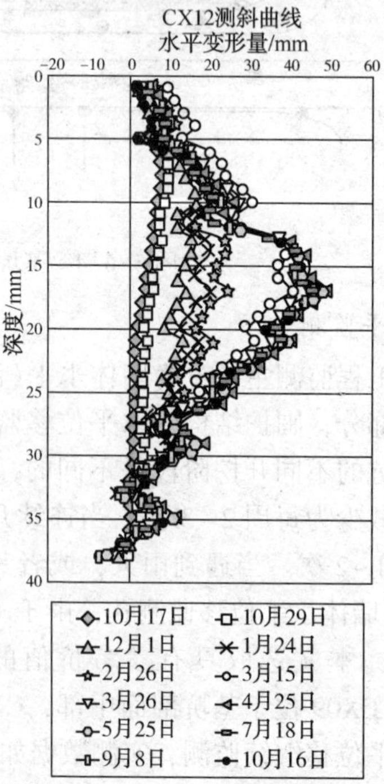

图 5-6-8　CX12 测斜曲线图

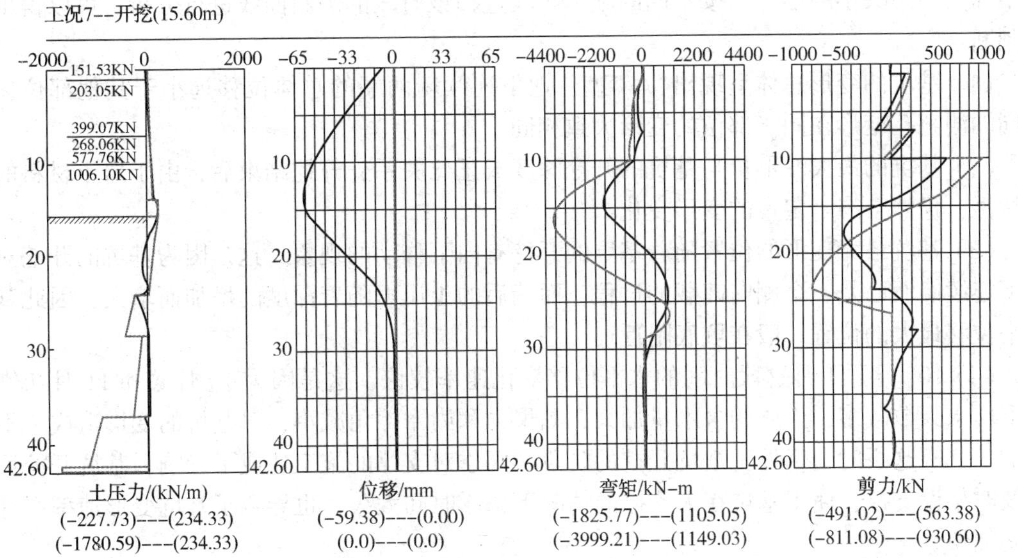

图 5-6-9　最后一步开挖理正计算结果图

图 5-6-8 为理正深基坑最后一步开挖的计算结果图，从图中可以发现基坑的最大侧向变形与围护结构的弯矩、剪力都有一定的关系。围护结构的最大侧向变形出现在弯矩最大的地方附近；围护结构的剪力为零时，其弯矩达到极大值。因此本书第五章通过计算围护结构的剪力或者弯矩可以初步的判断基坑最大侧向变形的位置。

基坑水平监测分析，最大侧向变形汇总见表 5-6-4。

表 5-6-4　最大侧向变形汇总统计表

测点	围护结构最大位移 δ_{hm}/mm	开挖深度 H/m	$\delta hm/H$(‰)
CX01	75.66	15.6	4.85
CX02	69.91	15.6	4.48
CX03	23.37	15.6	1.50
CX04	64.97	15.6	4.16
CX05	64.68	15.6	4.15
CX06	45.19	15.6	2.90
CX07	49.28	15.6	3.16
CX08	38.09	15.6	2.44
CX09	93.12	15.6	5.97
CX10	70.75	15.6	4.54
CX12	48.55	15.6	3.12
CX13	26.53	15.6	1.70

选择 CX01～CX13 测斜孔最大侧向变形量与开挖深度作对比，可以发现位于基坑长边中部的 CX01、CX02、CX09、CX10 四个测斜孔的最大侧向变形最大，坑角处的 CX03、CX06、CX13 三个测斜孔的最大侧向变形最小。说明基坑的开挖是具有空间效应的，水平面上呈现

出中间大，两头小的形状。按不同的施工阶段选择该时段的测斜曲线进行分析，可以得出如下判断：

(1) 基坑的变形总体呈现出“弓”型，地下连续墙两端的总体位移远小于其他部位，且不同的测斜孔变形在同一部位的变形大致相同。

(2) 基坑的最大变形量与基坑的开挖深度成正比关系，开挖结束后，由于岩土材料的流变特性，仍然会有一定量的变形变化。

(3) 基坑最大变形的位置随着基坑的开挖有向下移动的现象，这是因为基坑的开挖对于地下连续墙而已是一个侧向卸载的过程，而墙后的土压力随着深度的增加而增大，因此基坑水平位移最大的位置一般在坑底附近。

(4) 10 月至 11 月这段时间的水平位移变化速率较快，这是因为 10 月底和 11 月初佛山的下雨水天数较多，土质的含水量加大，黏聚力和内摩擦角减小，对基坑的变形造成了不利影响。其次这段时间仍处于基坑开挖的阶段，雨季对支撑的施工造成了影响，基坑开挖后不能及时架设支撑，使得基坑在无支撑的情况下暴露时间太久，也导致了基坑变形速率在这段时间加快。

(5) 开挖结束后，从二月份春节假期开始，基坑停工 330d，停工期间基坑的变形仍然在变大，但是变化的速率大大减缓，这是因为基坑场地位于拥有深厚软土地区的珠三角地带，其时空效应相对于其他地区要明显，持续时间也更长。

(6) 此外，对比对撑测斜孔与角撑测斜孔，明显看出对撑位置变形比角撑的要大很多，从力学的角度看，与基坑剖面中部受到的土压力大有关。从结构上来看，基坑剖面中部的对撑布置较为稀疏，角撑的布置较为紧密。而且围护结构暴露时间大，基坑软土流变显著也起着增加墙体位移的作用。

5. 基坑最大侧向变形分析(表 5-6-5)。

表 5-6-5　最大侧向变形位置汇总统计表

测点	最大位移所在深度 H_δ/m	开挖深度 H/m	H_δ/H(%)
CX01	17	16	1.1
CX02	17	16	1.1
CX03	13	16	0.8
CX04	16	16	1.0
CX05	16	16	1.0
CX06	15	16	0.9
CX07	16	16	1.0
CX08	16	16	1.0
CX10	17	16	1.1
CX12	17	16	1.1
CX13	17	16	1.1

从整体上看，基坑最大侧向位移的深度与开挖深度的比值介于 0.8~1.1 之间，表明基坑最大侧向变形位于基坑开挖面附近。基坑剖面中部的部位最大侧向变形的深度一般位于 16~17m，坑角部位一般位于 15~16m，表明基坑剖面中部区域的最大侧向变形深度略大于坑角处。

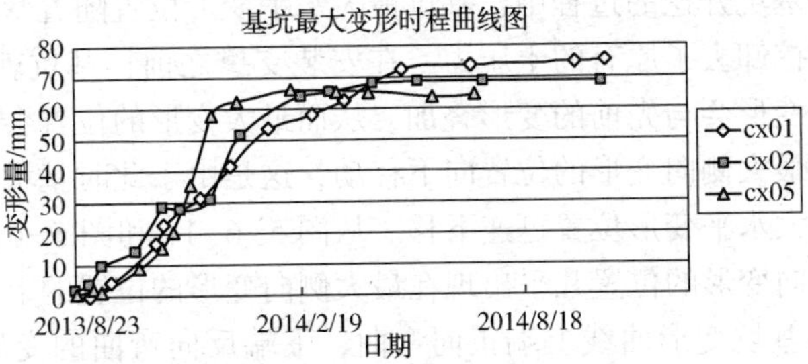

图 5-6-10 最大侧向变形时程曲线

由图 5-6-10 可以更直观的知道，基坑在开挖的过程中，其水平变形的速率越来越快，在开挖变形过程的曲线中，有一部分时间段的变形减缓，这是因为这些时间段是内支撑的施工后，对基坑的变形起到了约束作用，使得变形得到控制的结果。基坑封底后，其水平变形趋于稳定，但在刚封底完一段时间内水平位移仍有缓慢变大，这是因为基坑变形具有时间效应，在一定程度上出现滞后性，从开挖结束后的变形量来看，由于时间效应所产生的变形大概占总变形的 20%。由于 CX05 位于基坑开挖 I 区，封底先于 CX01 和 CX02，因此图中 CX05 时程曲线稳定早于其他两孔。

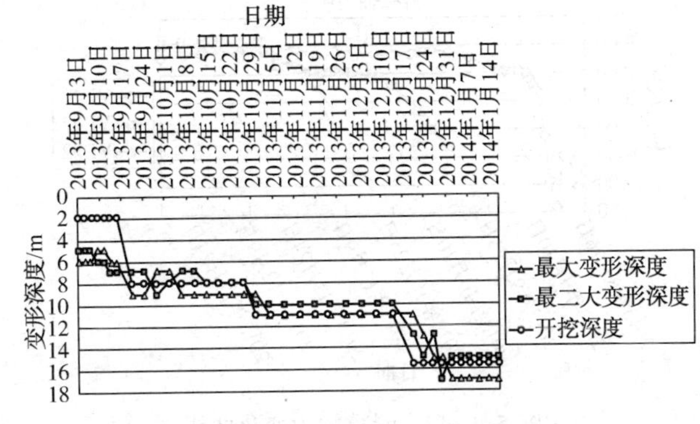

图 5-6-11 最大侧向变形与开挖面关系图

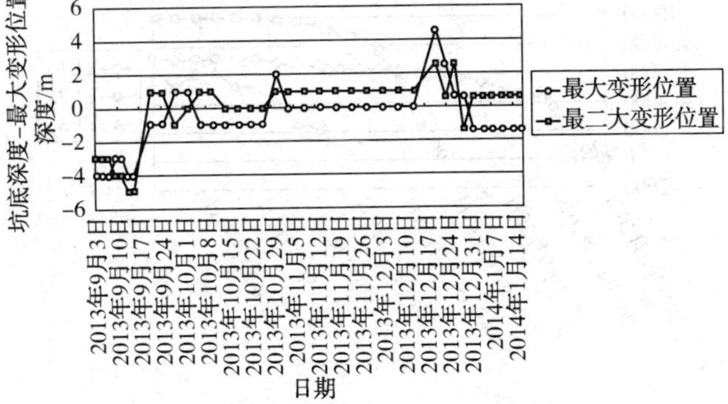

图 5-6-12 最大侧向变形与最二大侧向变形关系图

将 CX01 测斜孔最大位移位置和第二大变形位置的数据与开挖面深度作对比，可以发现基坑水平方向的最大变形都在基坑开挖面以下，并且距离开挖面的距离从-4m、-1m 再到与开挖面持平，说明在基坑开挖的过程中，基坑最大水平变形位置随着基坑的开挖逐渐向上移动。这是因为基坑开挖卸去了原有的土压力，在安装支撑之前，基坑就已经发生先期变形，其下一步开挖产生的变形会与先前的变形叠加，从而最大变形的位置会逐渐向上移动。而最后一步开挖后，基坑最大侧向变形的位置向下移动，这是由于此时基坑的坑底处于较厚的淤泥质土层中，使得最大水平变形位置迅速下移。从图 5-6-11 和图 5-6-12 中可以发现这样一个现象，第二大侧向变形的位置几乎出现在最大侧向变形的位置的上方 1~2m 处，符合龚晓南提出的有撑(锚)基坑变形曲线上端正向弯曲，下端反向弯曲的变形特征。当开挖面位于土质较好的土层时，其位置的差距为 1m，当开挖面位于淤泥质土等土质较差的土层时，其位置的差距为 2m。说明，当开挖面附近的土质状态较为软弱时，围护结构的不仅在侧向位移迅速变化，竖向位移也变化迅速。

6. 支撑轴力监测与分析

对深基坑的支撑轴力进行监测有利于了解土压力的变化情况，也可以避免支撑轴力超过设计强度导致支撑破坏引起整个支护体系失稳。本章选取靠近 CX01 的三道对撑和三道斜撑的轴力进行分析。其中斜撑 YL12、YL22、YL32 的预警值分别为 3200kN、3200kN、3200kN，对撑 YL15、YL25、YL35 的预警值分别为 8000kN、11000kN、11000kN。

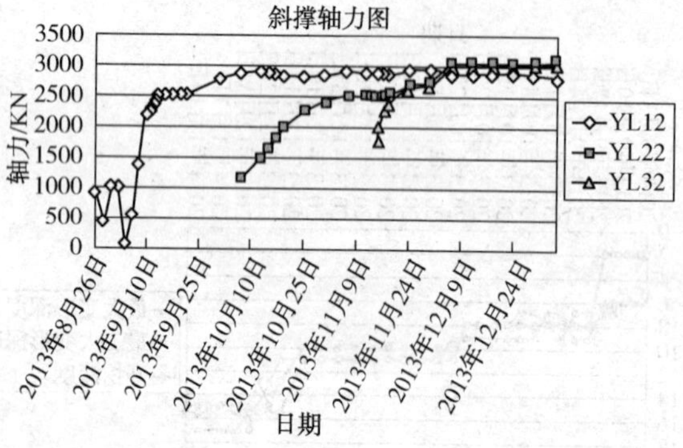

图 5-6-13　斜撑轴力变化曲线

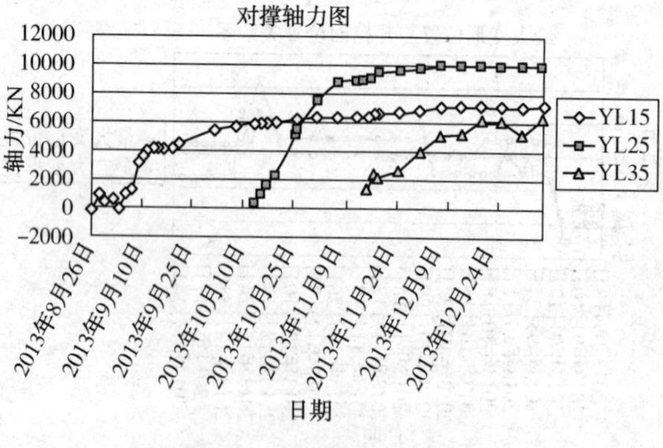

图 5-6-14　斜撑轴力变化曲线

图 5-6-13 和图 5-6-14 是基坑的对撑和斜撑在同一时间上轴力的变化曲线，对照上面两图可以发现以下几个规律：

（1）第一道支撑架设完成后，对撑和斜撑的轴力大小相差不大，这是因为基坑刚刚开挖，基坑水平变形量不大且基坑四周变形量比较均匀的结果。

(2) 9 月中旬，进行第二次开挖后，可以发现第一道对撑和第一道斜撑的轴力处于一个快速上升的阶段，并且可以明显的发现，对撑的轴力变化远大于斜撑，第二道支撑架设前，斜撑轴力在 2850kN 范围波动，对撑在 5900kN 范围波动。

(3) 第二道支撑架设后，第二道支撑轴力的变化也处于一个快速上升的阶段，尤其是对撑的轴力变化幅度更大，一个月的时间，轴力增加了 20 倍。原因分析对比两图可以看出，本基坑的对撑主要承受基坑应变带来的应力变化，加上 10 月与 11 月的降水较多，基坑变形的速率加快，钢筋混凝土支撑的凝固时间也受到了不利影响，基坑无支撑的暴露时间加大，导致基坑的轴力变化随之变快，轴力的大小也更大。第三道支撑架设完毕后，轴力的变化趋于平稳。

(4) 第三道支撑架设后，第一、二道对撑和斜撑的轴力都有一定程度的变大，但对比明显发现第三道支撑的轴力变化相对于第一、二道而言变化幅度较小，这是因为第三道支撑与第二道支撑的距离比较近，第二道支撑也分担了部分应变所产生的应力。因此最后一道支撑的轴力也最大。

(5) 支撑的轴力在支撑刚刚架设好时变化较大，随后会慢慢趋于平缓，待下一道支撑架设完毕后，轴力的变化趋于稳定。

三、本章小结

为确保基坑在开挖工程中安全稳定，必须实时对基坑的围护结构及支护结构进行严密的监测，本章介绍了德莱尔大厦基坑工程的工程概况和监测情况，对其在开挖过程中地下连续墙产生的侧向位移、最大侧向位移位置及支撑轴力的变化规律进行合理的描述和分析，得到以下结论：

(1) 基坑开挖伊始，围护结构侧向变形为倒三角形，随后呈现出“弓”型，即最大侧向变形出现在基坑腹部，竖直方向表现为中间大，两头小。

(2) 基坑剖面的中部测斜孔的测斜位移明显大于坑角处测斜孔的测斜位移，从基坑水平剖面上看，基坑中部的位移大于坑角位移。

(3) 随着基坑的开挖深度增加，基坑侧向变形随之增大，最大侧向变形位置也向下移动，基本维持在基坑开挖面附近 1~2m 处。当基坑开挖区域处于土质较好的土层时，最大侧移位置随着开挖深度的增加，有向上移动的趋势，当开挖至土质较差的淤泥层时，最大侧移位置会向下移动。

(4) 基坑最大侧向位移的深度与开挖深度的比值介于 0.8~1.1 之间，且基坑剖面中部区域的最大侧向变形深度略大于坑角处。

(5) 基坑开挖的过程中，基坑侧向变形的速率较快，支撑架设完成后，变形速度得到一定的减缓。基坑开挖完成后，基坑的侧向变形仍有 12~18mm 的增长，占变形的 20%左右。可见，软土基坑的变形具有时间效应。

(6) 支撑轴力监测结果表明，对撑的轴力远大于斜撑，架设下一道支撑后，支撑轴力会趋于稳定。

(7) 雨水对土体的稳定带来不利的影响，因此，在雨季时进行基坑开挖，基坑变形的速率会明显增大，雨季施工时应注意做好防水、排水措施。尽可能在雨季来临之前将支撑做好，这样可以有效的减小雨季对基坑安全性带来的不利影响。

第七章　基坑开挖三维模拟与结果分析

一、引言

1. 概述

在基坑开挖过程中我们可以通过肉眼观察到一部分基坑变形现象，在基坑开挖完成后我们可以通过整理监测数据，找出基坑变形规律，但要对基坑开挖过程中变形情况有更深入的了解，我们还需要加入科研的手段。

本章主要通过建立基坑三维模型，模拟基坑在开挖过程中支护结构变形最大的位置，和对周围地表沉降的影响，最后通过对比二维模拟、监测数据，分析影响基坑支护结构变形的因素和支护结构变形带来的不利影响。为基坑支护结构设计、基坑开挖及基坑变形监控量测提供参考依据。

武汉是全世界水资源最丰富的城市之一，水域面积占全市市区面积的 1/4，因此武汉的土质蕴含着较多的水分，这使武汉的土质较大部分为软土。武汉地区存在较多大而深的基坑，这些基坑又多处于软土土质中，在这样的土质中开挖深基坑，不仅要考虑基坑支护结构的强度和变形情况，还要考虑周边建筑物、市政管线、地面道路等的变形和不均匀沉降。在武汉软土深基坑开挖过程中，常用的支护类型有地下连续墙、SMW 工法、桩撑支护、悬臂桩、双排桩支护等。这些支护形式有各自的优缺点，其中桩撑支护体系支护刚度大，使基坑边坡变形小，可有效保护基坑周边建筑物和地下管线安全，是控制侧向变形最有效的手段之一，又具有较高的可靠性，地层适应性强等优点，因此在武汉软土地区深基坑支护中得到了广泛的应用。

2. 工程概况

武汉中核时代广场 B 地块位于武汉市汉阳区，江城大道与建设中的梅林五街交叉口东北角，北侧紧邻梅林四街。B 地块拟建建筑包括 1 栋 7~11 层高层办公楼、1 栋 42 层超高层办公楼、1 栋 22 层培训中心、2 栋 32 层住宅楼，商业及地下车库。拟建场地为整体地下车库，基坑东西长约 165m，南北长约 235m。地下车库分二层和三层两个部分，其中三层地库部分位于基坑西南侧，东西长约 100m，南北长约 145m。±0. 00 绝对标高 21. 90m，自然地面绝对标高 21. 00m，二层地库垫层底部相对标高−10. 80m，三层地库地库垫层底部相对标高−14. 80m。柱下独立承台厚度 1. 5m，承台尺寸 1. 6m×1. 6m，净间距 6. 4m。二层地库支护设计深度 9. 90m，三层地库支护设计深度 13. 90m。

基坑工程概况见图 5−7−1。

3. 工程地质与周边环境

(1) 工程地质条件

拟建场地原为稻田地和水塘，现已回填。拟建场地原地面标高 17. 5~19. 1m，现地面地形平坦标高为 19. 33~22. 62m，相对高差 3. 29m。场地地貌单元属于长江二级阶地。地层根据钻探揭露，包括人工填土层、第四系全新统湖相淤积层、第四系全新统冲积层、第四系上

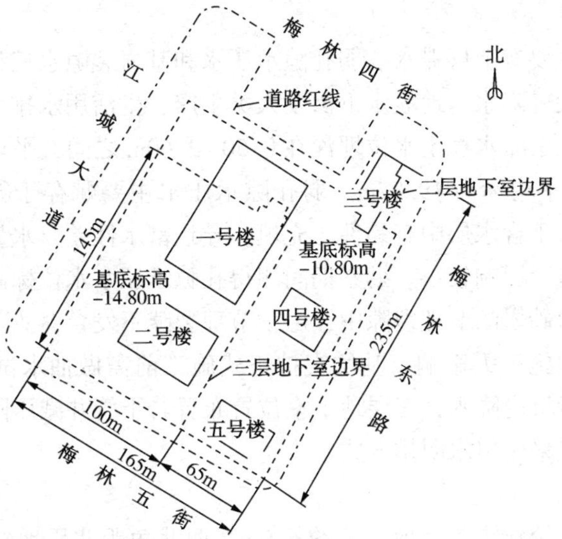

图 5-7-1 基坑工程概况图

更新统冲积层、第四系残积层、白垩~第三系泥质粉砂岩。其中对基坑支护降水有影响的地层主要为上部 4 层，其主要特征如下：

第①层：人工填土，以素填土为主，褐黄色~灰褐色，以粘性土为主，含少量砖块、混凝土块等建筑垃圾，见少量植物根系，土质不均匀，稍湿~湿，松散。层厚 1.80~7.40m，平均 5.06m。

第②层：粉质黏土，褐黄色，夹灰白色斑块，土质较均匀，含少量铁锰质结核，可塑，稍有光泽，韧性中等，干强度中等，无摇振反应。该层上部属耕植土，含植物根系等。层厚 0.70~7.60m，平均 3.81m。

第③层：淤泥质粘土，青灰色~灰褐色，土质较均匀，含少量贝壳碎片，含腐殖质，具腥臭味，流塑~软塑，稍有光泽，韧性中等，干强度中等，无摇振反应。该层局部地段表现为软塑状粉质粘土。层厚 4.00~19.40m，平均 14.26m。

第③-1 层：粉质粘土，青灰~褐黄色，土质均匀，见少量铁锰氧化物，可塑~硬塑，稍有光泽，韧性中等，干强度中等，无摇振反应。层厚 2.20~14.00m，平均 6.98m。

第④层：粉质粘土，褐黄~黄褐色，土质较均匀，含少量团状高岭土，见铁锰质结核，硬塑，稍有光泽，干强度中等，韧性中等，无摇振反应。该层在局部地段表现为粘土。该层在局部地段(如 50#孔)高岭土含量较高，可达 20%~30%，灰白色。层厚 0.60~7.00m，平均 3.69m。该场地的土层参数见表 5-7-1。

表 5-7-1 土层基本物理力学参数

层号	土层名称	层厚/m	重度 γ/(kN/m^3)	黏聚力/kPa	内摩擦角/°
①	填土	5.06	18.0	10.0	8.0
②	粉质黏土	3.81	18.3	22.0	12.0
③-1	淤泥质黏土	14.26	17.2	12.0	5.0
③-2	粉质黏土	6.98	18.8	25.0	14.0
④	粉质黏土	3.69	19.6	35.0	16.0

（2）水文地质条件

拟建场地地下水主要有上层滞水、弱孔隙承压水和基岩裂隙水三种类型。上层滞水主要赋存于填土层中，受大气降水、地表水下渗及人类生产、生活用水排放影响，无统一自由水面。勘察期间测得的上层滞水稳定水位埋深在0.50~2.60m之间，平均埋深1.52m，标高在18.99~20.75m之间，平均标高19.87m。弱孔隙承压水主要赋存于⑤-1、⑤-2和第⑦层中，接受侧向补给，由于含水层中有黏性土充填，导致富水性差，水量较为匮乏，属于相对弱含水层，对本工程施工影响较小。勘察期间测得孔隙承压水水位标高为3.60m。基岩裂隙水赋存于中风化泥质粉砂岩的节理裂隙中，由于节理裂隙不发育，故基岩裂隙水水量小，连通性差，对本工程基础施工无影响。基坑支护正式施工前需做抽水试验确定承压水设计参数，确定是否需要进行坑内降水，三层地下室位置布置若干管井减压降水，管井深度进入砂层或圆砾层，其他位置采用集水明排方式。

（3）周边环境情况

基坑北侧：地库外轮廓线距用地红线约6.0m，西北角距北用地红线约60.0m，红线紧邻在建梅林四街，中部红线紧邻预留轨道变电所用地；基坑东侧：地库外轮廓线距用地红线约6.0m，红线紧邻在建梅林东路；基坑西侧：地库外轮廓线距用地红线约21.0~27.0m，红线紧邻江城大道；基坑南侧：距用地红线约6.0~12.0m，红线紧邻在建梅林五街。基坑东侧、南侧、北侧在建道路已建成，但尚未通车，道路两侧埋藏有燃气、通讯、电力、雨水、污水等市政管线。基坑周围环境见表5-7-2及基坑周围环境见图5-7-2。

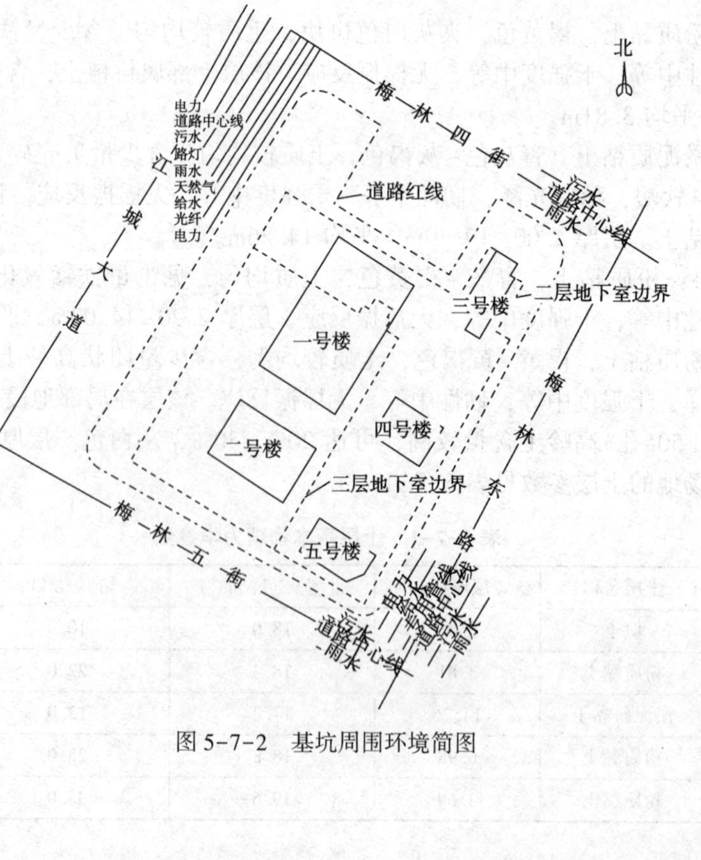

图5-7-2　基坑周围环境简图

表 5-7-2　基坑周围环境

位置	管线类别	管顶/底高/m	埋深/m	直径/mm	材料	至红线距离/m
基坑西侧	电力	19.70	1.30	BH1350×700	铜	16.20
	光纤	19.80	1.20	BH700×300	光纤	17.80
	给水	18.80	2.20	300	铸铁	21.00
	天然气			325	铜	22.40
	雨水	19.10	1.90	300	砼	22.50
	路灯	20.30	0.70	BH1200×100	铜	23.50
	污水	17.30	3.70	500	砼	24.60
基坑北侧	雨水	19.30	1.70	800	砼	10.40
	道路中心					12.50
基坑东侧	电力			BH600×400	空管	6.10
	给水	20.40	0.60	400	铸铁	8.90
	专用管线	20.30	0.70	BH100×50	空管	9.00
	道路中心					12.50
基坑南侧	污水	19.00	2.00	300	砼	7.80
	道路中心					10.00

4. 基坑支护工程安全等级

本工程基坑开挖深度二层地库部分约 9.9m，三层地库部分约 13.9m，二层车库与三层地下车库直立边坡约 6.7m，根据周围建(构)筑环境条件及工程地质条件，根据《湖北省基坑工程技术规程》(DB159)规定，基坑支护结构安全等级为一级。基坑支护为临时性防护工程，结构使用年限为 1 年。

5. 基坑支护形式与比选

1）基坑支护常用形式

在基坑支护设计时，选择合适的支护形式非常重要，它关系到基坑工程的成败和工人们的生命财产安全。支护结构的选型要综合考虑基坑开挖规模、周边建(构)筑物环境、基坑开挖深度、工程地质与水文地质条件等因素，同时应考虑不同支护形式的受力特征。总的原则是安全、经济、可靠和便于施工。

常用的支护类型有：放坡、土钉墙、锚杆、锚索、水泥土重力式挡土墙、悬臂桩、双排桩、钢板桩、SMW 工法、地下连续墙、桩+锚杆、桩+锚索、桩+内支撑、地下连续墙+内支撑等。

2）武汉深基坑支护方案比选

根据场地地质条件、环境条件、水文特征、施工资料、结构设计资料及基坑开挖深度，并结合武汉市基坑工程的成功经验，目前该基坑可选用的支护形式有地下连续墙、SMW 工法、桩撑支护、悬臂桩、双排桩支护等。

（1）地下连续墙

在地面挖一条窄长的深沟槽，在里面放钢筋笼，然后浇灌混凝土，逐段进行练成一道钢筋混凝土挡墙，可挡土、挡水、承重。

优点：

①工效高、工期短、质量可靠、经济效益高；

②施工时振动小、噪音低、非常适于在城市施工；

③占地少、防渗性能好、可用于逆作法施工、可以贴近施工、刚度大、适用于多种地基条件。

缺点：

①弃土及废泥浆的处理问题，除增加工程费用外，如处理不当，还会造成新的环境污染；

②一般用地下连续墙只作围护挡墙时，造价稍高，不够经济。

(2) SMW 工法

SMW 工法又叫新型水泥土搅拌桩墙，属于地下连续墙的一个分支。原理是先钻孔注浆，再插入型钢(多为 H 型钢，也有钢管)挡土，可承受荷载，也可防渗挡水。

优点：

①型钢可以回收，造价较低；

②SMW 工法构造简单，施工速度快，可大幅度缩短工期。

缺点：

①型钢刚度有限，抵抗变形能力不强；

②型钢拔出时对上部施工有干扰；

③型钢的施工、拆除、回收对场地和技术的要求较高，当基坑深度较浅时，采用 SMW 工法造价相对较高，不很经济。

(3) 桩撑支护

桩撑支护就是由支护结构和内支撑两部分组成，支护结构常用钢筋混凝土排桩和地下连续墙，内支撑常采用钢筋混凝土支撑和钢管(或型钢)支撑。钢筋混凝土支撑的优点是刚度好、变形小、结构构造简单、整体性好，钢支撑的优点是钢管可以回收、加预应力方便。桩撑支护适用于各种地质条件和深基坑。

优点：

①能有效控制基坑侧向变形，在开挖深且狭长的基坑中较经济，如：地铁车站，地下隧道入口；

②钢筋混凝土支撑+围护挡墙的支护刚度大，可有效减小基坑边坡变形，保护基坑周边建(构)筑物和地下管线安全，在变形控制严格的基坑工程中特别适用。

缺点：

①内支撑结构和立柱，会对土方开挖会造成一定影响，增加土方开挖的工期；

②钢筋混凝土支撑的施工，要较长的养护周期，会对基坑开挖的工期造成影响。

(4) 悬臂桩

适用于工程地质较好，开挖较浅(6m)的基坑支护。

(5) 双排桩

双排桩就是在基坑的边缘，布置两排桩共同挡土，一般靠近基坑内部的桩密度较小，外面的桩密度较大，桩顶连在一起，两排桩间可有土，可无土。近年来武汉市部分项目采用了双排桩支护，从实际情况来看，效果较好。

优点：不影响基坑土方的开挖。

缺点：

①需要有双排桩布桩及施工空间，冠梁混凝土增加较大方量；

②工程造价相对较高。

通过以上对比和本项目的实际情况，本项目地下室分为二层和三层两个部分，根据该基坑开挖深度，武汉地区基坑工程经验，该项目的地质调查资料，周边建(构)筑物环境和项目自身特点，经过试算，本方案拟采用桩撑支护型式。

6. 武汉深基坑工程支护与开挖分析

1）基坑支护分析

（1）支护措施

根据基坑周边环境及开挖深度情况，二层地下室位置采用800、900钻孔灌注桩+一道钢筋混凝土支撑的围护形式，三层地下室位置采用1200钻孔灌注桩+三道钢筋混凝土支撑的围护形式，二、三层地下室交界位置采用800钻孔灌注桩+二道钢筋混凝土支撑的围护形式。

（2）止水措施

根据本工程场地工程地质、水文地质以及土层渗透系数情况可知，土层自稳性比较差、地下水位比较高、止水深度范围地层为人工填土、淤泥质软土，水泥土固结程度差，因此搅拌桩施工必须严格控制施工参数。本工程使用JB-160(850mm)三轴搅拌机具(图5-7-3)、进口动力头、钻杆、配套加接钻杆施工工艺，来解决三轴搅拌桩施工深度难题。止水帷幕采用单排三轴850@1200搅拌桩。帷幕止水桩的单排施工顺序如图5-7-4所示，相邻幅间搭接方式全为套打一根桩。

(a)定位　(b)施工

图5-7-3　三轴搅拌机具定位与施工

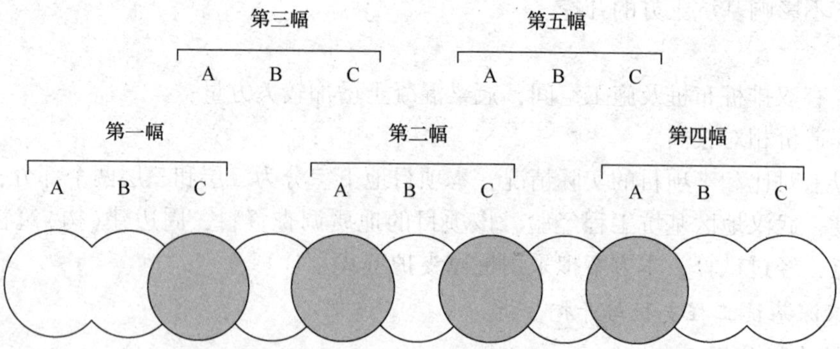

图 5-7-4　单排桩套打施工顺序图

（3）支撑体系

本设计采用了三道钢筋混凝土支撑，第一道支撑中心标高为-3.4m，第二道支撑中心标高为-8.5m，第三道支撑中心标高为-12.0m，如图 5-7-5 所示。

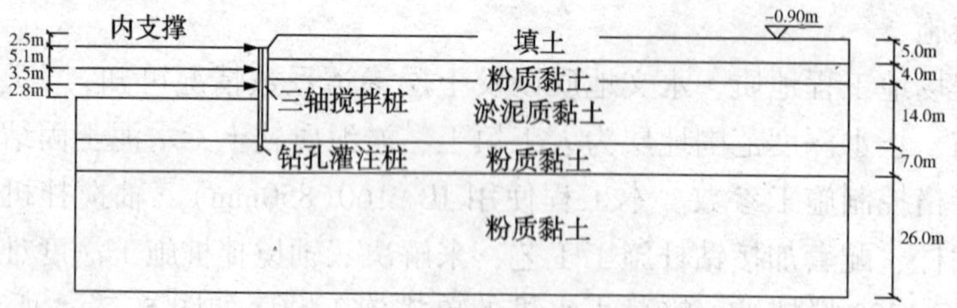

图 5-7-5　基坑支护剖面简化图

（4）被动区加固

采用三轴搅拌桩对被动区土体及局部深坑进行加固，施工前应选取典型地质断面进行试验，测试水泥土固结强度。被动区加固采用水泥土搅拌桩，被动区加固土体与支护桩之间采用 600@450 高压旋喷桩搭接，搅拌桩桩径可以采用 650 或 850 等不同直径，施工机械可采用单轴、双轴或三轴搅拌机械，但应保证搭接厚度不小于 150mm。基坑底部加固采用抽条加固和扶壁加固(裙边加固)两种方式。

2）基坑开挖与支护顺序

工况一：施工工程桩、围护桩、止水帷幕、立柱桩等。

工况二：待搅拌桩、灌注桩、立柱桩达到设计强度后，开挖第一层土方至支撑底标高，施工混凝土支撑及圈梁。

工况三：待撑达到设计强度后，三层地库范围开挖第一、二层土方至第二道支撑，二层地库范围开挖至第二道支撑标高以上，三层地库处施工第二道混凝土支撑及圈梁。

工况四：待第二道撑达到设计强度后，三层地库范围开挖第二、三层土方，至第三道支撑标底，施工第三道混凝土支撑及圈梁。

工况五：待第三道撑达到设计强度后，三层地库范围开挖第三层土方至坑底，及时浇筑垫层、底板及传力结构。

工况六：待底板、传力结构达到设计强度后，拆除第三道支撑，并施工地下三层、二层结构及传力结构。

工况七：待第二层地下室及传力带达到设计强度，拆除第二道支撑，并施工地下二层、一层结构及传力结构。

工况八：二层地库范围土方开挖至基底，及时浇筑垫层、底板及传力结构。

工况九：待底板、传力结构达到设计强度后，施工地下二层结构及传力结构。

工况十：待二层地库范围第二层地下室结构及传力带达到设计强度，拆除第一道支撑。

工况十一：施工地下室至±0.000，基坑四周土方回填。

二、武汉软土深基坑的三维模型建立

1. 基本假设

（1）基坑开挖过程中，基坑内处于无水状态，数值模拟过程中不考虑地下水的影响。

（2）认为土体为理想弹塑性体，采用修正剑桥（MCC）模型进行模拟，各土层均匀且呈水平层状分布。

（3）不考虑施工因素对模型参数的影响，不考虑周围环境对模型的影响，不考虑边界条件对模型的影响。

（4）采用初始地应力平衡方法后，不考虑支护桩、立柱、工程桩对土体应力应变关系的影响。

2. 三维模型建立

根据基坑开挖实际情况建模。基坑总体东西长约165m，南北长约235m；三层地下室处基坑东西长约100m，南北长约145m；基坑开挖深度共13.9m，分三次开挖，第一层土体开挖厚度为2.5m，第二层土体开挖厚度为5.1m，第三层土体开挖厚度为6.3m；支护桩长取22m。地面和基坑开挖面为自由边界，不受任何约束，模型的四周边界受水平向位移约束，下边界受到水平向和竖直向的双向约束。桩土接触采用Tie接触。根据桩径，桩间距，把排桩等效为地下连续墙建模。

$$\frac{1}{12}(D+t)h^3=\frac{1}{64}\pi D^4$$

$$h=0.838D\sqrt[3]{\frac{1}{1+\frac{t}{D}}}$$

其中，D为钻孔灌注桩的直径，t为桩间净距（桩间土厚度），$(D+t)$为单桩等效后连续墙宽度，h为等效连续墙厚度。

3. 网格划分

土体的网格划分采用三维八节点实体减缩积分单元（C3D8R），等效围护墙网格划分采用三维四节点曲壳减缩积分单元（S4R），内支撑网格划分采用三维线性剪切变形梁单元（B31），本次网格划分数量共计101992个。土体的网格划分图如图5-7-6所示，等效围护墙和内支撑的形状与网格划分图如图5-7-7所示。

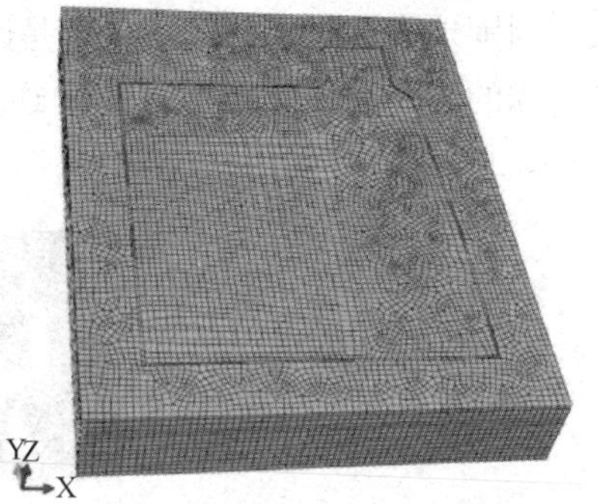

图5-7-6　土体网格划分图

4. 初始地应力平衡

在基坑开挖之前，基坑内土体已经受到了地球引力的影响，为了平衡地球对土体变形的影响，采用初始地应力平衡方法，给基

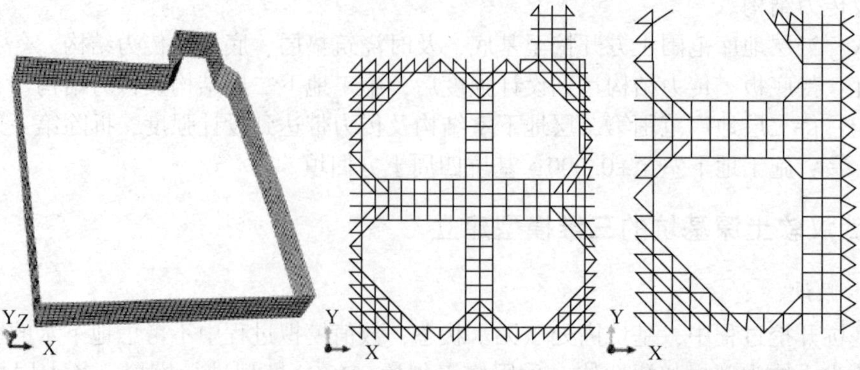

(a)第一　　(b)第二　　(c)道内支撑模型和网格划分图

图 5-7-7　等效围护墙

坑模型所有土体一个重力。在基坑第一层开挖前建立 * Geostatic 分析步，输入 * initial conditions，type = stress，geostatic。从图 5-7-8 模型的应力分布上可以看出，模型的应力分布按竖向土体分布很均匀，初始地应力平衡效果较好。

图 5-7-8　初始地应力平衡效果图

三、三维模拟结果云图分析

对模拟结果先通过变形云图作直观分析，从直观上了解基坑在每次开挖后的变形现象，和变形大小的大致位置，具体数据分析在下一小节的“三维模拟结果数据分析”。

1. 基坑竖直方向沉降变形

(1) 第一层开挖后沉降变形：

由图 5-7-9 可以看出，在第一层基坑土体开挖后，还未加内支撑前，基坑底部隆起变形较大，周围地表沉降变形较小，这是因为模型中没有考虑基坑底部加固，实际工程中基坑底部是加固的，变形非常小。从图中还可以看出基坑底部隆起中间大、两边小，属于弹性隆起。

图 5-7-9　第一层开挖后基坑沉降变形云图

(2) 第二层开挖后沉降变形：

由图 5-7-10 可以看出，在第二层基坑土体开挖后(二层地下室开挖完成)，施加第一道内支撑还未施加第二道内支撑时，基坑的变形依然是基坑底部隆起较大，周边地表沉降较小，基坑底部隆起依然是中间大、两边小，属弹性隆起。

(3) 第三层开挖后沉降变形：

由图 5-7-11 可以看出，在基坑第三层开挖完成后(土方开挖工程结束)，基坑在三层地下室底部的基坑竖向隆起变形最大，基坑周围地表变形较小。基坑三层地下室底部基坑隆起成弹性隆起。

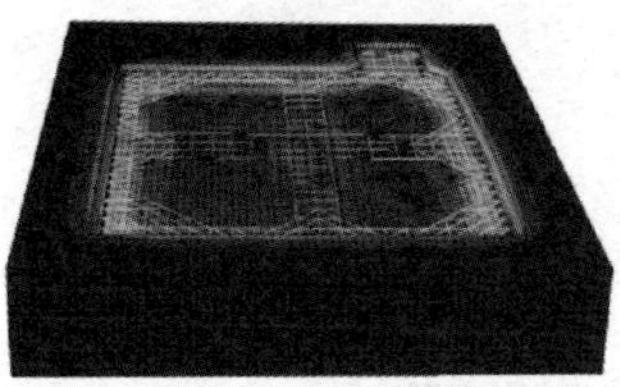

图 5-7-10　第二层开挖后基坑沉降变形云图

图 5-7-11　第三层开挖后基坑沉降变形云图

2. 基坑水平方向变形

(1) 第一层开挖后：

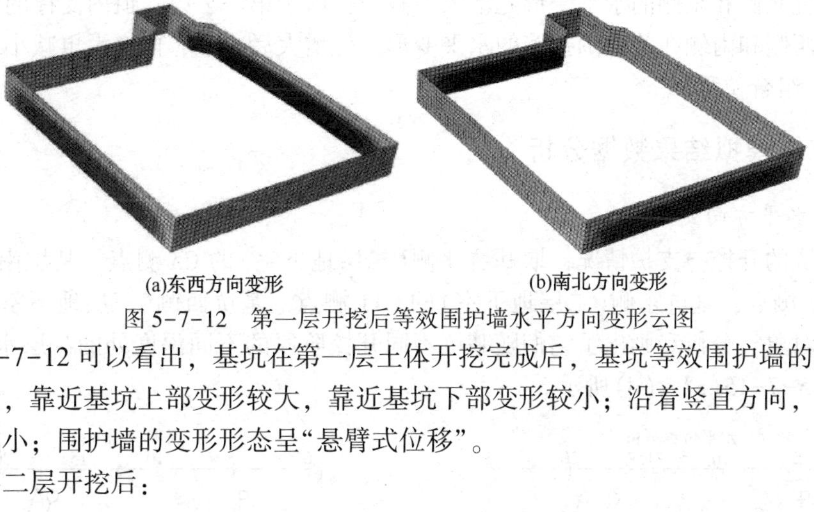

(a)东西方向变形　　(b)南北方向变形

图 5-7-12　第一层开挖后等效围护墙水平方向变形云图

由图 5-7-12 可以看出，基坑在第一层土体开挖完成后，基坑等效围护墙的水平方向变形云图显示，靠近基坑上部变形较大，靠近基坑下部变形较小；沿着竖直方向，基坑水平变形量逐渐减小；围护墙的变形形态呈“悬臂式位移”。

(2) 第二层开挖后：

(a)东西方向变形　　(b)南北方向变形

图 5-7-13　第二层开挖后等效围护墙水平方向变形云图

由图 5-7-13 可以看出，基坑在第二层土体开挖完成后，基坑等效围护墙的水平方向变形云图显示，靠近基坑上部变形较大，靠近基坑下部变形较小；由于第一道内支撑的水平限制作用，基坑等效围护墙沿着竖直方向，水平变形先增大后减小；围护墙的变形形态呈“抛物线型位移”。

(3)第三层开挖后：

(a)东西方向变形　　(b)南北方向变形

图 5-7-14　第三层开挖后等效围护墙水平方向变形云图

由图 5-7-14 可以看出，基坑在第三层土体开挖完成后，基坑等效围护墙的水平方向变形云图显示，靠近基坑上部变形较大，靠近基坑下部变形较小。由于第一道内支撑的水平限制作用，基坑北侧和东侧的水平变形先增大后减小；由于第一、第二道内支撑的水平限制作用，基坑的西侧和南侧在等效围护墙的水平变形，先增大后减小、再增大再减小；围护墙的变形形态呈“组合位移”。

四、三维模拟结果数据分析

1. 基坑水平方向变形

根据基坑的开挖与支护情况，取基坑北侧(二层地下室)的 C5 测点，基坑南侧(三层地下室)的 C16 测点，基坑东侧(二层地下室)的 C11 测点，基坑西侧(三层地下室)的 C18 测点作为研究对象，分析和画出了它们随基坑不同开挖阶段的不同深度处的深层水平位移图，其结果如图 5-7-15(a)～(d)所示。

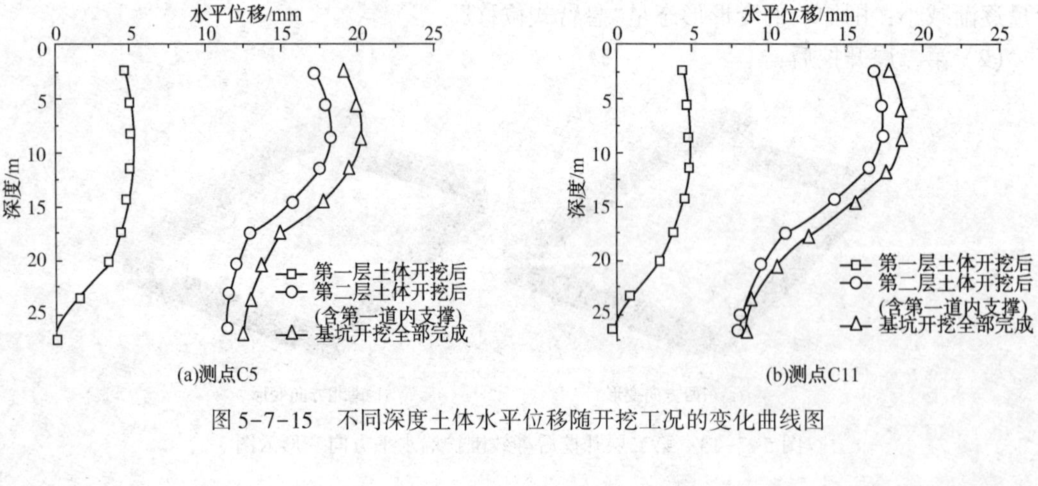

(a)测点C5　　(b)测点C11

图 5-7-15　不同深度土体水平位移随开挖工况的变化曲线图

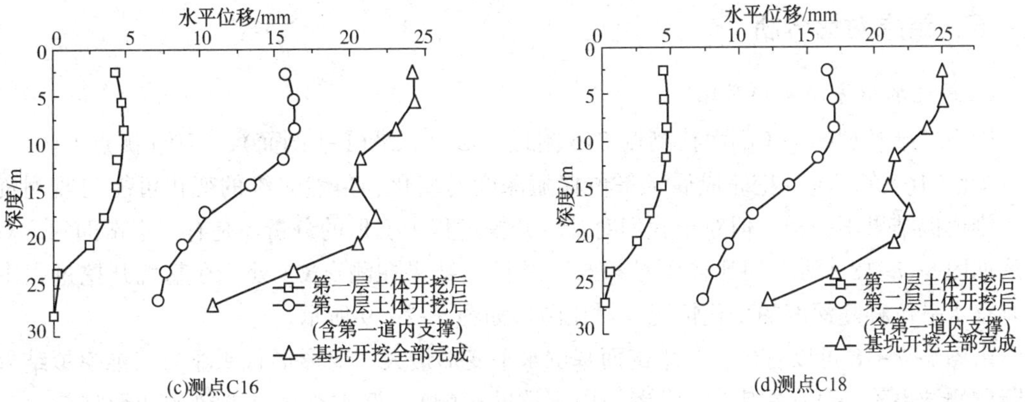

图 5-7-16　不同深度土体水平位移随开挖工况的变化曲线图(续)

由图 5-7-16 得出：

(1) C5 测点的最大水平位移是 20.27mm，在距离基坑地面 8.5m 处；C11 测点的最大水平位移是 18.67mm，在距离基坑地面 8.5m 处；C16 测点的最大水平位移是 24.29mm，在距离基坑地面 2.5m 处；C18 测点的最大水平位移是 25.05mm，在距离基坑地面 2.5m 处。

(2) C5 测点与 C11 测点处基坑水平变形规律一致，因为它们都是处在二层地下室边缘(含一道内支撑)；C16 测点与 C18 测点处基坑水平变形规律一致，因为它们都处在三层地下室边缘(含两道内支撑)。

(3) 基坑第三次开挖对 C5 和 C11 测点的影响较小，因为它们不在第三次开挖边缘；第二道内支撑的作用使 C16 与 C18 的变形先增大后减小，再增大再减小。

2. 地表沉降

本次基坑地表沉降取基坑南侧靠近测斜 C16 处取值，为下面基坑地表沉降对比做铺垫，地表沉降数据结果图如图 5-7-17 所示。

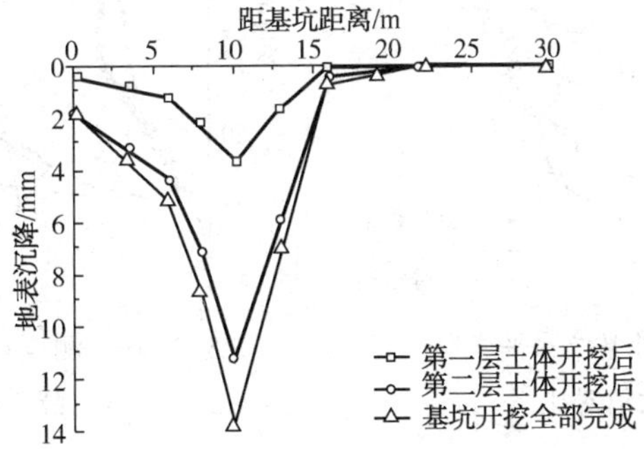

图 5-7-17　每层土开挖后基坑周围地表沉降随距基坑距离的变化

由图 5-7-17 可以看出，地表的沉降变形呈“V 型”(抛物线型)，最大值在距离基坑 10m 处，最大值 13.6mm。第一次和第二次开挖后地表沉降增加明显，这说明地表沉降受基坑上层开挖的影响较大。可以看出，对于模拟情况地表沉降结果是可以为“0mm”的，这说明模拟还是存在理想状态的。

五、结果对比分析

1. 基坑水平方向变形对比

因为二维模型的 I–J 剖面在测点 C16 附近，对比二维(I–J 剖面)、三维(测点 C16)、监测(测点 C16)在基坑开挖完成后水平位移随深度的变化，虽然二维的变化可能与监测资料和三维模拟结果不一样，但对于我们对基坑开挖过程中变形的分析还是有一定帮助的。对比图形如图 5–7–18 所示。对比监测结果与三维模拟结果在测点 C5 处，在基坑开挖过程中基坑侧壁水平位移随深度的变化情况。对比图形如图 5–7–19 所示。

由图 5–7–18 可以看出，二维剖面基坑水平变形最大，变形形状明显与三维模拟结果和实际监测结果不一样(是因为它没考虑内支撑的影响)，但它符合悬臂梁的变形规律。三维数值模拟的变形结果和实际监测的结果十分相似，这说明这次三维实际开挖情况数值模拟是成功的，同时验证了 ABAQUS 数值模拟在分析计算基坑开挖变形问题的可行性。三维数值模拟结果比实际监测结果偏小是因为它没考虑施工过程中各种因素的影响，是一种理想化的基坑开挖过程。

由图 5–7–19 可以看出，基坑在第一层土体开挖完成后，围护桩的侧向变形三维模拟结果与实际监测结果非常接近；基坑在第二层土体开挖完成后，围护桩的侧向变形三维模拟结果与实际监测结果相差不大；在基坑开挖完成后，围护桩的侧向变形三维模拟结果比实际监测结果小很多。这可能是后面施工因素对基坑变形的影响，模拟是在理想基坑开挖情况下得到的结果，这就是模拟与实测的差异。

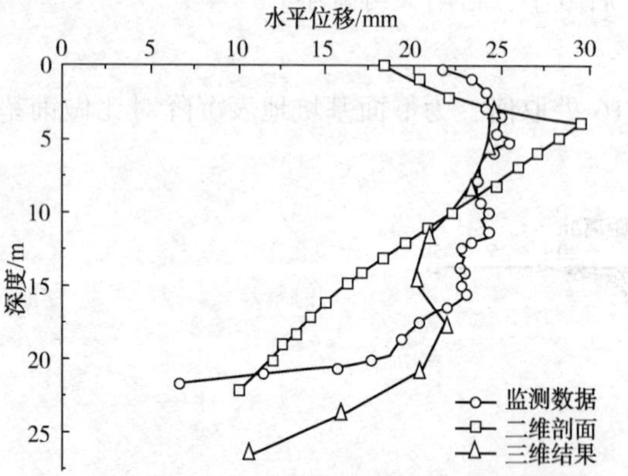

图 5–7–18　测点 C16 处基坑水平变形随深度变化最大值对比

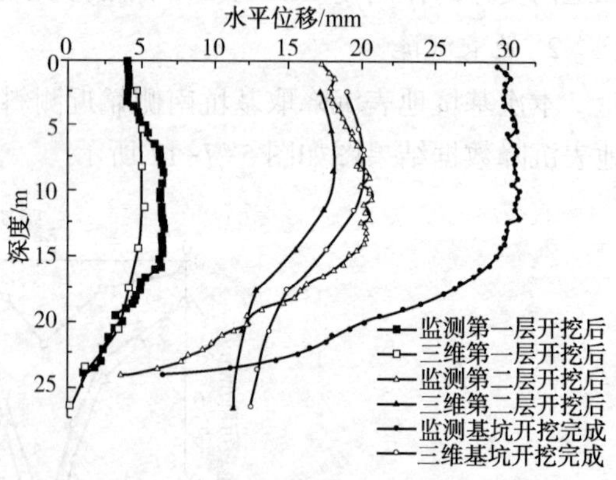

图 5–7–19　测点 C5 处各工况下基坑水平变形随深度变化对比图

2. 地表沉降对比

由图 5–7–20 可以看出，基坑二维剖面模拟(没加内支撑)，地表沉降变形明显与监测结果和三维模拟结果不同，它呈三角形沉降。三维模拟结果与监测结果图形相似，都是呈凹槽形变化。基坑三维模拟结果比实测结果偏小，三维模拟的图形更接近理想状态，因为它没有考虑施工过程中各种因素的影响。

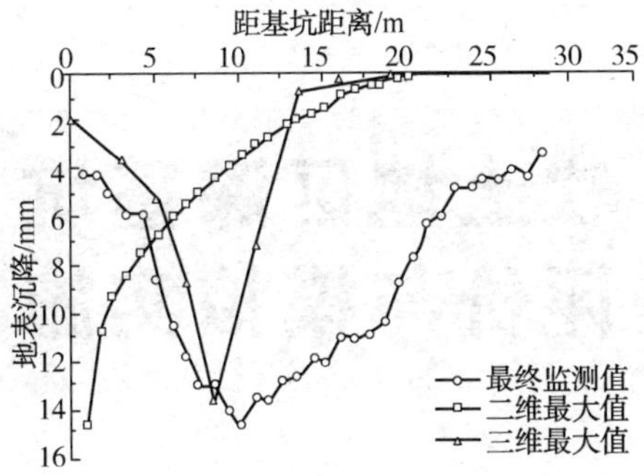

图 5-7-20　测点 C16 处基坑周围地表沉降随距基坑距离变化对比图

3. 内支撑轴力对比

取基坑开挖完成后钢筋应力计测出的最大轴力，和同一测点处三维模拟轴力对比。

表 5-7-3　开挖完成后内支撑轴力对比

测点	Z1	Z3	Z11	Z20	Z24	Z29
监测最大值/MPa	-52.0	-64.1	-48.2	-58.1	-69.2	-60.0
三维模拟结果/MPa	-34.1	-33.4	-36.5	-30.5	-32.6	-28.8

由表 5-7-3 可以看出，内支撑的轴力监测结果都比三维模拟结果大，这是因为施工工程中，内支撑受到的力不仅仅是基坑侧向变形给的水平力，还有施工过程中很多复杂因素的影响，如内支撑可能作为栈桥，三维建模是简化后的理想状态，只考虑了限制基坑侧向变形产生的力。

六、本章小结

本章主要介绍了武汉软土深基坑三维数值模型的建立过程、网格划分、初始地应力平衡，然后对基坑三维数值模拟结果做了分析，最后对基坑开挖的二维模拟预测、开挖过程中监测数据、开挖三维数值模拟结果做了对比。分析得出，基坑底部隆起量大于基坑周围地表沉降变形量；基坑底部隆起变形中间大、两边小，属于弹性隆起；基坑水平方向变形随基坑开挖深度增加不断增大；第一层土体开挖后维护挡墙变形呈“悬臂式位移”；第二层土体开挖后维护挡墙变形呈“抛物线型位移”；第三层土体开挖后维护挡墙变形呈“组合型位移”。基坑水平方向上变形，单个测点处随基坑开挖工况不同变形量不同，但变形数据图线相似；各测点之间变形图形不同，但变形规律一致。基坑竖直方向上，地表沉降随基坑开挖不断增大，随距基坑的距离变形先增大后减小，变形图形呈“V 型”。

从二维模拟、监测数据、三维模拟结果的对比中得出，在基坑水平方向上，二维剖面基坑水平变形最大，它符合悬臂梁的变形规律；三维数值模拟的变形结果和实际监测的结果十分相似；但是三维数值模拟是基坑开挖的理想状态，它没有考虑基坑开挖时各种施工因素的影响，得出的结果偏小。在基坑竖直方向上，基坑二维剖面模拟地表沉降变形明显与监测结果和三维模拟结果不同，它呈三角形沉降；三维模拟结果与监测结果图形相似，都是呈凹槽形变化；三维数值模拟结果比监测结果偏小，更接近理想状态。在轴力对比中，三维数值模拟得到的轴力都比监测中内支撑测得的轴力小。

第六篇　软土地区深基坑支护方案评价与模拟实施

随着城市的迅速发展，人们越来越重视地下空间的开发和利用，这对深基坑工程的施工技术提出了更高的要求。且随着建设用地的日益紧张，在经济发达的沿海地区，深基坑工程出现了“深、大、密”的特点，越来越多的深基坑必须要在城市建筑密集区内进行施工。这些深基坑可能临近已有的建筑物、地下市政管线或靠近城市道路与高架等，在如此复杂的环境条件下进行深基坑的施工，会对周围已有建(构)筑物和地下市政管线等产生不同程度的影响。另外，深基坑支护方案实施的过程中工程量大，不可预见因素多，技术难度高。现有两大问题正受到岩土工程界和普通大众的高度重视：一是如何选择合理的深基坑支护方案，在确保深基坑安全科学施工的同时，做好深基坑的安全监测工作，达到经济有效地控制由于深基坑施工对周围土体产生的扰动，以期能将其对周边已有建(构)筑物和地下管线等的影响降到最小。二是管理者应如何及时发现施工中存在的问题，更好的实施项目方案，在工程施工过程中加强施工现场的管理和工程成本、质量、进度三大目标的控制，提高工作效率。大规模的高速建设，致使理论研究的深度滞后于相应阶段的工程实践需要，加之有些工程的建设规模及其技术复杂程度超出了历史经验的积累，在缺乏理论指导和工程经验积累的情况下，工程事故时有发生。同时，工程实施过程中因管理不当造成的资源浪费屡见不鲜，这都带来了巨大的经济损失和不良的社会影响。在建设项目实施过程中，建筑业显现出其相对于其他行业的低效率和浪费现象，项目实施的好坏直接关系到工程能否达到预期目标。项目实施过程中值得关注的一个问题是：由于项目实施过程中产生的信息种类繁多，形式多样，在项目管理的过程中，由于信息的获得和问题反馈不及时，从而导致工程项目实施过程中信息流失现象严重，致使项目管理水平和管理效率的提高受到了一定程度的制约，建设项目实施过程中出现的许多问题都与参与各方之间信息交流不畅有关。因此，如何使用先进的信息管理技术、方法为工程项目的实施提供有力支持，是一个值得探讨的问题。

BIM 技术可贯穿于深基坑项目整个生命周期，它本身的丰富信息可以用于深基坑的设计、施工和监测的整个阶段。如在施工阶段，可以利用该技术进行施工模拟和进度挂接；在成本控制上，可以利用其中的信息进行工程项目预决算，进行成本预测与控制；在监测阶段，可以将动态监测的数据输入到 BIM 模型中，进行实测数据与虚拟模型的结合，实现虚拟现实监测等。如何利用 BIM 技术对项目实施过程进行管理控制，使得项目的实施更加经济、高效是值得我们不断实践的。

深基坑的开挖与支护是地下工程的一个传统课题，同时是岩土工程界的一项综合性难题，它既涉及到土力学中典型的强度与稳定性问题，又包含了深基坑支护结构方案的选择和变形等一系列复杂问题，如果处理不当容易给整个工程项目带来不可估量的损失。软土深基坑较普通深基坑来讲地质条件更加复杂，施工存在高难度，高风险且极具挑战性。如何选择合理的开挖支护方案并借助信息化平台使其有效实施，实现既定目标是一个值得研究的课题，具有较大的研究意义和管理实践需求。目前，在深基坑支护方案优选和高效实施方面的研究中，已经取得长足的发展，但很少把软土深基坑工程作为一个系统来进行研究。

本篇以青岛啤酒城改造项目深基坑为依托，通过主成分分析法构建评价指标体系，结合格序决策理论建立方案评价模型对软土深基坑的支护方案进行优选。在此优选方案的基础上，阐述如何借助 BIM 技术使得项目支护方案更好的实施。以期为软土深基坑支护方案的选择与高效实施提供理论依据和模型支持。软土具有触变性、高压缩性、弱渗透性及抗剪强度低等特性，这使得软土深基坑的施工较普通深基坑更具复杂性和挑战性，其受环境条件的限制也更为严格。加之我们对软土深基坑支护工程进行方案选择和施工时，往往采用半经验半理论的方法，所以不可避免的会出现一定的问题。

(1) 在软土深基坑工程实践中，由于施工方案不合理、施工不当、过度追求经济效益等原因造成工程事故和更大损失的事例时有发生。

(2) 软土深基坑系统是一个复杂的开放系统，不同的技术方案会带来不同的工程效果和经济效益，人们需要对不同的支护方案进行评估取舍。深基坑支护方案评价过程中现应用较多的理论方法有模糊数学理论、神经网络理论、灰色理论、物元理论、集对分析法、理想点法等以及相关理论的有机结合。相关学者已经意识到单纯的运用定性或定量方法处理评价指标体系的不足，提出了更为合理的定性与定量相结合的方法。但其支护系统的好坏受水文地质因素、周围环境和工程自身因素等的综合影响，这些因素具有模糊不确定性的特点。现有研究存在影响因素考虑不全面和在一定程度上忽略了评价目标之间的不可公度性与矛盾性问题，且很少把软土深基坑作为一个独立的系统研究。

(3) 在软土深基坑工程项目实施过程中因管理不善或信息获取不及时导致未及早发现施工中的问题而采取相应措施，引起项目返工，造成工程成本增加和工期延误的事例屡见不鲜；再者，因为设计图纸的不完善，可能导致施工过程中索赔事件的发生。

针对以上问题，本篇构建全面、合理的软土深基坑支护方案综合评价体系，基于格序决策理论建立方案评价模型，并建立相应的 BIM 模型，借助模型进行碰撞检查和工期、成本控制等，找出存在的问题对软土深基坑工程实施进行有效管理，并将所得的理论成果应用于实际工程案例中进行验证。以期为类似工程的实施提供一定的方法借鉴。这对软土深基坑工程经济、高效的实施，避免因基坑开挖引起邻近地面、建(构)筑物及周围市政设施的变形等破坏，有效降低各种资源的浪费，提高工作效率具有重大现实意义。

第一章　软土地区深基坑支护方案评价的相关概述

一、软土深基坑相关概述

1. 软土的定义及分类

天然孔隙比≥1.0，且天然含水量大于液限的细粒土应被判定为软土，包括淤泥、淤泥质土、泥炭、泥炭质土等。其中泥炭和泥炭质土中含有大量未分解的腐殖质，有机质含量大于60%为泥炭，有机质含量10%~60%为泥炭质土。河道疏浚、围海造地等冲填而成的冲填土，以及人工搬运的杂填土等高压缩性土也属于软土，凡主要由上述软弱土层构成的地基称为软弱地基。软土属于海相、潟湖相、湖沼相、溺谷相、三角洲相等黏性沉积物或河流冲积物，主要形成于第四纪晚期，多分布于沿海、河流中下游或湖泊附近地区。

2. 软土深基坑的特点

沿海软土地区，地层多以淤泥质软土为主，其天然含水率大、透水性差、压缩性高、承载能力低、土层分布复杂，软土的特性决定了若将其作为建筑物的持力层，易引起基础的沉降，会存在重大安全隐患。软土的特性对软土深基坑工程有重要影响，具体描述如下：

(1) 软土深基坑的触变性：即地下原状土体受到振动后土的结构造成破坏，其强度降低进而变成稀释状态，易引起土体的侧向滑动、沉降及基底侧向挤出导致基底变形。

(2) 软土深基坑的高压缩性：软土在外压力的作用下易产生较大的变形，从而导致地面和软土深基坑支护结构的沉降。

(3) 软土的低透水性和富水性强：软土的竖向渗透系数一般小于0.05m/d，易在坑壁后侧积水产生侧向水压力，会对深基坑边坡的稳定性、地基强度产生影响，延长了地基趋于稳定的沉降时间。

(4) 软土的低抗剪强度和不均匀性：软土的低抗剪强度(一般在5~15kPa之间)，使得软土深基坑极易出现不均匀沉降。

二、软土深基坑支护的相关概述

1. 常见深基坑支护形式及其适用范围

深基坑的支护形式很多，每一种基坑支护形式都有其优缺点和一定的适用范围，在软土深基坑工程实践中，要根据软土深基坑工程实际进行综合分析，选用合适的软土深基坑支护(组合支护)形式，从而达到安全可靠、节约成本、缩短工期的目的。常见的深基坑支护形式及其适用范围有：

(1) 土钉墙支护

土钉墙支护施工是利用土体一定程度的自稳能力进行分级开挖，并随开挖分段向坑壁土体植入土钉，然后在开挖面挂钢筋网、喷射混凝土护面的过程。土钉与护面是在开挖土坡以后施工的，这就要求土的侧壁在竖直或者接近于竖直无支挡条件下，自稳一定时间不倒塌，因而对基坑土质和地下水条件有较高的要求。其优点是施工速度快，用料少，机械设备简单，用价低廉；支护结构轻，柔性大、抗震性好。土钉墙支护在基坑工程中已应用多年，其工法已相当成熟。其适用范围与适用条件为：土钉墙支护宜在土质较好、场地开阔且周边对变形要求不严格的条件下使用。在坑底位于地下水位以下时，需要进行人工降排水。当场地地质条件较复杂，周围环境较严格，不能满足土钉墙支护的条件时，可采用土钉支护与其他支护手段相结合的复合土钉墙支护形式，如水泥搅拌桩、预应力锚杆的联合使用。使用前要充分考虑并熟知基坑周边的环境状态，如当地下有密布的基桩及地下管线时会限制其使用。

（2）重力式水泥土墙

重力式水泥土墙结构是在基坑侧壁形成一个具有相当厚度和重量的刚性实体结构，以其重量抵抗基坑侧壁土压力，满足抗滑移和抗倾覆要求。此类结构一般采用水泥土搅拌桩，有时也采用旋喷桩，使桩体相互搭接形成块状或格栅状等形状的重力式结构。重力式水泥土墙具有挡水和隔水双重功能，且坑内无支撑可方便机械化迅速挖土。其适用范围与适用条件为：随着施工设备先进化程度的提高和施工工艺水平的不断提升，水泥土桩除适用于淤泥和淤泥质土、含水量高的黏土、粉质黏土外，也可用于砂土及砂质黏土等较硬的土质，不宜用于深度>6m 的基坑工程中，位移相对较大，尤其在基坑强度较大时。因此，在基坑周围环境复杂，保护要求较高时，应严格控制基坑开挖深度。

（3）型钢水泥土搅拌墙

型钢水泥土搅拌墙即在水泥土搅拌桩内插入 H 型钢，使之成为同时具有受力和抗渗两种功能的支护结构围护墙，亦可加设支撑。型钢的布置方式通常有密插、插二跳和插一跳一三种。国外已用于坑深 20m 的基坑，我国较多应用于 8~12m 基坑。加筋水泥土桩的施工机械为三轴深层搅拌机，H 型钢靠自重可顺利下插至设计标高。加筋水泥土桩维护墙的水泥掺入比达 20%，水泥土的强度较高，与 H 型钢黏结好，能共同作用。其适用范围与适用条件为：从广义上讲，型钢水泥土墙以水泥土墙为基础，凡是能够施工三轴水泥土搅拌桩或水泥土连续墙的场地都考虑使用该工法。从黏性土到砂性土，从软弱的淤泥和淤泥质土到较硬、较密实的硬土，适用范围较为广泛。对于无工程经验及特殊土层地区，必须通过现场试验确定型钢水泥土墙的适用性。

（4）排桩支护体系

排桩支护体系是由排桩、排桩加锚杆支护或支撑组成的支护结构体系的统称。其结构类型可分为：悬臂式排桩、锚拉式排桩、内支撑式排桩。排桩平面布置形式一般采用相隔一定间距的疏排桩布置形式，可采用内排桩与搅拌桩或高压旋喷桩相互搭接的组合形式既作为挡土结构又作为止水帷幕。排桩通常采用混凝土灌注桩，也可采用钢管桩、钢板桩、预制桩和预应力管桩等桩型。其适用条件与适用范围为：当基坑较深、平面尺寸大且周边环境对支护结构位移的要求较严格，不适宜采用支撑式排桩时，可采用锚拉式排桩。当基坑较浅且基坑周边环境对支护结构位移的限制不严格时，可采用悬臂式排桩。采用内支撑可能会给后期施工造成很大障碍，所以，当能采用其他支护形式时，一般不首选支撑式排桩。

（5）地下连续墙

地下连续墙按施工方法可分为现浇地下连续墙和预制地下连续墙。对现浇地下连续墙，根据其平面形状和功能，可分为素混凝土地下连续墙、型钢混凝土地下连续墙等多种形式。其中素混凝土连续墙和型钢混凝土地下连续墙都可以起到止水帷幕的作用，但素混凝土连续墙由于没有钢筋笼或型钢，故不能作为结构构件来受力。当地下连续墙深度和槽段宽度较大时，现浇地下连续墙的现场加工需要占用较大场地，这在城市场地狭窄地区会造成一定困难。为此，发展了预制的地下连续墙。其适用范围与适用条件为：地下连续墙一般适用于开挖深度大于10m且对基坑变形和防渗性要求较高其他维护结构无法满足要求时的深基坑工程。当基坑开挖深度很大且地质情况复杂的情况下，采用其他止水帷幕难以满足要求时，可采用地下连续墙。

(6) 内支撑技术

采用内支撑技术的深基坑工程，一般由围护体，内支撑以及竖向支撑三部分组成，其中内支撑与竖向支撑两部分称为内支撑系统。支撑结构从材料上可以分为钢筋混凝土支撑、钢支撑以及钢和混凝土组合支撑。内支撑维护结构的稳定性较高，能够有效发挥材料的优点，控制基坑壁的位移，且施工质量及进度也较易控制，特别适合在复杂土质情况下和软弱土地基中使用。其适用范围与适用条件为：钢筋混凝土支撑和钢支撑两种内支撑，可以单独使用，也可以组合使用。钢筋混凝土支撑整体刚度大、变形小，但是不能回收利用；钢支撑可以回收利用，且施加预应力方便。不同形式的支撑体系因其材料的不同特点具有不同的优缺点和应用范围。决策者应在确保基坑安全可靠的前提下，根据工程特点对支撑结构进行结构选型，且根据实际情况综合考虑其经济性与施工便捷性等内容。

(7) 预应力锚索

预应力锚索在基坑支护工程中一般不单独使用，通常与排桩、地下连续墙、土钉墙等支护结构联合使用。它是一种通过高强度钢绞线和锚固将荷载传递到深部稳定岩土层的构件，一般由锚固段、自由段、拉杆(钢绞线)，锚头和其传力装置等部分组成，预应力锚索在支护结构中不仅能够提供反力保持结构的稳定，而且可以根据变形限制的要求，通过施加预加力限制支护结构的变形。其具有较好的经济技术指标，在实际工程中得到广泛应用。其适用范围与适用条件为：锚索要求基坑周边具备一定的无障碍地下空间条件，当需要通过其他建筑物地基、桩基础、重要管线等地下建(构)筑物时，应分析施工和锚固受力对其影响以确定适用性。其类型及其适用范围有：一次注浆锚索，用于岩层或荷载较小的锚固；二次压力注浆锚索，适用于设计荷载较大的土层锚固，通过二次注浆可提供锚固效率；扩大头锚索，是一种压力型锚索，以无黏结钢绞线作为拉杆，锚固段通过机械或高压喷射注浆扩孔，可提高锚固效率，适用于锚固空间受到限制的场地；可回收式锚索，是一种压力式锚索，以无黏结钢绞线作为拉杆，使用后通过某种装置回收钢绞线，避免影响周边场地的地下空间后续开发。

2. 软土深基坑支护施工应注意的问题

一般，软土深基坑的地质条件较普通深基坑来说更加复杂、更具多变性且风险性高，这就要求工程项目相关人员要注意施工中的每个环节，层层把关，防止基坑事故的发生。在软土深基坑的施工过程中除了要遵循开挖顺序和工艺流程、严把质量关、严格控制工程进度和成本、加强各方沟通外，需着重注意的问题包括：

(1) 地下水的患害必须调查清楚，做好基坑降排水

施工之前要结合地质勘察报告中提供的地质条件等资料分析地下水等可能对深基坑的施

工产生的影响，以便及时编制相应降排水和隔水方案；利用经验公式或通过抽水试验估算降水影响范围，采取预控措施；在降水系统的布置和施工方面，尽量减小保护对象下地下水位变化的幅度；井点降水系统与保护对象相距较近时应采取适当布置方式及措施减少降水深度；降水井施工时，应避免使用可能危害保护对象的方法；宜设置隔水帷幕减小降水对保护对象的影响。

（2）软土地基的处理需得当

因为软土的某些特性，软土地基承载力与稳定性差，易引起建筑物的沉降和基底的隆起，对其处理不当会造成严重后果。在基坑开挖过程中和开挖后，应保证井点降水正常进行，减少坑底暴露时间，尽快浇筑垫层和底板，也可对坑底土层进行搅拌桩和旋喷桩加固或采用换填垫层法、强夯法、预压法、加筋法等合适的方法对软土地基进行处理。

（3）施工过程中进行必要的信息化监测

对于深基坑的系统监测是保证基坑支护结构、地下管线和周围环境等安全的重要手段，可以发现不能从理论上预估的问题，是作为设计和施工的重要补充。对于水文地质条件和周围环境更加复杂的软土深基坑来说，进行信息化施工显得尤为重要。在施工中应采取信息化监测施工与现场巡检相结合的方法，根据 GB 50497《建筑基坑工程监测技术规范》相关要求和项目实际情况对软土深基坑围护结构及周边环境、基坑监测点进行布置，及时发现存在的问题。对软土深基坑支护结构的变形、沉降及水平方向的位移或倾斜、裂缝以及坑底隆起和变形等进行实时监控，根据反馈的信息，采取相应措施，避免工程事故发生，降低经济损失。

3. 软土深基坑支护方案评价原则

由于设计上的不完善和施工技术等方面的原因造成工程事故和经济损失的事例并不少见。再者，工程相关方对于设计和支护形式的选择过于相信，忽略了对工程造价的进一步控制，造成不必要的经济浪费。对于任何一项软土深基坑支护工程都有几种可备选的方案，且每一种方案在施工技术、经济性等方面都有较大差异。如何优选出最佳的软土深基坑支护方案，使基坑更加安全、经济、便捷的实施是我们需要进一步解决的问题。在分析相关文献的基础上，本文认为软土深基坑支护方案评价应遵循的原则有：

（1）把安全可靠性放在首位

软土深基坑工程是一项涉及岩土工程、结构工程，综合施工、监测等多项技术，多因素交互影响的系统工程，需要很强的理论与实践经验支撑。软土深基坑的风险性更大，稍有不慎就有可能造成工程事故，造成经济损失。因此，必须把软土深基坑的安全可靠性放在首位。设计者应确保工程设计符合规范要求和力学方面的要求。决策者应结合工程实际情况和自身经验与技术能力选择安全可靠的软土深基坑支护方案，编制科学合理的施工方案，最大程度的降低基坑工程的风险。

（2）力求经济合理

软土深基坑场地的大小、深度、工程水文地质条件、周围环境等都会对深基坑施工的造价产生不同程度的影响。软土深基坑的施工在经济方面的评价是决策者决定其支护方案的一个非常关键的方面，甚至会成为选用哪种支护方案的决定性因素，但这并不代表我们要无限度的追求经济利益的最大化。我们要在确保软土深基坑自身结构和周围环境安全的前提下，尽可能的降低软土深基坑的工程造价。

（3）考虑施工便捷性

软土深基坑的开挖支护是为地下结构的施工提供合理可靠的空间，使地基基础等的作业能够顺利进行，为上部主体结构的稳定打下牢固的基础，这不仅要使工程的施工做到安全、经济，还要满足施工便利的要求，要从施工工期、方案实施的难易程度和施工过程中对周围环境产生的影响等方面系统分析各备选支护方案的优劣，选其最优来保证工程的顺利实施。

（4）做到工期上的合理性

建设项目投资、进度、质量被称为建设工程的三大目标。其三者有着既对立又统一的关系。工期的合理性直接影响工程的经济效益与质量。工期过短，使得工程质量无法保证或者使工程投资加大。“工期马拉松，投资无底洞”的陈旧做法已不适应当代社会的发展，工期应在保证工程质量和施工安全的前提下，以最大的降低工程费用为目标。合理的工期在提升建筑质量、有效节约工程成本，促进工程总目标的实现方面有着重要的作用。

（5）坚持可持续发展观，与环境和谐共处

绿色施工必将是未来建筑业持续发展的主要趋势。软土深基坑工程施工主要是土石方开挖运输及深基坑支护、建筑材料运输等施工行为，同时需进行降排水和软土地基的处理，过程中将会产生噪声、扬尘及淤泥固体物等，对周围环境产生一定影响，施工过程中要文明布置施工现场，采取防尘措施，加强噪声防护。

三、BIM 技术在工程项目实施中的应用

随着计算机、网络、通信技术的发展，信息技术在工程建设领域的发展突飞猛进，其中以 BIM 为代表的新兴信息技术正改变着当前工程建造的模式，推动工程建造模式转向以全面数字化为特征的数字建造模式。其在工程项目的实施中已应用在以下方面。

（1）信息管理方面

随着建筑业的不断发展、工程项目规模的不断增加，工程建设领域的分工也越来越精细，相应的各个管理业务系统也随之不断发展。但是，这些系统或软件的开发仅仅面向于工程建设中特定领域中的某一方面的问题，各个专业系统之间的信息传递与共享受阻，彼此之间很难进行有效的信息集成，即所谓的“信息孤岛”现象。BIM 技术的应用能够解决建筑业信息化孤岛的问题。BIM 技术本身就是集成了工程建造过程中的各个阶段、各个参与主体、各个业务系统的集成化技术。它可以被理解为一个连接各个信息孤岛之间的桥梁，基于 BIM 的建筑构件模型能够和体量、材料、安全、质量、进度、成本等信息相互关联，进行查看、编辑等操作，使得在一个界面下展现同一工程的不同业务信息成为可能。另一方面，IFC 统一标准解决了不同业务系统之间的信息交互问题，使得不同厂商开发的产品之间能够进行信息传递，真正实现信息在各个主体、各个阶段以及各个业务系统中的共享与传递。总而言之，基于 BIM 的项目管理，以 BIM 模型为基础，为建筑全生命周期过程中各参与方、各专业合作搭建了协同工作平台，改变了传统的组织结构及各参与方的合作关系，为项目业主和各参与方提供项目信息共享、信息交换机协同工作的环境，实现了真正意义上的协同工作。

（2）施工进度管理方面

施工进度计划是通过合理安排施工顺序，以期在劳动力、材料物资及资金消耗量最少的情况下，按规定工期完成拟建工程的施工任务。目前，建筑业中施工进度计划多采用横道图和网络图来表达。传统方法虽然可以对工程项目前期阶段所制订的进度计划进行一定程度的

优化，但其存在一定缺陷，如，不是所有的项目参与者都能较好获取横道图和网络计划中的信息，使项目信息丢失现象严重，无法有效发现施工进度计划中存在的潜在冲突；工程施工进度跟踪分析困难且在处理工程施工进度偏差时缺乏整体性等。项目管理者对进度计划的优化只能停留在一定程度上，使得进度计划中可能存在某些没有被发现的问题，当这些问题在项目的施工阶段表现出来时，项目施工就会相当被动，甚至产生严重影响。施工进度管理的传统流程与 BIM 施工进度管理方法分别如图 6-1-1 和图 6-1-2 所示。

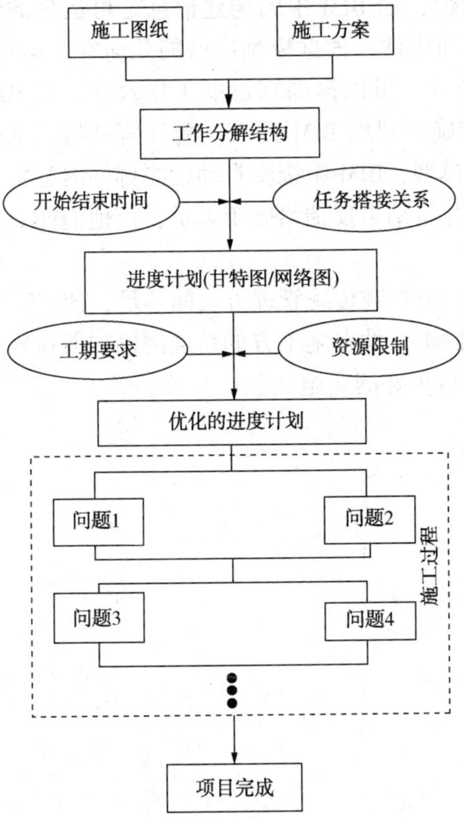

图 6-1-1　施工进度管理的传统流程

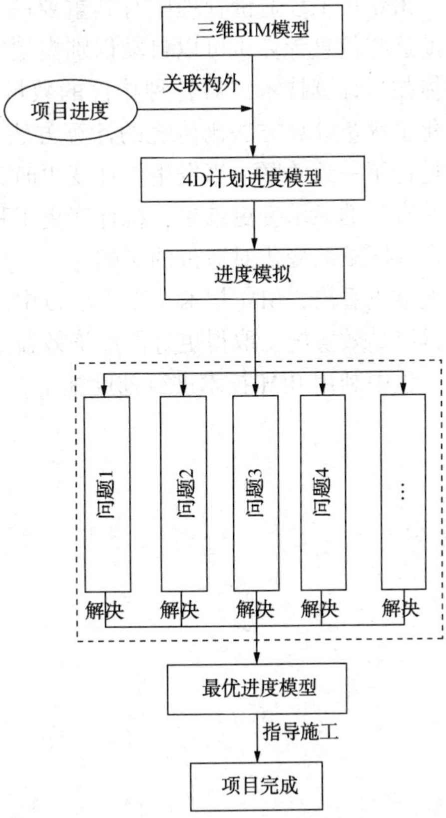

图 6-1-2　基于 BIM 的工程项目施工进度管理

BIM 技术可以使工程项目进度管理的相关信息从项目规划到运营维护的各个阶段中无损传递和充分共享。施工单位可以依托 BIM 信息模型进行工程分解、进度计划编制、实际进度跟踪记录、进度分析及纠偏等工作。该技术为施工进度管理者提供了一个直观的信息共享和业务协作平台，可以提前发现并解决施工过程中可能出现的问题，从而使工程进度达到最优状态，更好的指导具体施工过程，确保工程高质、准时完成。

(3) 工程造价管理方面

工程造价管理经过了多年的发展，已经从最初单纯地进行工程造价的确定，逐步发展成为工程造价的控制乃至全过程的管理，虽然我国造价管理方式在实践中不断完善，但整个工程造价行业发展水平仍然与当前经济、社会发展水平存在一定的差距，其中一个重要原因就是造价管理信息化、精细化的程度不够，如，造价管理与项目管理之间数据不统一，没有形成前后关联、资源共享的全过程造价管理；造价工程师与工程其他岗位人员协同工作存在障碍，项目造价数据难以实现共享；造价软件之间和其他软件之间无法实现数据交换和共享，建立统一的造价信息库存在困难。现有的工程造价管理是一种事前预算和事后核算型造价管理方式，而不是在造价的全过程中对整个工程进行实时的控制，缺乏对整个工程造价的控制作用和意义。

使用 BIM 技术对工程造价进行管理，集成三维模型、施工进度、成本造价三个部分于一体，实现成本费用的实时模拟和核算，为后续施工阶段的组织协调、监督等工作提供有效的信息。BIM 在工程造价管理中有其重要的应用价值，如 BIM 中的构建信息是可运算的信息，借助这些信息计算机可以自动识别模型中的不同构件，根据模型内嵌的几何空间信息，结合实体扣减计算技术，对各种构件的数量进行统计，可以提高算量的工作效率，且 BIM 的自动化工程量计算方法比传统的计算方法更加准确；利用 BIM 技术，造价信息与三维模型数据进行了一致关联，当发生设计变更时，修改模型，BIM 系统将自动检测哪些内容发生变更，并直观的显示变更结果，统计变更工程量，并将结果反馈给施工人员，使他们能清楚的了解设计图纸的变化对造价的影响。

综上可以看出，BIM 技术在工程项目中的应用，会打破传统管理方法的不足，使工程项目能够得以高效实施，取得更好的经济效益。本文侧重于站在施工方的角度阐述如何在软土深基坑工程中利用 BIM 技术进行辅助施工，帮助项目更好的实施。

第二章　软土地区深基坑支护方案评价模型建立

在软土深基坑工程实践中，由于施工方案选择不合理造成施工质量和安全问题，且工程变更增多等现象并不少见，加大了工程成本，造成不必要的损失。那么选用科学的方法建立合理的软土深基坑方案评价模型进行方案优选对工程实际是非常有必要的。

一、评价指标体系构建方法

1. 指标体系建立原则

软土深基坑支护方案的优选是对各备选方案的综合有效评价，建立的评价指标体系必须是科学的、合理的、令人信服的，一套好的评价指标体系是对软土深基坑各备选方案进行科学评价的关键，在构建时应遵循一定的原则，在分析相关文献的基础，本文认为建立软土深基坑支护方案评价指标体系应遵循的基本原则有：

（1）全面性原则

每项工程都是一件独一无二的建筑产品，我们应该把其看做一项系统工程，针对每项工程的实际情况，全面地从整体的角度考虑，设计的指标体系要能够比较全面的反应工程的客观实际，但影响软土深基坑支护方案选择的因素诸多，把所有因素考虑在内会导致数据处理过于繁琐，构建评价指标体系的过程中要在系统全面的基础上抓关键因素。

（2）针对性原则

指标体系的构建目的是正确认识事物，为下一步科学决策打下基础。指标体系必须能够充分反映决策者针对评价对象和评价目的所关注的最重要的内容，必须准确定义指标的概念，这样的指标体系才具有时效性和焦点性，才能够真正地指导决策。因此，指标应针对软土深基坑工程的实际情况，反映工程的实际特点。

（3）相对独立性原则

对于综合评价指标体系而言，相同层次指标间的重复和重叠会直接影响评价结果的准确性。因此选取的每个指标要内涵清晰、相对独立；同一层次尽量减少指标之间的关联度且评价指标体系要层次分明，简明扼要。

（4）可行性原则

所选择的指标应该具有现实可行性，易于被评价人员接受，符合客观实际水平；指标含义要清晰明确，便于理解，可以对指标进行直接或间接度量，同时需考虑到数据的收集要简便易行。所谓可行性，是指该指标的数值能否正确获得，那些无法或很难取得准确资料的指标，或者即使能取得但花费很高，都是不可行的。因此，综合评价指标体系中每一个指标必须首先在技术上和经济上被认为是切实可行的。

（5）结合性原则

影响软土深基坑支护方案选择的因素诸多，其中一部分可以进行定量分析，但有些指标往往不能或难以准确的定量计算，要靠人们凭经验进行主观判断，对其进行定性分析。因此，指标的选择和指标体系的构建应当能使指标体系做到定量分析和定性分析相结合，从而确保指标体系能够客观全面的反映软土深基坑方案的优劣状况。

（6）层次性原则

软土深基坑工程是一项复杂的系统工程，影响其支护方案的因素较多。方案评价指标体系一般涉及到几个方面，而每个方面又可用不同的指标来表征，很明显，这些指标有一定的层次及隶属关系。选用不同的评价指标来表征不同的评价层次，建立具有层次性、条理清楚、逻辑性强的指标体系才便于在实践中得到推广应用，才真正具有实际可操作性。

2. 影响软土深基坑支护方案的因素分析

每个软土深基坑都有其独特的地理位置，根据每个工程项目所具有的水文地质条件和周围环境条件特点，决策者们要选择科学合理的支护方案。首先要明确影响软土深基坑支护方案的主要因素有哪些，除了保证支护方案的安全、经济、便捷外，本文在分析相关文献的基础上，将其主要概括如下：

（1）软土深基坑的开挖深度与场地形状

软土深基坑的开挖深度、场地大小及场地形状等因素对其支护方案的选型有很大影响。软土深基坑支护方案选型时基坑开挖深度是其应考虑的首要因素，由于支护结构上作用的土压力会随基坑开挖深度的增大发生相应变化，进而影响软土深基坑支护结构施工的难易程度及其安全可靠性。因此，基坑开挖深度是分析支护结构可靠性的基本起点。此外，要根据场地形状及大小选用合适的支护形式，例如，在选用桩撑支护方案做支撑结构时，场地形状对支护方案的选择有很大影响，场地形状如果是环形，使用造价费用相对较低的环形支撑；再如，在狭长的深基坑运用对角支撑其经济效益相对较好。

（2）工程地质与水文地质条件

工程水文地质条件的复杂性对软土深基坑施工的难易程度有较大影响。在选型之前，需要勘察场地的地层构成、土层类别、土层厚度和土体力学参数等，同时，还需勘测地下水位高程和地下水的含量等。其因素复杂多变，不确定性大。支护结构主要功能是挡土或止水，有的支护结构同时具备挡土止水能力，土体的性质和地下水位高低对软土深基坑挡土、止水、支护方案的选择有较大影响。因此，在选择软土深基坑支护方案时其工程和水文地质条件必须予以考虑。

（3）软土深基坑周边环境条件

软土深基坑周围环境的保护需要考虑工程施工过程中对基坑附近建筑物、道路、地下管线与对周围居民生活及环境的影响等。支护结构在施工时与周围建筑物要留有足够的施工空间，保证正常的施工作业，特别是有正在施工的相邻建筑时，更应按规范要求做好相应安排；尽量减小深基坑的开挖对基坑周围建筑物的沉降和道路管线的位移影响；施工中产生的噪音污染和粉尘污染对周围居民的影响，要满足法律法规对此的相关规定。决策者在选取支护方案时，要全面考虑其对周围环境的影响。

3. 评价指标体系构建

（1）指标体系的初建方法

指标体系初建的时候尽量做到覆盖全面、层次清晰、易操作，同时各项指标之间尽量避免重复。评价指标体系的初建方法有分析法、Delphi 方法、综合法和指标属性分组法等。现对几种方法作简单介绍。

① 分析法(Analysis Method)是将评估对象按对评估目的影响因素不同划分为不同的组(方面)，明确各个部分评估的问题的内涵、外延及与评估目的的联系，然后对每个部分分别选择一个或几个指标来反映评估对象对于评估目的的特征。

② 德尔菲法(Delphi Method)的本质是系统分析方法在价值判断上的延伸，是一种匿名反馈函询法，其针对所要预测的问题，征得各专家的意见，对其进行整理、归纳、统计，再匿名反馈给专家，再集中，再反馈，直至得到较集中稳定意见的过程。在使用该方法时，正确选用专家是成功的关键。

③ 综合法(Synthesis Method)是指对现有的指标体系进行归纳综合，并对综合后的指标进行聚类分析，找出具有普遍代表性的关键指标，形成新的指标体系的一种方法。综合法适用于对已有的评价指标体系的进一步完善与发展。

④ 指标属性分类法是根据指标本身具有的不同属性及不同表现形式，在初建评价指标体系时，从指标属性角度构建指标体系中的指标。通常情况下，指标从时间上可分为动态指标和静态指标两类；从数值上可分为绝对数指标、相对数指标和平均数指标三类。指标体系初建的方法很多，在指标体系构建过程中要结合具体情况，权衡各方法的优劣进行选择，也可采用多种方法相结合，达到扬长避短的效果。

(2) 指标体系的筛选和优化

初步建立的软土深基坑支护方案评价指标体系，在达到全面性原则的同时，不可避免的出现所列因素诸多，出现指标内涵相互重叠的现象，处理起来过于繁琐，影响评价结果的准确性。因而，需要在初建指标体系的基础上进行筛选，现对指标筛选方法进行归纳，大致可以分为三类：

① 数理统计类方法。数理统计法主要有主成分分析法、因子分析法、聚类分析法、最小均方差法等，它以概率论为基础运用统计学的方法对数据进行分析，即以统计数据为指标筛选的基础，若不借助计算机来进行处理，亦能达到快速、准确实施的目的，操作起来较容易。它要求被分析的数据具有随机性，数据必须真实可靠，但该方法存在不能处理非定量问题的缺陷。

② 主客观相结合的方法。在评价指标体系中，不仅存在可以获得准确量化数据的定量指标，又存在模糊性、不确定性的定性指标。运用主客观相结合的方法来分析评价指标体系，一方面借助相关专家的丰富经验和判断可以有效处理具有模糊不确定性的定性指标，又不失客观指标数据的真实性。

③ 知识挖掘型的筛选方法。知识挖掘型的筛选方法在融入了专家主观评判的筛选方法的基础上，又有了新的发展，能对评估指标信息进行深度挖掘，找出评价指标与评价结论之间的规律性的认识，提炼出知识，实现智能化的综合评价。指标体系的结构优化对于综合评估指标体系构建也是相当重要的。综合评价指标体系结构优化主要从层次深度、每一层次指标个数、是否存在网状结构等方面进行优化，同样可以是定性与定量分析相结合。

① 指标体系的结构完备性和层次性分析：

指标体系结构完备性分析一般采用定性分析的方法进行优化。在这个优化过程中，专业知识是起最主要作用的。因此，对于综合评价指标体系设计者而言，检查综合评价目标的分解是否出现遗漏，有没有出现目标交叉而导致结构混乱的情况很重要的。要进行归并处理，即将有重叠的子目标合并成一个共同的子目标，或是进行分离处理，将重叠部分从中剥离出来。指标体系结构要做到层次分明，同层次指标间要相互独立并且能全面反映上层指标，上下层指标之间隶属关系要清晰明确。

② 综合分析指标体系层次的“深度”和“出度”：

评价指标体系的层次深度即综合评价体系的层次数；出度即每一层指标控制的下层指标的数量。控制某一下层的直接上层个数称为该下层的“入度”。一般的综合评价指标体系层次深度在 3-6 层是比较合理的，评价对象概念越复杂则层数可适当增加，层次也不宜过多，指标过于细化后，可能会适得其反。对于一个初选的指标体系结构，若“深度”或“出度”不太合理，可以通过归并或者分割的方式进行优化。并且，根据心理学研究结论，人们对于九项以上的事物进行两两比较时，极容易造成“不一致”的情况。因此，指标层次结构图的“出度”不能超过 9，最理想的层次出度是 4-6。

③ 指标体系结构的聚合分析：

在综合评价体系中主要运用功能聚合和相关性聚合的方法使各子指标科学合理的聚合在一起。功能聚合，是以评价对象和评价目标为依据，将评价同一属性或同一目标的指标归为一类，使其隶属于同一上层指标，所有的指标体系都必须依此进行聚合。相关性聚合，是指对最低层层内指标进行相关聚类，将彼此相关程度或相似程度高的评价指标聚在一个模块之中，将不太相似的指标放入其他类。对初构的评价指标体系进行结构优化时，应以功能聚合为主线，相关性聚合为必要时的补充。因为，主成分分析、因子分析法等都与相关系数矩阵有关，若不进行相关性聚合，就很可能导致综合评价结果的不合理的。

(3) 指标体系综合确定

评价者应根据工程实际和所能获得的数据特征，选择合适的指标体系初建、筛选和优化方法，综合确定最终的评价指标体系，为方案评价的后续工作奠定基础。

二、评价指标权重确定方法

对于软土深基坑支护工程而言，其方案评价指标存在多样化，指标体系中同时存在定量评价指标和模糊不确定性的定性评价指标，局限于单一的主观或客观赋权方法具有一定的片面性。本章采用熵值法和 OWA 算子法分别对评价指标进行赋权并结合博弈集结理论进行权重组合，提高评价的科学性。

1. 信息熵客观赋权法

熵的概念最初产生于热力学，它被用来描述运动过程中的一种不可逆现象。后来信息论创始人 Shanon 将熵的概念引入信息论，用来表示系统的不确定性和紊乱程度。信息熵的大小反应了指标能够提供信息量的多少。指标的信息熵与指标的权重和在评价中所起的作用成反比。

2. OWA 算子主观赋权法

OWA 算子是一种介于最大与最小算子之间的多属性决策信息的集结方法，可以用来有效地融合多组模糊的和不确定的信息。其特点是对评价数据进行递减排列后加权集成，其中，W_i 只与集成过程中的第 i 个位置有关，即主观因素给出的最大值和最小值被分配到影响度较小的位置，削弱评分极端值对权重的影响，使所得的权重结果更加合理。

3. 博弈论集结理论计算综合权重

在分别运用 OWA 算子和信息熵进行主客观赋权的基础上，引入博弈集结理论求得综合权重。该模型即可忽略决策者的偏好又能体现客观数据对决策的贡献度。其基本原理是在各基础权重之间达到一种均衡，使组合权重与各基础权重之间的偏差最小。

第三章 软土地区深基坑支护方案评价模型的工程应用

一、青岛啤酒城改造项目概况

1. 项目概况

以青岛市啤酒城改造项目深基坑为例。该场区地形平坦，属洪冲积平原地貌单元。拟建建筑地下室轮廓线总长约950m，基底标高-5.85m，支护高度约3.0~14.0m，挖深12.7m，合同工期188日历天。地区土层分布主要为素填土、粉砂层、粉质黏土、有机质粉质黏土，夹杂淤泥质土。软黏土较多，基坑水位偏高，年水位变幅1~2m。该项土方开挖和基坑支护工程，计划工期为184日历天，计划开工日期为2013年7月1日，计划竣工日期为2013年12月31日。

2. 基坑总平面图

青岛啤酒城改造项目总平面图如图6-3-1所示。基坑西侧为海尔路绿化带，地下室轮廓线距用地红线约5.0m，距海尔路边线约59.4m；基坑南侧为香港东路，地下室轮廓线距用地红线约5.0m，距香港东路边线约24.0m，基坑东侧为啤酒城内空地，地下室轮廓线距用地红线约5.0m；基坑北侧为原A、B楼基坑，北侧与A、B楼基坑相接。基坑西侧海尔路、南侧香港东路用地红线外侧有大量管线，施工前应进一步核实周边管线情况，尤其应关注第一、第二道锚杆施工对管线的影响，对已有和未知移除的管线进行避让，确保周边环境安全。

3. 水文地质条件

场区位于洪冲积平原地貌单元上，地下水类型为第四系孔隙潜水及基岩裂隙水，其中含水层为第3、4、8、12层。勘察期间测得其稳定水位埋深1.30~4.30m，绝对标高2.10~5.21m，场区地下水总体流向由北向南，大气降水是主要补给来源。根据长期水文观测资料分析：青岛地区年水位变幅1~2m。工程场区属于II类环境，根据水质分析结果及《岩土工程勘察规范》(GB 50021)的相关规定标准判定，拟建场区地下水对混凝土结构具微腐蚀性，对钢筋混凝土中的钢筋在干湿交替情况下具有中等腐蚀性。根据地质条件与工程条件，考虑经济性等工程指标，提出三种备选方案：(1)钻孔灌注桩+高压旋喷桩+锚杆支护拉结；(2)旋喷桩+钢管桩灌浆；(3)地下连续墙+支撑。

二、青岛啤酒城深基坑支护方案评价

1. 确定评价指标体系

根据阐述的指标体系建立方法，本章选取PCA方法提取软土深基坑支护方案评价的多因素有效信息，它是一种利用降维思想的多元统计方法，即能全面、准确地反映出软土深基

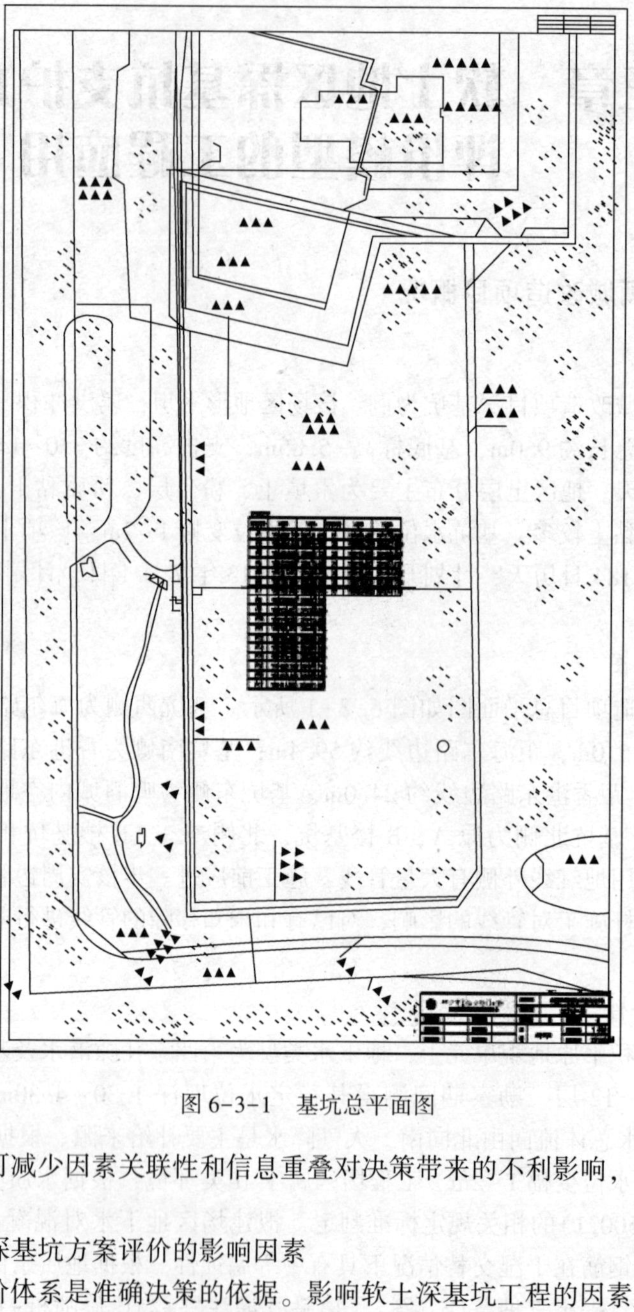

图 6-3-1　基坑总平面图

坑的工程特性，又可减少因素关联性和信息重叠对决策带来的不利影响，起到降维与简化问题的作用。

(1) 确定软土深基坑方案评价的影响因素

科学合理的评价体系是准确决策的依据。影响软土深基坑工程的因素众多，结合软土地质的特性及深基坑工程的复杂性，本章在分析相关文献的基础上，指出软土地区深基坑施工引起变形及其控制的重要性，结合软土深基坑支护施工应注意的问题知道软弱软弱土层处理不当更易引起基坑的隆起，直接影响到基坑的稳定性，故本章结合工程实际引入软弱土层处理的有效性、抗隆起稳定安全系数等影响因素，且我们把基坑开挖深度、场地形状、工程水文地质条件当做工程施工的难易程度来考虑，针对信息化监测的重要性考虑管理者对数据集成管理及应用的能力。具体影响因素集如表 6-3-1 所示。

表 6-3-1　工程影响因素

编号	影响因素	编号	影响因素
X_1	工程施工费用	X_9	数据集成管理及应用
X_2	施工技术的可行性	X_{10}	止水方案及应急措施的可行性
X_3	施工难易程度	X_{11}	工程对周边环境的影响
X_4	抗渗稳定安全系数	X_{12}	工程对周围建筑物的影响
X_5	工程其他费用	X_{13}	侧向变形能力
X_6	项目总工期	X_{14}	抗隆起稳定安全性
X_7	整体稳定安全系数	X_{15}	产生次生灾害的可能性
X_8	软弱土层处理的有效性	—	

(2) 提取主成分

通过德尔菲法调研相关专家及工程人员，结合表 6-3-2 所示的评价等级及测度对各因素指标进行打分，筛选出 25 份有效样本，整理得到评价矩阵。运用 spss20.0 对评价矩阵数据处理后得到表 6-3-3。根据特征值 $\lambda>1$ 的原则提取出 6 个主成分，方差贡献率为 80.91%，可以看出 6 个主成分能综合反映评价因素信息。

表 6-3-2　影响程度分值

等级	强	较强	弱	较弱	很弱
测度	[10, 8)	[8, 6)	[6, 4)	[4, 2)	[2, 0)

表 6-3-3　解释的总方差

成份	初始特征值			提取平方和载入		
	合计	方差的/%	累积/%	合计	方差的/%	累积/%
1	3.404	22.690	22.690	3.404	22.690	22.690
2	2.635	17.569	40.259	2.635	17.569	40.259
3	2.203	14.687	54.945	2.203	14.687	54.945
4	1.437	9.577	64.522	1.437	9.577	64.522
5	1.305	8.697	73.220	1.305	8.697	73.220
6	1.154	7.693	80.913	1.154	7.693	80.913
7	0.775	5.165	86.078	—	—	—
8	0.577	3.850	89.928	—	—	—
9	0.472	3.145	93.073	—	—	—
10	0.322	2.150	95.222	—	—	—
11	0.301	2.005	97.228	—	—	—
12	0.163	1.090	98.318	—	—	—
13	0.119	0.792	99.110	—	—	—
14	0.083	0.554	99.664	—	—	—
15	0.050	0.336	100.0	—	—	—

(3) 重新定义主成分并建立评价体系

由主成分表达式：$Y_P = u_{1P}X_1 + u_{2P}X_1 + \cdots + u_{RP}(n=15)$结合主成分系数表，将6个主成分重新定义。表6-3-4中系数越大说明该因素对主成分的影响越大，据此，本文对主成分重新整理如下：表示主成分Y_1线性相关系数的u_1一列中X_1，X_5对应数值的绝对值为0.437和0.443，对比其他指标的数值较大，其对主成分Y_1的影响偏大。即X_1、X_5表示Y_1的主要因素，又X_1、X_5分别代表工程施工费用、工程其他费用，反映工程的总造价。同理，本章将X_6定义为项目总工期，主要反映主成分Y_2；将X_2、X_3、X_7、X_{13}，定义为基坑支护体系的稳定性，主要反映主成分Y_3；将X_8、X_{14}定义为软弱土层处理的有效性，主要反映主成分Y_4；将X_4、X_{10}定义为止降水方案的有效性，主要反映主成分Y_5；将X_{11}、X_{12}、X_{15}定义为项目实施对环境的影响，主要反映主成分Y_6。

通过上述分析，结合深基坑支护方案优选相关文献和工程实际，对主成分进行分类重组：其中，Y_1反映出工程的经济性，故将经济性作为评价指标1，记为b_1。Y_3、Y_4、Y_5均与工程技术能力有很强的关联性，故将技术性作为评价指标2，记为b_2；工程对环境的影响在Y_6中有重要反映，且为认真贯彻国家可持续发展战略，在工程实施过程中要越来越重视环境的保护，故将其作为评价指标3，记为b_3。最终，通过整合分级，构建软土地质深基坑支护方案综合评价体系，如图6-3-2所示。

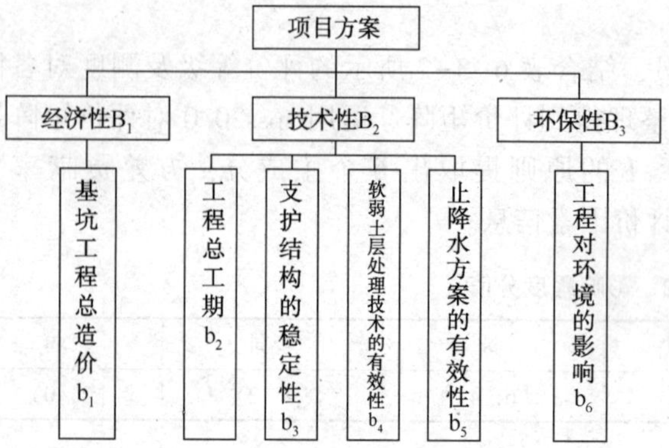

图6-3-2　软土深基坑评价指标体系

表6-3-4　主成分特征向量

	u_1	u_2	u_3	u_4	u_5	u_6
X_1	0.220	−0.437	−0.273	0.385	−0.089	0.411
X_2	0.145	0.412	0.062	0.037	−0.348	0.225
X_3	−0.311	0.206	0.172	0.039	0.372	0.164
X_4	−0.059	0.166	0.453	0.274	−0.371	−0.149
X_5	−0.081	0.443	0.187	0.089	−0.104	−0.361
X_6	−0.187	0.363	−0.096	−0.068	−0.158	0.469
X_7	0.144	0.400	−0.098	−0.067	0.500	−0.102
X_8	−0.215	0.233	−0.398	0.355	0.059	0.092
X_9	0.246	−0.348	0.243	0.186	0.170	0.253
X_{10}	0.053	0.110	0.480	0.370	0.247	0.308
X_{11}	0.390	0.109	0.127	0.299	0.149	−0.321
X_{12}	0.443	0.136	0.067	−0.091	−0.078	0.141
X_{13}	0.298	0.243	−0.283	−0.325	0.348	0.075

续表

	u_1	u_2	u_3	u_4	u_5	u_6
X_{14}	-0.098	0.030	0.404	-0.477	-0.175	0.271
X_{15}	0.460	0.072	-0.069	-0.178	-0.254	0.000

2. 指标权重确定

(1) 应用熵值法对指标进行赋权备选方案所对应的相关原始数据如表 6-3-5 所示，采用熵值法对各评价指标赋权。其中，投资方等利益相关者对指标 $b_1 \sim b_6$ 的理想值分别为 43 百万元、175、1.95、0.95、0.98、0.76。

表 6-3-5　各方案指标的相关原始数据

一级指标	二级指标	方案 A_1	方案 A_2	方案 A_3
经济性	b_1/百万	45.50	49.00	52.46
	b_2/d	184	190	215
	b_3	1.75	1.83	1.9
技术性	b_4	0.84	0.81	0.9
	b_5	0.92	0.89	0.83
环保性	b_6	0.85	0.82	0.91

①通过对表中数据进行规范化处理得到规范化矩阵如下：

$$B = (b_v)_{m\times n} = \begin{pmatrix} 0.595 & 0.548 & 0.541 & 0.367 & 0.200 & 0.323 \\ 0.248 & 0.329 & 0.324 & 0.466 & 0.300 & 0.484 \\ 0.157 & 0.123 & 0.135 & 0.167 & 0.500 & 0.193 \end{pmatrix}_{3\times 6}$$

②结合熵值运算步骤，根据公式运用，MATLAB 计算工具进行后续计算，得到指标的权重值为 $a_i=(0.239, 0.227, 0.205, 0.119, 0.108, 0.102)$。

(2) 应用 OWA 算子对指标进行赋权为提高评价数据的可靠性，在走访本工程的相关工作人员的基础上，选取六位具有丰富经验的专家对且根据表 6-3-2 对各指标的影响程度进行打分。各指标的原始评价数据如表 6-3-6 所列。

表 6-3-6　指标影响程度评价值

指标	专 1	专 2	专 3	专 4	专 5	专 6
b_1	10.0	9.0	9.5	9.0	10	9.5
b_2	9.0	9.5	8.5	10	9.5	9.0
b_3	9.5	8.5	9.0	9.0	8.0	9.0
b_4	7.0	6.0	7.5	5.0	6.0	6.0
b_5	7.5	7.0	6.0	6.0	5.0	6.0
b_6	4.0	5.0	5.0	5.5	4.0	5.0

3. 支护方案评价

根据“格序决策模型”中的评价思路，将青岛啤酒城改造项目深基坑支护方案评价的具体过程如下：

(1) 由规范化矩阵 B 与综合权重 w'计算得到加权决策矩阵如下：

$$A=(a_{ij})_{m\times n}=\begin{pmatrix}0.135 & 0.119 & 0.066 & 0.046 & 0.024 & 0.034\\ 0.056 & 0.072 & 0.109 & 0.059 & 0.036 & 0.050\\ 0.036 & 0.027 & 0.027 & 0.021 & 0.060 & 0.020\end{pmatrix}_{3\times 6}$$

(2) 根据加权决策矩阵提取相应的极大、极小值作为正加权理想解和负加权理想解：

$$M^{+}=(0.135\quad 0.119\quad 0.109\quad 0.059\quad 0.060\quad 0.050)$$

$$M^{-}=(0.036\quad 0.027\quad 0.027\quad 0.021\quad 0.024\quad 0.020)$$

(3) 构建概念格，其中，分别以正、负加权理想解为顶元素和底元素。通过 MATLAB 计算得到各建设方案与正负加权理想解之间的 hausdorff(豪斯多夫)距离向量为：

$$d(A_i,\ M^{+})=(0.060\quad 0.095\quad 0.165)$$

$$d(A_i,\ M^{-})=(0.144\quad 0.108\quad 0.036)$$

三、评价方案选择

由评价结果可知，应优先选择方案一：钻孔灌注桩+高压旋喷桩+锚杆拉结。下面对此深基坑复合支护结构做简单介绍。灌注桩多由钢筋和流动性大、自密性强、防水效果好的商品混凝土构成，其直径达 1.2m，能起到防水和止水的作用。高压旋喷桩是利用工程钻机钻孔至要求深度后，利用高压旋喷台车把安装有水平喷嘴的注浆管下到设计标高，用高压泥浆泵等设备使喷嘴以一定压力把水泥浆喷入土层与土体结合，并随注浆管的旋转和提升形成圆柱形桩体，凝固后便在土体中形成圆柱形状。其具有振动小、噪音低及施工占地少等优点。将上述两者结合施工的灌注桩和高压旋喷桩止水帷幕，就是在基坑开挖之前在软土深基坑四周进行灌注桩施工，后在灌注桩外侧施加高压旋喷桩，将两种桩成桩后的材料特性相结合，形成止水帷幕，从而达到基坑防水、止水及支护的目的。锚杆支护技术是将新型受拉杆件的一端固定在边坡或地基的岩层或土层中，另一端与挡墙连接，可以承受由土压力和水压力的施加在挡墙上的推力，利用地层的锚固力维持挡墙在深基坑开挖过程中的稳定。青岛啤酒城改造项目位于沿海一带，面临的水文地质条件及周边环境复杂。运用钻孔灌注桩+高压旋喷桩+锚杆拉结的组合支护形式能更好的做好基坑的止水、隔水工作，且此种组合支护形式较经济、易操作且能发挥很好的作用。根据相关深基坑的研究成果邀请相关专家对此结果进行论证，确定该模型的评价结论有效，具有可行性和实用价值。该模型应用到实际工程中得出的优选结果与工程实际相符，且该模型操作简单，易于理解，可以帮助管理者为此类工程的决策提供一种借鉴。

第四章　优选方案模拟实施

在工程项目传统实施过程中，其质量、进度、成本管理方面都存在一定的弊端，这些弊端很大程度上是由于工程参与各方信息获取和共享不及时所导致的。如今兴起的 BIM 技术可以很好地解决这些问题，使工程的实施更加整体流畅，获得更大的经济效益。BIM 技术的应用能够克服传统工程管理方法上某些弊端，但由于应用成本高等原因，我国现阶段采用 BIM 技术对软土深基坑工程进行的实践并不多，而 BIM 技术在工程领域的普及是未来的发展趋势。因此，本章尝试运用 BIM 技术对上述已经优选出的青岛啤酒城改造项目软土深基坑支护方案进行模拟实施，以期较传统管理方法能达到更好的实施效果。

一、模拟模型构建

基于 BIM 的工程项目管理，是以 BIM 模型为基础的，为建筑全生命周期各参与方、各专业搭建了协同合作平台。运用 revit 软件建立软土深基坑支护方案的模型。revit 三维建模的步骤如下：

（1）新建一个项目并进行轴网和标高的绘制。首先要进行项目的建立，输入项目信息，其次才能开始模型的建立。标高在 revit 建模中有着重要的作用，建模中很多图元需要依靠标高来进行定位，建立一套精确详细的标高，会使后面的建模工作轻松很多，且标高的绘制最好在轴网绘制后进行且要在立面图里绘制，绘制好的轴网如图 6-4-1 所示。

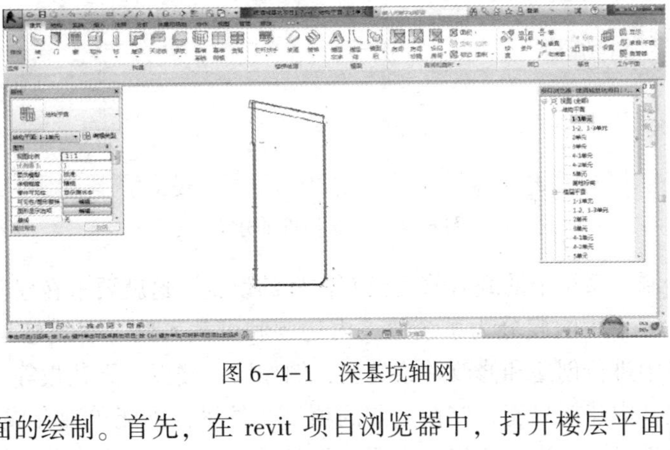

图 6-4-1　深基坑轴网

（2）地形表面的绘制。首先，在 revit 项目浏览器中，打开楼层平面，选择“体量与场地”选项卡—“场地建模”—“地形表面”—“工具”面板—“放置点”在“高程”栏中输入“数据”—围绕轴网边缘点出 4 个点—打开“三维视图”—“3D”；其次，再次选择“体量与场地”选项卡—“场地建模”面板—“建筑地坪”，“绘制”面板里的“直线”，在偏移量中输入偏移量数据，沿轴网画出建筑地坪轮廓线，单击完成建筑地坪，打开三维视图。

（3）软土深基坑四周护坡的建立。在这里运用内建模型进行护坡的绘制。选择“构件”选项卡中的“内建模型”，需要注意的是在三维视图和剖面视图里无法进行斜坡的操作，一般在立面或剖面里进行操作，操作完成后根据图纸尺寸进行相应的拉伸。如图 6-4-2 所示。

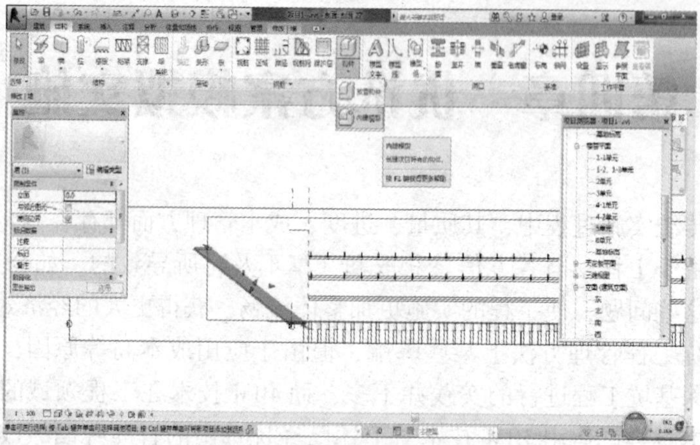

图 6-4-2　深基坑护坡的建立

（4）软土深基坑中各类桩的绘制。对于灌注桩和旋喷桩可以按柱来进行设置，对于钢管桩的绘制可以直接从系统族里进行选择设置其属性，也可以通过新建族来进行钢管桩的绘制。灌注桩与旋喷桩的设置比较简单，与土建主体建模中柱子的绘制类似。在此只简单介绍一下钢管桩的设置：选择“结构柱”—载入族—双击“柱文件夹”—选择“钢”然后进行相应的尺寸设置和绘制。桩的布置如图 6-4-3 所示。

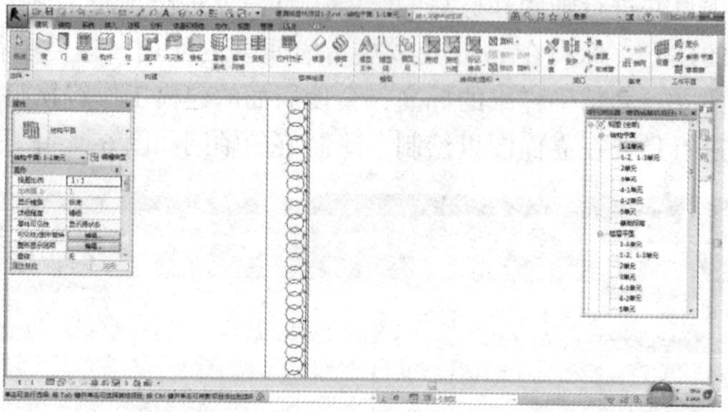

图 6-4-3　支护桩的建立

（5）锚杆的绘制。系统中的载入族里没有锚杆的设置，这就要求在建模过程中要进行新建族的相关操作，revit 中的族分为系统族、内建族和可载入族。系统族是已经在项目中预定义并只能在项目中进行创建和修改的族类型，例如墙、楼板、天花板等，它们不能作为外部文件载入和创建；内建族只能存储在当前的项目文件里，不能单独存成 RFA 文件，也不能用在别的项目文件里，通过内建族的应用，我们可以在项目中实现各种异型造型的创建以及导入其他三维软件创建的三维实体模型；可载入族是使用族样板在项目外创建的 RFA 文件，可以载入到项目中，具有高度可定义的特征，可载入族也是用户最经常创建和修改的族类型。本文锚杆创建的族类型选用“可载入族”。

①选择样板文件。点击界面左上角的“应用程序”按钮—新建—族。在“新族—选择样板文件”对话框中，选择“公制常规模型 . rft 或公制机械设备 . rft”，单击“打开”按钮。

②设置族类别。在族编辑器中单击“族类别和族参数”按钮，打开对话框，在“族类别”中将“常规模型”改为“结构连接”，并且勾选相应的“族参数”。

③进行参数设置和相应的绘制。作图时注意设置添加参数，在后续操作中才能灵活调整不同排或不同单元中的锚杆长度等。绘制出的锚杆如图 6-4-4 所示。

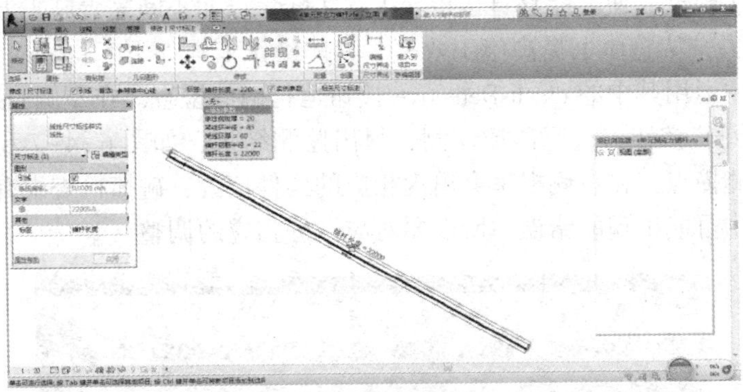

图 6-4-4　锚杆的绘制

（6）腰梁的建立。因为腰梁是不规则的，所以最好也采用新建“可载入族”的方法来进行建立。与新建锚杆族类似，运用“公制”—“梁和支撑”。钢筋可在剖面和立面图里进行添加布置。掌握了“新建锚杆族”的绘制和参数设置后，对于腰梁的新建族的道理是一样的。但是需要注意的是在载入“腰梁新建族”后在每个单元的坡面上进行布置时在剖面里进行布置是非常简单、准确和节省时间的。所以，在进行模型的建立时要注意平面、立面、剖面的相互结合和灵活运用。最后，建立的青岛啤酒城改造项目深基坑的 revit 模型如图 6-4-5 和图 6-4-6 所示。

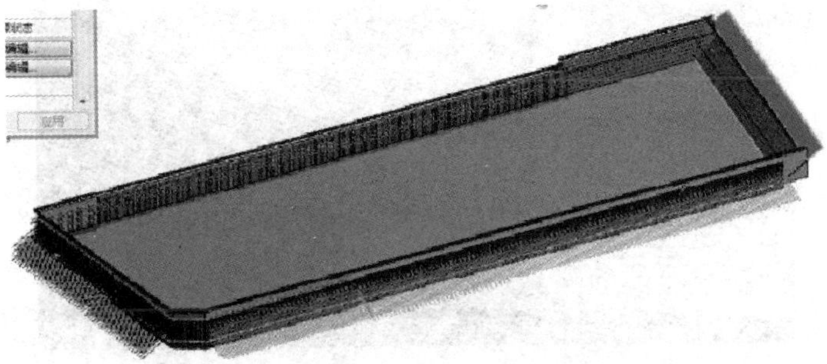

图 6-4-5　软土深基坑 revit 三维模型全图

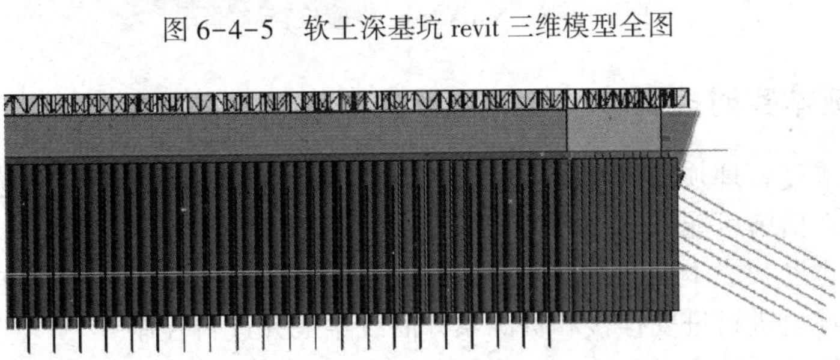

图 6-4-6　revit 三维模型细部

二、碰撞检查

不同于设计平面图纸的二维性，BIM 的三维可视化模型结合 Navisworks 软件可对结构预留、构件安装位置进行碰撞校验，在总包单位的领导下不断深化，协调设计单位进行图纸优化，不断完善施工模型，使之能够直接指导工程实践，进而不断完善施工方案，避免设计错漏可能带来的损失，从整体上提高施工效率。具体操作步骤如下：将 revit 中的 . rvt 格式导入到 Navisworks 中运用其中的 clash Detective 按钮运行碰撞检查。在左侧 clash Detective 编辑框中点击“添加检测”按钮，进行碰撞监测，得出监测结果，如图 6-4-7 和图 6-4-8 所示。点击相应的每个碰撞点，在右侧框里会出现相应的构件位置，碰撞检查中有问题的点不排除在模型构建过程中可能出现的错误，所以要对应做好相应的调整。

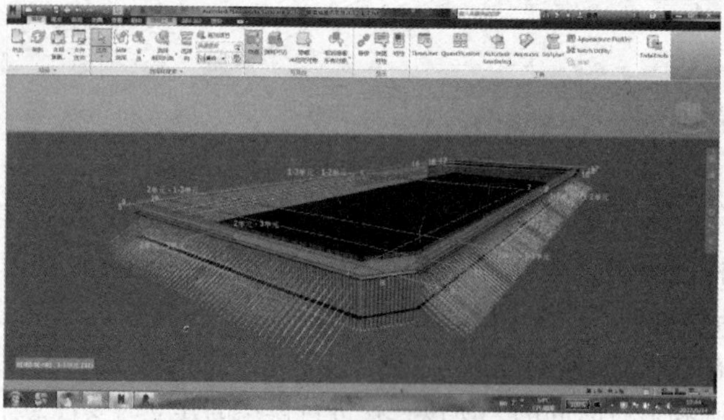

图 6-4-7 Navisworks 碰撞检查全图

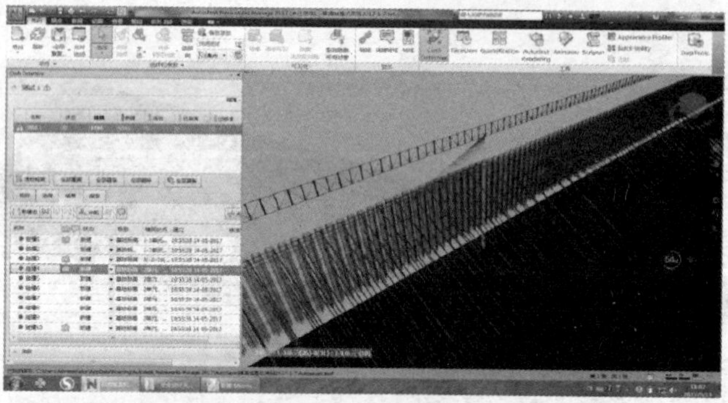

图 6-4-8 Navisworks 碰撞检查局部图

三、工期成本实时控制

工程项目的进度管理须与成本和质量管理有机的融合。在处理工程进度偏差时，必须考虑到各种偏差应对措施可能对软土深基坑工程成本和质量可能产生的影响。运用 BIM 技术可以对该项目的进度和成本同时进行直观的观察，发现偏差，及时纠偏。应用 BIM 技术对青岛啤酒城改造项目进行进度挂接和资源累计曲线生成并进行控制。

(1) 进行进度动画的生成。从 revit 中导出 GFC 文件再导入到广联达 BIM 土建算量软件中，通过 IGMS 文件将模型导入到 BIM5D 中。根据施工总进度计划(图 6-4-9)，在“斑马梦龙网络计划”软件中进行进度计划的绘制，导出 . zpet 格式文件，然后导入到 BIM5D 中与上述导入 BIM5D 中的模型进行进度关联，可生成施工模拟的动画，如图 6-4-10 所示。点击“视图”按钮—资源曲线—资源预计算—刷新曲线—播放，可看到模型随时间节点的不同而变动，且资源曲线图里的工程量随时间变化，如图 6-4-11 所示。

（2）“资金曲线图”的生成。若想得到“资金曲线”图，应在 revit 导出 GFC 文件后导入到“广联达 BIM 土建算量 GCL”中然后导入到计价 GBQ 软件后，把导出的 GBQ 文件导入到 BIM5D 中，与上述导入土建模型进行清单匹配，关联进度计划之后，生成“资金曲线”。如此，可以进行工程项目的进度与资源、成本的实时查看与控制。

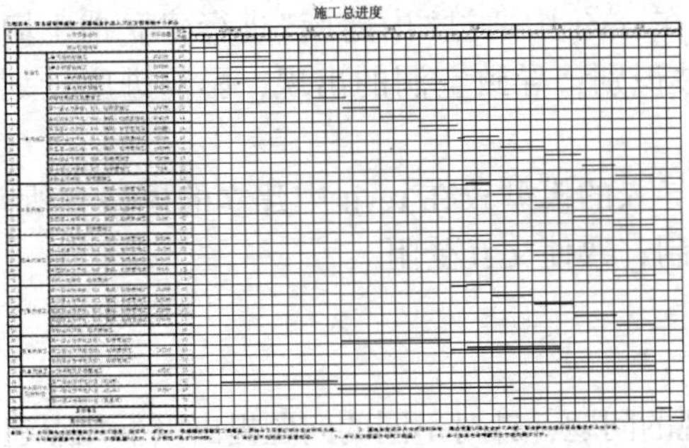

图 6-4-9 啤酒城改造项目横道图

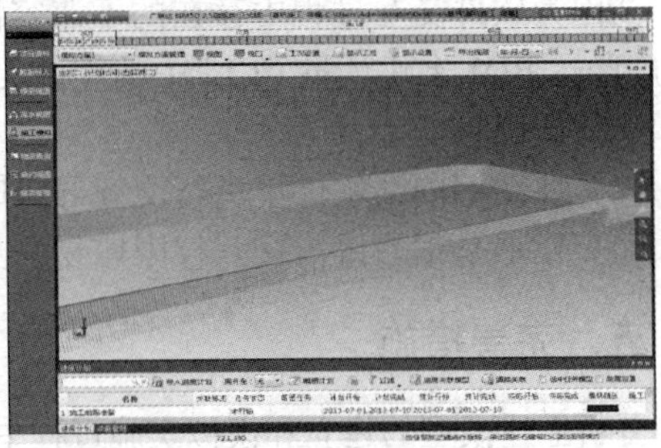

图 6-4-10 进度挂接动画

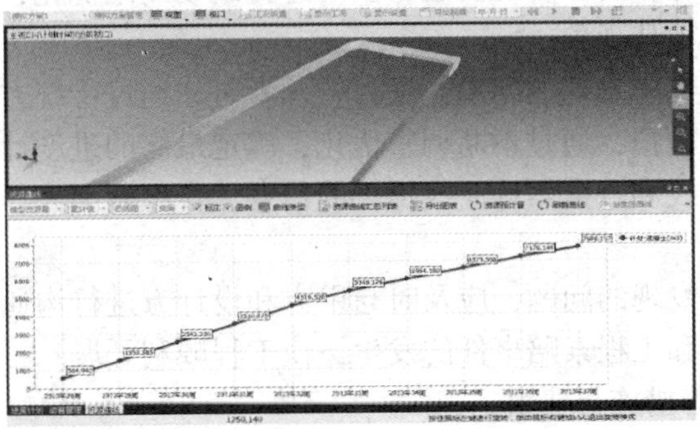

图 6-4-11 资源累计曲线

四、问题分析

虽然 BIM 技术的发展仍处在初级阶段，但其现有的功能已经可以帮助我们实现巨大的价值。BIM 技术还存在非常大的发展空间，其对建筑行业的影响将是全面性和革命性的。BIM 技术发展的过程中是一个在实践中发现问题并不断完善的过程。本章将 BIM 技术应用在软土深基坑工程中，我们可以发现方案实施中可能存在的问题，具体概括如下：

（1）方案实施存在的问题

①通过 revit 建模和 Navisworks 漫游模拟，可以发现施工方案在塔吊布置、道路运输及材料堆放等方面的不足。

②通过进度挂接，我们发现在进度计划的编制中存在工序控制不合理等问题。

③通过资源累计曲线和资金累计曲线的生成，我们看出每个阶段资源需求量大小，在第 6 的周节点之前对于混凝土的用量较多，且前期各类桩的施工投入费用较大。

④通过碰撞检查，我们发现存在图元之间冲突的问题，可能存在设计变更和成本超限的问题。

（2）BIM 建模存在的问题

①基坑支护工程中有些许构件是 revit 族库中本身没有的，如锚杆、腰梁(异形)等，这就需要在模型建立的时候自己建立必要的族类型。构件绘制过程中容易出现尺寸绘制不严谨的情况，会导致在后续的碰撞检查中出现碰撞点较多的情形。

②进行深基坑的进度挂接时，基坑中每个单元的竖向施工分段无法进行进度关联。因此，在进行软土深基坑三维建模操作时，建模顺序没有事先与施工层相匹配，致使生成动画查看进度时无法细致清晰的看出每个单元各个施工层的进行；

③因为软件交互过程中存在的不兼容性，在 revit 中通过“内建族”进行建立挡土墙导入到“广联达 BIM 土建算量 GCL”中的构件无法被识别，导致空洞的出现，影响进度计划的挂接和实体工程量的计算等。

④文件在不同的软件里进行交互导入时，导入的模型较在 revit 中建立的模型有所差异，软件间交互不是很严谨。交互权限容易受到限制，致使交互受阻。

五、完善措施

分析上述模型的建立和模拟实施过程中发现的问题，针对不同的问题提出以下几点建议：

(1)方案实施的建议

①对于场地布置中存在的不合理问题，及时进行现场场地优化，避免因场地布置不合理而造成的低效率和资源浪费现象。

②对于进度模拟过程中发现的问题，项目管理者可先通过传统方法进行讨论优化，再将调整后的进度计划进行模拟，通过不断调整优化，确定最终的进度计划横道图。

③根据资源累计曲线和资金累计曲线提供的信息，合理调配人、材、机的投入，做好资源配置和成本控制工作。

④对于碰撞检查中发现的问题，应及时与甲方和设计方进行沟通，协助进行图纸优化等工作，可避免设计变更和工程索赔事件的发生，使工程顺利开展。

(2)BIM 建模的完善措施与建议

①对于软件的交互问题。在 BIM 技术层面，BIM 应用软件之间缺乏交互性，软件开发企业往往只考虑自身所在领域软件间的兼容性，如 revit 构建出模型后导入到广联达相关软件时必须要有云端账号。企业应提高创新力与国际接轨，创新技术工具，提高软件兼容性与互操作性，为建筑行业工作者提供软件使用上的便利。

②建模的时候注意竖向分层。针对基坑中每个单元的竖向施工分段无法进行进度关等，这就需要在模型建立的时候自己建立必要的族类型。构件绘制过程中容易出现尺寸绘制不严谨的情况，会导致在后续的碰撞检查中出现碰撞点较多的情形。

②进行深基坑的进度挂接时，基坑中每个单元的竖向施工分段无法进行进度关联。因此，在进行软土深基坑三维建模操作时，建模顺序没有事先与施工层相匹配，致使生成动画查看进度时无法细致清晰的看出每个单元各个施工层的进行；

③因为软件交互过程中存在的不兼容性，在 revit 中通过“内建族”进行建立挡土墙导入到“广联达 BIM 土建算量 GCL”中的构件无法被识别，导致空洞的出现，影响进度计划的挂接和实体工程量的计算等。

④文件在不同的软件里进行交互导入时，导入的模型较在 revit 中建立的模型有所差异，软件间交互不是很严谨。交互权限容易受到限制，致使交互受阻。